新能源发电并网控制技术及应用

李圣清 著

科学出版社

北京

内 容 简 介

本书以新能源发电并网控制技术为核心,面向工程应用实践,围绕光伏发电系统、储能系统及并网系统等方面,探讨发电并网原理、混合储能系统功率分配、并网运行控制等诸多理论和技术问题;围绕风力发电并网控制方面,探讨风力发电系统组成及数学模型、新型低电压穿越控制技术、级联 STATCOM 控制方法等理论和技术问题。本书有一定的理论深度,也有许多工程实践应用,强调理论与实际相结合,其中许多内容是研究团队多年科研工作的成果与结晶。

本书可作为高等院校电气工程相关专业的本科生、研究生学习的参考书,也可供电气工程、控制工程及相关领域的工程技术人员在设计、制造、调试新能源发电并网系统时参考。

图书在版编目(CIP)数据

新能源发电并网控制技术及应用/李圣清著. —北京:科学出版社,2019.2
ISBN 978-7-03-060765-2

Ⅰ.①新…　Ⅱ.①李…　Ⅲ.①新能源-发电-研究　Ⅳ.①TM61

中国版本图书馆 CIP 数据核字(2019)第 043727 号

责任编辑:潘斯斯　于海云　陈　琪 / 责任校对:彭珍珍
责任印制:张　伟 / 封面设计:迷底书装

科 学 出 版 社 出版
北京东黄城根北街 16 号
邮政编码:100717
http://www.sciencep.com

北京凌奇印刷有限责任公司 印刷
科学出版社发行　各地新华书店经销

*

2019 年 2 月第 一 版　开本:787×1092　1/16
2023 年 6 月第四次印刷　印张:19 1/4
字数:500 000

定价:158.00 元
(如有印装质量问题,我社负责调换)

前　言

　　传统能源所引起的环境污染越来越严重，使得新能源发电产业不断发展壮大。以风电、光伏发电等为主的无污染和可再生新能源日益受到重视，已成为新一轮国际竞争的战略制高点。世界发达国家和地区都把发展新能源作为顺应科技潮流、推进产业结构调整的重要举措，我国也相继出台了一系列扶持政策，大力规划、发展新能源产业。

　　光伏发电具有间歇性和波动性，大规模接入电网会对电网安全、稳定及可靠运行带来诸多隐患。同时，在微电网中大功率逆变器件造价昂贵，使得光伏发电系统的经济效益较低。此外，光伏发电在并网、孤岛运行模式切换过程中，不可避免地对电网产生冲击。因此，在提高系统工作效率、降低发电成本以及实现微电网逆变器并网、离网运行模式之间的平滑切换和系统安全并网运行等方面的研究具有重要意义。

　　风能具有密度低、间歇性和波动性的缺点，其可控性和稳定性都不如常规的化石能源。而低压无功补偿装置在低电压故障结束后没有自动切换能力，无功功率积累过大会导致电压升高，造成故障，往往会给并网运行系统造成较大的控制难度。因此，为保证风电运行的安全性和稳定性，开展风电并网低电压穿越运行技术的研究势在必行。

　　本书可以推进新能源发电并网控制技术及应用工作，满足本科生、研究生以及相关领域的工程技术人员与管理人员对于新能源发电技术及应用的认识和前沿控制方法的了解，以适应当前形势发展的需求。本书作者和科研团队在微电网并网方面的研究已有十余年，先后完成和正在进行的国家自然科学基金项目、湖南省自然科学基金项目、湖南省科技厅项目以及大中型企业课题和工程应用 12 项，发表相关论文 90 余篇，其中 SCI、EI 收录 50 余篇，授权专利 18 项，获得湖南省科学技术进步二等奖 2 项。本书依托以上项目、论文和专利，结合相关理论研究，对新能源发电并网控制技术及应用方面的工作和成果进行总结，以期对相关问题的研究有所贡献。

　　本书将光伏发电并网系统分为发电系统、储能系统、并网系统三大模块，分别介绍光伏发电、储能、并网系统的原理及模型。围绕混合储能系统荷电状态估计及功率分配、光伏逆变器并网运行控制方法等技术进行深入探讨。本书提出基于 BP 神经网络的混合储能系统荷电状态估计方法、基于功率频率的混合储能系统功率指令初级分配方法。针对传统光伏逆变器并网运行控制存在的问题，本书提出基于准 PR 调节器的并网电流控制、下垂系数动态调节控制及最大功率点跟踪控制方法；针对光伏逆变器防孤岛运行，提出主被动式相结合防孤岛运行控制方法、光伏逆变器运行模式切换控制方法；针对级联型两级式光伏并网逆变器，提出级联型两级式并网逆变器 MPPT 控制方法，级联型两级式并网逆变器直流母线均压控制。在风力发电并网控制方面，本书介绍风力发电系统组成及数学模型，提出 STATCOM 补偿指令电流检测方法、风电并网中级联 STATCOM 的正负序解耦控制、不平衡条件下级联 STATCOM 的复合控制方法。围绕电压跌落引起风电机组能量过多无法释放的问题，本书提出基于状态反馈线性化的网侧变换器低电压穿越控制和基于 Crowbar 硬件保护电路的低电压穿越技术，在进行故障穿越的同时可向系统提供无功补偿，帮助系统恢复电压。

　　本书有一定的理论深度，也有很直观的仿真图形和实验波形，强调理论与实际相结合，应用于多种工程实践，有许多内容是作者和研究团队多年从事科研工作的成果与经验总结。

本书写作过程中除了依托作者以及研究团队的项目报告、论文和专利，还参考和引用了不少前辈和同行的研究成果，使得本书内容比较系统地反映了光伏、风力发电并网相关技术的最新研究成果，使读者能较快地获取这一领域的前沿知识，对光伏、风力发电并网问题有一个全面而深刻的了解。书中主体内容由李圣清撰写和统稿，本书能够顺利出版凝聚了许多研究生的汗水，徐文祥、张彬、白建祥、唐琪、袁黎、张煜文、明瑶、吴文凤、马定寰对一些章节的撰写做了许多前期工作，杨潇、张威威、严威、刘境雨、张茜、王飞刚、李静萍进行了排版，并通读和修改了书中的一些问题。中车株洲电力机车研究所有限公司的胡家喜、蹇芳、陈艺峰等工程技术人员对第2章的工程应用做了大量的前期工作，在此一并向他们致以衷心的感谢！

由于作者的水平有限，加上时间比较仓促，书中难免存在一些不足之处，敬请广大读者批评指正，作者十分感激。

李圣清

2018 年 9 月

目　录

第1章 绪 论

本章介绍新能源发电的相关背景和国内外研究现状，重点阐述光伏发电并网控制技术和风力发电并网控制技术的国内外研究现状，介绍光伏和风力发电发展现状及其接入电网的技术，尤其是最大功率点跟踪以及并网逆变器控制技术，总结光伏和风力发电并网系统的常见问题，并对风电机组低电压穿越、风电场 STATCOM 应用等关键问题进行介绍。

1.1 新能源发电的背景

1.1.1 光伏发电的背景

随着经济的快速发展，人类对于能源的需求日益增长，能源已经逐渐成为人们日常生活中不可分割的一部分，它是人类经济发展以及社会活动的动力之源。煤、石油等燃料在全球能源结构中属于一次能源。随着这些有限的不可再生能源被过度开采利用以及自然环境的日趋恶化——全球变暖、水污染、雾霾、酸雨、厄尔尼诺等现象的影响，一连串的环境污染问题危及人类社会的健康发展，已成为人类亟需解决的重大问题。发达国家和发展中国家的各级政府已经认识到亟需采取一些国际行动来消除人为的环境污染。这些行动包括减少不可再生燃料的使用，采用更清洁、排放更低的新型绿色能源来替代化石燃料，从而减少温室气体的排放，抵御各地出现的雾霾现象。因此，新能源家族成员中的太阳能、风能、水能、潮汐能、地热能等可再生能源将在全球环境污染治理过程中扮演重要角色，并且有可能发展成为未来世界能源供应链的核心组成部分。水能发电需要建造大型水库，既有可能破坏生态环境，又存在很大隐患，还受到水源和季节性气候等因素的限制。2011 年日本地震导致震惊国际的核泄漏，使附近 30km 成为无人区，这让许多国家必须重新认识核电技术。太阳能资源分布广、蕴含丰富，光伏发电便以其作为能源，将其转化为电能，是一种不需要化石燃料、安全干净的新型发电技术。光伏发电既能在光照充足的地方放置大量光伏电池板进行发电，还能采用小面积的"屋顶计划"。太阳能作为可再生能源，具有独特优点，因此引起广泛重视，已经在国内外逐渐发展起来。

欧洲联合研究中心在 2004 年对未来一个世纪的能源变化进行预测[1]：到 2030 年化石燃料消耗总额将出现拐点，煤、石油、天然气等不可再生能源在一次能源消费中所占的份额将呈下降趋势，太阳能将逐渐增加。尽管这仅仅是一个预测，但也充分显示了太阳能发电的广阔前景。因此，太阳能发电成为新时代里最有发展活力的一种新能源[2]。加大在太阳能发电方面的研究与投入，在改善环境污染和缓解能源危机等方面发挥着重要作用。

光伏发电系统具有初期投资大、光伏器件制造成本较高等缺点，仅仅在一些偏远地区供电中得到应用。因而，进一步开发成本低和转化效率高的光伏电池成为今后发展的必然趋势。此外，还需通过逐步减少发电自身损耗以及提升发电运行效率来降低成本。经过几十年的努力，光伏电池生产规模逐渐扩大，自动化等技术不断发展，有效地提高了太阳能电池效率，逐步减小了发电成本，为今后太阳能发电奠定技术铺垫。由我国能源战略部署以及《可再生能源中长期发展规划》可知，在我国未来能源结构中，太阳能将占据主要部分。我国光伏发电的装机容量在未来的许多年里将会不断增加，其增长率甚至有可能达到20%以上。21世纪50年代以后，我国的可再生能源发电的装机量将占全国全部发电的25%，其中光伏占5%。

随着越来越多的太阳能发电系统并入电网，电网与其之间的交互影响日益凸显。一方面，太阳能电池输出特性受到光强及温度影响，导致发电运行受气候环境因素的影响比较大，且大规模光伏并网系统采用的太阳能电池数量庞大，初始投资成本较高；另一方面，并网逆变器是太阳能发电系统接入电网中的重要组成部件，可看成有源逆变环节，将直流电逆变成所需求的交流电[3]。光伏并网发电的电能质量由逆变器拓扑、接口以及其控制策略所决定。并网逆变器工作效率高低不仅直接决定于逆变器本身，而且与光伏电池等装置运用及优化配置息息相关，从而逐渐发展为系统安全、可靠、经济运行的关键影响因素。因此，深入研究光伏电池的最大功率点跟踪(maximum power point tracking, MPPT)控制以及并网逆变器控制技术，提高太阳能发电的输出功率及转化率，减少并网发电控制过程中的能量损耗，减小外界环境等因素对系统及电网的影响，降低光伏并网发电的成本，保证光伏电池与并网逆变器在外界因素变化和电网电压畸变的情况下安全可靠地运行[4]，对实现光伏发电与并网稳定运行具有重要价值。

1.1.2 风力发电的背景

近年来风力发电的发展速度很快。根据相关数据统计，丹麦到2020年和2050年的风力发电比例计划将占到全国发电总量的42%和100%左右[5]；而欧盟诸国的总体目标则是到2020年和2050年由风力发电提供全国17.5%和50%的电力能源供应；美国的目标则是到2030年由风力发电提供的电力能源占全国电力能源供应的30%左右。未来的欧盟以及美国等地区如此高的风力发电占有率，对大电网的安全稳定运行提出了十分严峻的挑战[6-12]。我国的风力发电虽然起步较晚，但由风力发电提供的总装机容量已经位列世界第一位，预计到2020年和2050年，中国的风电装机总容量将分别达到200GW和1000GW以上，由风电提供的发电量将分别占到总发电量的5%和17%以上。风力发电将成为我国继煤、石油、天然气、太阳能之后的第五大电力能源来源。

现在，风力发电的巨大市场潜力将使其在世界未来的能源供应中扮演越来越重要的角色。在目前的商业化运营中，风力发电的相关技术已经比较先进。伴随着技术的不断发展，风力发电的技术性成本也越来越低，这将使得风能与传统的化石燃料发电技术相互竞争。此外随着风力发电技术的不断进步，以及材料和工艺的发展，其具体的发电所需要的电力成本也在逐渐降低，这将使得风能被大规模地利用。然而，随着由风力发电提供的电力来源在电力系统的占有率不断加大，风力发电的间歇性、不稳定性等固有缺点对大电网的影响日益凸显[13-16]。另外，据国家电网的相关数据分析，在电网电压的众多故障中，短路故障引起的危害最多。其中，三相短路所造成的危害最大，严重时可使整个输电线路完全截断。短路过程中，并网端的电压会产生不同程度上的跌落，而风电机组网端的低电压故障导致所发的电磁功率送不出去，引起功率失衡，严重时甚至会导致大批量的风电机组脱网运行，由此带来低电压穿越的问题。

1.2 新能源发电国内外研究历程

1.2.1 光伏发电国内外研究历程

太阳能发电最先产生于 19 世纪 40 年代,Becquerel 在实验过程中,惊奇地发现了"光伏效应"。到了 19 世纪七八十年代,他着手探究固体光电器件,其中主要包括硒和硒的氧化物势垒中的光电导与光电效应。在 19 世纪 80 年代,光电导硒电池第一次进行商业运用。接着,第一个真正实用的晶体硅电池诞生于贝尔实验室,进而开拓了光伏发电的新起点[17]。

在能源短缺和人类自然环境日益恶化的情况下,具有资源丰富等优点的太阳能越来越受到全球各国的关注和重视。20 世纪 90 年代后半期是太阳能的迅速发展时期,全球光伏电池产量逐渐增加,过去十年平均年增长率达到 38%,超过了信息技术产业。一系列太阳能光伏器件和集成模块不断发展,全球范围内的太阳能开发利用技术已经有半世纪的发展历史。20世纪爆发的三次石油危机,使全球能源结构发生改变,导致世界各国积极寻找新能源来替代石油,促进人们开发太阳能。自从光伏电池被研制出来之后,先被应用于太空电源,价格昂贵。因此,单靠市场需要来推进光伏电池应用于地面是行不通的。自 1980 年以来,一些发达国家陆续制定了光伏发展计划以及相关政策,来激励和支持太阳能发电。由于科技进步的推动以及优惠政策的激励,光伏发电产业迅速发展。图 1-1 所示为全球光伏电池产量,2000~2008 年,年均复合增长率达 47%,尤其是德国于 2004 年实行"上网电价法"以来,光伏产品供不应求,2008 年全球光伏电池产量已达到了 6.39GW。

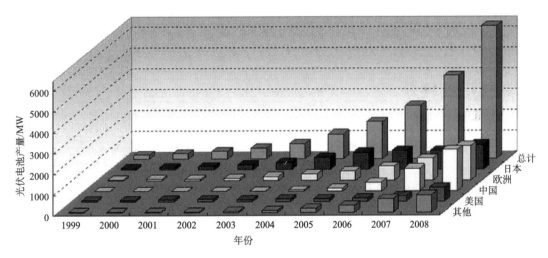

图 1-1 全球光伏电池产量

图 1-2 所示为全球年度及累计装机容量。以欧美为主的世界太阳能发电市场也以 45% 的复合年均增长率迅速增长,全球装机容量在 2008 年已经将近 14.7GW。

与蓬勃发展的世界太阳能产业相比,中国太阳能产业起步较晚,我国 1959 年才成功开发出首个具有实用价值的太阳能电池,该太阳能电池在 1971 年发射的第 2 颗卫星上得到了首次成功应用。20 世纪 80 年代中后期,国家对于光伏行业给予支持,4.5MW 生产能力的太阳能产业逐渐形成,从而巩固了我国太阳能电池产业。90 年代中后期,光伏发电工业迅速发展,太阳能电池及其装置数量逐步增多。2006~2010 年,由于我国市场需求以及国家激励政策的双重推动，太阳能产业步入高速增长时期，光伏电池的产量加倍增长。CVSource 投资数据库统计的世界光伏电池产量变化情况如图 1-3 所示，我国的光伏电池产量在 2010 年已经达到 8000MW，占全球总产量一半，成为世界最重要的光伏生产基地之一。在 2008 年世界前十名的太阳能电池生产商中，中国占据四位，充分表明了中国太阳能产业的巨大成功以及广阔的发展前景。

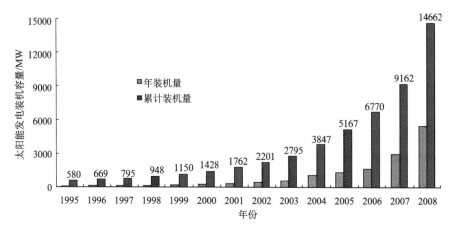

图 1-2　全球年度及累计装机容量

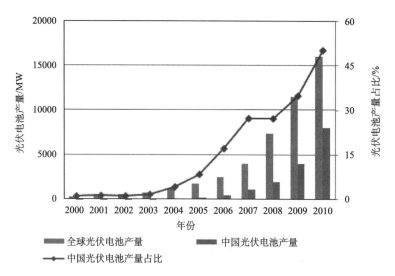

图 1-3　2000～2010 年光伏电池产量变化

经过近 20 年的努力，我国的光伏工业也已具有了一定的基础，但是在整体水平上同国外相比还有比较大的差距，主要是：①生产规模小，我们国家生产光伏电池的能力为 0.5～1MW/a，与世界先进生产水平相比低了一两个数量级；②关键技术水平落后，光伏电池封装水平、转换效率与国际先进技术水平相比均有一定差距，相关配套设备还不成熟，例如，光伏并网控制器和逆变器不能自主研发来进行商业化生产，大部分依赖于国外进口，独立系统储能装置及相关技术还远远达不到要求，并且使用寿命很短；③虽然一些关键的原材料经过多年攻关能够实现国产化，但是其产品性能急需进一步改进，像高纯硅这类材料仍然依靠进口；④成本高，我国当前的光伏电池板均价为 42 元/W，其中大约需要 30 元/W 的成本，价格均比国外高。上述情况引起了我国政府的高度重视，通过给予一系列的优惠政策，开展多渠道、多形式的光伏技术国际交流与合作来提高我国太阳能发电技术并加速光伏产业化的进程。另外，我国光伏行业也在积极地应对形势变化。因此，在这些相关举措下，我国光伏行业迅速发展的势头日趋明朗。

1.2.2 风力发电国内外研究历程

人们使用风能的历史可以追溯到公元前 3000 多年前，当时的风能主要用于运水、灌溉、助航等。大约 1000 年前，人们掌握了帆船的技术，即利用风能直接驾驶风帆。由于机械能不能远距离传输，而电能可以通过电网远距离传输，因此将风能转化为电能成为风能利用的主要方式，用风的动能带动传动装置从而转化成机械能，风力机收集的机械能再带动发电机转化为电能，电能通过电网进行长距离传输。

近年来，风力发电以其低环境影响、低发电成本、快速成熟的技术发展和显著的规模经济等优点，成为发展最快的新能源。与传统的化石能源发电同时出现的风力发电，已经经历了近百年的技术积累阶段。其中，风力发电的发展可分为以下几个阶段[18-23]。

(1) 从 19 世纪末到 20 世纪 60 年代末这个时期，风能资源的开发利用还处于小规模开采阶段。当时美国的 Brush 风力发电机和丹麦的 Cour 风力发电机被认为是风力发电机的先驱者。1887～1888 年冬，美国电力工业的创始人之一 Brush 在俄亥俄州安装了第一台自动运行的风力发电机。发电机的叶轮直径为 17m，由 14 片雪松木制成的叶片构成，它们连续运转了 20 年。然而，低速风力发电机的发电效率不可能太高，发电机也仅有一年的寿命，容量只有 12kW。1891 年，丹麦物理学家波勒拉库尔发现，用更少叶片快速旋转的风力发电机比具有更多叶片和较低转速的风力发电机的效率高。利用这一原理，他设计了一台功率为 25 kW 的四叶式风力发电机。随着风力发电技术的不断发展，1918 年第一次世界大战结束时，丹麦在境内建造了数百座小型的风力发电站。1957 年丹麦吉德斯海岸安装的 200kW 风力发电机，由三个叶片组成。机械偏航系统与风力机、交流异步发电机及失速型风力发电机的投入使用标志着"丹麦概念"的风力发电机已初步形成。与此同时，在美国和德国，各种风力发电机的设计构想相继出现。虽然部分风电机组由于成本太高、可靠性较差的缺点而逐渐被淘汰，但这一阶段对各种类型的风力发电机进行的相关试验，为 20 世纪 70 年代后期的风电技术大发展奠定了基础。

(2) 1973 石油危机后，风力发电逐渐由小向中、大型过渡。在 20 世纪 70 年代，全球先后于 1973 年、1979 年发生了两次严重的石油危机。因此风力发电的发展得到了一些政府的大力支持，许多直径超过 60m 的大型风力发电机建成，以供研究和验证。在激烈的市场竞争中，迎风型风力发电机是商业上的最大获利者。丹麦 Tvind 公司生产的以 2MW 为代表的风力发电机成为风力发电商业化进程中的领先者，这是一台下风型变速风力发电机，叶轮直径为 54m，发电机为通过电气和电子设备与电网相互连接的同步发电机。加利福尼亚州在 20 世纪 80 年代开始了风能开发利用计划，成千上万的风力发电机被密集地安置在加利福尼亚州的山坡上，形成了加利福尼亚州的风电潮。德国的 GROWIAN 是当今世界上最大的风力发电机，但这些大型风力发电机的发展或多或少都遇到了各种技术问题，并未能长期正常运行。自 1980 年以来，随着风力发电机组商业化的成熟，丹麦的一些农机制造商，如 Vestas 公司开始进入风力发电机行业。由于以前对工程机械的深入研究，他们很快在丹麦风力发电机工业中处于领先地位，这无疑对推动世界风电制造业的发展起到了巨大的推动作用。

(3)20世纪90年代以后，风力发电技术开始进入崭新的阶段，开始了跳跃式的发展。经过近百年的技术和经验的积累，风力发电机行业和技术逐渐商业化，大型风力发电机日益成熟。大规模的商业型风力发电最早出现在欧洲。丹麦于1995年建造了其最大的风力发电场，该大型风电场配备了40台600 kW的异步风力发电机，是丹麦最大的风力发电场。1995年世界上第一台兆瓦级风力发电机的制造公司为Bonus公司，1.5MW的Vestas公司的原型机于1996年制成。1998年，兆瓦级风力发电机组市场真正实现了腾飞，但此后600~750 kW的风电机组却成为主流机型，市场占有率越来越高，风力发电机组建设的项目越多，发展速度就越快。目前，1.5~2.5MW的风力发电机已成为绝对的市场主力。一般来说，综合风力发电机的制造、维修等因素，风力发电的单机容量越大，单位千瓦的成本就越低。

在过去风电发展的40年间，风力发电的发展速度不断超越着人们的预期。2001~2010年，全球的风力发电累计装机容量实现了连续十年呈现30%的增长速度，即每隔三年左右，全球的风电总装机容量就要增长一倍多。2009~2013年，全球风电总装机容量增速逐渐放缓，但是全球风电市场的规模仍增长了200GW左右。据统计，在2015年，全球风电总装机容量已经突破了600GW大关，预计到2020年左右，全球的风电总装机容量将超过1500GW[24-30]。

在2013年，全球风力发电的新增装机容量都出现在了新兴市场上，其中亚洲、非洲和拉丁美洲等地区推动了风电的全球市场化进程。风力发电呈现出了与起始阶段完全不同的市场化走向。在世界上75个已经有风力发电商业化运营的国家中，有24个国家的装机总容量超过了1000MW，其中16个在欧洲，4个在亚洲（如中国、印度、日本和泰国），3个在北美洲(加拿大、墨西哥、美国)，1个在拉丁美洲(巴西)。

随着大型机组技术的逐渐成熟，风力发电的装机容量不断增加，而风力发电则从陆地逐渐发展到海上。1991年丹麦南部的海域，即洛兰建造了世界上第一个利用海上潮汐所带来的风能发电的海上风力发电场，该电厂安装了18台300kW左右的迎风型失速风力发电机。随后，西方发达国家，例如，荷兰、瑞典和英国都相继建立了自己的海上风电场。到2010年9月23日，英格兰东南部的萨奈近海风电场已并入大电网运行。该风力发电场由120台英国生产的风力发电机构成，总的装机容量为300MW，全球海上风力发电装机容量达到5415MW，占风力发电总装机容量的2%。在北欧地区，90%以上的油田分布在英国周边的海峡，例如，北海、英吉利海峡等，其余大部分位于沿海地区。中国东部也有几个示范项目[31-35]。到2020年全球海上风力发电装机容量将达到80GW左右，其中欧洲约占3/4。

近年来，我国风电产业发展速度极其迅猛，无论总的装机容量、新增装机容量还是具体的发展规模，都已经成为名副其实的利用风力发电来提供电力能源的发展大国。中国的风能资源接近于美国，远高于印度、德国和西班牙等国家，目前海上和陆上的总装机容量分别达到了1000万kW和1500万kW左右。中国不但在风能资源的空间分配上适合发展风力发电，国家在对待新能源开发的相关政策上也不遗余力地鼓励、推动和重点支持风力发电的相关建设，这一切都使中国的风力发电以超乎人们预期的速度快速进入大规模稳固发展的辉煌阶段。2005~2009年，风力发电总量连续五年保持快速增长，实现了跨越式发展。然而，在2010达到最高增长之后，中国进入产业一体化时期，并经历了连续两年的低迷。2013年下半年，中国的风电产业开始复苏，再次成为全球风力发电新的增长点。中国目前拥有世界上最大的风电装机容量，2013年度达到91.4GW，发电总量超过100亿kW·h，风电成为中国的第三大电力来源。

我国为了在2020年的非化石能源占一次能源比例达到15%及以上，国家已制定了2亿kW

的发展规划。未来要按照"建设大基地、走进大电网"的要求，促进大型风电的发展，加强海上风电的开发和建设。但由于风电基地的当地消纳问题突出，一些地区出现了严重的弃风限电现象。此时分布式风电工程由于其靠近负荷中心，投资少，输电损耗低等优点，逐渐受到了人们的重视。

随着如此多的新增风电场的投入，故障开始增多，如2011年2月24日，中电酒泉风力发电有限公司桥西段的第一风电场出现电缆头故障，使六百多台风电机组脱离大电网运行。河北、内蒙古、甘肃等其他地区均发生过类似这样的事故。风电运营企业、风电设备的制造企业和国家电网公司一致认为，风电发展中发生类似这样的事故主要是由于技术与管理缺陷。

电网出现故障时可能会造成风力发电机组脱网运行，这是由于之前生产的绝大部分风力发电机组均没有故障穿越的能力[36-40]。近年来的研究表明，故障并不完全是缺乏穿越故障的能力所致，如上述的甘肃省酒泉风电事故是由电缆头的绝缘故障造成三相短路故障。发生低电压故障是因为该单元缺乏硬件支持，并且在电压下降时断开了连接。这场事故导致600多台风力发电机与大电网脱离。大量的风电机组脱离电网，系统的无功负荷过大，母线终端电压降低。2011年4月17日，张家口的风电场35kV线路发生架空线路B相电压跌落，造成了低电压故障，使得330多台机组脱离电网运行。低电压故障被切除后，风电场中的无功补偿设备没有停止工作，继续运行导致无功功率过剩，电压反而又升高，又导致290台风电机脱网。甘肃的瓜州县也发生过类似的事故，首先有500多个风力发电机组因低电压故障而断开连接，随后又有40多个风力发电机组因高电压故障而断开连接[41]。

无功补偿装置在低电压故障结束后没有自动切换能力，无功功率积累过大会导致电压升高，造成故障，往往会给并网运行系统增加控制难度。因此，为保证风电运行的安全性和稳定性，开展风电并网低电压穿越运行技术的研究势在必行。

1.3 新能源发电并网控制技术国内外研究历程

1.3.1 光伏发电并网控制技术国内外研究历程

光伏并网逆变器是发电系统和电力网络之间的接口装置，其控制目标是实现正弦输出电流并入电网，并且能在单位功率因数下发电运行。系统输出的电流波形直接关系到太阳能发电系统输出的电能质量，因此，逆变器输出电流控制方法成为太阳能并网发电系统研究热点和重难点之一。

在光伏并网发电系统的后级逆变控制中，系统性能主要由电流内环所决定，例如，滞环比较控制(hysteresis comparison control)、比例积分(proportion integration)控制等方法[42-49]。传统的PI控制简单易行，但是其追踪效果不好。与比例积分控制方法相对比，比例谐振控制虽然能对输出电流进行零稳态误差追踪[47-49]，但是过于依赖系统元器件参数精度，并在非基频之处具有比较小的增益，若电网频率出现偏移，谐波抑制效果就变差，难以在工程应用中实现。

文献[50]通过调节并网输出电流的有功分量大小及方向，进而稳定直流侧母线电压，其输出使用电流追踪控制来保证母线电压的稳定，维持网侧单位功率因数运行以及输出正弦波电流，且谐波分量较小。文献[51]提出了新的三角波-三角波调制方法，将并网发电系统与导抗变换器有机结合在一块，运用变换器的电压源-电流源变换性质，使太阳能阵列的电压转换为正弦的高频电流，通过 DC/DC 转换来传输功率，然后通过工频逆变器逆变后并入电网。此外，采用电网电压过零信号来调节工频逆变器，使其达到并网要求，降低了输出电流的谐波分量，有效地提高了光伏并网发电系统的功率因数，达到输出正弦波电流的目标。但是此控制方法适用范围较小，仅应用于分散式的小型户用并网光伏发电系统。文献[52]提出一种并网控制新策略，采用重复控制，运用快速谐波检测算法，检测输出电感两端电压谐波，并加到指令信号中，主动产生相应的谐波电压来补偿谐波电流，通过缩小输出阻抗的谐波电压之差来改善输出电流的波形质量，但是很难降低并网电流谐波总畸变率。文献[53]采用多环并网控制方法，推导了系统闭环传递函数，研究了控制参数对系统的闭环极点分布和可靠性的影响，但在控制参数设计过程时，没有考虑引入调节通道对于整个系统稳定性所产生的不良后果。文献[54]通过功率控制方法来改善输出电流的功率因数以及幅值的精度，但没有分析并网逆变器控制系统各项参数设计以及稳定性。文献[55]~[57]采用改进的太阳能发电系统 MPPT 方法，运用经典控制相关技术来调节输出电流内环控制中的比例积分参数，具有独立供电、可独立组网、适用范围广泛、配置方便等方面的优点。但是网侧电压中常具有很多谐波分量，因而当光伏并网逆变器运用传统的控制方法时输出的并网电流会严重畸变，并且电网的频率出现偏差时，谐波抑制效果不佳，不便应用于工程实践。

综上所述，关于光伏发电系统 MPPT 以及并网逆变器控制方法的研究仍然不尽如人意，现有方法或多或少存在着一定的不足，而且关于并网逆变器最大功率点跟踪以及输出电流控制的研究未能形成体系，很多方法只是定性地去解决这些问题。随着我国电力事业的改革，人们对于光伏发电的要求变得越来越严格。因此，对于太阳能发电系统 MPPT 以及并网逆变器控制的研究具有重要意义，不但可以提高转化效率和稳定性，改善发电系统电能质量，还可以为光伏事业打开更广阔的前景。

1.3.2 风力发电并网控制技术国内外研究历程

双馈风力发电技术自投入商业运行以来，一直面临着低电压穿越运行问题的困扰，相关专家学者也在此做出了大量的科学研究，取得了一些有效的科研成果，应用于风电场中的主流低电压穿越控制技术如下。

1)定子侧电阻阵列控制方案

美国 SatconTechnology 公司以专利形式首次提出了定子侧电阻阵列的 DFIG(doubly fed induction generator)低电压穿越装置及其控制方法。该器件由一系列的电阻阵列组成，与双向固态的交流开关相互并联，DFIG 的定子与交流电网连接。当电网电压正常时，所有的固态交流开关都被接通；一旦检测到电网的电压降低，就控制双向晶闸管的触发延迟角，调整器件等效阻抗，用以抑制过电流。该方法的优点是当电网电压下降时，DFIG 风电系统(包括电网侧和转子侧转换器)可以继续与电网连接，有效地控制了 DFIG 的有功功率；缺点是当电网正常时，需要更高功率的晶闸管、更高的硬件成本和更大的晶闸管导通损耗[58]。

Rahimi 等学者将该方案与转子侧主动 Crowbar 装置进行了比较。结果表明，当电网电压降到 15%时，可以采用基于定子侧电阻阵列的低电压穿越方案。它不仅可以保证转子侧变换器的电流不越限，而且还可以继续对 DFIG 风电系统进行有效控制，并能对故障过程中的电压提供无功功率支持，以辅助网端电压的快速恢复，满足现代风电并网系统对低电压穿越运行的高标准要求。

2)动态电压恢复器控制方案

动态电压恢复器(dynamic voltage restorer，DVR)可用于提高笼型异步风力发电机和DFIG 系统的低电压穿越运行能力。当检测系统检测到电网电压不对称性故障时，DFIG 的转子侧变换器被串联在风力发电机组和电网之间，变换器的转子侧由传统矢量控制策略控制。串联变压器补偿相应故障相(单相、两相或三相)的电压，以保证 DFIG 的端电压平衡和稳定。该方案的优点是可以实现任意类型的故障穿越，转子侧变换器可以在整个电压跌落故障过程中向 DFIG 提供连续励磁，并为故障电网电压提供无功功率支持，以帮助电网电压快速恢复。其明显的缺点是需要额外的串联变压器和电压源型逆变器，使得整个风电系统的硬件成本大为增加[59-61]。

3)串联网侧变换器控制方案

DFIG 典型的交流励磁变换器包括并联的网侧变换器和转子/机侧变换器(RSC/MSC)，Flannery 等在此基础上，增加了一个串联的网侧变换器。现今新型的 DFIG 风力发电系统结构为：一种是 SGSC 与 DFIG 的定子绕组之间采用 Y 连接，而定子绕组采用 YN 连接；另一种是 SGSC 通过串联注入变压器连接到 DFIG 的定子绕组，并连接到 DFIG 网侧。网侧变换器和转子侧变换器在电网电压跌落时及时投入运行。为了快速抑制 DFIG 定子磁链的暂态变化过程，保证转子侧变换器和网侧变换器的电流或电压平稳，本书以检测故障电网电压为控制目标，计算出相应的定子磁链，实现了 DFIG 的安全低电压穿越。当电网电压恢复时，SGSC 自动切断与风力发电机的联系，过渡到正常运行状态。该方案的优点是能够成功地实现各种对称和不对称故障类型下的低电压穿越运行。然而，即使是零电压穿越运行，该方案的缺点也是十分明显的：与其相连的 SGSC 容量必须做得很大，还需要一个容量相同的串联注入式变压器，这大大增加了系统的硬件成本，并且只能在电网电压故障的情况下投入运行，正常情况下不投入使用，因此它的利用率较低。

目前，商用的 DFIG 一般采用转子侧快速短接的 Crowbar 保护装置来实现低电压穿越，各种 Crowbar 保护装置的具体运行方式基本相似。即当检测系统检测到电网的电压跌落故障时，若转子侧的电流或直流母线电压增加到预定的临界限制，Crowbar 电路中的开关装置被触发打开，转子的故障电流流过 Crowbar 保护装置，避免了转子侧变换器因过电流而损坏。

采用 Crowbar 装置的优点是保证了励磁变换器的安全，加快了故障的切除和定子暂态磁通的衰减，但缺点是在 Crowbar 装置的运行过程中，DFIG 转子绕组会被短路。为了使笼型异步发电机继续运行，需要从电网中吸收大量的无功功率，使其在大转差率的条件下运行。

虽然利用 Crowbar 硬件保护装置来实现 DFIG 的低电压穿越运行的相关机理简单明了，但仍有许多关键技术性问题值得诸多学者开展进一步研究分析，包括如何选择 Crowbar 硬件装置的串联电阻电阻值以及它的投入和退出时间等。这是因为，如果在电网故障清除之前切断 Crowbar 装置，则在电网电压恢复时，可能会导致转子侧变换器的再次退出，然后启动另一次 Crowbar 保护操作。如果在电网故障完全清除后切断 Crowbar 装置，则由于转子的长时间短接，DFIG 将类似于并联运行的笼异步发电机，其运行速度很大；会从电网中吸收大量的无功功率，使交流电网电压难以快速恢复到正常状态。因此，Crowbar 保护装置的投入和退出时间的选择也是一个值得研究的关键技术。如何利用网侧变换器在 Crowbar 装置运行时与电网相连，甚至将阻塞的转子变换器接入电网，使其能连续地向电网提供无功功率，在故障点电压恢复方面也是一项需要探索的技术。

在现代兆瓦级的大功率双馈风力发电系统中，大多数的风力发电机组采用变桨距控制技术,双馈风力发电机的转速主要取决于风力机输入机械功率与输出电磁功率之间的平衡关系。当发生电压跌落故障时,双馈风力发电机的输出功率下降,而输入的机械功率保持不变,因此难以依靠发电机系统的控制和保护来维持平衡。功率的不平衡将导致风力发电机转速的迅速增加。此时,应及时增加桨距角,进行紧急变桨距控制,以防止机组飞车。

电网电压的对称跌落故障大体上可分为轻微跌落和严重跌落两类。对于不同程度的电网电压跌落,可以采用三种低电压穿越控制策略[61-67]。

(1)当轻度电压跌落时,采用电网电压动态影响的改进型 DFIG 数学模型。通过对控制策略的改进,可使 DFIG 的电流和电压保持在一定的范围内。这样,在电网电压降至 85%的条件下,可以实现风电机组的低电压穿越运行。

(2)当 DFIG 转子侧由于故障出现过电流时,直流环节的过电压不可避免地也会出现,此时转子侧变换器将被闭锁,转子侧变换器停止工作。而此时,网侧变换器由于控制策略的实施,仍然保持着对直流母线电压的稳定控制,维持中间直流母线电压的基本稳定。在交流电网电压恢复之前,可以停止 Crowbar 装置的投入,解除转子侧变换器的阻塞并重新投入运行。

(3)如果转子侧变换器的直流电压由于故障而超过网侧,即转子侧变换器存在过电压,则可以采用开关逻辑滞后比较的控制策略控制 Crowbar 装置的投入,以消除此种电压故障带来的影响,将直流母线电压限制在一个安全稳定的范围之内,保证网侧变换器的不脱网运行。

1.3.3 风电场 STATCOM 的应用

在大规模风电场并网系统中,风机的启停、涡流效应、风速变化以及杆塔的遮蔽效应等都会造成风电场向电力系统输送的功率和电压出现随机波动;一般情况下风电场的并网接入点都位于稳定性较差的电网终端,相对比较脆弱;而且目前风电场主流机型多半是异步发电机,其励磁需要吸收一定的无功功率;加上风电场的内部集合电能系统、变压器以及线路的无功损耗等因素的影响,风电并网系统会从主电网吸收大量的无功功率,导致主电网无功严重匮乏,系统电能质量显著下降。

国家电网公司企业标准《风电场并接入电网技术规定》对风电场并网提出了如下前提条件:

(1)风电并网接入点的电压波动范围必须保证在 10%以内。

(2)风电并网系统应具备一定的低电压以及故障穿越能力。

(3)风电场自身应具备一定的动态无功补偿能力,保证箱式变压器的高压侧母线电压波动范围小于系统额定电压的 10%。

针对上述现状,目前最常见的应对方案是在风电场的出口处配备无功补偿装置 STATCOM,其可以动态补偿风电并网系统的无功功率,减少并网对大电网造成的负面影响,提高系统稳定性。但由于风电场自身的特殊性,其电压波动和无功变化十分明显,为了实现动态实时补偿,对装备的无功补偿装置一般有一定的技术要求:

(1)补偿后功率因数应达到 0.95 以上。

(2)装置能够适应风电场随机波动性大等特点,无功响应速度要快,可以满足动态连续补偿系统无功的需求,同时具备调节电压稳定的能力,全面改善并网系统的电能质量。

(3)能够有效地提高风电场低电压穿越和故障自愈能力,确保并网系统的实时稳定性。

针对以上分析,要满足大规模风电场允许并网的条件,首先必须保证系统无功功率的平衡,配备无功补偿装置无疑是最佳选择。基于上述风电并网系统对无功补偿装置的技术要求,本书选择在风电场的出口配备级联 STATCOM 新型无功补偿装置，通过分析可以发现其可以有效地解决大规模风电并网产生的各种电能质量问题[68-75]。

目前，风电场中 STATCOM 的应用案例已经十分常见，国外很多公司还特别生产了专门用于风电并网系统无功补偿的相关系列 STATCOM 产品，如 ABB 公司的 PCS6000 等。相比国外应用的普遍性，我国起步较晚，但近年来一些风电场也逐步开始采用 STATCOM 装置，我国风电场中采用 STATCOM 装置具体案例如表 1-1 所示。

表 1-1   我国风电场中采用 STATCOM 装置具体案例

项目	设备名称及容量	数量/台
吉林龙源通榆风电场	STATCOM：±10MW；FC：10MW	2
中广核苏尼特右旗风电场	STATCOM：±10MW；FC：10MW	1
吉林长岭腰井子风电场	STATCOM：±8MW；FC：8MW	1
吉林华电大安风电场	STATCOM：±10MW；FC：16MW	1
内蒙古华电乌套海风电场	STATCOM：±6MW；FC：6MW	1
中电投张北大回圈风电场	STATCOM：±6.9MW；FC：5.9MW	1
国水投资集团铁岭调兵山泉眼沟风电场	STATCOM：±5MW；FC：5MW	1
华能莱州风电场	STATCOM：±10MW	1
华能四平风电场	STATCOM：±10MW	1
国电龙源大锅盔风电场	STATCOM：±10MW	2
国电龙源大黑山风电场	STATCOM：±10MW；FC：10MW	1
国电龙源克山曙光风电场	STATCOM：±10MW；FC：10MW	1
华能吉林通榆风电场	STATCOM：±10MW	2
呼和浩特义合美风电场	STATCOM：±7.5MW；FC：5MW	1
华能贵州大韭菜坪风电基地	STATCOM：±8MW；FC：8MW	1

1.4   小   结

本章介绍了新能源发电的相关背景与意义，阐述了目前国内外光伏发电和风力发电研究背景，以及光伏逆变器和风电机组低电压穿越控制的研究现状，讨论了光伏并网发电存在的关键技术问题以及未来发展趋势，并对光伏发电系统 MPPT 以及并网逆变器的常用控制方法进行综述，同时阐述了风电机组运行特性以及常见的低穿越控制方案。

第2章　光伏发电系统组成和基本原理

本章介绍光伏发电系统组成和基本原理，光伏发电系统主要由太阳能阵列和并网逆变器两个重要部件组成，首先分析光伏电池和并网逆变器的结构与原理，再介绍两种并网逆变器拓扑结构以及基本原理，探讨它们的优缺点，最后阐述蓄电池和超级电容器组合形成的混合储能系统的原理及数学模型。

2.1　光伏发电系统的组成

光伏发电系统是利用太阳能电池直接将太阳能转换成电能的发电系统。它的主要部件是太阳能电池、控制器、逆变器和储能系统。其特点是可靠性高、使用寿命长、不污染环境、能独立发电又能并网运行，受到各国企业、组织的青睐，具有广阔的发展前景。

2.1.1　光伏发电系统的简介

目前，光伏发电系统按照供电模式，可以分成独立光伏发电系统和并网光伏发电系统。通常不与外界电网相连接而独立运行的发电系统称为独立光伏发电系统。并网光伏发电系统则是和外界电网连接在一起的发电系统，跟其他能源发电厂相同，能够向电网供给有功功率和无功功率。并网光伏发电系统通过光伏电池板把太阳能转换成直流电，然后经过并网逆变器逆变成交流电并入电网。它是电力产业发展的重点方向之一，也是当今全球太阳能发电的主流趋势。下面分别对两种类型的发电系统展开介绍。

1) 独立光伏发电系统

独立光伏发电系统大多数在远离电网的偏远无电地区和一些特别场合使用，并且大部分都是用于村庄和家庭。随着现代电力电子以及自动控制技术的发展，独立光伏发电系统由过去的单一直流电输出发展为目前的交直流并存输出。离网光伏发电系统结构如图 2-1 所示，图中箭头表示控制信号和能量传递方向。其基本工作原理为：光伏阵列将接收到的太阳能光照能量直接转化为电能，再向直流负载输出或者经过正弦波逆变器逆变成交流电向负载输出。为了确保太阳能发电系统不间断稳定运行，本系统采用蓄电池来调控电能。在光照充足的情况下，通过控制器将多余的电能以化学能的形式储存在蓄电池中，在光照强度很弱时，蓄电池便可将储存的化学能转化为电能供给负载供电。

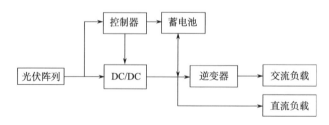

图 2-1　离网光伏发电系统结构

2)并网光伏发电系统

并网光伏发电系统结构如图 2-2 所示，系统和公共电网相连，其中并网逆变器是系统核心部件。根据是否包含储能装置，常见并网光伏发电系统分为不含蓄电池的不可调度式和含蓄电池的可调度式两种。

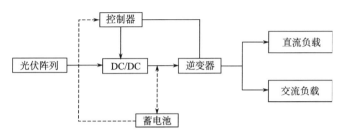

图 2-2　并网光伏发电系统结构

在不可调度式并网光伏发电系统中，若公共电网正常，并网逆变器把光伏阵列输出的直流电转换为所需要的交流电。在无日照或者大电网断电情况下，系统便自行中止给电网供电。光照存在时，光伏发电系统输出交流电超过负载需求的部分被送往电网；无光照情况下，负载需求超过光伏发电系统输出交流电的部分由电网自动补给。通常可调度式并网光伏发电系统是由充电控制器和并网逆变器组成的。当光照存在时光伏电池收集的能量经过充电控制器存储在储能装置中，无光照情况下充电控制器停止运行，光伏并网逆变器根据需求判断是否把储能装置里的电能输入电网。在使用功能上，尽管可调度式并网光伏发电系统比不可调度式系统效果好，但因为其添加了储能装置，产生一些问题，如蓄电池价格较高、寿命有限、体积大。与不可调度式并网光伏发电系统相比，以上缺陷使可调度式系统很难普遍推广，因此当前大部分仍然采用不可调度式并网光伏发电系统[76]。

光伏发电并网系统有诸多优势。首先，供电电能质量和稳定性可以和电网统一协调控制；其次，不可调度式发电系统中不包含蓄电池等储能环节，能够节约占地面积以及降低成本；最后，并网逆变器可以经过相关控制使光伏阵列工作在最大功率点处且尽可能产生更多电能，提高太阳能转换效率。鉴于光伏发电并网系统的诸多优点，其成为将来太阳能发电的主要发展趋势，尤其是屋顶小功率的光伏发电技术在国内外迅速发展，逐渐成为目前光伏发电的热点，未来还会向大功率并网光伏发电系统发展。所以，分析其重要组成部件以及关键控制技术具有重要应用价值。

2.1.2　多功能一体化光伏发电装置

多功能一体化光伏发电装置如图 2-3 所示，该装置在其柜体内从左到右依次为作为支撑骨架式结构的第一单元结构、第二单元结构和第三单元结构。直流进线及通信进出端位于第一单元结构的左侧下方；直流配电单元位于第一单元结构的中下部；通信监控单元位于第一单元结构的中上部；第一逆变单元和第二逆变单元分别安装在第二单元结构、第三单元结构的上部；并网配电单元组合分布于第二单元结构、第三单元结构的中部；交流出线端位于第三单元结构的右侧中下部；系统控制电源配电系统组合分布在第一单元结构的下部、第二单元结构的右侧中下部。该装置能够实现户外安装使用，具有集成化更高、体积更小、重量更轻、功能更全面、实用性强等优点。

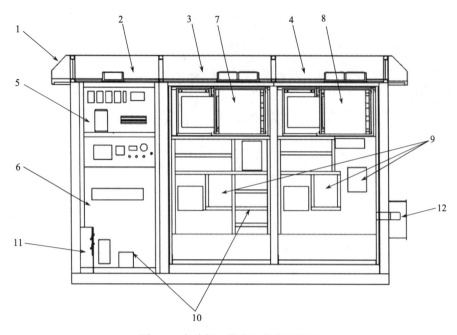

图 2-3　多功能一体化光伏发电装置

1-柜体；2-第一单元结构；3-第二单元结构；4-第三单元结构；5-通信监控单元；6-直流配电单元；7-第一逆变单元；8-第二逆变
单元；9-并网配电单元；10-系统控制电源配电系统；11-直流进线及通信进出端；12-交流出线端

该装置采用一体化户外等级防护能力的柜体，将直流配电柜、光伏并网逆变器、本地监控通信柜、系统控制电源配电箱各项功能一次性完整地高度集成于柜内，对传统的各个分立柜体安排布置进行了结构和拓扑上的统一整合与集成，实现了一种装置一个柜体直接现场安装运用。该装置具有直流配电、光伏逆变并网发电、本地综合监控通信多种功能，功能高度集成一体化，减少了系统连线和柜体数量以及配电室/逆变房等附属配置，装置内空间布局合理，能够有效地节约空间，装置满足户外安装使用，具有集成化更高、体积更小、重量更轻、功能更全面、实用性更强的特点，且施工安装简易，电站建设周期缩短，综合成本降低，实现了对传统单一的光伏发电逆变器的功能提升和光伏发电系统的整合，打破了传统分立柜体单元箱体/房体的集成，具有很强的实际应用性。

该装置能够实现对系统外部相关设备汇流箱、环境监测仪、变压器和内部的配电、逆变并网运行相关信息的监控，并与电站远程监控终端或其他终端组成通信监控网络系统。

2.1.3　防逆流控制方法和装置

光伏并网发电系统包括光伏发电系统、公共电网和负载电路，其中光伏发电系统和公共电网并联后共同向负载电路供电。当光伏发电系统输出的电能小于负载电路的用电时，由公共电网向负载电路补充供电，而当光伏发电系统输出的电能大于负载电路的用电时，多余的电能可能会向公共电网逆向送电，即造成逆流。由于光伏发电系统输出的多余电能并入公共电网后会造成公共电网的不稳定以及产生谐波污染，同时光伏电能还存在不可调度性，因此，要防止光伏发电系统多余的电能向公共电网逆向送电。

在现有技术中，为防止光伏发电系统向公共电网逆向送电，通常采用以下的功率有级调节方式：当光伏发电系统输出的电能大于负载电路所用电能时，立即切断光伏发电系统和公共电网之间的连接，或者断开部分光伏发电系统的开关。如果立即切断光伏发电系统和公共电网之间的连接，则此时全部由公共电网向负载电路供电；如果断开部分光伏发电系统的开关，由于光伏发电系统的一个开关通常容量较大，因此即使只断开部分光伏发电系统的开关，也很有可能会造成公共电网需要以较大功率向负载电路供电。因此，这两种功率有级调节方式都造成了光伏发电系统的发电电能的浪费。

防逆流控制方法和装置在防止光伏发电系统逆向送电的同时，减少光伏发电系统发电电能的浪费，从而能够充分地利用光伏发电系统的发电电能。防逆流装置结构如图 2-4 所示，主要包括逆流检测单元和逆流控制单元。防逆流控制方法的具体做法是由逆流控制单元根据逆流检测单元检测到的逆向送电的电能大小，向光伏发电系统发送具有降功率斜率参数的第一控制信号，以满足防止逆向送电的要求。反之，如果没有检测出逆向送电，则向光伏发电系统发送第二控制信号，使得光伏发电系统升功率运行。同时还可以执行检测流向或流出公共电网的电能大小动作，所述第二控制信号根据检测到的电能大小控制所述光伏发电系统升功率运行的速率。

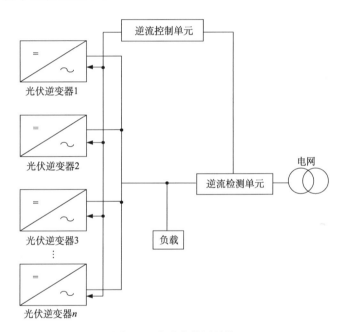

图 2-4　防逆流装置结构

2.2　光伏电池的原理及特性

太阳能阵列是光伏并网发电系统重要组成部件，由一些光伏电池板串并联所构成，研究光伏阵列输出特性不得不先从光伏电池着手。

2.2.1　光伏电池工作原理

光照产生的能量只有经过能量转换器才可以变成电能。而光伏电池就是这种能量转换器件。其基本原理是半导体 PN 结的光伏效应。光伏电池的单元模型如图 2-5 所示。光伏电池是由半导体制作而成的，刚开始 PN 结处于平衡状态，此时 PN 结处将会产生一个耗尽层，出现一个 N 区指向 P 区的势垒电场。在光伏电池接受外界光照情况下，半导体中 P 区以及 N 区原子的价电子获得能量，脱离束缚，由价带变成导带，在半导体中便产生了不平衡电子–空穴对。空间电荷区中出现的这些电子–空穴对很快被势垒电场分开，电子朝 N 区内移动，但是空穴朝 P 区内转移，再加上内建电场影响，N 区空穴朝 P 区内移动，P 区电子朝 N 区内不断移动。由此形成的光生电子积累在 N 区里，使其显负电性；空穴累积在 P 区里，使其显正电性。于是在 PN 结的两侧之间产生光生电动势，即电压。电压方向和势垒电场反向，此现象便是"光伏效应"。若将其接入外部电路，则电路器件中有"光生电流"流过，从而获得功率输出，这样，太阳的光能就直接变成了可以使用的电能。若把多个太阳能电池串、并联组成光伏阵列，便有一定的输出电能。如今硅光伏电池市场价值高，并且技术成熟。光伏电池板则是由一些硅太阳电池封装而成的，然后按照实际工程要求把一些组件组合成足够容量的太阳能电池板。这与传统的能源发电是截然不同的：既不会排出污染气体，也不会发出噪声，是清洁的、无噪声的发电机。

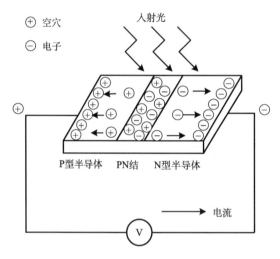

图 2-5　光伏电池的单元模型

2.2.2　光伏电池数学模型

为了能更好地研究太阳能阵列的电性能，便于与光伏发电控制系统相匹配，获得较好成效，建立光伏电池数学模型至关重要，采用一些具体数学关系，来反映各参数之间的变化规律。模型可分成两类：内部物理模型通过研究能量转化具体过程来实现，但是比较复杂；外部特性模型根据其输出工作性质进行研究，进而获得等效电路模型。综上，运用半导体光伏效应原理而研制的光伏电池，PN 结为发电运行原理的核心，在光照恒定的情况下，光生电流是不随工作状态的变化而变化的，因此每个单元外部特性模型的核心部分可以用一个正向二极管并上恒定电流源的回路来等效。如图 2-6 所示的单个二极管式电路是光伏电池的经典等效模型电路[77]。

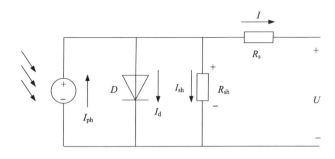

图 2-6 光伏电池的等效电路图

图 2-6 中，I_{ph} 为光伏电池内部的光生电流，和外接电路负载无关，仅和外界的光照强度成正比。在等效电路模型中，若外接负载有光生电流流过，其两端便产生了电压 U，U 再反作用正偏于 PN 结上，由此出现一个与 I_{ph} 反向的暗电流 I_d。光伏器件漏电等因素使得一部分原先应该流经负载的电流发生短路，可以用并联等效电阻 R_{sh} 来等效这种现象。

由于半导体自身的电阻以及光伏器件接触电阻的存在，当电流流过时，必定产生损耗，可用串联电阻 R_s 来等效。根据图 2-6 可得[78]

$$I = I_{ph} - I_d - I_{sh} \qquad (2\text{-}1)$$

式中，I_{sh} 是通过等效并联电阻 R_{sh} 的漏电流；I 是太阳能电池输出负载电流。

对于式(2-1)中的 I_{sh} 有

$$I_{sh} = \frac{U + IR_s}{R_{sh}} \qquad (2\text{-}2)$$

对于暗电流 I_d 有

$$I_d = I_0 \left\{ \exp\left[\frac{q(U + IR_s)}{AKT} \right] - 1 \right\} \qquad (2\text{-}3)$$

式中，A 是二极管极性因子(温度 $T=300$K 时，取值 2.8)；K 为玻耳兹曼常数(一般 $K = 1.38 \times 10^{-23}$ J/K)；T 为热力学温度(t℃ +273K)；I_0 是二极管反向饱和电流(一般取 8×10^4A)；q 是电子电荷；U 是输出负载电压。

综合式(2-1)～式(2-3)可求出太阳能电池输出电流为[79]

$$I = I_{ph} - I_0 \left\{ \exp\left[\frac{q(U + IR_s)}{AKT} \right] - 1 \right\} - \frac{U + IR_s}{R_{sh}} \qquad (2\text{-}4)$$

通常在太阳能电池中，R_{sh} 为高阻值，几千欧左右；R_s 为低阻值，不超过 1Ω。因为 R_{sh}、R_s 分别并联和串联于整个电路中，所以在理想状态下可忽略不计，即光伏电池理想特性为

$$I = I_{ph} - I_0 \left\{ \exp\left[\frac{qU}{AKT} \right] - 1 \right\} \qquad (2\text{-}5)$$

单体太阳能电池容量比较小，仅零点几伏特的输出电压，最大输出功率也很小，且不便于工程实践使用，难以满足用电需求。所以依据负载实际要求把许多小单位的光伏电池通过串联或并联的形式组合起来，然后经过一些工艺程序来封装组合体，并引出正极和负极接线，便可用于太阳能独立发电。未封装的组合体称为太阳能电池模块组件，封装后的组合体称为光伏电池板。实际运用的光伏电池板为太阳能电池基本单元，具有比较小的输出电压。另外，

按照负载容量需要将一些光伏电池板组合成一定功率的发电设备，即为光伏阵列。其串并联数目可根据负载的用电量等要求来计算。当采用串联形式组合时，输出电压为所有单元电压之和，可提高系统的输出最大直流电压，但是输出电流只能是原本单元中电流最小的太阳能电池板的工作电流，所以为了节约能源，可选择电流相近或者相等的单元串联组合使用。其串联数 N_s 和光伏阵列的总输出电压成正比，N_s 的选取既与太阳能并网发电系统的直流端电压需求相关，也与线损蓄电池浮充电压和环境变化对光伏电池的影响等因素有关。并联数 N_p 的选择决定着输出总电流，且受现场平均峰值光照时数、负载每日总用电量等影响，还需要考虑储能效率、器件老化等因素。

因而可把光伏电池板串、并联组合起来产生一定输出直流电。在工程实践应用时，通常用受控电流源来等效太阳能阵列模型，串联 N_s 片和并联 N_p 片后的太阳能电池板的输出总电流 I_a[80]为

$$I_a = N_p \cdot I_{ph} - N_p \cdot I_0 \cdot \left\{ \exp\left[\frac{q \cdot (U_a + I_a \cdot R_s)}{N_s \cdot n \cdot m \cdot K \cdot T} \right] - 1 \right\} \tag{2-6}$$

式中，n 是结常数；m 是太阳能阵列含光电池个数；U_a、I_a 分别是光伏阵列输出电压及电流。

2.2.3　光伏电池输出特性

由式 (2-4) 可知，光伏电池 I-U 关系实质为超越指数方程，该式表明了在给定光强和温度时光伏电池输出电压与电流的相互关系，其特性曲线如图 2-7 所示，由图可知光伏电池可等效为非线性直流源。在大部分电压区域里其输出电流近似不变，最后当接近开路电压以后，急速减小到 0。

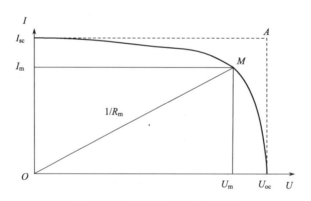

图 2-7　光伏电池的 I-U 特性曲线

太阳能阵列关键参数如下。

(1) 开路电压 (U_{oc})：外部断路时光伏阵列的输出电压。当没有有效电场时，光生伏特效应主要来自 PN 结的内建静电场，随着静电场越来越强，空穴和不平衡电子均朝反向移动，因此在器件两端产生的电动势便越高，U_{oc} 也越来越大。此处是指一定光强和温度下的最大输出电压。

(2) 短路电流 (I_{sc})：外部短路时流过外部电路的电流。当给定光照强度时，太阳能电池被激发的电子–空穴对是不变的，则光生电流的输出特性近似为恒流源，尽管外部短路，输出直流电流也不可能一直变大。此处 I_{sc} 是指给定光强和温度时的最大输出电流。

（3）最大功率点：如图 2-7 所示，随着外部电路负载改变，任意点都能成为太阳能电池工作点，随着工作点改变，输出功率也不断改变。图中最大输出功率工作点为 M 点，M 点横纵坐标分别对应最大功率点电压 U_m、电流 I_m。

（4）填充因子和转换效率：填充因子（fill factor, FF）FF=$P_M/(U_{oc} \cdot I_{sc})$。它在某种程度上表示太阳能电池转换效率。转换效率为太阳能电池输出功率 P_0 和光入射电池表面产生的功率 P_E 之比，由太阳能电池工作点所决定。一定条件下光伏电池能实现的最大转换效率为 $\eta = \eta_{MPP} = P_M/P_E$。

太阳能电池作为一种光电转化装置，由于外部因素影响，其输出特性具有明显的非线性。太阳能电池板材料内许多参数均是光强和温度的函数，因而光强和温度是光伏电池输出特性的关键影响参数。保持一个参数不变来改变另一个参数，在经过短路试验得到 I_{sc} 的前提下，可以得出太阳能电池的输出随着负载改变的两个关键输出特性曲线族。

在光强一定时，光伏阵列输出随着温度以及负载变化的 I-U 和 P-U 曲线如图 2-8 所示。当电流一定时，电压随着温度进行线性变化；当电压一定时，电流随着温度的改变较小。光伏电池板输出功率随温度升高而减小，降低而增大，进而最大功率点功率 P_M 也有了较大改变。

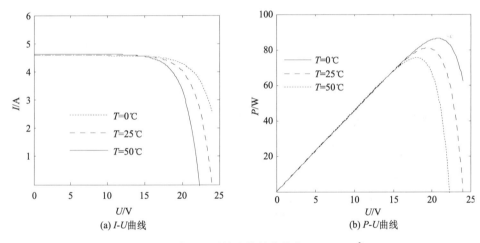

图 2-8　温度不同时输出特性曲线（S=1000W/m^2）

在温度不变时，太阳能阵列输出随着光强以及负载变化的 I-U 和 P-U 曲线如图 2-9 所示。根据此组曲线可以看出当电流一定时，电压随着光照强度的改变较小；当电压一定时，电流随着光照强度的改变显著，光伏电池板输出功率随光强的减弱而减小，增强而增大，进而最大功率点功率 P_M 也有了显著改变。

以上所指温度是光伏电池板本身温度而并非外部温度。其自身温度与外界环境温度之间关系式为

$$T = T_{air} + kS \tag{2-7}$$

式中，T 是太阳能电池板的温度，℃；T_{air} 是外界环境温度，℃；S 是光照强度，W/ m^2；k 是系数，能在实验室测定，℃·m^2。

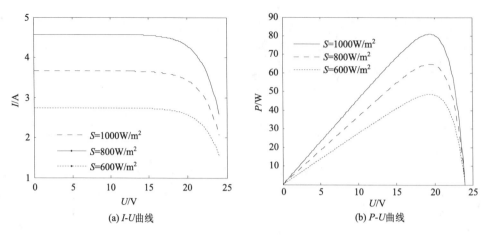

(a) *I-U*曲线   (b) *P-U*曲线

图 2-9　光强不同时输出特性曲线(T=25℃)

在研究太阳能电池输出特性的基础上，可以看出电压主要受到温度影响，而电流主要受到光强影响。根据光伏电池板的输出特性曲线可知存在一个输出最大功率点(maximum power point，MPP)。因此，为了充分利用太阳能，必须采用相关电路和控制策略对发电系统进行 MPPT，使系统能够始终工作在 MPP 附近，输出最大功率。

2.3　光伏并网发电系统原理

根据太阳能并网逆变能量转换级数，并网发电系统可分成单级式结构和两级式结构。下面将主要介绍两种并网发电系统拓扑结构和基本原理，并且对其优缺点展开比较，从而选择本章所使用的并网发电系统拓扑结构。

2.3.1　单级式并网发电系统

单级式光伏并网发电系统的最大优点就是效率高，只有一个能量变换环节，拓扑结构简单，无须储能环节[71-82]。单级式并网发电系统结构框图如图 2-10 所示，主要由光伏阵列、

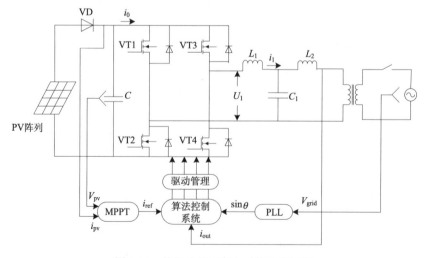

图 2-10　单级式并网发电系统结构框图

DC-AC 环节及 LCL 滤波环节等构成。图中支撑电容 C 的作用是进行直流端滤波，C_1 是滤波电容，L_1 是逆变器端滤波电感，L_2 是网侧滤波电感。考虑到光伏电池输出电压较低，因此，经过逆变桥后的电压还需要增加升压环节来与负载端连接。

在图 2-11 所示的单级式光伏并网发电系统中，一般采用双闭环控制。输入功率采样环节和功率点控制环节作为外环控制，保证光伏并网系统工作在 MPP，实现最大功率输出。内环电流环可采用普通的 PWM 滞环比较方式，用来保证输出并网电流的波形质量及使并网功率满足 MPPT 要求。图中 $G_1(s)$、$G_2(s)$ 和 $G_3(s)$ 分别是算法控制系统、驱动管理和反馈环节的传递函数，k_{PWM} 是逆变桥等效增益，k_M 是升压变压器变比。由于单极式并网发电系统控制方式比较复杂，因而此结构在实际应用中并不常见。

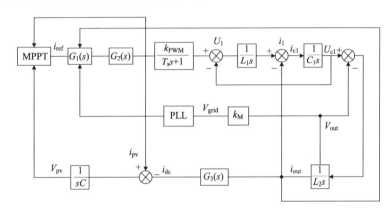

图 2-11　单级式并网发电系统控制框图

2.3.2　两级式并网发电系统

两级式光伏并网发电系统最大优点就是前、后级可分开控制，每级变换器均有独立控制对象和结构，控制方法较简单[83]。系统拓扑结构如图 2-12 所示，该电路主要由光伏阵列、

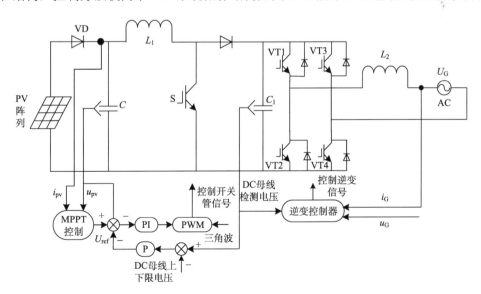

图 2-12　两级式并网发电系统控制结构图

DC-DC 变换器(常用 Boost 变换器)、DC-AC 逆变器等构成[84]。通常前级 Boost 变换器主要实现太阳能阵列 MPPT 以及直流升压,后级 DC-AC 逆变器实现直流端稳压控制以及单位功率因数正弦波电流控制。

前级变换器将所检测的太阳能阵列输出电压和电流通过 MPPT 算法得到太阳能阵列工作点电压指令 U_{ref},再把 U_{ref} 与太阳能阵列输出电压采样值 U_{pv} 相减,然后通过 PI 调节器来对 Boost 变换器输入电压展开闭环控制,进而实现光伏发电系统 MPPT 控制。后级逆变器使用电压外环、电流内环控制方法,其中电压外环实现稳定直流母线电压控制,电流内环主要实现网测电流跟踪控制。

和单级式并网发电系统相比,两级式并网发电系统更加容易实现 MPPT 控制,并能够实现直流电压的较宽范围输入以及高电压输入,可以提高装置效率,容易达到并网要求。另外,太阳能阵列输出电压通过前级控制之后变得比较稳定,减小了太阳能阵列和并网逆变器之间交互影响。因此本章以单相两级式太阳能并网发电系统为例,第 3 章、第 4 章分别进行 MPPT 以及并网逆变控制研究。

2.4 储能系统原理及数学模型

太阳能输出功率具有很强的随机性和间歇性,这将影响光伏并网发电系统在并网运行时公共连接点(point of common coupling, PCC)的电压稳定和功率交换平衡,另外也给电网带来功率波动的冲击。虽然我国针对光伏发电系统已经制定了一系列建设技术标准,但是仍然迫切需要配备一定的储能系统"平滑"光伏出力冲击。而对于单种类型的储能元件而言,其几乎无法同时满足不同运行环境下微电网能量和功率的双重应用需求。

根据光伏发电系统并网运行时的功率波动特性,并比较各类储能元件的工作性能,本节主要阐述将蓄电池和超级电容器组合形成混合储能系统,这样既可以利用能量型元件来维持功率的基本趋势,也可以利用功率型元件补偿功率的频繁波动。本节通过建立蓄电池和超级电容器的等效电路数学模型分析两者的充放电特性,介绍双向 DC-DC 功率变换器在控制储能元件充放电时的工作原理,同时分析蓄电池和超级电容器三种并联方式的优劣。

2.4.1 蓄电池的数学模型

蓄电池是通过特定化学物质在内部进行氧化还原反应,并以此将化学能转换成电能的电气化学设备[85]。蓄电池的种类有锂电池、液钒电池、镍氢电池、钠酸电池以及铅酸蓄电池等,铅酸蓄电池有价格低、容量大、寿命长、自放电率低等优点,并且可以将若干单体铅酸电池组合成电压等级较高的铅酸蓄电池,这样能量密度和电压都可以得到保证,这些技术优势使它在微电网混合储能系统中应用较多,本章把铅酸蓄电池作为研究对象。铅酸电池中的电解液为硫酸液,在充电状态下,正、负极的成分均为硫酸铅;放电状态下,正极主要成分为二氧化铅,负极为铅。铅酸蓄电池在工作时所发生的化学反应过程可作如下表示。

在充电状态下:

总反应式 $\qquad 2PbSO_2 + 2H_2O \longrightarrow Pb + PbO_2 + 2H_2SO_4$

阳极 $\qquad PbSO_4 + 2H_2O - 2e^- \longrightarrow PbO_2 + 4H^+ + SO_4^{2-}$

阴极 $\qquad PbSO_4 + 2e^- \longrightarrow Pb + SO_4^{2-}$

在放电状态下：

总反应式 $\qquad$ $Pb+PbO_2+2H_2SO_4 \longrightarrow 2PbSO_4+2H_2O$

正极 $\qquad$ $PbO_2+4H^++SO_4^{2-}+2e^- \longrightarrow PbSO_4+2H_2O$

负极 $\qquad$ $Pb+SO_4^{2-}-2e^- \longrightarrow PbSO_4$

建立可模拟铅酸蓄电池正常工作状态的等效电路模型，需要同时考虑到蓄电池工作时硫酸电解液浓度的变化，以及随温度等外界因素变化的电池内阻 r，且铅酸蓄电池本身存储的能量有限，其 SOC 值也非恒定常量，因此理想电源与等效内阻串联组成的 RC 初等电路模型并不能满足一般动态分析要求。综合以上因素，本章建立的铅酸蓄电池的动态模型如图 2-13 所示。

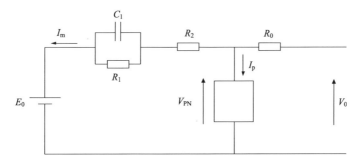

图 2-13 铅酸蓄电池等效三阶动态模型

该模型主要有两部分，分别为由理想电源 E_0 和 RC 电路串联组成的主电路部分，以及电流 I_p 流经的寄生支路部分。等效电路模型中的 RC 并联电路部分主要用来表征电池内部发生的电极反应、欧姆效应和热量损耗，而寄生支路则表征了铅酸蓄电池在较长时间充电过程中产生的析气效应。大量研究证明了此等效电路模型能较好地体现铅酸蓄电池在充放电时端电压的变化情况和外界环境温度对电池工作特性的影响[86-88]。

蓄电池的电量变化值和当前剩余电量是蓄电池非常重要的特性参数，是工程人员制定控制方案的依据。这里设 I 为电池的电流，在一段时间 t 内蓄电池吸收或释放的电量 ΔQ 可表示为

$$\Delta Q = \int_0^t I \mathrm{d}t \tag{2-8}$$

蓄电池当前的剩余电量由 SOC 值来表征，且 $\mathrm{SOC} \in [0,1]$。

$$\mathrm{SOC} = \frac{Q_t}{Q_{\max}} \tag{2-9}$$

式中，Q_t 为当前 t 时刻蓄电池的电量；$Q_{\max}$ 为蓄电池最大容量。另外，Q_t 由可用电量和弹性电量两部分组成。

$$Q_t = Q_a + Q_b \tag{2-10}$$

$$c = \frac{Q_a}{Q_t} \tag{2-11}$$

式中，c 为容量比；Q_a 为可用电量；Q_b 为弹性电量。设蓄电池初始电量为 Q_0，可用电量初始值为 Q_{a0}，弹性电量初始值为 Q_{b0}，比例常数为 k。则 Q_a、Q_b 可表示为

$$Q_a = Q_{a0}\mathrm{e}^{-\Delta tk} - \frac{I(\Delta tk + \mathrm{e}^{-\Delta tk}-1)c}{k} + \frac{(1-\mathrm{e}^{-\Delta tk})(Q_0 kc - 1)}{k} \tag{2-12}$$

$$Q_b = Q_{b0}e^{-\Delta tk} - \frac{I(\Delta tk + e^{-\Delta tk} - 1)(1-c)}{k} + Q_0(1 - e^{-\Delta tk})(1-c) \qquad (2\text{-}13)$$

蓄电池的充放电形式可分为恒流或者恒压两种方式，其中在充电时两种形式的特性曲线如图 2-14 所示。

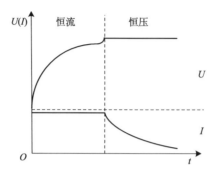

图 2-14　蓄电池恒流/恒压充电特性

在恒流充电状态下，蓄电池电流一直维持在一个恒定值，在充电刚开始时的电压增加幅度较大，之后增大速度慢慢变缓。当蓄电池的电量接近饱和状态时，由于充电电流一直不变，端电压在此时会急剧增大，在没有准确把握电池电量的情况下容易影响蓄电池的使用寿命。

在恒压充电状态下，蓄电池电压一直维持在一个恒定值，电流会逐渐减小，并且减少速率随着时间推移慢慢变缓。恒压充电方式在开始阶段产生的较大电流同样容易影响蓄电池的使用寿命。

2.4.2　超级电容器的数学模型

超级电容器是一种新兴的储能元件，它是利用两个电极与电解液之间的界面双层将电能以电场能的形式储存起来的。超级电容器的性能介于蓄电池与传统电容器之间，与传统电容相比，它具有更大的能量密度，并且容量更高；同时，它又比蓄电池拥有更大的功率密度，能够频繁迅速地改变充放电功率的大小和方向，响应速度非常快，正常工作所允许的温度范围也比较广。根据超级电容器在工作状态下是否发生化学反应可以将其分为多种类型。其中双电层超级电容器在工作时几乎不会产生化学反应，使用循环寿命也比较长，应用也较为广泛[89]。为分析超级电容器的工作特性，本节建立其等效电路模型如图 2-15 所示。

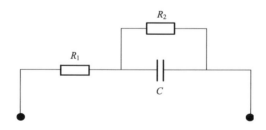

图 2-15　超级电容器经典等效模型

本模型在简单的 RC 串联模型的基础上加入了漏电阻 R_2，并且在一般情况下 R_2 远大于 R_1，添加电阻 R_2 的原因主要是考虑到超级电容器在长期使用过程中在自放电时产生的漏电特性，而 R_1 则表征了超级电容器本身的内阻，反映了工作状态下产生的电能损耗，其中 C 为理想电容器。该模型能较好地反映超级电容器工作时的电力特性[90, 91]。

相比于蓄电池，超级电容器的容量还较小，不适用于有大功率需求的电力系统，它需要以若干组通过串、并联的连接方式接入微电网混合储能系统中。经过串、并联之后，等效电容 C_0 可表示为

$$C_0 = C \frac{n_s}{n_p} \tag{2-14}$$

式中，n_p、n_s 分别为超级电容器组中单体并、串联的数量。在理想状态下，超级电容器储存的电能 W_{sc} 可以表示为

$$W_{sc} = \frac{1}{2} C U_{sc}^2 \tag{2-15}$$

超级电容器荷电状态(state of charge, SOC)也是重要的储能系统状态参数，它可以通过端电压计算得到

$$SOC_{cap} = \frac{U_{cap}(t) - U_{cap,min}}{U_{cap,max} - U_{cap,min}} \tag{2-16}$$

式中，$[U_{cap,min}, U_{cap,max}]$ 为超级电容器的正常工作电压区间，它所对应的 SOC 正常区间为$[0,1]$；$U_{cap}(t)$ 为 t 时刻超级电容器组的实时电压。

2.4.3 混合储能系统的数学模型

HESS 的主要任务是在光伏发电系统并网运行状态下平抑输出功率和电网功率之间的差值；在孤岛运行状态下平抑输出功率和负载所需的功率之间的差值。

在并网运行状态下：

$$P_{HESS}(t) = P_{wz}(t) - P_G(t) - P_L(t) \tag{2-17}$$

在孤岛运行状态下：

$$P_{HESS}(t) = P_{wz}(t) - P_L(t) \tag{2-18}$$

式(2-17)、式(2-18)中，$P_{HESS}(t)$ 为 HESS 需要平抑的功率；$P_{wz}(t)$ 为分布式电源输出功率；$P_G(t)$ 为并网功率；$P_L(t)$ 为负载功率。当 $P_{HESS}(t) > 0$ 时，HESS 吸收多余功率；当 $P_{HESS}(t) < 0$ 时，HESS 释放功率以满足负载或并网要求。

为了描述 HESS 在正常工作状态下的内部储能元件的功率整体约束条件，设 $E(t)$ 为储能元件 t 时刻下的容量，η_c、η_d 分别为储能元件的充、放电效率，并将 HESS 的数学模型表示如下：

充电时

$$\begin{cases} E_{bat}(t) = E_{bat}(t - \Delta t) + P_{bat}(t)\Delta t \eta_{bat,c} \\ E_{cap}(t) = E_{cap}(t - \Delta t) + P_{cap}(t)\Delta t \eta_{cap,c} \end{cases} \tag{2-19}$$

放电时

$$\begin{cases} E_{bat}(t) = E_{bat}(t - \Delta t) + \dfrac{P_{bat}(t)\Delta t}{\eta_{bat,d}} \\ E_{cap}(t) = E_{cap}(t - \Delta t) + \dfrac{P_{cap}(t)\Delta t}{\eta_{cap,d}} \end{cases} \tag{2-20}$$

元件充、放电时不能超过功率的最大限值 $|P_{limit}|$ 为

$$\begin{cases} |P_{bat}(t)| \leqslant |P_{bat,limit}(t)| \\ |P_{cap}(t)| \leqslant |P_{cap,limit}(t)| \end{cases} \tag{2-21}$$

式中，$|P_{limit}|$ 为储能元件所允许的最大运行功率数值，它在充、放电状态下可分别表示为如下：

充电时

$$\begin{cases} |P_{bat,limit}(t)| = \min\left\{ P_{bat,maxc}, \dfrac{E_{bat,max} - E_{bat}(t-\Delta t)}{\Delta t \eta_{bat,c}} \right\} \\ |P_{cap,limit}(t)| = \min\left\{ P_{cap,maxc}, \dfrac{E_{cap,max} - E_{cap}(t-\Delta t)}{\Delta t \eta_{cap,c}} \right\} \end{cases} \tag{2-22}$$

放电时

$$\begin{cases} |P_{bat,limit}(t)| = \min\left\{ P_{bat,maxd}, \dfrac{[E_{bat}(t-\Delta t) - E_{bat,min}]\eta_{bat,d}}{\Delta t} \right\} \\ |P_{cap,limit}(t)| = \min\left\{ P_{cap,maxd}, \dfrac{[E_{cap}(t-\Delta t) - E_{cap,min}]\eta_{cap,d}}{\Delta t} \right\} \end{cases} \tag{2-23}$$

式 (2-22)、式 (2-23) 中，$[E_{min}, E_{max}]$ 为储能元件正常工况下的容量区间；$[P_{min}, P_{max}]$ 为功率的正常工作区间。

为描述能量型储能元件和功率型储能元件在较短的时间范围内吸收或者释放功率的最大承受能力，引入一个最大功率变化率的限定值 v_{max}。

$$v_{bat,max} \geqslant \left| \frac{P_{bat}(t) - P_{bat}(t-\Delta t)}{\Delta t} \right| \tag{2-24}$$

$$v_{cap,max} \geqslant \left| \frac{P_{cap}(t) - P_{cap}(t-\Delta t)}{\Delta t} \right| \tag{2-25}$$

根据蓄电池和超级电容器的本身特性，最大的功率变化率 $v_{cap,max}$ 要远大于 $v_{bat,max}$，蓄电池由于循环次数有限，功率密度也比较低，难以承担光伏功率中高频分量的调控，而超级电容器由于能量密度较低，难以承担光伏发电系统功率的基本走势。将两者混合搭配形成 HESS 将同时使储能系统具备两种储能元件的技术优势，解决单一储能元件无法完成的功率调控任务。

除了功率限制模型，储能系统的荷电状态也是非常重要的参数指标。根据元件 SOC 控制它的充放电过程可以防止储能系统发生过充电、过放电的情况，它可表示为

$$SOC(t) = (1-\rho)SOC(t-1) + \frac{\omega_c \eta_c \Delta t P_c(t) - \dfrac{\omega_d \Delta t P_d(t)}{\eta_d}}{E} \tag{2-26}$$

式中，ρ 为储能元件工作时的自放电率；ω_c、ω_d 为储能系统充、放电控制标志。

2.5 小 结

本章首先阐述了光伏发电系统的分类及组成结构，光伏并网发电系统主要由光伏阵列和并网逆变器两个重要部件构成，着重介绍了光伏电池的工作原理及数学模型，进而分析其输出特性；其次，分析了两类光伏并网发电系统的拓扑结构和基本原理，并且对其优缺点进行比较；最后，阐述了蓄电池和超级电容器组合形成的混合储能系统，分析了两种储能元件的等效电路模型和工作特性。

第3章 光伏并网逆变器组成和基本原理

本章介绍小功率光伏逆变器和级联型光伏并网逆变器的组成与基本原理。小功率光伏逆变器主要由升压、逆变和滤波这三个部分构成，为了提高太阳能利用率及光电转换率，采用了双输入 DC/DC 升压单元。由于光伏发电大规模地集中开发，传统逆变器已不能满足发电并网的需求。级联型逆变器能够有效地降低开关应力及耐压等级，减少输出电压谐波含量，同时级联型逆变器易于模块化、容量大且效率高，可以有效地提高光伏发电的并网效率。

3.1 光伏逆变器拓扑结构及工作原理

3.1.1 升压部分拓扑结构及工作原理

一般情况下，光伏电池板的输出电压都低于电网电压，为了保证逆变器正常并网运行，需要 DC/DC 转换电路将光伏电池板输入的直流电进行升压。

DC/DC 转换电路包括直接直流转换电路和间接直流转换电路。直接直流转换电路即斩波电路，其作用是将直流电压改变为另一固定直流电压或可以变化的直流电压[92]。在实际应用中该电路有利于 MPPT 控制，所以绝大部分升压部分均使用直接升压电路，其拓扑结构如图 3-1 所示。由图 3-1 可知其输入端到输出端是不存在隔离的，其工作过程通过闭合和关断半导体开关器件来完成。

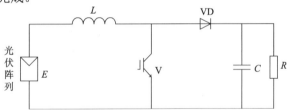

图 3-1 直接升压斩波电路拓扑结构

简要分析其工作原理，首先假定图 3-1 中电感 L 和电容 C 的值都很大。当控制开关 V 处于接通状态时，光伏电池阵列输出电流向电感 L 充电，充电电流几乎为一恒定值 I_1，与此同时，电容 C 两端的电压向负载 R 供电。因为电容值 C 很大，所以基本上保证了输出电压维持在一个恒定的值，可记作为 U_0。如果开关器件 V 处于导通状态的时间为 t_{on}，则该时间段内电感 L 储备的能量为 EI_1t_{on}。当控制开关 V 处于断开状态时，光伏阵列输出电能 E 和电感 L 储存的电能共同向电容 C 充电，此外还向负载 R 提供能量，设断开状态下电感 L 释放的能量为 $(U_0 - E)I_0t_{off}$。很显然，处于稳定状态的电路在一段时间周期 T 内电感 L 的能量等于释放的能量，即有

$$EI_1t_{on} = (U_0 - E)I_1t_{off} \tag{3-1}$$

化简得

$$U_0 = \frac{t_{on} + t_{off}}{t_{off}}E = \frac{T}{t_{off}}E \tag{3-2}$$

式中，$\dfrac{T}{t_{\text{off}}} \geqslant 1$，说明了输出电压高于光伏电池阵列的电源电压。

经过以上理论分析和算式推导可以得出，斩波电路的输出电压高于光伏电池阵列的输出电压，一方面是因为储能之后电感 L 可以使电压升高；另一方面是因为电容器 C 保持住了该输出电压。

3.1.2 逆变部分拓扑结构及工作原理

逆变部分拓扑结构电路的作用是将 DC/DC 升压电路输出的直流电逆变为交流电。通常按照直流侧电源性质的不同，将逆变器逆变部分拓扑结构电路分为电压型逆变电路和电流型逆变电路，如果直流侧电源呈现的是电压源的性质则称为电压型逆变电路，若呈现电流源的性质则称为电流型逆变电路[93]。通常光伏并网发电系统直流侧的电源性质呈现的是电压源特性且存在并联大电容，所以逆变器逆变部分拓扑结构采用的是电压型逆变电路。

单并网发电系统仅有一台逆变器承担并网工作。在中小功率场合，一般采用两级式或多级式逆变器，在三相大功率场合中，多采用单级式逆变器。两级式逆变器多为高频非隔离型，多级式则多为高频隔离型，单级式逆变器可以是工频隔离型也可以是工频非隔离型。四种形式逆变器的原理如图 3-2 所示。

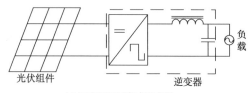

(a) 无变压器隔离式逆变器

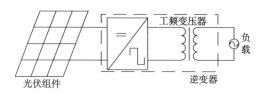

(b) 工频变压器隔离式逆变器

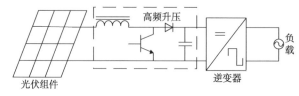

(c) 高频无变压器隔离式逆变器

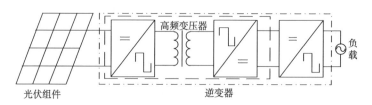

(d) 高频变压器隔离式逆变器

图 3-2　单并网逆变器原理图

图 3-2 中单并网逆变器拓扑的电路构成及特点分析如表 3-1 所示。

表 3-1   单并网逆变器拓扑的电路构成及特点分析

逆变器拓扑	电路构成	特点
无变压器隔离式	DC/AC 电路 LC 滤波电路	电路结构简单，体积小，控制方便，近年来成为大功率并网发电的研究热点
工频变压器隔离式	DC/AC 电路 隔离变压器	实现电压变换与电气隔离增强逆变器的可靠性和安全性，在大功率场合应用较为广泛
高频无变压器隔离式	DC/DC 电路 DC/AC 电路	可实现电路升压及最大功率点跟踪，且效率高、输出电压范围宽，适用于小功率场合
高频变压器隔离式	隔离式 DC/DC 电路 DC/AC 电路	可实现电路升压、跟踪最大功率及电气隔离，提高系统的安全性和稳定性，逆变器体积小、重量轻，在小功率场合应用较多

为了达到逆变器生产企业的认证标准，现在大多数小功率逆变器逆变单元采用的拓扑结构有 Heric 桥、H5 桥和 H6 桥[94-96]等新型结构。Sunways 公司提出的 Heric 型拓扑结构如图 3-3 所示，其特点为在传统 H4 桥拓扑结构的交流侧增加了两对开关管，其作用为构成双向的续流回路，当逆变器工作在续流阶段时可以保证光伏电池输出端与电网的切离。由德国 SMA 公司提出的 H5 型拓扑结构如图 3-4 所示，其在拥有 Heric 型拓扑结构优点的同时开关器件数量少。H6 型拓扑结构有许多类型，基本上都可以归纳为改进型 H5 桥拓扑结构，同样具有高效率、低功耗和高品质的特点，均可适用于中小功率的光伏并网发电系统。

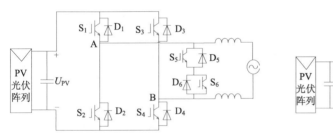

图 3-3   Heric 桥拓扑结构

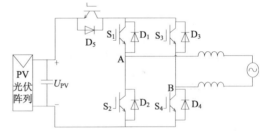

图 3-4   H5 桥拓扑结构

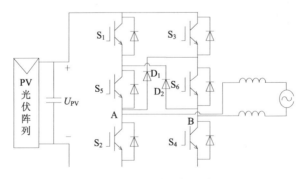

图 3-5   H6 桥拓扑结构

本章所研究的逆变器额定功率较小，为了获得最高品质性能的逆变器，逆变器 DC/AC 逆变单元应采用一个低损耗、高效率的拓扑结构，因而采用了如图 3-5 所示的新型带交流旁路的 H6 桥拓扑结构，其工作原理如图 3-6～图 3-9 所示。

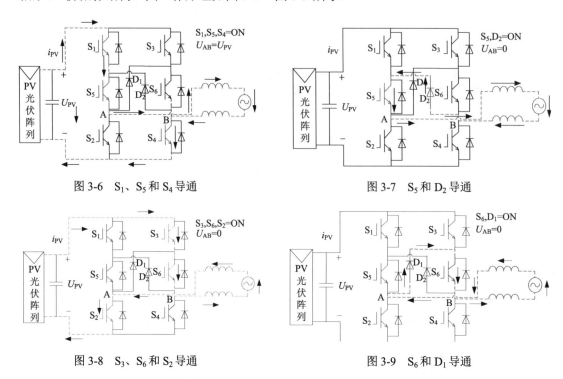

图 3-6 S₁、S₅ 和 S₄ 导通   图 3-7 S₅ 和 D₂ 导通

图 3-8 S₃、S₆ 和 S₂ 导通   图 3-9 S₆ 和 D₁ 导通

从图 3-6～图 3-9 可以看出，S_1、S_2、S_3 和 S_4 工作在高频下，而 S_5 和 S_6 工作在工频下，且 S_1、S_4 的 PWM 调制信号相同，S_2、S_3 的 PWM 调制信号相同，S_1、S_4 与 S_2、S_3 的 PWM 调制信号互补。

选取 H 桥拓扑结构时除了考虑选取高效率的逆变拓扑，还必须保证该拓扑结构能够抑制共模电压所引起的共模电流。其中，效率的高低主要取决于开关管的损耗，而共模电流的大小则主要取决于共模电压的值及其变化频率。本章采用新型 H6 桥拓扑结构，最高效率可达98%。对于不存在隔离变压器的逆变器，企业认证标准为其效率不得低于 96%，因此本章所选用的拓扑结构完全符合标准。抑制共模电流的最好方法是保持共模电压为一个恒定值[97]，下面简要分析该拓扑结构抑制共模电流的能力。

根据图 3-5 可得，设 U_{dc} 为直流侧输入电压，U_{grid} 为电网电压，u_{AN}、u_{BN} 分别是桥臂中点 A、B 对直流母线负端 N 的电压，C_{PV} 是光伏组件的寄生电容。则逆变器的共模电压 u_{cm} 和共模电流 i_{cm} 可以表示为

$$u_{cm} = 0.5(u_{AN} + u_{BN}) \tag{3-3}$$

$$i_{cm} = C_{PV}\frac{\mathrm{d}u_{cm}}{\mathrm{d}t} \tag{3-4}$$

由于脉动的 u_{AN} 和 u_{BN} 是漏电流的激励来源，所以抑制漏电流应尽量降低共模电压 u_{cm} 的变化，如果能使 u_{cm} 为一恒定值，则基本能消除漏电流。

3.1.3 滤波部分拓扑结构及工作原理

电网公司对发电系统馈送到电网的电流所含谐波分量有着严格的约束，通常情况下光伏

逆变器处于并网运行工作时逆变器的输出电流中谐波总畸变率有限值为 5%，具体如表 3-2 所示。

表 3-2　光伏并网逆变器谐波电流含有率限值

谐波电流含有率限值			
奇次谐波次数	含有率限值/%	偶次谐波次数	含有率限值/%
3～9 次	4.0	2～10 次	1.0
11～15 次	2.0	12～16 次	0.5
17～21 次	1.5	18～22 次	0.375
23～33 次	0.6	24～34 次	0.15
35 次以上	0.3	36 次以上	0.075

　　逆变器输出的并网电流经过逆变桥中的高频开关会生成一些纹波电流，流入电网后会降低电能质量。故为了减小逆变器输出谐波电流对电网的影响，保证高品质入网电流，可以先经过滤波器滤波后再并网。滤波器主要有 L、LC 和 LCL 三种类型，其拓扑结构如图 3-10 所示。

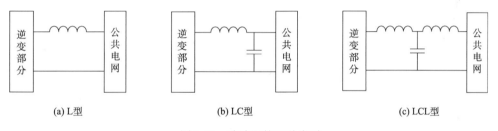

(a) L 型　　　　　　　　(b) LC 型　　　　　　　　(c) LCL 型

图 3-10　滤波器的三种类型

　　L 型滤波器的并网逆变器只使用一个电感，相比另外两种类型其结构简单有效，并且使用常规的控制策略就能够使其稳定运行。但是电感值必须足够大才能满足并网谐波要求，若滤波电感值过大，则加重了控制系统惯性，并且严重影响电流环的响应速度。相对于 L、LC 型滤波器而言，LCL 型滤波器的特性则更加复杂，虽然已有众多文献介绍了 LCL 型逆变器的控制策略，但是只是停留在理论分析层面，真正应用在实际产品中的却很少。L、LC 型滤波器在中、小功率的系统中较为常见。综合考虑，本章使用 LC 型滤波器来连接逆变器与大电网。

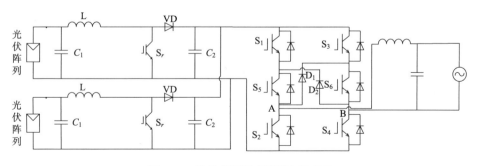

图 3-11　光伏并网逆变器的拓扑结构

综上所述，本章所研究的小功率光伏逆变器的拓扑结构如图 3-11 所示。

3.2　级联型光伏并网逆变器拓扑及工作原理

3.2.1　级联型逆变器拓扑

逆变器是光伏并网系统的关键装置，负责将光伏直流电能传输到交流电网。常见的并网逆变器的逆变电路有两种形式：半桥型与全桥型。全桥型电路可以看成两个相同结构的半桥电路并联而成，逆变电路如图 3-12 所示。

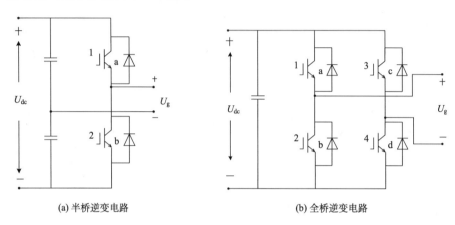

(a) 半桥逆变电路　　　　　　　　　　(b) 全桥逆变电路

图 3-12　逆变电路

图 3-12 中逆变电路的输入级为直流电压，输出级为交流电压，通过触发脉冲信号控制各开关管通断。

1）多电平并网逆变器

多电平逆变器主要有钳位型、飞跨电容型及级联型，多电平并网逆变器电路结构如图 3-13 所示。

图 3-13（a）中钳位型逆变器可利用二极管 a、b、c、d 的钳位特性及开关组合特性输出多种电平，多用于高压大功率场合；图 3-13（b）中飞跨电容型逆变器，通过控制开关管实现电容充放电，从而调节系统无功和有功的平衡，输出电平自由度及灵活度均高于二极管钳位型逆变器，多用于高压直流输电系统；图 3-13（c）中级联型逆变器由多个逆变器串联而成，所用功率器件较少，但该拓扑需要的直流电源数与逆变器单元数相同，相同条件下的交流侧输出电平高于其他两种逆变器，多用于大功率场合。

2）级联型逆变器

级联型逆变器按照直流侧电源是否相等可分为级联 H 桥型与混合级联型两种。混合级联型逆变器中有级联单元直流侧电源相等但逆变器拓扑不相同的结构、直流侧电源不等且逆变器拓扑不相同的结构，电路结构分别如图 3-14、图 3-15 所示。

图 3-14 为两单元级联型全桥逆变器，各直流单元输入电压为 E，交流侧可以输出五种不同的电平，分别是：$-2E$、$-E$、0、E、$2E$，由于各功率单元的功率分布均匀，因此无须均压，且输出电压中谐波少、波形较为接近理想的正弦波。图 3-15 为两单元混合级联型逆变器，交

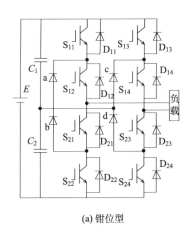

(a) 钳位型

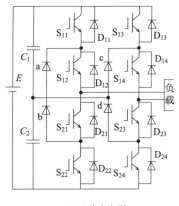

(b) 飞跨电容型

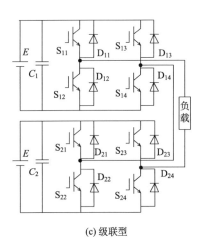

(c) 级联型

图 3-13　多电平并网逆变器

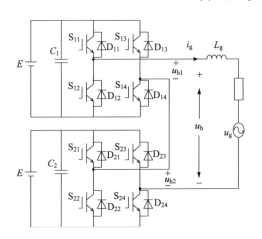

图 3-14　两单元级联型全桥逆变器

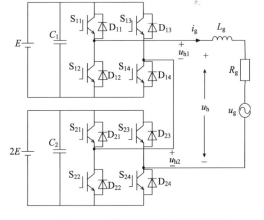

图 3-15　两单元混合级联型逆变器

流侧可输出的电平有 $-3E$、$-2E$、$-E$、0、E、$2E$、$3E$ 七种。一般来说，在相同条件下，混合型级联逆变器可获得更多的电平数。但是当单元数过多时，由于各单元输入功率分布不均匀，系统无法消除移相变压器输入电流的低次谐波。因此在实际运用中，应尽量保持级联型 H 桥逆变器的直流侧输入电源相同。

3.2.2 级联型逆变器工作模式

级联型全桥逆变器的基本单元是单相 H 桥电路，其直流侧输入为电容两端电压 u_{dc}，交流侧输出电压为 u_h。单相 H 桥中，每个桥臂的上下两个开关管互补，即当同一桥臂的任意两个功率管导通时，电路将发生短路，交流侧电压输出为 0，两单元级联型逆变器工作模式如表 3-3 所示。

表 3-3　两单元级联型逆变器工作模式

工作模式	功率开关管				输出电压
	单元一		单元二		
1	S_{11}	S_{14}	S_{21}	S_{24}	$2E$
2	S_{11}	S_{14}	D_{21}	S_{23}	E
	S_{11}	S_{14}	S_{22}	D_{24}	
	S_{11}	D_{13}	S_{21}	S_{24}	
	S_{14}	D_{12}	S_{21}	S_{24}	
3	S_{11}	S_{14}	S_{22}	S_{23}	0
	S_{12}	S_{13}	S_{21}	S_{24}	
4	S_{12}	S_{13}	D_{21}	S_{23}	$-E$
	S_{12}	S_{13}	S_{22}	D_{24}	
	S_{11}	D_{13}	S_{22}	S_{23}	
	S_{12}	D_{14}	S_{22}	S_{23}	
5	S_{12}	S_{13}	S_{21}	S_{24}	$-2E$

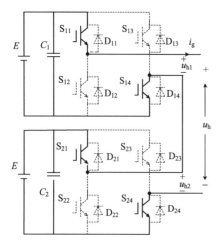

图 3-16　工作模式 1

（1）工作模式 1：单元一 S_{11}、S_{14} 和单元二 S_{21}、S_{24} 导通，其他功率管均关断时所构成的回路，各单元输出正电平 E，此时交流侧输出总电压 $u_h = E + E = 2E$，工作模式 1 导通回路如图 3-16 所示。

（2）工作模式 2：工作模式 2 共有四种导通回路可供选择。

①单元一 S_{11}、S_{14} 和单元二 D_{21}、S_{23} 导通，其他功率管均关断，此时单元一输出正电平 E，单元二输出电平为 0，则 $u_h = E + 0 = E$，导通回路如图 3-17 所示。

②单元一 S_{11}、S_{14} 和单元二 S_{22}、D_{24} 导通，其他功率管均关断，此时单元一输出正电平 E，单元二输出电平为 0，逆变器交流侧总输出为：$u_h = E + 0 = E$。

③单元一 S_{11}、D_{13} 和单元二 S_{21}、S_{24} 导通，其他功率管均关断，因此单元一输出电平为 0，单元二输出正电平 E，此时逆变器交流侧总输出为：$u_h = 0 + E = E$。

④单元一 D_{12}、S_{14} 和单元二 S_{21}、S_{24} 导通，其他功率管均关断，此时单元一输出电平为 0，单元二输出正电平 E，因此 $u_h = 0 + E = E$。

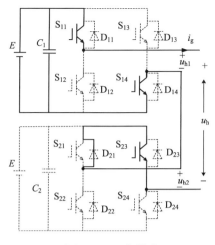

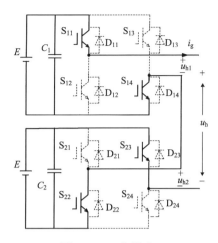

图 3-17　工作模式 2　　　　　　　　　　图 3-18　工作模式 3

（3）工作模式 3：该模式下输出电压为零，电路有两种选择。

①单元一 S_{11}、S_{14} 和单元二 S_{22}、S_{23} 导通，其他功率管均关断，此时单元一输出正电平 E，单元二输出负电平 $-E$，交流侧总输出为 0，导通回路如图 3-18 所示。

②单元一 S_{12}、S_{13} 和单元二 S_{21}、S_{24} 导通，其他功率管均关断，此时单元一输出负电平 $-E$，单元二输出正电平 E，交流侧输出为 0。

（4）工作模式 4：工作模式 4 与工作模式 2 相似，也有四种电路可供选择。

①单元一 S_{11}、D_{13} 和单元二 S_{22}、S_{23} 导通，其他功率管均关断，此时单元一输出电平为 0，单元二输出负电平 $-E$，因此 $u_{h} = 0 + (-E) = -E$；导通回路如图 3-19 所示。

②单元一 S_{12}、D_{14} 和单元二 S_{22}、S_{23} 导通，其他功率管均关断，此时单元一输出电平为 0，单元二输出负电平 $-E$，因此 $u_{h} = 0 + (-E) = -E$。

③单元一 S_{12}、S_{13} 和单元二 D_{21}、D_{23} 导通，其他功率管均关断，此时单元一输出负电平 $-E$，单元二输出电平为 0，交流侧：$u_{h} = (-E) + 0 = -E$。

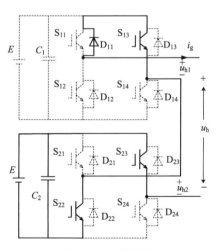

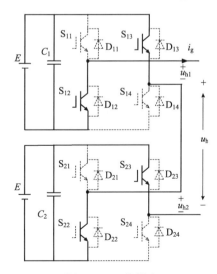

图 3-19　工作模式 4　　　　　　　　　　图 3-20　工作模式 5

④单元一 S_{12}、S_{13} 和单元二 S_{22}、D_{24} 导通,其他功率管均关断,此时单元一输出负电平 $-E$,单元二输出电平为 0,交流侧总输出 $u_h = (-E) + 0 = -E$。

(5)工作模式 5:模式 5 中单元一与单元二输出电压均为负值,此时只有单元一 S_{12}、S_{13} 和单元二 S_{22}、S_{23} 导通,其他功率管均关断,交流侧总输出为 $-2E$,导通回路如图 3-20 所示。

根据以上对 5 种工作模式的分析,可以得出两单元级联型逆变器交流侧输出电压与直流侧电源存在以下关系:

$$u_h = K_1 \cdot u_{dc} \tag{3-5}$$

式中,K_1 为开关函数,$K_1 \in \{-2, -1, 0, 1, 2\}$;$u_{dc}$ 为直流侧输入电压。当级联单元较多时,K_1 的取值范围也相应增加,对于 n 单元级联型逆变器,$K_1 \in [-n, n]$,K_1 取整数。

3.3 级联型光伏并网逆变器工作原理

常见的级联型光伏并网逆变器电路主要有两种形式,分别为半桥式和全桥式。半桥式级联逆变器也称为模块化多电平逆变器,多用在高压直流输电系统;全桥式级联逆变器也称为级联型 H 桥逆变器,一般用在大功率场合。级联型 H 桥逆变器通过将多个单相全桥变换装置串联起来,以实现高电压、多电平输出。

3.3.1 逆变器的选择

1)单级式并网逆变器

由光伏阵列、单级式并网逆变器、滤波器构成的系统称为单级式并网发电系统,如图 3-21 所示。

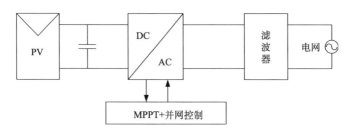

图 3-21 单级式并网发电系统

由图 3-21 可看出,单级式并网逆变器输入级为光伏组件,输出级经滤波器滤波后与电网连接,实现并网。单级式并网逆变器 DC/AC 电路负责 MPPT 控制及并网电流控制,其中 MPPT 模块用于输出在当前环境下光伏阵列的最大功率,提高太阳能利用率,但实时性和准确性较差;并网控制部分则用于控制并网电流与电压同相、同频,同时还需通过调制信号控制开关管的通断完成单位功率因数并网,调制策略主要有 SPWM 和 SVPWM 两类,单相逆变器多采用 SPWM 调制策略。

2)两级式并网逆变器

两级式光伏并网发电系统主要由光伏阵列、两级式逆变器、滤波装置以及电网四部分构成,其中两级式逆变器有 DC/DC 电路、母线电容及 DC/AC 电路三个子模块,系统整体结构如图 3-22 所示。

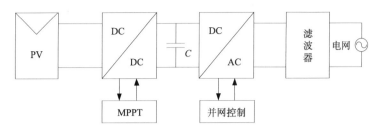

图 3-22　两级式并网发电系统

由图 3-22 可看出，两级式并网逆变器输入级和输出级与单级式并网逆变器相同，区别主要在于两级式并网逆变器有前级电路和后级电路之分。一般情况下，光伏阵列输出的直流电压幅值较小，因此两级式逆变器前级电路负责电路升压和最大功率跟踪控制，后级电路负责并网电流控制，其控制目的和方式与单级式逆变器相似，中间母线电容则控制前级电路输出电压稳定地输入后级电路。由于两级式逆变器前后级电路工作时互不干扰，因此最大功率点跟踪的实时性和准确性较优于单级式逆变器。

3）多级式并网逆变器

多级式并网逆变器是指由三个或者三个以上的功率变换电路组成的装置，多级式并网发电系统如图 3-23 所示。

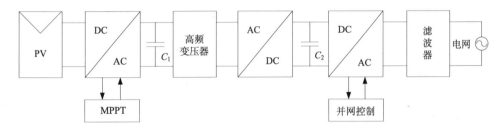

图 3-23　多级式并网发电系统

多级式逆变器在控制结构上可等效为两级，其主要优点在于能够完成光伏阵列与电网间的能量解耦，减小逆变器的开关频率。前几级可实现最大功率输出与电压调整，后一级用于完成单位功率因数并网。电路有多个功率变换环节，使得控制目标更加分散，在一定程度上降低了控制系统的复杂度，但是系统成本较高。

不同的拓扑结构决定了系统控制策略的差异，表 3-4 给出了三种拓扑的逆变器相关性能比较。

表 3-4　并网逆变器相关性能比较

逆变器拓扑	电路结构	MPPT 控制	能量解耦	控制复杂度	成本
单级式	简单	较好	不可实现	高	低
两级式	较复杂	好	可实现	较低	较高
多级式	复杂	好	可实现	低	高

由表 3-4 可以看出，虽然单级式并网逆变器电路组成简单、造价成本低，但系统控制复杂度较其他两种高，由于 MPPT 控制、并网电流控制及相位同步控制必须在同一变换器上完成，各参变量间不能完成能量解耦。在两级式或多级式逆变器中，MPPT 控制通常在前级电路中实现，后级电路则负责逆变并网和相位同步，降低控制系统复杂度，各参变量间耦合度低，在一定程度上提高了系统的控制精度，但多级式逆变器电路组成较多、结构相对复杂，因此造价较高。综合上述诸多因素，本章选用两级式逆变器作为级联基本单元。不可调度两级式光伏并网发电系统如图 3-24 所示。

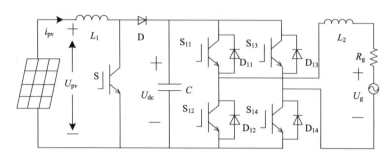

图 3-24　不可调度两级式光伏并网发电系统图

图 3-24 中，i_{pv}、U_{pv} 分别为光伏阵列输出的直流电流、电压，前级 DC/DC 电路为 Boost 升压电路，后级电路为 H 桥电路，C 为直流母线稳压电容，U_{dc} 为电容电压。后级电路中，L_2 为并网滤波电感，R_g 为网侧负载，i_g、U_g 为电网电流、电压，$S_{11} \sim S_{14}$ 为 H 桥的四个功率开关管，$D_{11} \sim D_{14}$ 为反并二极管，通过 SPWM 调制技术控制功率管的开通与关断，完成并网控制。由图 3-24 可知前级电路输出电压为后级电路的输入电压，且前级电路输出电压为最大功率点电压，设前级电路的占空比为 D，则有

$$U_{dc} = \frac{1}{1-D} U_{pv} \tag{3-6}$$

式 (3-6) 表明，最大功率点可通过调节前级电路占空比 D 获取。对于后级电路，设单逆变器开关函数为 k，由基尔霍夫电压定律 (KVL) 可得

$$U_{dc} = k \left(U_{L2} + i_g R_g + U_g \right) \tag{3-7}$$

式中，k 的取值为 –1、0、1；U_{L2} 为电感电压。

当前级电路跟踪到最大功率点后，直流电流经直流母线电容稳定输入 H 桥电路，实现直流到交流的逆变，当后级 H 桥电路输出电压、电流、相位、频率达到并网要求，则可并入电网。

3.3.2　级联型两级式并网逆变器工作原理

级联型 n 单元两级式逆变器由 n 个拓扑结构相同的两级式逆变器串联组成，光伏阵列各模块作为级联逆变器的独立输入电源，可实现 MPPT 的单独控制，电路结构如图 3-25 所示。

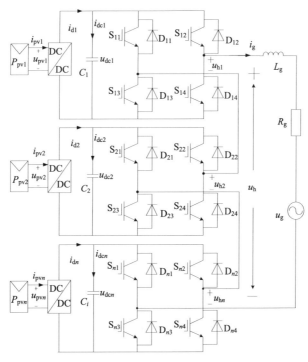

图 3-25   级联型两级式光伏并网系统电路图

图 3-25 中，级联型两级式光伏并网系统电路相关参数如表 3-5 所示。

表 3-5   级联型两级式光伏并网系统电路相关参数

参数	物理意义
u_{pvi}、i_{pvi}	第 i 个光伏单元的输出电压、电流
u_{dci}、i_{dci}	第 i 个直流母线电容电压、电流
u_g、i_g	电网电压、电流
P_{pvi}	第 i 个光伏阵列的输出功率
i_{di}	第 i 个 DC-DC 电路输出电流
u_{hi}	第 i 个逆变器的输出电压
u_h	逆变器交流侧输出总电压
C_i、L_g、R_g	直流母线电容、交流电感、电网电阻

在级联型两级式光伏并网系统中，两级式逆变器前级由 Boost DC-DC 电路构成，可实现升压和各模块 MPPT 独立控制的功能，后级则由 H 桥电路构成，用于实现单位功率因数并网，光伏阵列输出的电压经 Boost DC-DC 电路升压后传输到直流母线电容上，再由 H 桥变换后并入电网，H 桥各模块能输出-1、0、1 三种电平，因此 n 单元级联逆变器可输出 $2n+1$ 种电平。

对第 i(i=1,2,3,…,n) 个模块，设其 H 桥整流器的占空比为 d_{Hi}，则逆变器交流侧输出电压与直流侧输入电压有如下关系：

$$u_h = \sum_{i=1}^{n} u_{hi} = \sum_{i=1}^{n} d_{Hi} u_{dci} \tag{3-8}$$

忽略回路电阻 R_g 的影响，根据基尔霍夫定律可得

$$\begin{cases} u_h = L_g \dfrac{di_g}{dt} + u_g \\ C_i \dfrac{du_{dci}}{dt} = i_{di} - d_{Hi} i_g \end{cases} \tag{3-9}$$

当单元数 n 很大时，并网电流的纹波对电网的影响很小，可忽略不计。忽略器件间的差异，设光伏阵列的传输效率为 α，稳态时各单元直流母线电压达到参考值 U_{ref}，因此第 i 个模块向电网输送的功率 P_i 为

$$P_i = d_{Hi} U_{ref} i_g = \alpha P_{pvi} \tag{3-10}$$

当各单元的母线电压相同时，各单元占空比相同，此时记为平均占空比 $\overline{d_H}$，因此有

$$\overline{d_H} = \frac{u_g}{n U_{ref}} \tag{3-11}$$

当光照强度及温度相同时，各光伏模块输出的最大功率和电压理论上是相同的。但在实际应用中，器件导通时间、脉冲延时使得每个模块的输出电压略有差异，当差异较小时，对并网电流影响不大，可以忽略；当直流母线电压差异较大时，将使功率管的电压应力不一致，导致电平数降低，甚至毁坏功率管。因此控制直流侧母线电压维持均衡尤为重要。

3.4 小　　结

本章介绍了光伏发电系统的逆变部分，分析了单级式并网逆变器与级联型逆变器的拓扑结构，深入研究了单级式并网逆变器与级联型逆变器的工作原理，详细阐述了级联型逆变器的工作模式，并选取两级式并网逆变器作为级联型光伏并网逆变器的典型拓扑结构，分析了数学模型和工作原理。

第4章　基于 BP 神经网络的 HESS 系统荷电状态估计

在混合储能系统(hybrid energy storage system, HESS)中，为了能让电力工程人员准确了解系统的整体实时运行状态，防止出现设备过度充、放电的情况，需要对超级电容器和蓄电池这两种储能元件的荷电状态(state of charge, SOC)值进行较准确的估计。超级电容器的 SOC 值可通过端电压值与额定电压值的比计算得到。但是，蓄电池的工作过程是一种较复杂的化学反应过程，其电力特性会表现出明显的非线性和不规则性，这使得蓄电池的 SOC 值估计具有很大难度；若采用传统的线性数学积分方法进行计算，则会造成较大误差。

鉴于上述 HESS 荷电状态估计的困难，考虑到逆向传播(back propagation, BP)神经网络算法的特点，本章将运用 BP 神经网络的思想来解决上述问题。本章的主要内容包括：介绍 BP 神经元模型、神经元的连接方式以及神经网络的学习算法理论，并综合梯度最速下降算法、学习率可调整的 BP 算法，采用增强型学习率自适应算法对神经网络的传统学习模式进行改进，达到加快误差收敛速度从而提高学习效率的目的。然后，将 BP 神经网络法运用于 HESS 荷电状态的估计，并对估计效果加以分析。

4.1　人工神经网络的基本原理

4.1.1　神经元模型

BP 神经网络的内部是由众多种类相同的单体神经元以较为复杂的形式连接形成的，BP 神经元的结构与其他人工神经网络神经元大体一致，基本 BP 神经元模型如图 4-1 所示。

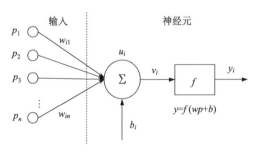

图 4-1　BP 神经元模型

$p_1, p_2, \cdots, p_n$ 为 n 个神经元输入信号，这 n 个输入信号将分别与权重值 w_{ij} 相乘并进行线性相加，从而得到 BP 神经元的数学模型 u_i：

$$u_i = \sum w_{ij} p_j \tag{4-1}$$

$$v_i = u_i + b_i \tag{4-2}$$

输出数学模型表示为

$$y_i = f\left(\sum w_{ij} p_j + b_i\right) \tag{4-3}$$

式中，b_i 为神经元阈值；f 为神经元传递函数（也称为激励函数）。

4.1.2 神经元连接方式

相比其他种类神经元的连接方式，BP 神经网络中各层神经元之间一般采用非线性函数作为传递函数，而根据不同的应用需求，选取的传递函数类型也有所区别。最常用的传递函数是 Sigmoid 型函数，这类 S 型正切或者对数类型的函数可以将神经网络输出值控制在一定范围之内，其表达式为

$$S(x) = (1+\mathrm{e}^{-ax})^{-1} \tag{4-4}$$

式中，a 为常数。

图 4-2 为一个典型 Sigmoid 型函数图像，它的输出值在[0,1]之间。

BP 神经网络是一种具有多层结构的前馈网络，根据神经元的位置和功能可以将其分为三种类型，即输入层、隐含层和输出层。输入层负责接收外界的输入信号，并将接收到的传输信号转变为模糊量传递给神经网络内部的神经元；隐含层是信息处理的位置，根据设定好的模糊规则对转化后的模糊信息进行分析判断和处理。隐含层可以设置为单层，也可设置为多层结构；输出层完成清晰化任务，并输出结果。如图 4-3 给出了一个含有双隐含层结构的 BP 神经网络模型示意图。

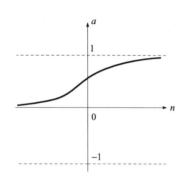

图 4-2　log-Sigmoid 函数图像

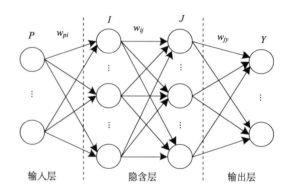

图 4-3　含有双隐含层结构的 BP 神经网络模型

4.2　神经网络的学习算法理论

人工神经网络的学习过程也称为训练过程，它主要是指在神经网络外部输入条件的激励下，网络内部的初始参数根据实际输出与期望输出之间的误差值进行一定程度的自我调整，然后对新的输入信号重新做出反应的过程。人工神经网络能够通过外界的激励因素对自身进行不断的学习和完善，提高对周围环境的适应能力和自身性能。

BP 神经网络采用监督学习的学习方式，学习过程就是上下层神经元之间权重 w 的"寻优"过程。它分别由输入信号的正向传递过程、误差的反向传播两个部分组成，具体步骤如下：外界的输入信号正向传播形成最终神经网络的输出信号，并对期望输出值进行对比，当实际输出不满足预设精度要求时，进入误差反向传播阶段；权重 w 按误差梯度下降的形式逐层修正；当 w 修正完成之后，再次输入同样的信号（即学习样本），进行新一轮的 w 修正，通过反复进行上述的迭代过程，各神经元间的 w 得到不断调整，当网络的实际输出满足预设的

精度要求或完成预先设定的学习次数时，学习过程结束。图 4-4 为 BP 神经网络学习过程的示意图。

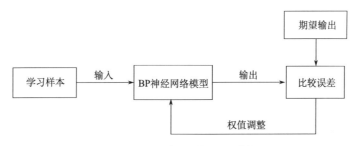

图 4-4　BP 神经网络学习过程

　　BP 神经网络的学习算法种类较多，其中应用较广泛的有梯度最速下降算法、LM (Levenberg-Marquard) 算法、BP 弹性算法和变梯度算法等。对于不同的应用场合，每种算法的最终学习效果和误差收敛速度均有较大的差别。在大部分应用环境下，选择合适的学习算法既能提高学习效率，也能提高精度。但在某些特定情形下，误差收敛速度并非越快越好，在学习效率较高的情形下，权重值有一定概率会错开最优值，这时反而达不到期望的学习效果。

4.2.1　梯度最速下降算法

　　梯度最速下降算法是 BP 神经网络的基本学习算法，这种算法基本思路如下：设 $w_{ij}(n)$ 为第 n 次学习时神经元 i 和神经元 j 之间的权重，对于一个在第 $n+1$ 次迭代中的 BP 神经网络有

$$w_{ij}(n+1) = w_{ij}(n) + \Delta w_{ij}(n) \tag{4-5}$$

第 n 次迭代时权重值的修正量表示为

$$\Delta w_{ij}(n) = -\eta \frac{\partial E(n)}{\partial w_{ij}(n)} \tag{4-6}$$

式中，η 为迭代时的学习率，通常为一个常数，也可以通过改变参数进行设置；$\Delta w_{ij}(n)$ 为第 n 次学习迭代时权重的修正量，$\partial E(n) / \partial w_{ij}(n)$ 为输出误差对权重值的梯度最速下降向量，负号表示梯度的反方向。

　　设 $E(n)$ 为神经网络第 n 次学习时输出的总误差，在 MATLAB 中通常将学习误差函数默认设置为均方误差 (Mean-Square Error, MSE) 的形式，Y 为网络期望输出值，y 为实际输出值，则输出层的误差 $E(n)$ 可表示为

$$E(n) = \frac{1}{2} \sum_{i=1}^{I} (Y - y)^2 \tag{4-7}$$

　　在梯度最速下降算法中，BP 神经网络的学习过程采用的是批量处理的方式，即在其中一次学习迭代时将所有学习样本一次性输入网络中并产生总的误差函数，再进行权重值修正。这种批量处理的方式在学习样本数量越多时，误差的收敛效率会越高。

4.2.2 学习率可调整的 BP 算法

在梯度最速下降算法中，BP 神经网络在学习过程中的学习率 η 为一个随机常数，这样会造成一定的缺陷。若学习率 η 过大，则权重值 w 在"寻优"过程中容易围绕最优值来回振荡；若学习率过小，则权重值 w 的"寻优"时间又太长，误差收敛效率很低。在梯度最速下降算法的基础上，若在常数学习率 η 前添加一个动量 k，则当进入第 $n+1$ 次学习时学习率变为

$$\eta(n+1) = k\eta(n) \tag{4-8}$$

这样在学习过程中会出现两种情况：若搜索的方向正确并可以使误差减小，则通过调整动量 k 的大小，使 BP 神经网络在下一次学习中加大学习步长，加快"寻优"速度；若权重值 w 在某次学习后已越过最优值，则可以通过调整 k 的大小减小学习步长后进行反向搜索。这种根据误差收敛效果进行实时调整学习率的学习算法在一定程度上加快了 BP 神经网络的误差收敛速度。

4.2.3 增强型学习率自适应算法

在梯度最速下降算法中，学习率始终为一固定常数值，因而在 BP 神经网络学习过程中容易出现权重值围绕最优值来回反复振荡而无法接近最优值的情况，"寻优"过程效率很低；而在可调整学习率的 BP 算法中，虽然可以动态调整学习率，但不同权重值 w_{ij} 在相同的学习率下并不利于各自最优值的搜索，因此有必要采用一种新方案进行改善。

增强型学习率自适应算法是对上述两种学习算法的一种综合。在设定 BP 神经网络结构

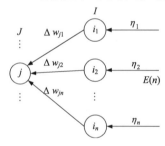

图 4-5 增强型学习率自适应
调节的误差反向传播过程

和网络预设的误差精度 e 的同时，随机设置各神经元之间大小不同的学习率，这样 BP 神经网络输入信号的正向传播形成输出值之后，在进入误差反向传播阶段时，不同节点之间可采用异化的学习率 $\eta_1, \eta_2, \cdots, \eta_n$，对不同权重 $w_{j1}, w_{j2}, \cdots, w_{jn}$ 进行差异性的调节，以满足不同权重的寻优要求，并且在误差反向传播过程中加入了附加动量 k 对学习率进行动态调整，加快权重的寻优速度。增强型学习率自适应调节的误差反向传播过程如图 4-5 所示。

根据梯度最速下降算法,学习过程中的 BP 神经网络在搜索最优权重时，神经元 i 和 j 之间的权重 w_{ij} 的修正梯度为 $\dfrac{\partial E(n)}{\partial w_{ij}(n)}$。若 $\dfrac{\partial E(n)}{\partial w_{ij}(n)} \neq 0$，则在第 n 次学习迭代中，权重修正值为

$$\Delta w_{ij}(n) = -\eta_i(n)\frac{\partial E(n)}{\partial w_{ij}(n)} \tag{4-9}$$

式中，$\eta_i(n)$ 为第 n 次学习时的学习率。在 BP 神经网络完成第 n 次迭代学习过程之后，若神经网络的输出还未达到预设的精度要求，则进入第 $n+1$ 次迭代过程，此时的学习率为

$$\eta_i(n+1) = k \cdot \eta_i(n) \tag{4-10}$$

(1)当 $E(n)<E(n-1)$ 时，取 $k \in (1.3,\ 1.7)$，保持原有的搜索方向。

(2)当 $E(n)>E(n-1)$ 时，取 $k \in (0.3,\ 0.7)$，搜索方向改为反方向。

(3)当 $E(n) \leqslant e$ 时，取 $k=0$，学习率则变为 0，神经网络终止学习。

图 4-6 所示为改进算法的学习流程图。

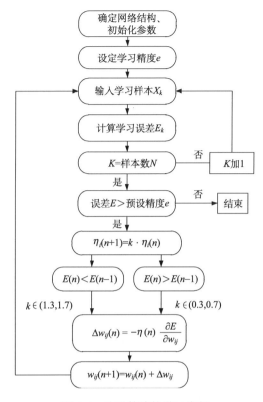

图 4-6　改进算法的学习流程

4.3　BP 神经网络的荷电状态估计效果分析

BP 神经网络是一种可以模仿人的大脑思维、对接收到的外界环境信息进行较为复杂的分析判断并做出合理输出反应的数学模型。它还可以通过学习训练过程将输入信号所表达的信息存储在神经元之间的权重值上，并遍布于整个神经网络，以模拟大脑进行一定的信息存储。

相比于传统的数学积分方法，利用 BP 神经网络估计 SOC 值这一方法的技术优势是：①具有极强的非线性映射能力，输入信号具有与输出信号唯一的映射关系[98-100]；②具有较强的自我学习能力和自适应能力；③有较好的容错性。基于以上特性，BP 神经网络在估计蓄电池 SOC 值时能够克服传统数学方法的局限性，是一种有效的估计方法。

理论上，对于一个至少具有三层结构的 BP 神经网络模型而言，只要有足够的神经元数量，它就能较为精确地逼近一个非线性映射。为了简化学习过程，本章应用三层结构的神经网络模型来讨论荷电状态的估计。设定神经网络模型的输入维数为 2，输出维数为 1，输入矢量为 $[I_b, U_b]$，输出为储能元件的 SOC 值。为防止隐含层节点数目太少使网络陷入"局部最小值"，或节点过多而引起"过度吻合"现象，估算最佳隐含层节点数目为

$$H = 2I + 1 \tag{4-11}$$

式中，I 为输入信号维数；H 为最佳隐含层神经元个数。若选定隐含层神经元数目为 5，则可将 BP 神经网络模型确定为 2-5-1 单隐含层的结构。

为减小数据差异对模型准确性产生的影响，避免因输入信号数量级差距过大而使神经网络的估计误差偏大[101-104]，同时为提升 BP 神经网络的泛化性能，本章选取微电网铅酸蓄电池组装置在正常工况下的充、放电电压、电流以及 SOC 值作为学习样本和测试样本，并且对学习样本做归一化处理。

在 MATLAB 工具箱中建立 2-5-1 结构的 BP 神经网络模型，传递函数设为 sigmoid，预设精度 e 设为 0.0150，将处理后的学习样本输入模型，采用增强型学习率自适应算法所得到的部分学习数据与 SOC 学习值如表 4-1 所示。

表 4-1　部分学习样本数据与 SOC 学习值

学习样本		SOC 值	
端电压/V	电流/A	期望值	学习值
70	6.12	0.792	0.837
70	6.01	0.713	0.735
70	5.94	0.661	0.688
70	6.03	0.761	0.786
70	5.96	0.694	0.717
70	6.06	0.779	0.801
70	5.89	0.598	0.621
70	5.91	0.611	0.633
70	6.04	0.765	0.786
70	5.99	0.701	0.719

误差变化曲线如图 4-7 所示。

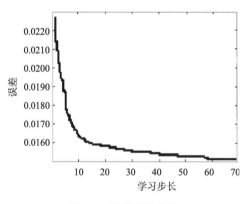

图 4-7　误差变化曲线

由图 4-7 可知，20 个学习步长时误差已小于 0.0160，经过 59 个学习步长后，神经网络达到预设精度 0.0150 的要求，误差的收敛速度很快。

为验证增强型学习率自适应算法应用于 BP 神经网络后的改进学习效果，本章采用相同神经网络模型结构、学习样本和预设精度对其他学习算法进行试验。各类学习算法试验效果对比如表 4-2 所示。

表 4-2　各类学习算法效果对比

算法类型	学习时间/s	迭代次数
标准 BP 算法	48	11898
弹性 BP 算法	21	4704
附加动量算法	41	10013
学习率自适应算法	85	19231
增强型学习率自适应算法	15	59

对比结果显示,采用增强型学习率自适应算法时所用学习时间和学习迭代次数都有明显减少,且编程操作简单。对于不同应用背景,BP 神经网络的学习时间和迭代次数虽有所区别,但各类算法在相同模型结构、学习样本和预设精度条件下误差收敛效率的优劣对比并没有改变,改进的学习算法在不同应用场合下均可发挥其优势。

为进一步验证改进学习算法对提高误差收敛效率的作用,这里采用相同的学习样本以及2-5-1 结构的 BP 神经网络模型,并设定相同的学习迭代次数,用不同算法对网络模型进行学习。为不失一般性,迭代次数分别取 20 次、40 次和 60 次,模型在学习迭代达到所设定次数时均终止学习。学习过程结束之后,取充放电电压分别为 50V、85V、110V 的数据作为相同测试样本,然后测试不同模型的估计情况,并计算估计结果的平均绝对误差,如表 4-3 所示。

表 4-3　测试样本得到的估计平均误差

算法类型	迭代次数		
	20 次	40 次	60 次
标准 BP 算法	0.01986	0.01857	0.01795
弹性 BP 算法	0.01673	0.01578	0.01521
附加动量算法	0.01964	0.01839	0.01744
学习率自适应算法	0.02168	0.01975	0.01906
增强型学习率自适应算法	0.01581	0.01508	0.01482

测试数据表明,在相同的网络结构、学习迭代次数和学习样本的条件下,采用增强型学习率自适应算法的模型得到估计值平均绝对误差均小于其他模型,说明在相同迭代次数内,改进算法达到了比其他学习算法更高的误差收敛效率。

模型经新算法 60 次迭代后得到的部分测试数据与 SOC 测试值如表 4-4 所示,测试结果与实际值最大误差不超过 4%,符合实际应用所需的精度要求。

表 4-4　部分测试样本数据与 SOC 测试值

测试样本		SOC 值	
端电压/V	电流/A	期望值	测试值
50	6.14	0.944	0.931
50	6.01	0.693	0.686
50	5.94	0.557	0.549
85	6.03	0.761	0.771

测试样本		SOC 值	
端电压/V	电流/A	期望值	测试值
85	5.96	0.694	0.691
85	6.06	0.779	0.787
110	5.89	0.712	0.705
110	5.91	0.796	0.781
110	5.86	0.698	0.709

4.4 小　　结

由于微电网 HESS 中蓄电池在工作时其电力特性会呈现出明显的非线性和不规则性,此时若依靠传统数学积分计算方法难以准确估计其荷电状态。针对这一问题,尝试利用 BP 神经网络估计其荷电状态。本章主要阐述了 BP 神经网络工作原理,介绍了 BP 基本神经元拓扑结构和 BP 神经网络的学习算法理论,并采用增强型学习率自适应算法对网络的传统学习模式加以改进,以加快神经网络训练时的误差收敛效率。将改进后的 BP 神经网络学习模式应用于微电网 HESS 荷电状态的估计测试。测试结果表明,估计结果在预设精度要求的范围之内,平均误差非常小,证明 BP 神经网络模型对储能元件的荷电状态精确估计是有效可行的。

第5章　微电网 HESS 系统功率分配协调控制

对微电网混合储能系统进行功率控制时，其总体的功率指令如何在能量型储能元件与功率型储能元件之间进行分配是非常关键的问题。本章将介绍三种基于功率波动频率的功率分配方法，并在此基础上提出一种微电网 HESS 系统的功率协调控制方法，通过超级电容器的 SOC 值映射出一个功率修正值来调整蓄电池的输出功率，使超级电容器优先做出功率波动响应，从而达到优化蓄电池充放电过程的目的。

5.1　基于功率频率的 HESS 系统功率指令初级分配方法

5.1.1　一阶低通滤波方法

众所周知，一阶低通滤波电路由 RC 电路组成，其结构如图 5-1 所示。

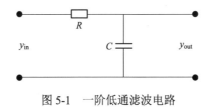

图 5-1　一阶低通滤波电路

输出信号 y_{out} 和输入信号 y_{in} 满足关系式：

$$y_{\text{out}} + RC \frac{\mathrm{d}y_{\text{out}}}{\mathrm{d}t} = y_{\text{in}} \tag{5-1}$$

设初始值为 0，由式(5-1)可以得到它在 s 域的网络函数为

$$H(s) = \frac{1}{1 + RCs} \tag{5-2}$$

将时间常数 $T=RC$，$s = \mathrm{j}\omega$ 代入式(5-2)可得到幅频特性函数为

$$H(s) = \frac{1}{1 + Ts} \tag{5-3}$$

$$|H(\mathrm{j}\omega)| = \frac{1}{\sqrt{1 + (T\omega)^2}} \tag{5-4}$$

显然，时间常数 T 越大，幅值越小，通带越窄，滤波能力就越强。但时间常数 T 越大，滤波器的响应速率也越慢。因而在设置 T 的大小时不仅要考虑滤波效果，也要兼顾到低通滤波的滞后影响。

基于一阶低通滤波的微电网 HESS 系统功率平滑相关表达式为

$$P_{\text{b}}(s) = \frac{1}{1 + Ts} P_{\text{HESS}}(s) \tag{5-5}$$

$$P_{\text{c}}(s) = P_{\text{HESS}}(s) - P_{\text{b}}(s) \tag{5-6}$$

式中，P_{HESS}为微电网 HESS 系统总体功率；$P_b(s)$ 与 $P_c(s)$ 分别为蓄电池功率和超级电容器功率。

由式(5-5)、式(5-6)可知，微电网 HESS 系统总体功率 P_{HESS} 中高频的部分将分配给超级电容器吸收，而蓄电池负责平滑频率较低的功率分量。时间常数 T 设置越大，蓄电池功率波动的抑制效果越好，但是，超级电容器系统的储能容量需求也就越大。图 5-2 为基于低通滤波的功率分配控制示意图。

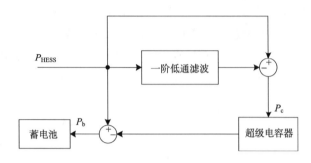

图 5-2   基于低通滤波的功率分配控制

5.1.2   小波包分解方法

图 5-3 为小波包分解过程示意图。

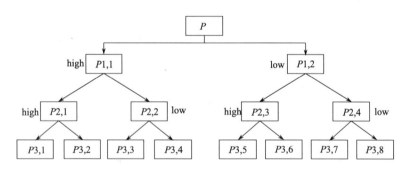

图 5-3   小波包分解过程示意图

小波包分解方法主要应用于平抑风电场输出功率的波动。由图 5-3 可知，基于小波包分解的功率平抑方法可以得到风电场输出功率信号更加细节的部分，每一次分解之后都将得到频率较高和频率较低的两个功率子成分，通过重复进行 j 次的上述分解过程后将原有的风电输出功率指令映射在 2^j 个子空间里。具体分解公式为

$$\begin{cases} c_t^{j,2n} = \sum_k v_{k-2t} c_k^{j-t,n} \\ c_t^{j,2n+1} = \sum_k s_{k-2t} c_k^{j-t,n} \end{cases} \tag{5-7}$$

重构公式为

$$c_t^{j-1,n} = \sum_k \left(\tilde{v}_{k-2t} c_k^{j,2n} + \tilde{s}_{k-2t} c_k^{j,2n+1} \right) \tag{5-8}$$

式(5-7)、式(5-8)中，$c_t^{j,2n}$、$c_t^{j,2n+1}$ 分别为小波包分解系数；v_{k-2t} 和 s_{k-2t} 分别为小波包分解

的低通、高通滤波器组；$\tilde{v}_{k-2t}$ 和 $\tilde{s}_{k-2t}$ 分别为小波包重构的低通、高通滤波器组。

由小波包分解方法得到的低频功率信号较为平滑、稳定性强，它将作为并网功率的期望输出值，以实现微电网与大电网之间的功率交换平衡；而作为高频部分的功率指令波动较强烈、变化率较大，它将由微电网 HESS 系统吸收或者释放来进行平滑处理，当风电功率大于并网功率时，HESS 系统吸收多余的功率；当风电功率小于并网功率时，HESS 系统将多余的功率释放。将高频功率信号做进一步精细分解，同时根据 HESS 系统中两种储能元件的本身固有特性，在储能系统内部进行功率的再次分配，其功率分配过程如图 5-4 所示。

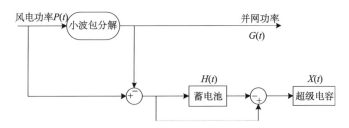

图 5-4　基于小波包分解的功率平滑控制过程

小波包分解方法可以快速地追踪目标功率指令，有效地避免了时间上滞后的不利影响。在实际应用中，经小波包分解所得到的微电网 HESS 系统高频功率指令，虽然波动幅值并不大，但考虑到经济性等因素，无法配备大量超级电容器组来满足电能的输出要求，这迫切需要配备一定数量的蓄电池来达到功率平衡的需求；另外，由于高频功率的不稳定性会影响蓄电池的循环寿命，也需要超级电容器组来辅助蓄电池运行，因而 HESS 系统两种元件搭配是有绝对性能优势的。

5.1.3　滑动平均滤波方法

滑动平均滤波(moving average filtering, MAF)方法能有效地抑制信号中的干扰，它在连续时域下的表达式为

$$Y(t) = \frac{1}{T_y} \int_{t-T_y}^{t} y(\tau) \mathrm{d}\tau \tag{5-9}$$

式中，$y(\tau)$ 为含有随机性干扰的功率指令信号；T_y 为滑动窗口的长度。s 域传递函数可表示为

$$H(s) = \frac{Y(s)}{y(s)} = \frac{1 - \mathrm{e}^{-T_y s}}{T_y s} \tag{5-10}$$

将 $\mathrm{j}\omega$ 代替 s，可得到其幅频特性函数为

$$H(\mathrm{j}\omega) = \left| \frac{\sin(\omega T_y / 2)}{\omega T_y / 2} \right| \angle (-\omega T_y / 2) \tag{5-11}$$

显然，当信号角频率 ω 为 0 时，MAF 增益效果为 0，即对直流信号无平滑作用。

对于含有随机波动的微电网 HESS 系统功率指令，应当采用离散 MAF 的滤波形式。假设滑动窗口长度为 T，经某一个固定频率 f 采样可以得到一个随时间变化的功率指令序列 $P(t_1), P(t_2), \cdots, P(t_n)$，其中采样个数 $n=Tf$，每滑动一个采样周期，时间窗口添进一个新数据后再去掉一个旧数据，此过程由于不断地"吐故纳新"，因此在长度为 T 的时间窗口中始终有 Tf 个数据。将这 n 个采样值进行计算得到算术平均值，就可得出一个较平滑的新序列：

$$P_{b,ref} = P'(n) = \frac{1}{Tf}\sum_{k=0}^{Tf-1}P(t_{n-k}) \tag{5-12}$$

根据滤波性质，这里将式(5-12)得到的新功率指令作为蓄电池的参考功率指令 $P_{b,ref}$，将 HESS 系统整体功率 P_{HESS} 与 $P_{b,ref}$ 的差值作为超级电容器参考功率指令 $P_{c,ref}$：

$$P_{c,ref} = P_{HESS} - P_{b,ref} \tag{5-13}$$

时间窗口 T 设置越大，功率平滑效果就越明显，超级电容器所载负荷的比重越大；反之，窗口 T 设置越小，蓄电池负载与混合储能负载越趋于一致。为最大限度地减小直流母线电压的波动，优化蓄电池组的充放电过程，需要合理设置滑动窗口 T 的大小。需要指出的是滑动平均滤波方法也有一定的滞后效应，工程人员在应用时要注意这一点。

5.2 基于储能元件荷电状态的 HESS 系统功率协调控制方法

基于微电网 HESS 系统功率波动频率的分配方法所得到的蓄电池功率参考指令与 HESS 功率指令的整体趋势非常相近，并且没有考虑到储能元件的本身剩余电量，这可能会导致超级电容器容量利用率不高的情况出现，使蓄电池发生不必要的功率波动[105-109]。因此有必要利用超级电容充电时间短、功率密度高和循环寿命长的性能优势实时调整蓄电池功率指令，优化蓄电池的充放电过程。

设 HESS 系统功率的参考方向为放电为正，充电为负，并定义超级电容器的荷电状态 S_c 为

$$S_c = \frac{U_{cap}(t) - U_{cap,min}}{U_{cap,max} - U_{cap,min}} \tag{5-14}$$

式中，$U_{cap}(t)$ 为超级电容器 t 时刻的电压；$[U_{cap,min}, U_{cap,max}]$ 为超级电容器的正常工作电压区间；$[S_{min}, S_{max}]$ 为超级电容正常工作的 SOC 区间。

为减少蓄电池功率波动和系统损耗，若 t 时刻 S_c 有利于当前系统功率出力时，应充分地利用超级电容器容量和响应速度快的优势，承担主要响应功率波动的任务，由当前 S_c 映射一个蓄电池功率指令修正值 ΔP_b，调整之后的 P_c、P_b 为

$$\begin{cases} P_c = P_{c,ref} - \Delta P_b \\ P_b = P_{b,ref} + \Delta P_b \end{cases} \tag{5-15}$$

这里假定 ΔP_b 与 S_c 之间的映射为一次线性关系，并假定有以下两种情形。

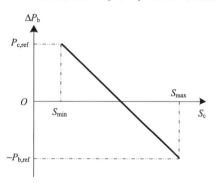

图 5-5　$P_{HESS}>0$ 时的修正关系

（1）当 $P_{HESS}>0$（HESS 系统放电）时，S_c 越大对超级电容器的放电是越有利的。假设极限情形为：当 S_c 为 S_{max} 时，ΔP_b 等于 $-P_{b,ref}$，即蓄电池的参考功率 $P_{b,ref}$ 全部由超级电容器承担；当 S_c 为 S_{min} 时，ΔP_b 等于 $P_{c,ref}$，超级电容器放电功率为 0，蓄电池输出全部功率，具体关系为

$$\frac{\Delta P_b - P_{c,ref}}{-P_{b,ref} - P_{c,ref}} = \frac{S_c - S_{min}}{S_{max} - S_{min}} \tag{5-16}$$

其特性关系如图 5-5 所示。

由式(5-15)和式(5-16)得到 P_c、P_b 分别为

$$\begin{cases} P_c = (P_{b,ref} + P_{c,ref})\dfrac{S_c - S_{min}}{S_{max} - S_{min}} \\ P_b = P_{b,ref} - (P_{b,ref} + P_{c,ref})\dfrac{S_c - S_{min}}{S_{max} - S_{min}} + P_{c,ref} \end{cases} \quad (5\text{-}17)$$

（2）当 $P_{HESS} < 0$（HESS 系统充电）时，S_c 越小对超级电容器的充电是越有利的。假设极限情形：当 S_c 为 S_{min} 时，ΔP_b 等于 $-P_{b,ref}$，即蓄电池的参考功率 $P_{b,ref}$ 全部由超级电容器吸收；当 S_c 为 S_{max} 时，ΔP_b 等于 $P_{c,ref}$，超级电容器充电功率为 0，蓄电池吸收所有功率，具体关系为

$$\frac{\Delta P_b + P_{b,ref}}{P_{c,ref} + P_{b,ref}} = \frac{S_c - S_{min}}{S_{max} - S_{min}} \quad (5\text{-}18)$$

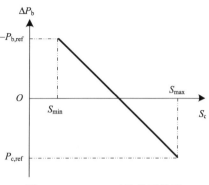

图 5-6　$P_{HESS} < 0$ 时的修正关系

其特性关系如图 5-6 所示。

由式(5-15)和式(5-18)得到 P_c、P_b 分别为

$$\begin{cases} P_c = P_{c,ref} - (P_{b,ref} + P_{c,ref})\dfrac{S_c - S_{min}}{S_{max} - S_{min}} + P_{b,ref} \\ P_b = (P_{b,ref} + P_{c,ref})\dfrac{S_c - S_{min}}{S_{max} - S_{min}} \end{cases} \quad (5\text{-}19)$$

含功率二次优化的 HESS 系统功率协调分配流程表示如图 5-7 所示。

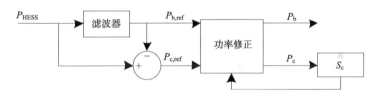

图 5-7　功率协调分配流程图

5.3　仿　真　验　证

为验证上述功率协调控制方法对平抑微电网混合储能系统功率波动的正确性和可行性，利用 MATLAB/Simulink 平台建立微电网混合储能系统仿真模型对系统进行仿真验证，图 5-8 给出了蓄电池系统仿真模块示意图。超级电容器系统仿真模块如图 5-9 所示。

蓄电池与超级电容器的系统仿真模型采用完全主动的并联方式：两者均通过双向 BUCK-BOOST 功率变换器来控制储能元件进行充放电，两个功率变换器电路的控制原理设置相同。另外，考虑到超级电容器长时间使用过程中在自放电时产生的漏电特性，超级电容器仿真模块采用上述章节所分析的 RC 经典电路等效模型，仿真模型中添加了电阻 R_2，且设置 R_2 远大于 R_1，模拟超级电容器的实际工作状态。模型在并联侧添加了一个 TIMER 模块，

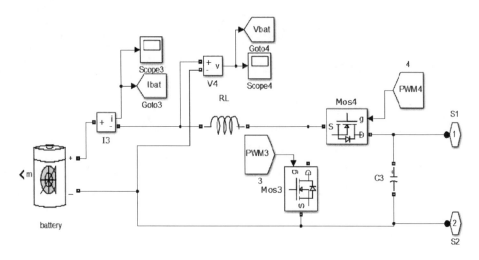

图 5-8　蓄电池系统仿真模块

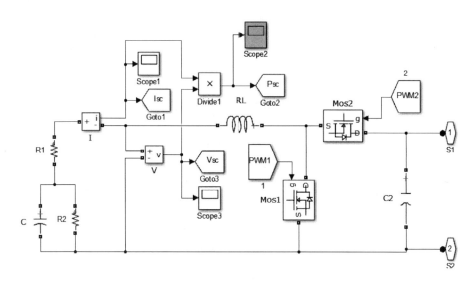

图 5-9　超级电容器系统仿真模块

并在 $t=0.6s$ 和 $t=1.2s$ 时分别设置一个 8V、−16V 的电压突变量，以观察 HESS 系统在母线电压发生突变情况下的恢复性能。同时，为验证超级电容器功率补偿环节的应用效果，以一阶低通滤波方法为基础，对微电网 HESS 整体功率指令做平滑处理，分别获得超级电容器和蓄电池的参考功率指令，然后根据超级电容器的 SOC 来调整蓄电池的输出功率指令，其目的是在充分利用超级电容器容量的情况下，优化蓄电池的充放电过程。

仿真模型中各系统的参数具体设置为：蓄电池容量参数设置为 170V/5.5Ah，其初始荷电状态 SOC 为 0.5，额定工作电压为 80V；电容器 $C=1.5F$，R_1 为 0.1Ω，R_2 为 10^7Ω，双向 BUCK-BOOST 直流变流器中电感为 0.01H。

图 5-10 所示为 HESS 系统、蓄电池系统、超级电容器系统的功率变化曲线。

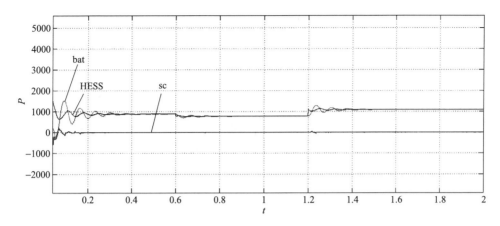

图 5-10　储能系统功率示意图

由图 5-10 可以看出，在 t=0.6s 和 t=1.2s 时，由于母线电压发生了突变，HESS 系统整体功率、蓄电池功率以及超级电容器功率均有不同程度的波动，蓄电池和 HESS 系统的功率波动较为明显，但很快就恢复了稳定值。并且，蓄电池输出功率的波动变化曲线基本和 HESS 系统的总功率基本趋势一致，这说明蓄电池已经发挥能量型储能元件的性能优势，维持了 HESS 系统整体功率的走势。而超级电容器的输出功率始终在 0 附近反复振荡，反映了功率型储能元件能量密度小，但功率密度较大的工作特性。为观察两种储能元件的功率波动细节，将上述元件仿真图像进行局部放大后可到蓄电池系统和超级电容器系统的功率波动细节情况，如图 5-11、图 5-12 所示。

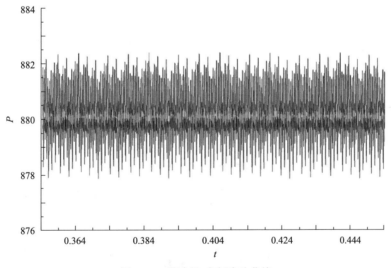

图 5-11　蓄电池功率波动曲线

从图 5-11、图 5-12 可以看出，利用一阶低通滤波方法将混合储能系统输出功率分为高、低频的两个分量，并加入超级电容器功率补偿环节后，相比于 HESS 系统的整体输出功率，蓄电池的输出功率曲线波动幅度比较小，并且一直维持在相对稳定的一个波动幅度范围之内；而超级电容器的功率曲线波动幅度则比较大，但是整体功率较小，这更加充分反映了能量型元件和功率型元件性能上的差别，蓄电池维持了 HESS 系统功率走势，而超级电容器较好完成了对 HESS 系统整体功率"填谷平峰"的任务。

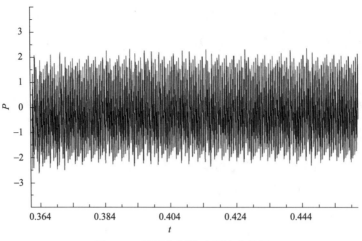

图 5-12 超级电容器功率波动曲线

根据上述章节对超级电容器等效电路模型的分析，其端电压直接反映了超级电容的 SOC 变化情况，超级电容器的端电压变化曲线如图 5-13 所示。

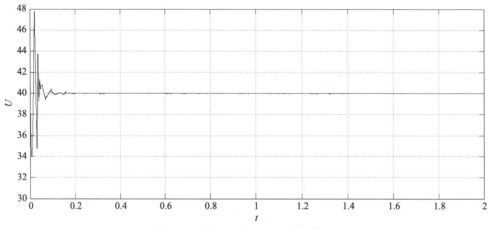

图 5-13 超级电容器电压变化曲线

由图 5-13 可见，超级电容器端电压在稳定之后始终维持在 40V 左右，并在小范围内有剧烈的波动，根据超级电容器的电压变化情况，其 SOC 值(%)的变化趋势如图 5-14 所示。

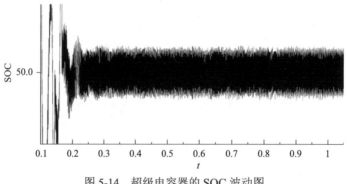

图 5-14 超级电容器的 SOC 波动图

蓄电池的 SOC 值(%)曲线如图 5-15 所示。

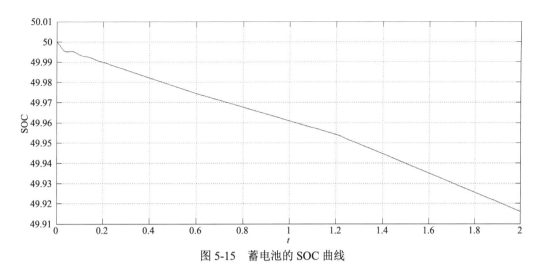

图 5-15　蓄电池的 SOC 曲线

由图 5-14、图 5-15 可以看出，功率稳定之后超级电容器系统的 SOC 值在以 0.5 为中心的范围内有比较剧烈的波动，而蓄电池的 SOC 值则较为平滑稳定。这说明以一阶低通滤波为基础，并加入超级电容器功率补偿环节之后，超级电容器能起到稳定蓄电池充放电过程的作用。

直流母线电压、电流变化曲线分别如图 5-16、图 5-17 所示。

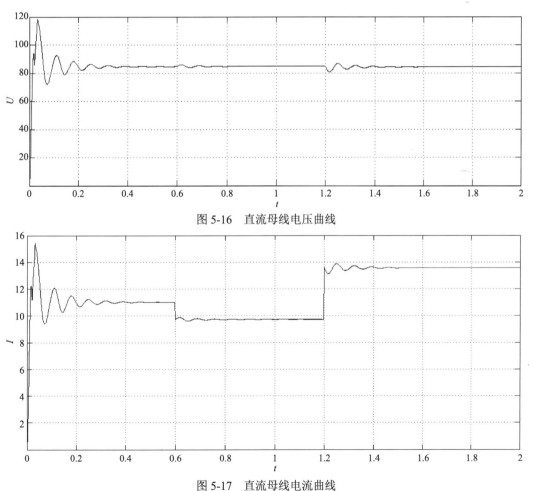

图 5-16　直流母线电压曲线

图 5-17　直流母线电流曲线

由图 5-16、图 5-17 所示的仿真结果可以看出,在 t=0.6s 和 t=1.2s 时刻,在母线电压发生突变,电压经过短暂波动之后很快恢复了正常稳定状态,并且波动前后的电压值一直维持在 83V 左右,这说明 HESS 系统有较好维持母线电压恒定的性能。

5.4 小　　结

本章首先介绍了两种在微电网 HESS 系统中应用最多的内部功率分配方法,基于经验规则的功率分配方法和基于功率波动频率的分配方法。根据蓄电池和超级电容器的技术特点及其自身工作特性,分析得到结论——基于功率波动频率的分配方法更能发挥两者的性能优势。其次,分析了基于功率波动频率的三种滤波方法,一阶低通滤波方法、小波包分解方法和滑动平均滤波方法。再次,在功率波动频率的分配方式基础上,根据储能元件的荷电状态,优先使用超级电容器做出功率响应,以充分发挥超级电容功率密度大、充放电速度快的性能优势,达到优化蓄电池的充放电过程,延长电池使用循环寿命的目的。最后,在 MATLAB/Simulink 平台建立微电网混合储能系统仿真模型对系统进行仿真,验证了功率协调控制方法对平抑微电网混合储能系统功率波动的正确性和可行性。

第 6 章 光伏逆变器并网运行控制方法

光伏逆变器并网运行时控制方法主要包括并网电流控制和最大功率跟踪控制。首先针对逆变器输出电流控制问题，本章提出一种简单的准 PR 调节器，并给出合理的参数整定方法，通过获取频率响应特性来直接实现交流量的无静差控制，仿真结果表明该方法保证入网电流与电网电压保持同频同相且有效降低了谐波含量；然后针对传统最大功率点跟踪控制局限性，本章提出一种最大功率点跟踪优化控制方法，该方法通过采样光伏电池板三个不同的 *P-U* 值，比较功率值的大小来判断光伏电池板的工作状态，通过事先设定的不同指令逐步使光伏电池板工作在最大功率点处，最后仿真结果表明该控制方法的有效性。

6.1 基于准 PR 调节器的并网电流控制

逆变器并网电流控制分为间接电流控制和直接电流控制。逆变器间接电流控制需要事先设定好指令，当一些参数发生变化时控制系统不能快速及时地做出响应，进而会影响到逆变器输出电流的电能质量，因而在实际应用中比较少见。逆变器直接电流控制依据逆变器拓扑结构和基本参数关系式建立数学模型，根据并网电流控制的具体要求建立电流控制环，采用跟踪型控制技术对电流波形的瞬时值进行反馈控制[110]。通过跟踪电流波形实现直接电流控制，受系统参数变化的影响较小，因而在提高响应速度的同时保证了逆变器输出电流的电能质量。

直接电流控制方法是直接跟踪控制电流波形的瞬时值进行反馈控制。该控制策略主要有以下几类。

1) 瞬时值反馈滞环控制

图 6-1 为电流瞬时值反馈滞环控制原理图。i^* 表示指令电流；i 表示实际的入网电流；$i - i^*$ 表示两个电流值的偏差 Δi，输入到滞环比较器内。通过滞环比较器产生控制开关通断的 PWM 信号实现控制并网电流 i 的变化。

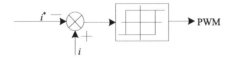

图 6-1 电流瞬时值反馈滞环控制原理图

这种控制方案具有如下特点：硬件电路简单易控；实时控制，电流响应快；对负载参数不敏感；不需要斩波；但是，逆变器开关器件的开关频率是时常变化的，而滞环的宽度是固定不变的，进而使电流跟随的误差范围不能改变，最终导致电流频谱过宽，增加了谐波干扰，破坏了入网电流质量。

2) 电流瞬时值反馈与三角波比较控制

图 6-2 为电流瞬时值反馈与三角波比较控制原理图，将 $i - i^*$ (即两个电流值的偏差 Δi)

经过放大器 A 作用后与三角波进行比较获得 PWM 信号，通过调制一系列的脉冲宽度来等价地获得所需要的波形。其具体原理为[111]：将标准的正弦半波平均分成 N 份，故将正弦半波认为是 N 个连续不断的脉冲序列构造的，且脉冲宽度均为 π/N 但幅值不同。经过变化后这些脉冲序列构造的波形顶部由水平的直线变为曲线，每个脉冲的幅度随正弦规律而变化，如果上述脉冲序列使用的是相等数量相等幅度而不等宽度的矩形脉冲，且保证矩形脉冲的中点跟与之相对应的正弦波中点正好重合，同时保证矩形脉冲和与之相对应的正弦波面积相等，最终就可以获得 PWM 波形。这种控制方案具有如下特点：简单可靠，但跟随误差较大。

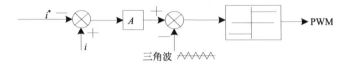

图 6-2　电流瞬时值反馈与三角波比较控制原理图

3）无差拍控制

图 6-3 为无差拍控制方式原理图，根据本周期以前的采样值 $i(k)$，采用数据处理单元计算出下一周期要达到指定的电流 $i^*(k+1)$，由差值 $i^*(k+1)-i(k)$ 计算出开关器件的开通时间，使下一周期的输出电流 $i(k+1)$ 等于指令电流 $i^*(k+1)$。

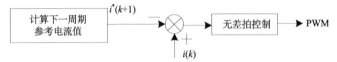

图 6-3　无差拍控制方式原理图

综上所述，电流瞬时值反馈与三角波比较控制的原理简单可靠、技术成熟，所以在实际控制过程中发展较好且应用比较广泛。

6.1.1　电压电流双环控制

图 6-4 为光伏并网逆变器系统的控制结构图，因逆变器功率等级较小故采用较为简单且技术比较成熟的双环控制，即基于电网电压定向的直流侧电压外环和逆变器输出电流内环。

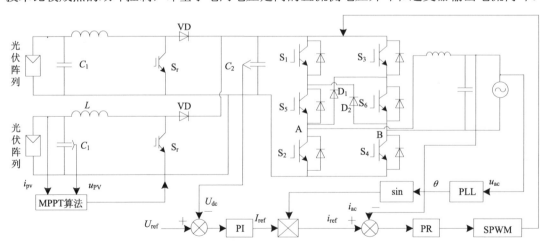

图 6-4　光伏并网逆变器系统的控制结构图

图 6-4 中，直流侧电压外环采用 PI 调节器进行调节，其主要作用就是通过稳定直流侧电压保持逆变器输入和输出能量平衡，电流内环最常用的控制方法为 PI 调节器，具有简单容易实现、可靠性高的优点，但是无法直接实现交流量的无静差控制，并且在单相系统中需通过虚拟的交流量才能实现交流到直流的坐标变换[112]，控制方法比较复杂，为了实现快速准确稳定地跟踪电流，采用 PR 调节器进行逆变器输出电流内环控制，实现逆变器输出电流的无静差控制。工作流程为：直流侧电压外环中参考电压 U_{ref} 减去直流母线电压 U_{dc} 后经过 PI 调节器，得到电流内环的电流幅值参考值 I_{ref}，从电网测取电网电压 u_{ac} 经过锁相环 (phase-locked loop, PLL) 的作用获得电网电压的相位角 θ，将 I_{ref} 与 $\sin\theta$ 相乘得到瞬时输出电流的参考信号 i_{ref}，i_{ref} 减去交流侧输出电流 i_{ac} 后再经过 PR 调节器得到 SPWM 调制波，经过 SPWM 调制后输出控制信号控制逆变桥中开关管的通断。

6.1.2 电压外环的实现

小功率光伏逆变器的拓扑结构由前级 DC/DC 升压部分和后级 DC/AC 逆变部分构成，二者之间需要实现完全解耦以便于实现控制。当光伏电池输送到逆变器的功率大于逆变器输出的功率时，直流母线上的电容器处于充电状态，母线电压增大；当光伏电池输送到逆变器的功率小于逆变器输出的功率时，直流母线上的电容器处于放电状态，此时母线电容和光伏电池共同向电网供电，母线电压降低。为了使逆变器输出的功率和光伏电池输入的功率达到能量平衡，在控制过程中应要求直流母线电压稳定。

因为逆变器输出的并网功率关系式为

$$P_{ac} = \frac{I_{ac}}{\sqrt{2}} \times \frac{U_{ac}}{\sqrt{2}} = \frac{I_{ac}U_{ac}}{2} \tag{6-1}$$

式中，I_{ac} 为逆变器输出电流的幅值；U_{ac} 为电网电压的幅值。

根据式 (6-1) 假设光伏电池阵列输出功率为 P_{pv}，则母线电容上的功率差为 $P_{pv} - P_{ac}$。系统保持稳定后，直流母线电压 U_{dc} 为电压给定值 U_{ref}，则电容电流有效值表示为

$$I_C = \frac{P_{pv} - P_{ac}}{U_{ref}} \tag{6-2}$$

直流母线电压为

$$U_{dc} = \frac{I_C}{sC_{dc}} \tag{6-3}$$

由以上各式可得电压外环的控制框图，如图 6-5 所示。

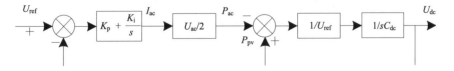

图 6-5　电压外环的控制框图

由图 6-5 可知，P_{pv} 为扰动量，电压外环的闭环传递函数为

$$G_C = \frac{(K_p s + K_i)U_{ac}}{2s^2 U_{ref} C_{dc} + (K_p s + K_i)U_{ac}} \tag{6-4}$$

由式(6-4)可以看出这是一个二阶系统，由一个比例积分环节和一个振荡环节组成，电压外环中可采用 PI 调节器进行控制[113]。通过 PI 调节器的零点抵消开环传递函数的起点，将系统设计成一个二阶系统，二阶品质最佳系统传递函数为

$$G(s) = \frac{1}{\sqrt{2T}s\left(\dfrac{\sqrt{2T}}{2} \cdot s + 1\right)} \tag{6-5}$$

同样为了获得理想二阶系统，由式(6-4)、式(6-5)得出 K_i 和 K_p 的值为

$$K_i = 0 \tag{6-6}$$

$$K_p = \frac{U_{dc}C}{2U_{ac}T_{PWM}} \tag{6-7}$$

由以上分析所得的 K_i 和 K_p 只是一个参考值，实际中需要不断调试来获得最佳效果。

6.1.3 电流内环的实现

U_{ac} 表示逆变器交流侧输出电压，U_{grid} 表示电网电压，R_L 表示线路和滤波电感的等效电阻，根据电路原理可得

$$U_{ac} = U_{grid} + L\frac{di_L}{dt} + i_L R_L \tag{6-8}$$

将式(6-8)进行拉普拉斯变换可得

$$I_L(s) = \frac{1}{sL + R_L}\left[U_{ac}(s) - U_{grid}(s)\right] \tag{6-9}$$

由载波三角波 U_{cm} 和直流母线单压 U_{dc} 可得逆变器增益：

$$K_{PWM} = \frac{U_{dc}}{U_{cm}} \tag{6-10}$$

理想情况下，电容电压等于电网电压，对滤波不起作用，因此可不计滤波电容，即 $I_{grid} = I_L$。并网闭环系统中，逆变器可等效为一个小惯性环节，其传递函数可表示为 $K_{PWM}/(T_{PWM}s+1)$ [114]，T_{PWM} 表示 IGBT 开关管的开关周期。用 $G_1(s)$ 来表示电流环中 PR 调节器的传递函数，可以得到电流环的控制框图如图 6-6 所示。

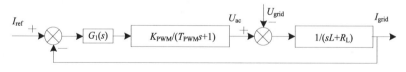

图 6-6 电流环的控制框图

PR 调节器的传递函数为

$$G_{PR} = K_p + \frac{2K_i s}{s^2 + \omega_0^2} \tag{6-11}$$

式中，K_p 为比例环节的系数；K_i 为积分环节的系数；ω_0 为谐振角频率。

积分环节传递函数为

$$G_1 = \frac{2s}{s^2 + \omega_0^2} \tag{6-12}$$

将 $s = \mathrm{j}\omega$ 代入式(6-12)得其在基波频率处的增益为

$$G_{PR} = K_p + \frac{\mathrm{j}2K_i\omega}{(\mathrm{j}\omega)^2 + \omega_0^2} = \infty \tag{6-13}$$

从式(6-13)看出 PR 调节器在基波频率处的增益为无穷大。采用 PR 调节器在高频段可以取得较大的增益补偿,使系统截止频率增高的同时使系统的响应速度变快,保证了系统的零稳态误差且受电网电压影响较小[115]。而为了抑制电网电压的干扰电流内环采用传统的 PI 调节器时需引入电网电压前馈控制,采用 PR 调节器则不需要引入便可自动抑制电网电压的扰动。但是 PR 调节器在其他频率处的增益则呈现衰减的趋势,因而其仅能无静差地跟随给定信号频率 ω_0 时的正弦量,故很难抑制因电网频移所造成的干扰进而会使逆变器输出电流中含有大量的谐波。理想的 PR 调节器因对模拟器件的参数精度和数字系统精度要求比较高所以很难实现。为了增加系统带宽,可以采用比较容易实现的准 PR 调节器,其传递函数为

$$G(s) = K_P + \frac{2K_R\omega_c s}{s^2 + 2\omega_c s + \omega_0^2} \tag{6-14}$$

从式(6-14)可以看出,实现准 PR 调节器的好坏取决于 K_P、K_R 和 ω_c 这三个参数。可通过 MATLAB 绘制式(6-14)的波特图对这三个参数进行优化设计,可保证控制系统跟踪控制电流波形的性能和抑制电网电压扰动的性能。具体如下。

(1)设 $K_P = 0$,$\omega_c = 1$,让 K_R 取不同的值,得到式(6-14)的波特图如图 6-7 所示。

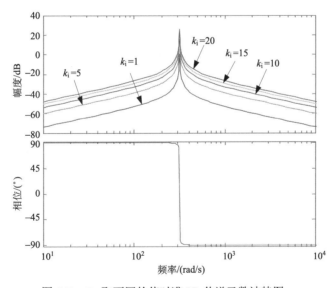

图 6-7 K_R 取不同的值时准 PR 传递函数波特图

从图 6-7 中可以看出,K_R 取不同值时准 PR 调节器的传递函数的增益就会发生改变但是不影响其带宽,而且其增益正比于 K_R。

(2)$K_P = 0$,$K_R = 1$,让 ω_c 取不同的值,得到式(6-14)的波特图如图 6-8 所示。

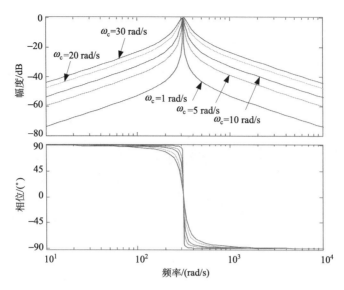

图 6-8　ω_c 取不同的值时准 PR 传递函数波特图

从图 6-8 中可以看出，ω_c 取不同值时准 PR 调节器传递函数的增益发生变化的同时其带宽也随着发生改变，且 ω_c 值变大的同时二者均变大。

令 $K_P = 0$ ，将 $s = j\omega$ 代入式(6-14)，可得

$$G(j\omega) = \frac{2jK_R\omega_c\omega}{-\omega^2 + 2j\omega_c\omega + \omega_0^2} = \frac{K_R}{1 + j(\omega^2 - \omega_0^2)/2\omega_c\omega} \tag{6-15}$$

当 $|G(j\omega)| = K_R/\sqrt{2}$ 时，求出其解为两个频率值，两个频率值的差值为带宽。令 $|(\omega^2 - \omega_0^2)/2\omega_c\omega| = 1$ 时 PR 调节器传递函数的带宽为 $\omega_c/\pi\,\text{Hz}$。

(3)设 $\omega_c = 5$ ，$K_R = 100$ ，K_P 取不同的值时，得到式(6-15)的波特图如图 6-9 所示。

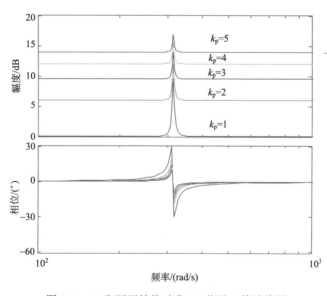

图 6-9　K_P 取不同的值时准 PR 传递函数波特图

由图 6-9 可得，随着 K_P 逐渐增大准 PR 调节器的传递函数的幅频特性曲线平行上移，频带幅值增大且幅频和相频特性曲线形状保持不变。进而可得准 PR 调节器在每个频率点的增益均与 K_P 成正比，该值越大则系统的动态响应速度就越快；随着 K_P 逐渐增大，基准频率处准 PR 调节器的幅度增加值会越来越小，故需选取恰当的 K_P 值就显得十分重要。

所以综合上述过程选择准 PR 调节器传递函数的参数为 $\omega_c = 10$，$K_R = 100$，$K_P = 4$，以此得到的准 PR 调节器的传递函数波特图如图 6-10 所示。

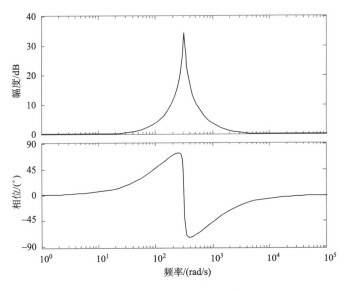

图 6-10　准 PR 调节器波特图

由图 6-10 可知，该参数设计过程可使准 PR 调节器的传递函数在基波频率处有很大的增益，因此能够实现零稳态误差，且有足够大的相角裕度能够满足系统的稳定性要求，抑制电网频移所造成的干扰，从而减小输出电流中的谐波含量。

6.2　最大功率点跟踪控制

由图 6-4 所示的逆变器的控制系统结构图可知，逆变器并网运行时在进行并网电流控制的同时还存在最大功率跟踪控制。在光伏发电系统中，光伏电池板的输出功率除了与自身内部特性有关，还与太阳光日照强度、负载特性和所处周围环境的温度有密切关系，当这些外部因素发生改变时，光伏电池板运行的最大功率点也会发生变化[116]。因此研究 MPPT 的目的是使光伏电池板始终工作在最大功率点处，提高其光电转换率。MPPT 可以通过升压部分来完成，也可以通过逆变部分来完成，二者的控制框图如图 6-11、图 6-12 所示。

图 6-11 中通过逆变部分来实现的过程为：由 MPPT 算法得到网侧逆变器输出指令电流幅值的变化量 ΔI_0，再经过 PI 调节器得到网侧逆变器输出指令电流幅值的调节量 I_0，将 I_0 和电网电压同步的单位正弦信号相乘得到网侧逆变器输出指令电流的瞬时值 i_{ref}，将 i_{ref} 与网侧检测电流瞬时值 i_0 的差值经过一个比例调节器后，与电网电压前馈信号共同合成调制波信号，最终与三角波比较后得到实现 MPPT 算法的 PWM 控制信号，从而实现 MPPT 控制。

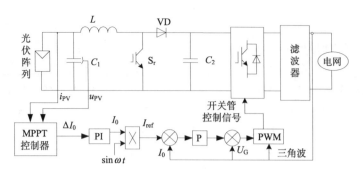

图 6-11 通过逆变部分来完成 MPPT 的控制框图

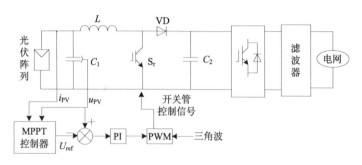

图 6-12 通过升压部分来完成 MPPT 控制框图

图 6-12 中由升压部分来完成 MPPT 控制原理可以简单概括为：将检测到的光伏电池输入电压 u_{PV} 和电流 i_{PV} 送到 MPPT 控制算法，该算法的作用为得到可整定光伏阵列工作状态的电压指令 U_{ref}，将采样得到的光伏阵列输出电压 U_{PV} 减去 U_{ref}，再由 PI 调节器来完成 DC/DC 升压单元的输入电压闭环控制，由 PWM 调制得到开关管控制信号。

由上述原理分析可得由逆变部分来实现 MPPT 的控制直接受到逆变器输出电流幅值的影响[117]。而逆变器在实际工作情况中，因外界条件的多种变化会影响逆变器输出电流的幅值，进而会引起相应的 DC/DC 升压单元输入侧（光伏阵列的输出侧）电流幅值发生变化[118]。所以一旦光伏阵列的输出电压发生变化便会降低 MPP 的搜索准确度。另外，通过逆变部分来实现 MPPT 的控制实际上是通过前级升压单元的稳压控制间接实现的，因此升压单元的稳压控制与网侧逆变器的 MPPT 控制存在耦合，这在一定程度上也影响了 MPPT 的控制性能。而当采用通过升压部分来完成 MPPT 控制时，光伏电池的 MPP 是由升压单元直接进行搜索，由于直流母线电容的缓冲，升压单元的 MPPT 控制与网侧逆变器基本不存在控制耦合，因而可取得较好的 MPPT 控制性能。所以，小功率光伏逆变器并网运行时的 MPPT 控制通过升压部分来完成。

6.2.1 光伏电池等效电路和数学模型

图 6-13 为光伏电池单元的等效电路模型，如图 6-13（a）所示，理想情况下光伏阵列电池的数学模型可以表示为一个恒定的电流源与光敏正向导通的二极管[119]。图 6-13（a）中电池本身固有的串联电阻 R_s 很小，并联电阻 R_{sh} 很大，其参数受到电池温度和日照强度的影响，对电路分析影响不大，可以省略之得到简化等效电路如图 6-13（b）所示。

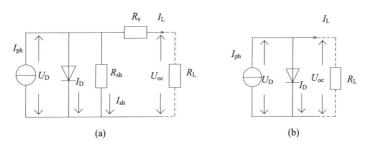

图 6-13　光伏电池单元的等效电路模型

根据图 6-13(b) 可得其数学模型为

$$I_L = I_{ph} - I_D - \frac{U_D}{R_{sh}} \approx I_{ph} - I_D \qquad (6\text{-}16)$$

$$P = U_L I_L = U_L I_{ph} - U_L I_0 \left[\exp\left(\frac{qU_L}{AkT} \right) - 1 \right] \qquad (6\text{-}17)$$

式中，I_L 为光伏电池板输出负载电流；I_{ph} 为其内部光生电流；I_D 为其内部暗电流；U_D 为等效二极管的端电压；U_L 为光伏电池板的输出端电压；P 为其输出功率。

根据式 (6-16)、式 (6-17) 可得到图 6-14 所示的光伏电池板的电压-电流关系曲线，简称为伏安特性曲线。根据功率定义式 $P = UI$，通过设定 P 为不同的常数在该特性曲线图上得到许多条等功率曲线。如图 6-14 所示，可知肯定有一条功率曲线与伏安特性曲线相切，其切点就是最大功率点 M，这条功率曲线代表着该光伏电池板的最大输出功率曲线；由 M 点对应的电流值 I_m 和电压值 U_m 构成的矩形几何面积称为光伏电池板的最大输出功率 P_m，且 $P_m = I_m U_m$；从原点引出交于 M 点的直线称为最佳负载线，$R_L = R_m$。可见，光伏电池板的 MPPT 过程实际上是使光伏电池板输出阻抗和负载阻抗等值匹配的过程。由 $P_m = I_m U_m$ 和图 6-14 可得光伏电池板的功率-电压输出特性曲线，如图 6-15 所示。

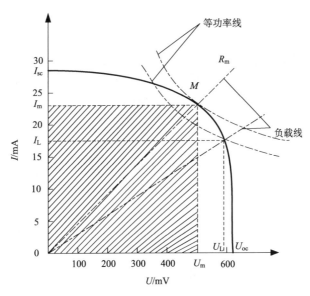

图 6-14　光伏电池的暗特性和光照下的伏安特性曲线

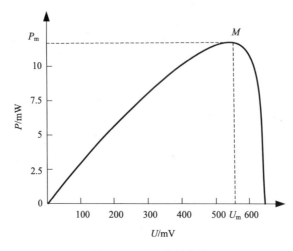

图 6-15　输出特性曲线

6.2.2　常用 MPPT 控制方法及其局限性

常用最大功率点跟踪算法有很多，因篇幅的限制只介绍几种在工程实践中比较常用的控制方法。

1）扰动观测法及其局限性

扰动观测法在工程实践中应用广泛，由于应用过程中选取不同的参数参与干扰，故有多种具体的方法[120-123]，常见的有电压干扰观测法和占空比干扰观测法。

以电压干扰法为例做详细分析，当前时刻光伏电池板输出电压值、电流值、功率分别为 U_1、I_1、P_1，上一次的电池板输出电压值、电流值、功率分别为 U、I、P，电压调整步长记为 ΔU，调整前后所得输出功率差记为 ΔP，$\Delta P = P_1 - P$。其 MPPT 具体过程如下。

(1) 若使电压值 U 变大，即 $U_1 = U + \Delta U$，此时如果 $P_1 > P_m$ 则表示 P_1 仍小于最大功率值 P_m，U_1 位于图 6-15 中区间 $(0, U_m)$，因此该算法会继续加大电压值，即 $U_2 = U_1 + \Delta U$，其中 U_2 为第二次调整后的电压值。

(2) 若使电压值 U 变大，即 $U_1 = U + \Delta U$，此时如果 $P_1 < P_m$ 则表示 P_1 仍小于最大功率值 P_m，U_1 位于图 6-15 中点 U_m 的右侧区间。因此该算法将会减小电压值，即 $U_2 = U_1 - \Delta U$。

(3) 若使电压值 U 变小，即 $U_1 = U - \Delta U$，此时如果 $P_1 > P_m$ 则表示 P_1 仍小于最大功率值 P_m，U_1 位于图 6-15 中点 U_m 的右侧区间。因此该算法将会减小电压值，即 $U_2 = U_1 - \Delta U$。

(4) 若使电压值 U 变小，即 $U_1 = U - \Delta U$，此时如果 $P_1 < P_m$ 则表示 P_1 仍小于最大功率值 P_m，U_1 位于图 6-15 中区间 $(0, U_m)$。因此该算法将会增大电压值，即 $U_2 = U_1 + \Delta U$。

由此可见，扰动观察按照该过程不断改变输出电压值，使光伏电池板的输出功率变大，直到在最大功率点附近的一个较小范围变化，最终达到稳态。该过程中电压调整步长 ΔU 可以是固定不变的，也可以是时刻变化的，因此就有了定步长扰动观察法和变步长扰动观察法两种方法。扰动观察法具有跟踪方法简单、实现容易和对传感器精度要求不高等诸多优点，因此应用比较广泛。但是，其在电池板最大功率点附近振荡运行，导致一定功率损失，且跟踪步长的设定无法兼顾跟踪精度和响应速度。

2)电导增量法及其局限性

由图 6-15 所示的光伏电池板的功率-电压输出特性曲线很容易可以看出，在最大功率点左侧区域 $dP/dU > 0$，在最大功率点右侧区域 $dP/dU < 0$，而在最大功率点附近区域 $dP/dU = 0$。因此通过比较 dP/dU 与零的大小来判断光伏电池板的工作位置，以此搜寻最大功率点[124-128]。由光伏电池板输出特性曲线可知，最大功率点与光伏电池板的输出功率 P_{PV}、电压 U_{PV} 有如下关系：

$$\frac{dP_{PV}}{dU_{PV}} = \frac{d(U_{PV}I_{PV})}{dU_{PV}} = I_{PV} + U_{PV}\frac{dI_{PV}}{dU_{PV}} = 0 \tag{6-18}$$

由此可得

$$\frac{I_{PV}}{U_{PV}} + \frac{dI_{PV}}{dU_{PV}} = G + dG = 0 \tag{6-19}$$

式中，G 为逆变器输出电流-电压特性曲线的电导；dG 为 G 的增量。

因为增量 dU_{PV}、dI_{PV} 可分别近似等于 ΔU_{PV}、ΔI_{PV}，故有如下表达式：

$$dU_{PV}(t_2) \approx \Delta U_{PV}(t_2) = U_{PV}(t_2) - U_{PV}(t_1) \tag{6-20}$$

$$dI_{PV}(t_2) \approx \Delta I_{PV}(t_2) = I_{PV}(t_2) - I_{PV}(t_1) \tag{6-21}$$

根据式(6-18)～式(6-21)及电导增量法的基本原理，根据如下规则判定光伏电池板工作在最大功率处：

(1) $G + dG \approx \dfrac{I_{PV}}{U_{PV}} + \dfrac{I_{PV}(t_2) - I_{PV}(t_1)}{U_{PV}(t_2) - U_{PV}(t_1)} > 0$，可以得到 $U_{PV} < U_{MPP}$，此时可适当增大参考电压值，使光伏电池板工作在最大功率处。

(2) $G + dG \approx \dfrac{I_{PV}}{U_{PV}} + \dfrac{I_{PV}(t_2) - I_{PV}(t_1)}{U_{PV}(t_2) - U_{PV}(t_1)} < 0$，则 $U_{PV} > U_{MPP}$，此时可适当减小参考电压值，使光伏电池板工作在最大功率处。

(3) $G + dG \approx \dfrac{I_{PV}}{U_{PV}} + \dfrac{I_{PV}(t_2) - I_{PV}(t_1)}{U_{PV}(t_2) - U_{PV}(t_1)} = 0$，则 $U_{PV} = U_{MPP}$，此时可判定光伏电池板工作在最大功率处。

由此可知，通过将 dP_{PV}/dU_{PV} 与零相比较，就能断定此刻光伏电池板的工作位置。

该 MPPT 算法可以迅速无误地使系统工作在最大功率点，而且外部环境发生变化时也可快速地进行跟踪。但是从控制流程图中可以看出，此 MPPT 算法必须进行多次微分运算，故控制系统的计算工作量较为繁重，要求计算控制器运算速度较快，因而增加了成本。

6.2.3 最大功率点跟踪优化控制方法

在传统扰动观察法中，扰动步长的选择十分重要。选择的步长过小，则光伏发电系统工作于 MPP 时所需扰动次数越多且跟踪时间就越长；若选择的步长过大则系统会在临近 MPP 左右工作且处于波动状态，会损失较多能量[128]。因此本章基于传统扰动观察法并利用电导增量法的思想，设定了一种优化算法，使系统在快速捕捉到最大功率点的同时尽量避免能量的损失。详细分析与设计如下。

首先需要采样三个不同的电压电流值，计算出相应的功率值，如图 6-16 所示三种不同采样值时光伏电池板的功率-电压输出特性曲线。

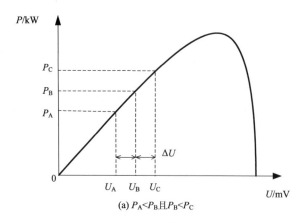

(a) $P_A<P_B$ 且 $P_B<P_C$

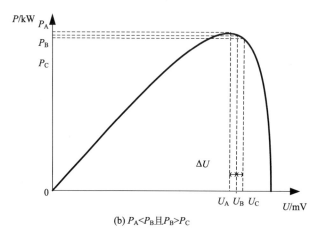

(b) $P_A<P_B$ 且 $P_B>P_C$

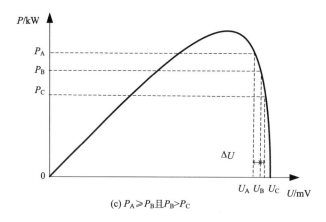

(c) $P_A \geqslant P_B$ 且 $P_B>P_C$

图 6-16　三种不同功率值情况下的特性曲线

图 6-16(a) 中，三个电压点均处于最大功率点的左侧，此时 $P_A<P_B$ 且 $P_B<P_C$；图 6-16(b) 中，三个电压点分布于最大功率点附近，此时 $P_A<P_B$ 且 $P_B>P_C$；图 6-16(c) 中三个电压点均处于最大功率点的右侧，此时 $P_A \geqslant P_B$ 且 $P_B>P_C$。从图中还可以发现，在离最大功率点较远的区域，功率对电压曲线的斜率较大，在最大功率点附近该斜率较小。

通过软件编程先设定 U_B 为当前系统工作的最大功率点对应的电压值，选取 ΔU 为调整步长。如果采样点确定的系统工作情况如图 6-16(a) 所示，则执行编程语句 $U_B = U_C$，$U_A = U_B - \Delta U$，$U_C = U_B + \Delta U$。该情况下采样到的电压值均小于最大功率点所对应的最优电压值。因 $U_C > U_B$ 先执行语句 $U_B = U_C$，设定当前最大功率点对应的电压值为采样到的 U_C 值；再执行语句 $U_A = U_B - \Delta U$，$U_C = U_B + \Delta U$，可以使下一次采样前所得的电压值设定最大功率点对应的电压值 U_B，且 U_B 逐步向右移动，最终状态是使系统出现图 6-16(b) 这种情况。如果采样点确定的系统工作情况是图 6-16(c) 这种情况，则执行编程语句 $U_B = U_A$，$U_A = U_B - \Delta U$，$U_C = U_B + \Delta U$。该情况下采样到的电压值均大于最大功率点所对应的最优电压值，因 $U_C < U_B$ 先执行语句 $U_B = U_A$，设定当前最大功率点对应的电压值为采样到的 U_A 值；再执行语句 $U_A = U_B - \Delta U$，$U_C = U_B + \Delta U$，可以使下一次采样前所得的电压值设定最大功率点对应的电压值 U_B，且 U_B 逐步向左移动，最终状态是使系统出现图 6-16(b) 这种情况。这两种情况下，工作点离最大功率点区间较远，因此为了保证跟踪速度可以将 ΔU 的值设定的较大。

如果采样点确定的系统工作情况是图 6-16(b)，$P_A < P_B$ 且 $P_B > P_C$，或者是图 6-16(a) 和图 6-16(c) 两种情况的工作结果。通过已设定好的程序判定决定下一个开关周期系统的工作走向。开关周期 D_n 时光伏电池所工作点电压 $U(k)$ 及输出功率 $P(k)$ 作为 B($U(k)$,$P(k)$) 点；测量开关周期 $D_n - \Delta D$ 时得到的光伏电池工作点电压 $U(k-1)$ 及输出功率 $P(k-1)$ 作为 A($U(k-1)$,$P(k-1)$) 点；测量开关周期 $D_n + \Delta D$ 时得到的光伏电池工作点电压 $U(k+1)$ 及输出功率 $P(k+1)$ 作为 C($U(k-1)$,$P(k-1)$) 点。此时计算直线 BA、CB 的正负，且需要一个比较符号的运算变量 Tag，若直线斜率 > 0 则规定 Tag=1；若直线斜率 < 0 则规定 Tag= -1；若直线斜率 = 0 则规定 Tag=0。将测得的直线 BA、CB 斜率的 Tag 相加并取值为 W，易得 W 的取值有 -2、-1、0、1、2。其具体实现为：当 W 取值为 1、2 时，光伏电池的输出功率呈现增大的趋势，则下一个周期取值 $D_n + \Delta D$ 使光伏电池快速工作在最大功率点；当 $W=0$ 时，光伏电池的输出功率为最大功率值，下一个周期取值 D_n；当 W 取值为 -2、-1 时，光伏电池的输出功率呈现减小的趋势，则下一个周期取值 $D_n - \Delta D$ 使光伏电池快速工作在最大功率点。

由以上分析结果可以得到，最大功率点跟踪优化算法流程如图 6-17 所示。

处于外部环境中的光伏电池板，其工作情况会受到环境的影响。特别是一天中的辐照强度是时刻变化的，因此对于光伏电池来说，其 P-U 特性曲线也是不断变化的，即 P-U 特性具有时变性，如图 6-18 所示。

因此，实际产品中所设定 MPPT 算法必须能够保证当辐照强度发生变化时光伏电池能够快速地工作在新的最大功率点。由算法工作流程可以看出，虽然不同辐照强度下光伏电池有着多条特性曲线，但是本算法连续采样的是三个不同的工作点。只有所采样的三个点满足图 6-16(a) $P_A < P_B$ 且 $P_B < P_C$，或者图 6-16(c) $P_A \geqslant P_B$ 且 $P_B > P_C$ 的情况时，才会执行接下来的指令而使系统出现图 6-16(b) $P_A < P_B$ 且 $P_B > P_C$ 这种情况，否则就会重新采样，进而按照此情况下设定的指令搜寻 MPP。但是，在图 6-16(b) 情况下会因为外界突然出现云层 $P_A \geqslant P_B$ 且 $P_B \leqslant P_C$ 的情况，该情况代表了太阳光辐照强度在短时间迅速发生改变的状况，此时算法的操作指令是认为逆变器开关周期 D_n 不变，只需对 ΔD 进行稍加调整，保证在这种突变情形下控制系统能够保持稳定，不会出现盲目调整开关周期而造成系统混乱的情况。当太阳光辐照强度恢复到另一个稳定的状态时，开始对 ΔD 进行调整，最终使光伏电池陈列工作在新的最大功率点处。

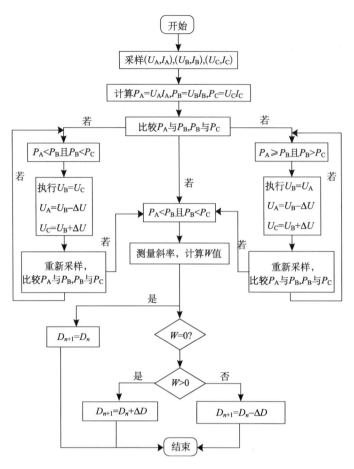

图 6-17　最大功率点跟踪优化算法流程图

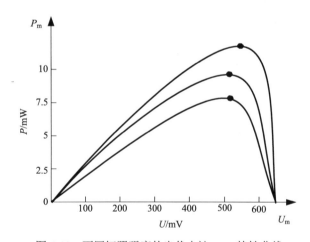

图 6-18　不同辐照强度的光伏电池 P-U 特性曲线

6.3　仿　真　验　证

利用 MATLAB/ Simulink 搭建仿真模型，主要包括前级升压模块和后级逆变模块，IGBT

Bridge 为全桥逆变形式。电流内环采用 PI 调节器时 $K_p = 2$，$K_r = 150$，仿真波形如图 6-19 所示。电流内环采用 PR 调节器时 $\omega_c = 10$，$K_r = 100$，$K_p = 4$，仿真波形如图 6-20 所示。

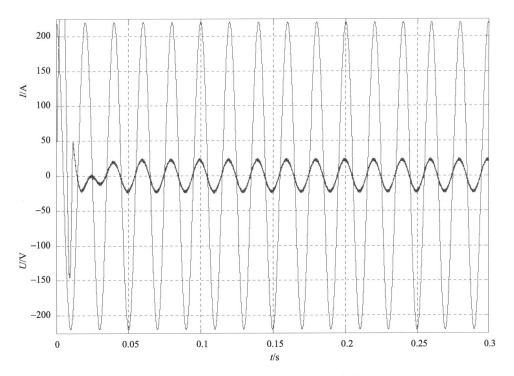

图 6-19　电流内环采用 PI 调节器的仿真波形

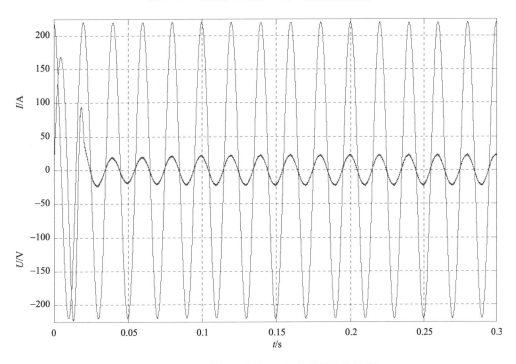

图 6-20　电流内环采用 PR 调节器的仿真波形

图 6-20 中仿真结果反映了电流内环采用 PR 调节器相对 PI 调节器来说波形更为平滑,且逆变器输出电流 0.02s 时与电网电压保持同步,说明了本章所设定的 PR 调节器效果较好。

图 6-21 为输出电流 THD 频谱图,可以看出电流内环采用 PI 调节器输出电流的总谐波系数为 5.04%,谐波含量较多,而电流内环采用 PR 调节器的输出电流的总谐波系数仅为 1.16%,谐波含量较低。

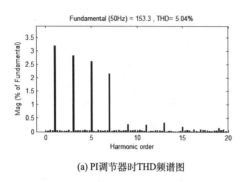 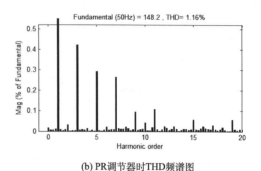

(a) PI调节器时THD频谱图　　　　　　　　(b) PR调节器时THD频谱图

图 6-21　输出电流 THD 频谱图

为了验证本章所设定的最大功率跟踪优化算法不但能够保证光伏电池快速工作于最大功率点,而且当光照强度变化时光伏电池能够快速地工作在新的最大功率点,设定仿真模型环境温度为 $T=25℃$,开启 MPPT 控制,在 $t=0.1s$ 时突然增大光照强度,在 $t=0.2s$ 时突然减小光照强度,在 $t=0.3s$ 时突然增大光照强度,仿真模型图如图 6-22 所示,则输出光伏电池的电流、电压和功率仿真波形图如图 6-23 所示。

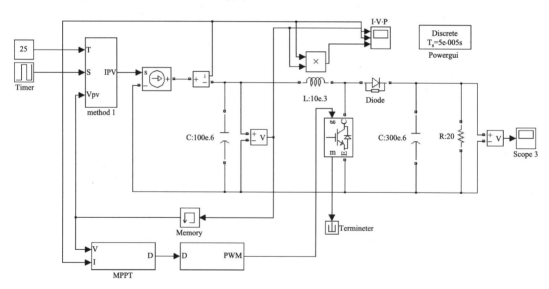

图 6-22　MPPT 仿真模型图

由图 6-23 可知,当光伏系统正常工作时,本章所设定的最大功率跟踪优化算法能够使光伏电池在较短时间内工作在最大功率点;当光照强度突然发生变化时,光伏电池均能在较短时间内重新工作在新的最优状态。

不同情况时升压单元输出电压波形如图 6-24 所示。

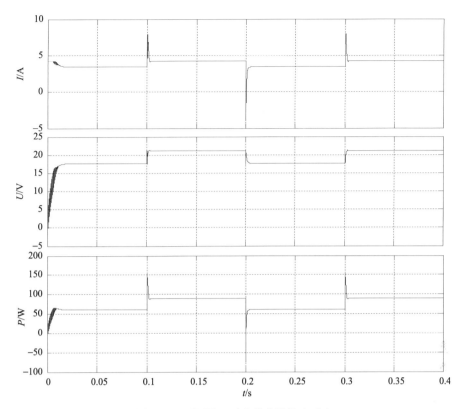

图 6-23　不同情况时光伏电池输出功率

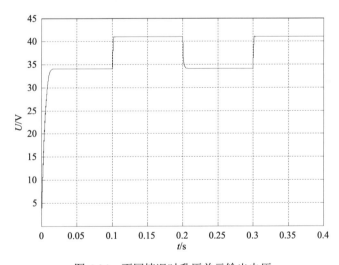

图 6-24　不同情况时升压单元输出电压

　　由图 6-24 可知，设置光伏电池仿真模型在不同的情况下发生突变，逆变器升压单元所输出电压波形都在较短的时间内平滑过渡，进一步说明了本章所设定的 MPPT 优化算法的有效性。

6.4 小　　结

光伏逆变器并网运行时的控制方法主要包括并网电流控制和最大功率跟踪控制。首先针对传统逆变器无法直接实现交流量的无静差控制问题，提出了一种简单的准 PR 调节器，设计了准 PR 调节器的相关参数，给出了合理的参数整定方法，通过获取频率响应特性来直接实现交流量的无静差控制，仿真结果表明该方法保证了入网电流与电网电压保持同频同相且有效降低了谐波含量。然后针对传统最大功率点跟踪控制无法兼顾跟踪精度和响应速度问题，提出了一种优化控制方法，该方法通过采样光伏电池板三个不同的 P-U 值，比较功率值的大小判断光伏电池板的工作状态，通过事先设定的不同指令逐步使光伏电池板工作在最大功率点。最后仿真结果表明该方法不仅能够保证光伏电池板工作在最大功率点，而且当光照强度发生变化时可使光伏电池板重新工作在新的最大功率点。

第7章 光伏逆变器防孤岛运行控制方法

光伏逆变器除了正常工作于并网运行状态，还可能因电网的突然中断或故障出现孤岛运行的情况，因此，光伏逆变器须具有防孤岛运行控制的能力。本章针对改进型主动式防孤岛运行控制对入网电流电能质量会造成影响这一问题，深入分析逆变器孤岛运行状态检测的基本原理；提出主被动式相结合的防孤岛运行控制方法。该方法主要工作过程为：检测公共耦合点处的电压和频率，比较其是否超出了保护阈值范围。若超出则控制逆变器断开防止其孤岛运行，没有超出则采用对公共耦合点处电压频率实行正反馈的主动频移法。通过仿真计算分析，其结果表明无论负载呈现感性还是容性，该控制方法均能有效地实现防孤岛运行控制。

7.1 逆变器防孤岛运行检测方法

逆变器控制系统的最终结果是在保证注入电网的交流电必须符合并网标准的同时，还须保证当电网发生故障时必须使逆变器及时停止供电，即防止逆变器出现孤岛运行状态。通常情况下逆变器孤岛运行的危害可以概括为以下几点[129]：故障发生后若电力维修工作者没有意识到逆变器正处于孤岛运行状态，一旦维修人员进行维护工作则增大了其触电的可能性；当电网发生故障时配电站中的保护系统就会启动相应保护，但是若逆变器还在继续供电则保护系统可能检测不到电网的故障，使得保护系统失效；逆变器处于孤岛运行状态时逆变器输送到电网的电压与电压频率在瞬间就会发生很大的变化，进而会损害一些对频率敏感的用电设备；供电恢复瞬间因供电电压相位不同步而产生的浪涌电流可能会发生二次故障；若发电系统连接的是三相电网系统，孤岛发生时会造成缺相故障。

逆变器防孤岛运行控制主要是通过检测逆变器发生孤岛运行期间电网相关参数的变化，进而控制逆变器停止工作[130]。所以在分析逆变器防孤岛运行控制之前，首先简要分析孤岛运行的原理，重点阐述逆变器发生孤岛运行的必要条件。光伏并网发电系统的功率流程图如图 7-1 所示[131]，其中的光伏并网发电系统具体包含光伏阵列电池和并网逆变器，发电系统通过断路器连接到大电网。

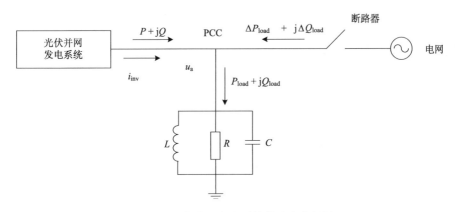

图 7-1 光伏并网发电系统的功率流程图

图 7-1 中，P、Q 分别代表发电系统提供的有功和无功功率；ΔP_{load}、ΔQ_{load} 分别代表电网馈送到负载的有功和无功功率；P_{load}、Q_{load} 分别代表负载消耗的有功和无功功率；u_a 表示公共耦合点(point of common coupling, PCC) 处的电压；i_{inv} 为发电系统输出电流。整个系统的本地负载为 RLC 并联电路，系统处于正常工作状态时 PCC 处的功率特性满足：

$$\begin{cases} P_{load} = P + \Delta P_{load} \\ Q_{load} = Q + \Delta Q_{load} \end{cases} \tag{7-1}$$

当电网突然出现故障时，式（7-1）表示的公共耦合点处的功率特性就会发生不匹配，PCC 处的电压和频率均发生改变，如果改变值触发了欠电压/过电压或欠频/过频保护便检测到了逆变器发生孤岛运行，控制系统便会控制逆变器停止工作。但是，如果出现 $P_{load} = P$、$Q_{load} = Q$ 这种极端状况时，PCC 处电压和频率的变化不会很大，且改变值触发不到欠电压/过电压或欠频/过频保护，这种情况下很难检测到逆变器发生孤岛运行，因此控制系统不会控制逆变器停止工作。

一旦光伏逆变器出现了孤岛运行，此时电网馈送到负载的无功功率为零，其消耗的无功功率均来自光伏逆变器，因此可得

$$\varphi_{load} + \theta_{inv} = 0 \tag{7-2}$$

式中，φ_{load} 为电流超前电压的相位角；θ_{inv} 为负载阻抗角。

当负载为 RLC 时，则有

$$\varphi_{load} = \arctan\left[R(\omega) - (\omega l)^{-1} \right] \tag{7-3}$$

所以逆变器发生孤岛运行的条件为[130]

(1)负载消耗的有功功率与光伏发电系统输出的有功功率相匹配。

(2)负载消耗的无功功率与光伏发电系统输出的无功功率相匹配，即满足式(7-3)。

研究表明负载谐振能力越强则系统成功检测逆变器孤岛运行的能力就越弱[132]。为了方便在实际实验过程中检测到逆变器孤岛运行，引入了一个概念"负载品质因数"，记为 Q_f，根据 IEEEStd.929，定义为：谐振时每周期最大储能与消耗能量比值的 2π 倍[133]。负载的品质因数 Q_f 表达式为

$$Q_f = R\sqrt{\frac{C}{L}} \tag{7-4}$$

如果当并联 RLC 负载的谐振频率等于电网频率时，设此时电路消耗的有功功率为 P，感性负载消耗的无功功率为 P_{ql}，容性负载消耗的无功功率为 P_{qc}，则式(7-4)可等效为

$$Q_f = R\sqrt{\frac{P_{ql}P_{qc}}{P}} \tag{7-5}$$

当 LC 谐振时，P_{ql} 和 P_{qc} 相等，设 $P_q = P_{ql} = P_{qc}$，所以式(7-5)简化为

$$Q_f = R\frac{P_q}{\sqrt{P}} \tag{7-6}$$

Q_f 的取值相当重要，因为其取值的大小严重影响着负载的谐振频率的强度。在 IEEEStd.929 中明确规定负载品质因数要大于 0.95，同时要小于 2.5[134]。

当光伏逆变器处于孤岛运行状态时逆变器输出的电压和有功功率与负载所需要消耗的有功功率之比有关且系统公共耦合点处的频率与逆变器输出的有功功率、无功功率和负载的

品质因数 Q_f 相联系[135]。所以逆变器防孤岛运行的控制主要是通过检测逆变器发生孤岛运行期间电网相关系数的变化,进而控制逆变器停止工作。

常用的检测手段主要有:基于通信原理的检测法[136]、被动式孤岛检测法和主动式孤岛检测法。基于通信原理的检测法是依赖电网与分布式电源之间的无线电通信信号的传输。其优点是效果好、可靠,缺点是系统复杂、成本高并且还必须和电网公司合作完成。

被动式防孤岛进行控制法根据检测对象的不同大致有以下几类。

(1)过电压/欠电压、过频/欠频检测法。当电网中断或者出现故障时造成 PCC 电压值和频率值发生改变,当改变值达到了过电压/欠电压、过频/欠频保护的一个范围后可控制逆变器停止工作,达到保护作用。

(2)相位突变检测法。当电网发生故障或中断时,逆变器输出端电压与输出电流之间有相位差,可以对相位进行检测判断逆变器是否出现孤岛运行,进而控制逆变器工作。

(3)电压谐波检测法。该方法通过检测其变压器的三次谐波的状况,一旦发现接近理想电压源的电网中断时,变压器上便会产生失真的电压波形,即可以通过检测电压谐波来判断逆变器是否出现孤岛运行。

(4)频率变化率检测法。当电网突然发生故障或中断瞬间,逆变器输出频率对功率一次偏导数 $\partial f / \partial P$ 发生的变化比正常运转时更加剧烈。利用数字式 $\partial f / \partial P$ 检测器测量该一次偏导数,以此偏导数作为指标判定逆变器是否出现孤岛运行。

(5)输出功率变化率检测法。当电网突然发生故障或中断瞬间,逆变器输出功率的变化比正常运转时更加剧烈,利用数字式功率检测器测量功率时变率,作为判定逆变器是否出现孤岛运行的指标。

主动式孤岛检测进行的控制法。最常见的有频移法、输出功率扰动法和阻抗测量法等。

1)频移法

频移法包括主动频移(active frequency drift,AFD)[137,138]、Sandia 频移(Sandia frequency shift, SFS)[139,140]以及滑模频移(slip mode frequency shift, SMS)[141]这几种,该方案在实际产品中应用最为广泛。

(1)AFD 方案。AFD 方案是通过光伏并网发电系统向电网注入略微有点变形的电流,形成一个连续改变频率的趋势。当连接电网时,因为电网的钳制作用,频率是不可能改变的。而当电网出现故障或中断时,逆变器输出端电压 u_a 的频率被强迫向上或向下偏移,根据频率的偏移值判断逆变器是否出现孤岛运行,进而控制逆变器工作。

(2)Sandia 频移方案。该方案通过对并网逆变器输出电压 u_a 幅值的频率 ω 运用正反馈的主动式频移法。其实质就是通过正反馈控制不断加大频率的偏差值。当光伏并网发电系统处于正常工作状态时,该方法检测到了很小的频率变化,当电网中断后,频率变化的速度变得更快直至达到频率保护范围。显然,该方案降低了逆变器输出的电能质量。

(3)滑模频移法。该方案基于相位偏移扰动的滑模频率漂移的防孤岛运行控制法,经过正反馈令逆变器输出电压、电流之间的相位差产生偏移,进而使 PCC 处的频率发生偏移判断逆变器是否出现孤岛运行,进而控制逆变器工作。该方法也会影响逆变器输出电能质量,并且若负载的相位变化过快时便起不到防孤岛保护的作用。

2)输出功率扰动法

输出功率扰动法可分为有功功率扰动和无功功率扰动。两者的工作原理均可以概括为采用扰动信号调整逆变器控制策略,使逆变器输出的功率含有了周期性扰动,在孤岛发生时,

PCC 的电压值或者频率值就会发生变化，使其超出过电压/欠电压和过/欠频的保护值范围，从而检测逆变器处于孤岛运行状态。控制原理简单但是同样会影响输出电流电能质量。

3) 阻抗测量法

当光伏并网发电系统处于正常工作状态时，大电网被视为巨大的电压源，此时 PCC 处的阻抗值是一个很小的值。通常情况下电网断开后，负载阻抗值会远高于之前并网时 PCC 的值。因此只要实时检测 PCC 处阻抗便能成功地避免逆变器出现孤岛运行，但是对于弱电网或者当电网波动较大时该方法就会失效。

7.2　主被动式相结合防孤岛运行控制方法

改进型主动式防孤岛运行控制法会影响并网电流电能质量，改进型被动式反孤岛运行控制法又过于复杂难以在实际应用中得到实现，故本章提出主被动式相结合的防孤岛运行控制方法。

7.2.1　防孤岛运行控制工作原理

结合图 7-1 具体说明本章所采用的主被动相结合防孤岛运行控制法的工作过程如下。

(1) 光伏并网发电系统正常向电网供电时，因为锁相环的作用使发电系统输出的电流和电网电压同频同相，PCC 处的电压由电网电压决定。

(2) 孤岛效应出现时，图 7-1 中与电网连接的断路器断开，由式(7-1)可得

$$\begin{cases} \Delta P_{\text{load}} = P_{\text{load}} - P \\ \Delta Q_{\text{load}} = Q_{\text{load}} - Q \end{cases} \tag{7-7}$$

如果 $\Delta P_{\text{load}} \neq 0$ 且其绝对值较大时，负载需要消耗的有功功率 P_{load} 与光伏并网发电系统的有功功率 P 不匹配，由式(7-7)可得，PCC 处的端电压 u_a 会发生变化，u_a 的变化会使 P_{load} 与 P 的不匹配度进一步加强，从而使 u_a 变得更大，当该变化值触发到了被动式过电压/欠电压保护的保护阈值时，就会采用该保护控制逆变器停止工作。

(3) 如果 $\Delta Q_{\text{load}} \neq 0$，若该绝对值较大时，其结果将会造成 PCC 处 u_a 的频率 f 值将会不断改变，如果逆变器输出提供的无功功率 Q 越发增多则可使 f 的变化值更大，当该变化值触发到了被动式过频/欠频保护的保护阈值时，就会采用该保护控制逆变器停止工作。

(4) 如果 $\Delta P_{\text{load}} = 0$ 且 $\Delta Q_{\text{load}} = 0$，此时被动式过电压/欠电压、过频/欠频孤岛保护均失效，而此时 PCC 处电压 u_a 不再由电网控制，但是由于锁相环的作用，i_{inv} 会继续保持逆变器锁相环提供的固定波形不变，必然使 PCC 处的相位发生变化。若负载为感性则电压相位超前电流相位，若负载为容性则电压相位落后电流相位，此时采用的是主动式孤岛检测控制法来防止逆变器孤岛运行，本章所用的是 SFS 法，起作用时逆变器输出的电流波形如图 7-2 所示。

图 7-2 中 i_{inv} 为 SFS 法起作用时逆变器输出电流的波形图，u_{pcc} 为公共耦合点处电压的波形图，T_g 为整个周期，t_Z 为电流波形中死区时间。SFS 法通过对逆变器输出电流加以恒定的偏移值作为电流参考值，该电流输出后会对公共耦合点处电压频率产生影响。

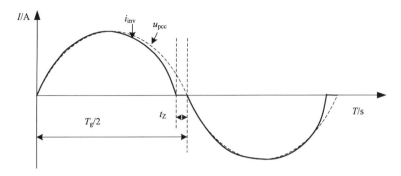

图 7-2　SFS 法起作用时输出的电流波形

由图 7-2 可知 SFS 法在逆变器输出电流的过零点之前强制增加了一个很短的死区时间，其时间为 t_Z 记为斩波 cf。当逆变器出现孤岛运行时，通过增加正的或者负的斩波 cf 使公共耦合点处电压频率发生偏离从而超过之前所选用的欠/过频保护的保护阈值，进而控制逆变器停止工作。SFS 法的 cf 可以朝正、负两个方向改变。且 cf 及相位差 θ_{SFS} 函数为

$$cf = cf_0 + k(f_k - f_g) \tag{7-8}$$

$$\theta_{SFS} = \frac{\omega t_Z}{2} = \frac{\pi cf}{2} = \frac{\pi}{2}[cf_0 + k(f_k - f_g)] \tag{7-9}$$

式(7-9)中，k 为加速增益；f_0 为电网电压的基波频率；f_g 为电网电压的实况工作频率；f_k 为第 k 个周期的逆变器输出电压频率；cf_0 为初始的斩波系数；cf_k 为第 k 个周期的斩波系数。

由式(7-8)可知 SFS 法中的斩波 cf 为与频率偏移线性关联的函数，频率偏移得越大，斩波系数越大，反过来就会使逆变器输出电流的偏移量变大，进而使公共耦合点处电压频率发生严重偏离，形成正反馈。SFS 法实质上增强了公共耦合点电压频率偏差，当逆变器处于正常并网工作状态下时，因为整个大电网系统的钳制作用，会使斩波 cf 保持为一个很小的恒定值，一旦电网发生故障大电网系统的钳制作用也将会消失，若频率向上偏移，则频率差将随 u_a 频率的增加而增加，斩波 cf 也增加，于是并网逆变器输出电流的频率向上偏移，直到持续为频率增大到触发过频保护；若频率向下偏移时与频率向上偏移相类似，直到持续为频率减小到触发欠频保护。

7.2.2　基于 $Q_{f_0} \times C_{norm}$ 坐标系模型参数优化

任何一种孤岛检测方法都存在不能检测到的区域(non-detected zone, NDZ)，因此有必要通过坐标系对不可检测区进行定量分析来提高孤岛检测的精度，常用的坐标系有 $\Delta P \times \Delta Q$、$L \times C_{norm}$、$Q_f \times f_0$ 以及 $Q_{f_0} \times C_{norm}$ 四种[142]。$\Delta P \times \Delta Q$ 坐标系选取的横、纵坐标分别为电网中断或出现故障时整个系统有功功率和无功功率的变化情况，因此该坐标系不能具体反映主动式孤岛检测；$L \times C_{norm}$ 坐标系选取负载电感 L 为横坐标，以负载"标准化电容" C_{norm} 为纵坐标，当负载中的 R 值发生变化时，同样一种孤岛检测方案中 $L \times C_{norm}$ 坐标系所表现出来的 NDZ 却是不同的，因此 $L \times C_{norm}$ 坐标系不能够反映出负载中 R 的变化对 NDZ 的影响；$Q_f \times f_0$ 坐标系中横纵坐标轴都与负载的 L、C 有关，两个坐标系的参数彼此之间又存在着耦合，故不利于 NDZ 的分析。因此本章选用 $Q_{f_0} \times C_{norm}$ 坐标系对 SFS 法中参数做优化选取。

$Q_{f_0} \times C_{\mathrm{norm}}$ 坐标系选用的是类似于负载品质因数的参数 Q_{f_0} 为横坐标, 纵坐标为 "标准化的电容" C_{norm}, 所谓标准化的电容是指 C_{norm} 考虑了负载谐振频率等于电网频率时最不利孤岛检测的因素。首先, 定义 Q_{f_0}、C_{norm} 如下:

$$Q_{f_0} = \frac{R}{\omega_0 L} \tag{7-10}$$

$$C_{\mathrm{norm}} = \frac{C}{C_{\mathrm{res}}} \tag{7-11}$$

$$C_{\mathrm{res}} = \frac{1}{L\omega_0^2} \tag{7-12}$$

$Q_{f_0} \times C_{\mathrm{norm}}$ 坐标系中的相位判据为

$$\arctan\left[R\left(\omega C - \frac{1}{\omega} \right) \right] = \theta_{\mathrm{inv}} \tag{7-13}$$

式中, θ_{inv} 为逆变器防孤岛运行控制开始后逆变器输出电流超前端电压的相位角。

为使相位判据具有普遍适用性, 设光伏并网发电系统 PCC 处的角频率 ω 为 $\omega = \omega_0 + \Delta\omega$, 且考虑式(7-11)有 $C = C_{\mathrm{norm}}$, $C_{\mathrm{ress}} = (1 + \Delta C)C_{\mathrm{ress}}$ 代入式(7-13)得

$$\arctan\left\{ R\left[(\omega_0 + \Delta\omega)(1 + \Delta\omega)C_{\mathrm{ress}} - \frac{1}{(\omega_0 + \Delta\omega)L} \right] \right\} = \theta_{\mathrm{inv}} \tag{7-14}$$

联合式(7-11)、式(7-13)和式(7-14)可得

$$\arctan\left[Q_{f_0}\omega_0 \frac{\left(\Delta\omega/\omega_0\right)^2 + 2\Delta\omega/\omega_0 + \Delta C\left(1 + \Delta\omega/\omega_0\right)^2}{\omega_0 + \Delta\omega} \right] = \theta_{\mathrm{inv}} \tag{7-15}$$

式中, $\Delta\omega$、ΔC 为角频率和电容的微偏量。$\Delta\omega$ 相比 ω_0 是一个很小的值, 因此有 $(\Delta\omega/\omega_0)^2 \approx 0$, $\Delta\omega/\omega_0 + 1 \approx 1$, 从而可将式(7-15)化简为

$$\arctan\left[Q_{f_0}\left(\frac{2\Delta\omega}{\omega_0} + \Delta C \right) \right] = \theta_{\mathrm{inv}} \tag{7-16}$$

如果满足式(7-16)的频率 f 在正常工作范围内, 逆变器就会持续处于孤岛运行状态, 因此用该式来评估 $Q_{f_0} \times C_{\mathrm{norm}}$ 坐标系中 SFS 法, 其相位判据为

$$\arctan\left[R\left(\omega C - \frac{1}{\omega L} \right) \right] = \angle\mathrm{SFS}(\mathrm{j}\omega) \tag{7-17}$$

$$\angle\mathrm{SFS}(\mathrm{j}\omega) = \frac{\omega t_Z}{2} \tag{7-18}$$

考虑斩波系数的定义, 系统处于稳定状态下有如下关系:

$$\arctan\left[R\left(\omega C - \frac{1}{\omega L} \right) \right] = \frac{\omega t_Z}{2} = \frac{1}{2} \cdot \frac{2\pi}{T} t_Z = \frac{\pi}{2} c_f \tag{7-19}$$

将式(7-19)结合式(7-11)可得

$$\arctan\left[Q_{f_0}\left(\frac{2\Delta\omega}{\omega_0} + \Delta C \right) \right] = \frac{\pi}{2} c_f \tag{7-20}$$

$$\Delta C = \frac{\tan\left(\dfrac{\pi}{2}\,\mathrm{cf}\right)}{Q_{f_0}} - \frac{2\Delta\omega}{\omega_0} \tag{7-21}$$

将频率允许的波动范围 Δf 定为–0.5～+0.5，代入盲区的电容值范围为

$$\frac{\tan\left(\dfrac{\pi}{2}c_{f_0} + \dfrac{\pi}{2}k \times 0.5\right)}{Q_{f_0}} - \frac{2\pi}{\omega_0} + 1 < C_{\mathrm{nom}} < \frac{\tan\left(\dfrac{\pi}{2}c_{f_0} - \dfrac{\pi}{2}k \times 0.5\right)}{Q_{f_0}} + \frac{2\pi}{\omega_0} + 1 \tag{7-22}$$

式中，c_{f_0} 和 k 是 SFS 法中两个非常重要的参数，为了设定这两个值，由式(7-22)得到 SFS 法在 $c_{f_0} = 0.02$ 和 $k = 0.02$、0.05 时的 NDZ；$k = 0$ 和 $c_{f_0} = 0.02$、0.05、0.1 时的 NDZ，分别如图 7-3、图 7-4 所示。

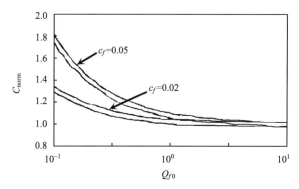

图 7-3　c_{f_0} 取不同值时 SFS 法的 NDZ

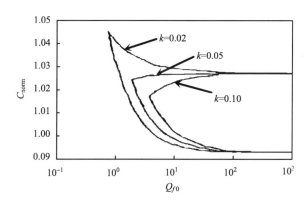

图 7-4　k 取不同值时 SFS 法的 NDZ

从图 7-3 中可以得到增加 c_{f_0} 的值不能改变 NDZ 的宽度，但是能改变 NDZ 的位置，使 NDZ 得负载特性呈现容性。实际情况下电网的负载特性多呈现感性，因此可通过增加 c_{f_0} 值改善电网的负载特性从而有利于检测孤岛。从图 7-4 中可以得到增加 k 的值可以明显地减少 SFS 法的 NDZ，但是过大的 k 值会增大逆变器输出电流的畸变率，严重时会引起系统的不稳定。

根据以上过程可以看出，SFS 法会影响到输出电流的电能质量，但是只要保证 c_{f_0} 值在 0.05 以内，就可以满足相关电能质量的并网标准，所以可取 $c_{f_0} = 0.02$。通过让 SFS 法在极端状态下有效地确定 k 的取值，最极端的情况就是负载的谐振频率等于电网频率，即

$f = f_0 = f_g$，此时有

$$\left. \frac{\mathrm{d}\left\{\left[R\left(\omega C - \dfrac{1}{\omega L}\right)\right]\right\}}{\mathrm{d}f}\right|_{f=f_g} \leqslant \left. \frac{\mathrm{d}\left\{\dfrac{\pi}{2}\left[c_{f_0} + k\left(f_{k-1} - f_0\right)\right]\right\}}{\mathrm{d}f}\right|_{f=f_g} \tag{7-23}$$

且有

$$R\left(\omega C - \frac{1}{\omega L}\right) = Q_{f_0}\left(\frac{f}{f_0} - \frac{f_0}{f}\right) \tag{7-24}$$

可得

$$k \geqslant \frac{4Q_{f_0}}{\pi f_g} \tag{7-25}$$

一般情况下 Q_{f_0} 不会超过 2.5，所以根据式(7-25)可求得 $k \geqslant 0.064$，故可取 0.07。

7.3 仿 真 验 证

为了验证本章所采用的主动频移法的有效性，应用 MATLAB/Simulink 进行仿真。使用系统集成的 IGBT 全桥模块作为逆变功率电路，负载选择 RLC 并联负载，输出端添加断路器 Bresker 和电网连接。

当并联 RLC 负载的 Q_f 等于 2.5 时视为最不容易检测出逆变器孤岛运行状态，此时起作用的是 SFS 法，利用设置 RLC 负载分别呈感性和容性，设置频率保护值范围为 49.5～50.5Hz，所得到仿真波形如图 7-5、图 7-6 所示。

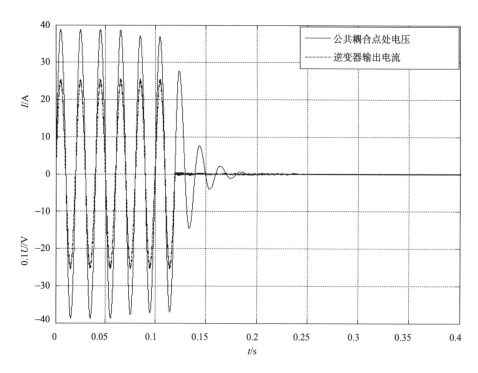

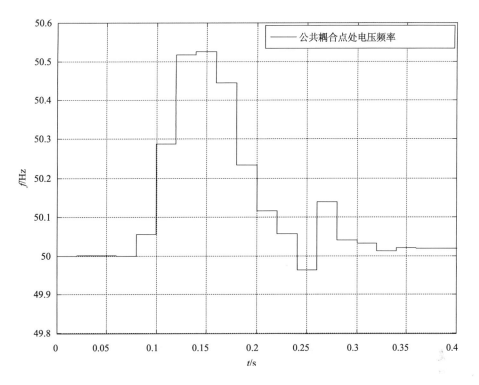

图 7-5 感性负载下 SFS 法效果图

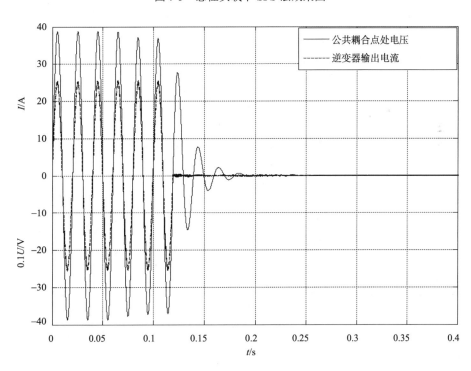

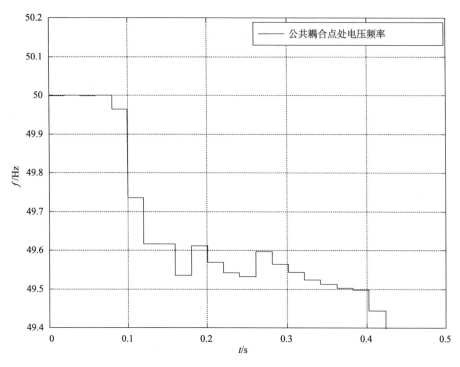

图 7-6 容性负载下 SFS 法效果图

从图 7-5 可得当负载呈现感性时，仿真模型设定 0.06s 时电网出现故障。系统公共耦合点处电压频率开始上升，大约在 0.12s 处频率超过了保护上限 50.5Hz，此时逆变器输出电流变为 0，说明逆变器防孤岛运行控制发生作用。

从图 7-6 可得当负载呈现容性时，仿真模型设定 0.06s 时电网出现故障。系统公共耦合点处电压频率开始下降，大约在 0.38s 处频率超过了保护下限 49.5Hz，此时逆变器输出电流变为 0，说明逆变器防孤岛运行控制发生作用。以上两种情况下，从电网出现故障到控制逆变器停止工作，该时间间隔均较短，完全符合逆变器防孤岛运行控制标准。

7.4 小 结

本章首先针对改进型被动式防孤岛运行控制对入网电流电能质量会造成影响的问题，深入分析了逆变器孤岛运行状态检测的基本原理。然后提出了主被动式相结合的防孤岛运行控制方法。该方法主要工作过程为：检测公共耦合点处的电压和频率，比较其是否超出了保护阈值范围。若超出则控制逆变器断开防止其孤岛运行，没有超出则采用对公共耦合点处电压频率实行正反馈的主动频移法。为了使该方法更有效，采用 $Q_{f_0} \times C_{norm}$ 坐标系来量化分析其不可检测区，对该坐标系下此方法的关键参数进行了优化，最后仿真结果表明无论负载呈现感性还是容性，该方法均能有效地实现防孤岛运行控制。

第8章 级联型两级式光伏并网逆变器控制方法

本章通过分析光伏电池的输出特性，深入研究光伏阵列输出特性与温度、光照强度之间的关系，针对传统 MPPT 控制策略中出现的问题，提出一种基于遗传算法(genetic algorithm, GA)的光伏 MPPT 变加速扰动法。在级联逆变系统中，光伏阵列可作为各级联单元的独立电源可实现独立的 MPPT 控制。但是当各级联单元所受温度或光照强度不等时，各级向电网输送功率存在差异，降低系统的工作效率。针对光照不均匀时，传统控制法无法解决各模块间因功率不平衡而产生的电压漂移问题，提出一种基于误差标幺化的占空比微调均压控制法，将各模块误差电压标幺化后经 PI 调节器等系列调节得到占空比微调量，以用于平衡各单元电压。

8.1 级联型两级式并网逆变器 MPPT 控制方法

8.1.1 光伏阵列的输出特性

在级联型两级式光伏并网发电系统中，光伏阵列作为各级联单元的独立电源。对于级联系统中的任一光伏阵列，其单元电池板的发电原理为光生伏特效应，即光伏电池中的半导体 PN 在受到太阳能照射后，可以将太阳辐射能转换成直流电能。在光照(S)为 1000W/m²、温度(T)为 25℃的标准条件下，光伏电池的可输出额定电压为 0.5~1V，但其功率极小，因此通常将多块光伏电池串、并联成一系列的光伏阵列，以获得特定条件下的输出电压和输出功率。由于光伏阵列为单块光伏电池的串、并联组合，因此本章建立光伏阵列模型时，先从单块光伏电池入手。单块光伏电池可等效成电流源与二极管并联的电路结构，工程中常见的光伏电池等效电路如图 8-1 所示。

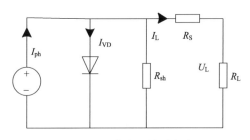

图 8-1　光伏电池等效电路

图 8-1 中，R_S、R_{sh} 为光伏电池的内部电阻，R_L 为外接负载，I_{ph} 为光伏电池的激发电流，I_{VD} 为二极管电流，$I_{VD} = I_0\left(\mathrm{e}^{\frac{qE}{AKT}} - 1\right)$，$U_L$ 与 I_L 分别为 R_L 的电压和电流，由 KCL 可得

$$I_L = I_{ph} - I_0\left(\mathrm{e}^{\frac{qE}{AKT}} - 1\right) - \frac{U_L + I_L R_S}{R_{sh}} \tag{8-1}$$

式中，I_0 为等效二极管反向电流；q 为电子电荷，C；K 为玻尔兹曼常量，J/K，与温度及能

量有关；A 为 $1\sim2$ 的常数；T 为电池板温度，℃；E 为空载电动势，V。R_S 为串联电阻，R_{sh} 为旁路电阻，通常 R_S 较小，R_{sh} 较大，因此在实际计算中通常忽略最后一项，由此可得输出电压 U_L、输出电流 I_L 为

$$I_L = I_{ph} - I_0\left(\mathrm{e}^{\frac{qU_L}{AKT}} - 1\right) \tag{8-2}$$

$$U_L = \frac{AKT}{q}\ln\left(\frac{I_{ph} - I_L}{I_0} + 1\right) \tag{8-3}$$

由式(8-2)、式(8-3)可以看出，光伏电池的输出电流与输出电压主要受光照强度和温度的影响，当 $R_L=0$ 时，短路电流 I_{SC} 由式(8-2)求得；当 R_L 趋近于∞时，开路电压 U_{OC} 由式(8-3)求得。工程计算时，常将式(8-2)转化成

$$I_L = I_{ph}\left[1 - C_1\left(\mathrm{e}^{\frac{U_L}{C_2 U_{OC}}} - 1\right)\right] \tag{8-4}$$

式中，C_1、C_2 为系数，可由最大功率点和开路状态求得。当光伏电池工作在开路状态时，开路电流 $I_{OC}=0$，开路电压 U_{OC} 为待求值；当光伏电池工作在最大功率点时，设其输出电流为 I_m、电压为 U_m，则可解得

$$\begin{cases} C_1 = \left(1 - \dfrac{I_m}{I_{ph}}\right)\mathrm{e}^{\frac{-U_m}{C_2 U_{OC}}} \\[3mm] C_2 = \left(\dfrac{U_m}{U_{oc}} - 1\right)\left[\ln\left(1 - \dfrac{I_m}{I_{ph}}\right)\right]^{-1} \end{cases} \tag{8-5}$$

考虑 S、T 为变量时，光伏电池输出数学模型为

$$\begin{cases} I_L = I_{SC}\left[1 - C_1\left(\mathrm{e}^{\frac{U_L - \mathrm{d}U_L}{C_2 U_{OC}}} - 1\right)\right] + M \\[3mm] M = \alpha \bullet S / S_{ref} \bullet \Delta T + \left(S / S_{ref} - 1\right) \bullet I_{SC} \\[2mm] \mathrm{d}U_L = -\beta \bullet \Delta T - R_S \bullet M \\[2mm] \Delta T = T - T_{ref} \end{cases} \tag{8-6}$$

式中，M 为中间变量；α 为电流温度变化系数，A/℃；β 为电压温度变化系数，V/℃；S_{ref} 为光照强度参照值；T_{ref} 为温度参考值，一般取 $S_{ref}=1000\text{W/m}^2$，$T_{ref}=25$℃；S、T 分别为当前条件下的光照强度和温度。根据式(8-6)可确定在参考幅度和参考温度下的 I-U、P-U 特性曲线。

由于光伏阵列是多块光伏电池串联、并联及串并联的组合，根据以上对单块光伏电池数学模型的分析，可推导出光伏阵列的数学模型。假设阵列中光伏电池单元特性相同，在同一光照强度和温度条件下，任一光伏阵列的数学模型为

$$I_L = n_p I_{ph} - n_p I_0\left(\mathrm{e}^{\frac{qU_L}{n_s AKT}} - 1\right) \tag{8-7}$$

式中，I_L 为光伏阵列输出电流；U_L 为光伏阵列输出电压；n_p 为光伏阵列中并联电池单元数；n_s 为光伏阵列中串联电池单元数。光伏阵列串联、并联结构如图 8-2、图 8-3 所示。

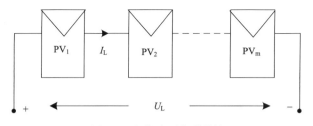

图 8-2　光伏阵列串联结构

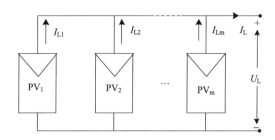

图 8-3　光伏阵列并联结构

由图 8-2 可看出，光伏阵列串联结构中，各模块输出电流应完全相同，输出电压则为所有模块输出电压之和。由图 8-3 可看出，光伏阵列并联结构中，各模块的输出电压相同，输出电流则为各模块支路输出电流之和。因此，光伏阵列中串并组合的混联模块，电流、电压必须匹配。由于光伏阵列的输出电压、电流受光照强度和温度的影响，不同条件下的输出电流、电压各不相同，因此必须对光伏阵列输出与光照强度、温度的关系进行深入研究。

由式(8-2)、式(8-3)可知光伏阵列输出特性受光照强度和温度影响，根据式(8-6)建立的数学模型，可得出不同条件下光伏阵列伏安特性曲线、伏瓦特性曲线如图 8-4、图 8-5 所示。

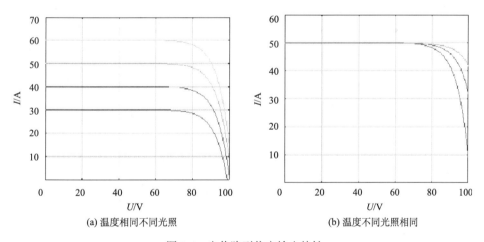

(a) 温度相同不同光照　　　　　　　　　　(b) 温度不同光照相同

图 8-4　光伏阵列伏安输出特性

图 8-4(a)中，温度 T=25℃，光照强度从下到上依次为 600W/m^2、800W/m^2、1000W/m^2、1200W/m^2，图 8-4(b)中光照强度 S=1000W/m^2，温度由内而外依次取为 50℃、25℃、0℃。由图 8-4(a)可以看出，光伏阵列的输出短路电流 I_{SC} 随光照强度的增强而逐渐增大，而开路电压 U_{OC} 基本保持不变；由图 8-4(b)可以看出短路电流 I_{SC} 随温度升高，增幅较小，但开路电压 U_{OC} 变化较大，且温度上升光伏阵列开路电压 U_{OC} 降低。

图 8-5(a)中光照强度从下到上依次为 600W/m²、800W/m²、1200W/m²、1000W/m²，图 8-5(b)中光照强度 S=1000W/m²，温度由内而外依次取为 50℃、25℃、0℃。由图 8-5(a)可以看出，随光照强度的增加光伏阵列的输出最大功率点先上升后下降，与之对应的最大功率点电压 U_m 基本保持不变；由图 8-5（b）可以看出，随着温度的增加最大功率点电压 U_m 逐渐减小，但短路电流 I_{SC} 基本不变，总体效果会降低光伏阵列的输出功率。因此提高光伏阵列的发电效率，必须准确无误地跟踪最大功率输出点。图 8-6 给出了标准条件下(T=25℃，S=1000 W/m²)光伏阵列 P-U 特性曲线。

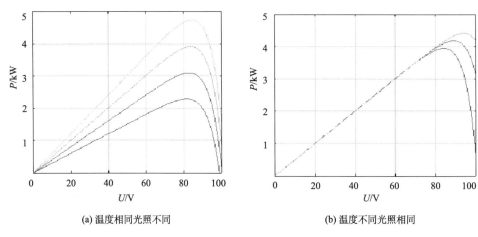

(a) 温度相同光照不同   (b) 温度不同光照相同

图 8-5   光伏阵列伏瓦输出特性

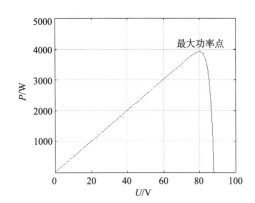

图 8-6   标准条件下光伏阵列 P-U 特性曲线

由图 8-6 可以看出，标准情况下光伏阵列输出功率随输出电压先逐渐增加而后迅速减少。在最大功率点附近，输出功率变化非常缓慢，在远离最大功率点处，输出功率变化较为明显，光伏阵列 MPPT 控制可使系统维持在最大功率点附近工作，从而提高级联型光伏发电并网系统的发电效率。

8.1.2 传统 MPPT 控制方法

光伏阵列的输出特性受光照强度及温度影响，具有很强的非线性，只能在某一特定电压下才可以输出最大功率。为了提高太阳能利用率，增大级联型两级式光伏并网发电系统中光伏阵列的输出功率，必须对光伏阵列进行相关控制，使其在光照强度或温度变化时，仍能以最大功率输出。常见的 MPPT 控制策略有扰动观察法(perturbation and observation method, P&O)、恒定电压法(constant voltage method, CV)和电导增量法(incremental conductance method, INC)。

1. 扰动观察法

扰动观察法也称为爬山法，结构简单、易于实现，是现今常用的 MPPT 控制方法之一，其结构如图 8-7 所示。

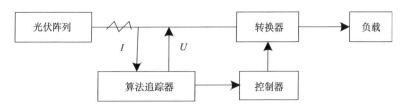

图 8-7　扰动观察法结构图

扰动观察法的基本原理为：通过周期性的控制负载减小或增大，实现光伏阵列输出端电压的改变，并根据端电压和电流计算光伏阵列的输出功率。观察并比较负载改变前、后端电压及输出功率的变化，若当前输出功率高于变化前的输出功率，说明本次控制使光伏阵列输出功率增大，维持端电压原来增加或减少的控制方向；若当前输出功率低于变化前的输出功率，说明本次控制使光伏阵列输出功率减小，则维持端电压与原来增加或减少的控制方向相反。通过反复扰动、观察与比较，不断减小输出功率的差值，直至输出最大功率。

由于该方法是通过光伏阵列端电压及输出功率来跟踪最大功率点的，因此在最大功率点附近，该扰动不会停止，而是在最大功率点两侧振荡，造成能量损失，降低光伏阵列的发电效率。特别是在光照强度或温度发生变化时，能量损耗更为严重且难以实时准确地跟踪到最大功率点。

2. 恒定电压法

恒定电压法也称固定电压法，控制方便且易于模拟电路实现，是最简单的 MPPT 控制策略，恒定电压法结构如图 8-8 所示。

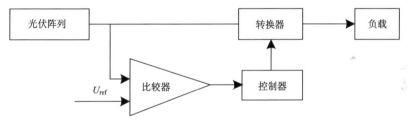

图 8-8　恒定电压法结构图

研究表明，光伏阵列的 U_{OC} 与 U_m 存有近似线性关系，即

$$U_m = M_V U_{OC} \tag{8-8}$$

式中，M_V 为电压因子，是与光伏阵列材料相关的参数，常取 0.71～0.8，恒定电压法的基本思想则是利用该"线性关系"，将采样收集到的开路电压代入式(8-8)，计算得出理论上的 U_m，同时调节电路，使得光伏阵列的工作电压接近于 U_m，经过不断采样、计算、调节，直至搜寻到最大功率输出点。

固定电压法电路简单，在降低系统功耗的同时节约了系统成本。此外，由于计算简单，提高了系统的跟踪速度，在弱光照强度下也可正常工作，多应用于无人监控的系统中。由于该线性关系只是一种近似关系，系统跟踪到的最大功率点往往与实际情况有出入，因而此种算法的跟踪误差较大。由图 8-5(b)、图 8-6 可知，当温度变化时，光伏阵列 U_{OC}、U_m 将发生较大的变化。

3. 电导增量法

电导增量法是根据电导的变化情况实时改变工作电压，并使其逐步靠近 U_M，从而输出光伏最大功率点，是应用较多的一种 MPPT 控制策略，其控制结构如图 8-9 所示。

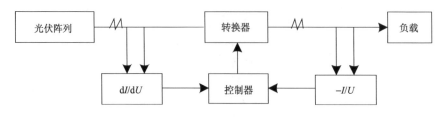

图 8-9　增量电导法结构图

电导增量法的基本思想是使 dP/dU=0，即当光伏阵列工作在最大功率点时，功率对电压的导数为零，其中 $P=UI$，因此

$$\frac{\mathrm{d}P}{\mathrm{d}U} = \frac{\mathrm{d}(UI)}{\mathrm{d}U} = I + U\frac{\mathrm{d}I}{\mathrm{d}U} \tag{8-9}$$

当跟踪到最大功率点时，则有

$$\frac{\mathrm{d}I}{\mathrm{d}U} = -\frac{I}{U} \tag{8-10}$$

式 (8-9)、式 (8-10) 中，dU、dI 分别表示两次测量的工作电压、电流误差，根据 dI/dU 与瞬时负电导的关系可以确定扰动方向。当 dI/dU 大于瞬时负电导，扰动方向向右；当 dI/dU 小于瞬时负电导，扰动方向向左；当 dI/dU 与瞬时负电导的关系满足式 (8-10) 时，则当前搜索为最大输出功率点。

电导增量法避免了扰动观察法的盲目性，动态响应速度快，控制精度高，在外界环境改变时依旧适用。但是，该算法常受采样精度影响，尤其是在较弱的光照条件下，采样电流精度不够往往会造成错误的判断，导致无法成功输出最大功率点，同时还可能致使系统振荡，增加系统损耗。不仅如此，电导增量法对传感器精度要求较高。

4. 人工智能法

近年来，智能算法在优化控制方面显示出越来越多的优势，越来越多的学者将智能算法应用到 MPPT 中。

1) 模糊逻辑控制法

模糊逻辑是一种人工智能法，模糊逻辑控制法是基于这种人工智能法的 MPPT 控制策略，不需要精确的数学模型，其实现分为模糊化、控制规则评价、解逻辑三个步骤。一般情况下，模糊逻辑控制的输入为误差 E 或误差变化量 ΔE，因此，在 MPPT 控制策略中该种方法可表示为

$$\begin{cases} E(n) = \dfrac{P(n)-P(n-1)}{U(n)-U(n-1)} \\ \Delta E = E(n) - E(n-1) \end{cases} \tag{8-11}$$

式中，$P(n)$、$U(n)$ 分别为光伏阵列的采样功率和采样电压。由于工作在最大功率点时 $P(n)=$

$P(n–1)$，因此 $E(n)=0$。

模糊控制法响应速度快、受外界环境变化干扰较小，可以获得较为理想的 MPPT 控制效果，但是它依赖于经验规则，依赖设计人员的直觉和经验，执行起来较为困难。

2) 神经网络法

神经网络是一种新型信息处理技术，神经网络法是基于这种信息处理技术的 MPPT 控制方法。神经网络通常有输入层、隐含层及输出层三层，具体结构如图 8-10 所示。神经网络的每层节点可以改变，根据用户的需要决定。

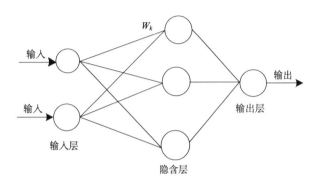

图 8-10　多层神经网络结构

在神经网络 MPPT 控制策略中，光伏阵列的参数通常作为神经网络的输入层变量，如 U_{OC}、I_{SC}、S、T 等，输出层变量多数为电压或电流变换器的占空比 D。W_k 为节点 k 的权重，其值可通过训练大量的样本获得，且该权重影响系统控制效果。但是大多数光伏阵列的参数存在差异，因此在训练样本时需要花费更多的时间，训练结果仅适用该系统，即该控制方法不具有一般性。

3) 滑模控制法

滑模控制的基本思想是利用控制的不连续性，依靠滑模控制器强制系统达到并保持在预定的滑动面上。在光伏阵列 MPPT 控制策略中，可取滑模控制器的控制变量为

$$u = \begin{cases} 0, & s \geq 0 \\ 1, & s < 0 \end{cases} \qquad (8-12)$$

式中，u 表示控制光伏阵列的功率管的开关函数；$u=1$ 表示功率管开通；$u=0$ 表示功率管断开；s 为切换函数，满足：

$$s = \frac{\partial P}{\partial U} = I + U \frac{\partial I}{\partial U} \qquad (8-13)$$

利用滑模控制设计的控制器可以使光伏系统从任意初始状态出发，并最终稳定在 $s=0$ 处，即跟踪到最大功率点。滑模控制法可以节约 MPPT 的搜索时间，但是功率管调制深度的改变量及 u 的选取可能会影响系统跟踪的动态性和稳定性。

8.1.3　基于 GA 的光伏 MPPT 变加速扰动法

在以上研究的基础上，本章提出了变步长加速扰动法，对搜索步长进行优化以减少系统振荡，降低系统能耗。为了进一步减少搜索时间，引入 GA 辅助系统建立初始搜索范围。对标准条件下光伏 P-U 输出特性曲线进行分段分析，分段区间如图 8-11 所示。

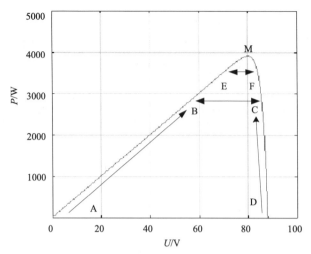

图 8-11　光伏 $P\text{-}U$ 输出特性曲线分段示意图

图 8-11 分为远离最大功率点的近似线性段 A-B、C-D，靠近最大功率点加速段 B-C，近最大功率点易振荡段 E-F。可以看出在 A-B、C-D 段，输出功率 P 的变化趋势比较明显，近似线性变化；在 B-C 区域内，功率 P 的变化趋势逐渐减小。传统扰动法运用固定步长改变光伏阵列的工作电压，从而调整 DC-DC 转换器的占空比，变步长扰动法则根据光伏阵列电导变化率，选择合适的步长改变光伏阵列的工作电压。这两种方法易在 E-F 区域产生振荡。与传统扰动法相比，变步长扰动法在最大功率点附近的振荡和跟踪时间都有所减少。由于 A-B 和 C-D 段呈现"线性关系"，本章在该两段采用 GA 进行智能搜索，以便建立精确的初始搜索范围，确定搜索方向；同时采用改进变步长扰动即加速扰动法搜索 B-C 区域，以便缩短搜索时间、减少系统振荡。

1. 步长优化

常用变步长扰动法的步长扰动因子 $D_e(k)$ 更新规则为

$$D_e(k) = \frac{1}{I(k)}\left|\frac{\mathrm{d}P}{\mathrm{d}U}\right| = 1 + \frac{U(k)}{I(k)}\left|\frac{\mathrm{d}I}{\mathrm{d}U}\right| \tag{8-14}$$

$$U_{\mathrm{ref}}(k) = U_{\mathrm{ref}}(k-1) \pm D_e(k)\Delta U_{\mathrm{ref}} \tag{8-15}$$

式中，ΔU_{ref} 为固定的扰动步长；$U_{\mathrm{ref}}(k)$、$U_{\mathrm{ref}}(k-1)$ 分别为 k、$k-1$ 时刻的参考电压值。

该方法没有充分考虑 BM 段和 CM 段之间的倾斜角度的差异，即 BM 段的倾斜角度小于 CM 段的倾斜角度。如果使用相同的标准进行扰动，则 CM 段需要更多的时间。因此，本章提出了一种分段加速度扰动方法，将扰动分为以下几种情况。

1）$|\mathrm{d}U| \leqslant \varepsilon$ 且 $|\mathrm{d}I| \leqslant \mu$

当 $|\mathrm{d}U| \leqslant \varepsilon$ 且 $|\mathrm{d}I| \leqslant \mu$ 时，即 $|\mathrm{d}P| < e_0$，可近似认为 $U(k+1) = U(k)$、$I(k+1) = I(k)$。由于 $|\mathrm{d}P| = |\mathrm{d}U \cdot \mathrm{d}I| \leqslant \varepsilon \cdot \mu$ 是一个极小的范围，因此可认为该点为最大功率点。

2）$\mathrm{d}U = 0$

若 $\mathrm{d}U = 0$，即 $U_k = U_{\mathrm{MPP}}$，则只需改变电流即可，引入步长缩放因子记为 α（$\alpha = 0.0001$），扰动步长记为 Δl，此时扰动步长 $\Delta l = \alpha \mathrm{d}I$，则

$$I(k+1) = I(k) + \Delta l = I(k) + \alpha \mathrm{d}I \tag{8-16}$$

$\mathrm{d}I$ 的符号决定了扰动方向，$\mathrm{d}I<0$ 扰动向左进行，为负扰动，$\mathrm{d}I>0$ 扰动向右进行，为正扰动。

3）$\mathrm{d}U\neq0$

$\mathrm{d}U\neq0$，则分为以下两种情况。

当 $|\mathrm{d}P/\mathrm{d}U|<e$ 时，如图 8-11 中的 E-F 段，此时搜索离最大功率点处较近，因此采用较小的加速度，使扰动缓慢向最大功率点进行，将步长缩放因子记为 β（$\beta=0.1\alpha$），扰动步长记为 Δl，则

$$\begin{cases}\Delta l=\beta\sqrt[2]{\left|\mathrm{d}I/[\mathrm{d}U*U(k)]\right|}\\U(k+1)=U(k)+\Delta l\end{cases} \tag{8-17}$$

当 $|\mathrm{d}P/\mathrm{d}U|>e$ 时，如图 8-11 中的 B-E、F-C 段，该区域远离最大功率点，因此需增加扰动速度，扰动以较快的速度进行，将步长缩放因子记为 λ（$\lambda=0.25\alpha$），扰动步长记为 Δl，则

$$\begin{cases}\Delta l=\lambda\sqrt[4]{\left|\mathrm{d}I/[\mathrm{d}U*U(k)]\right|}\\U(k+1)=U(k)+\Delta l\end{cases} \tag{8-18}$$

由于 $\left|\mathrm{d}I/[\mathrm{d}U*U(k)]\right|<1$，则

$$\begin{cases}\left|\mathrm{d}I/[\mathrm{d}U*U(k)]\right|<\sqrt[2]{\left|\mathrm{d}I/[\mathrm{d}U*U(k)]\right|}\\\left|\mathrm{d}I/[\mathrm{d}U*U(k)]\right|<\sqrt[4]{\left|\mathrm{d}I/[\mathrm{d}U*U(k)]\right|}\\\sqrt[2]{\left|\mathrm{d}I/(\mathrm{d}U*U(k))\right|}<\sqrt[4]{\left|\mathrm{d}I/[\mathrm{d}U*U(k)]\right|}\end{cases} \tag{8-19}$$

因此整个系统的跟踪速度都在提高。

4）扰动方向选取

若 $\mathrm{d}I/\mathrm{d}U>-I(k)/U(k)$，则说明 $U<U_{\mathrm{M}}$，搜索在最大功率点左侧区域，因此扰动向右侧进行；若 $\mathrm{d}I/\mathrm{d}U<-I(k)/U(k)$，此时 $U>U_{\mathrm{M}}$，搜索已越过最大功率点，因此扰动应向反方向进行。

2. 遗传算法

遗传算法 GA 是一种智能仿生算法，具有良好的全局搜索能力，收敛性好，鲁棒性高。在本章中，GA 用于通过 A-B 和 C-D 段中的可变加速度扰动方法建立初始搜索范围，从而减少了系统的跟踪时间。变量 S、T、U 作为 GA 的输入量，输出量为占空比 D。具体步骤如下。

1）初始化

首先对光伏系统进行输出采样，以实值编码的方式创建初始种群并确定种群（N）大小，将采样功率 P_i 作为个体 i 的适应度，并按照其大小进行排序求出平均适应度 $\mathrm{Fit}(\overline{P})$ 和最大采样功率 P_{max} 作为遗传搜索的初始父代。

2）遗传操作

选择：为避免遗传算法过早收敛，本章采用轮盘赌法对种群个体进行初步筛选，通过最佳保留策略，使得当前适应度最高的个体被直接克隆至下一代，个体轮盘赌法选择概率 p_i 为

$$p_i=\frac{P_i}{N*\mathrm{Fit}(\overline{P})} \tag{8-20}$$

交叉：为提高 GA 搜索能力，本章采用均匀交叉方式将父代中的个体进行交叉操作，交叉概率 $P_c=0.9$。

变异：为保持种群多样性，引入放大因子 A_0，采用差分变异法，将种群中任意两个体的差分向量的结果与 A_0 相乘加到当前 t 代第 i 个体 $X^i(t)$ 上，经差分变异后的个体为

$$X^i(t+1) = X^i(t) + A_0 \left[X^j(t) - X^k(t) \right] \tag{8-21}$$

若外界环境变化，则采用均匀变异的方式产生初始种群。

3) 终止条件

当迭代次数 $gen \geqslant MaxT$ 或采样功率差 $|\Delta P| < \sigma$ 时，算法终止。

3. 控制系统流程图

基于 GA 的光伏 MPPT 变加速型扰动法流程如图 8-12 所示。

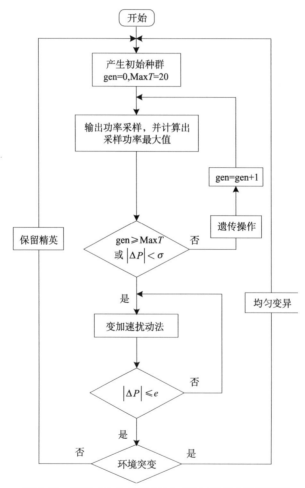

图 8-12　基于 GA 的光伏 MPPT 变加速扰动法流程图

首先对光伏阵列进行输出采样产生初始种群并设定初始条件，计算出采样功率 P_i（$i=1,2,\cdots,10$）作为种群个体 i 的适应度，从中找出 P_{max} 作为遗传搜索的初始值，判断遗传算法迭代次数是否达到最大，若迭代达到最大值，则改用加速扰动搜索来取代遗传搜索，否则仍采用遗传搜索。当扰动搜索连续几次功率变化接近于 0，则系统搜寻到最大功率点。此时，

判断外界环境是否发生剧变，若发生剧变则可对遗传算法进行均匀变异操作，使算法重新产生初始种群，若环境变化起伏较小，则采用保留精英策略，将上代中的精英个体替换到本次搜寻中适应度最差的个体。

8.1.4 仿真验证

由于在级联型两级式并网发电系统中，各级联单元可实现 MPPT 的独立控制，为了方便研究，本章在 MATLAB/Simulink 中搭建两级式单光伏并网逆变系统模型，并在 MATLAB 中编写 GA 的 MPPT 子模块程序，对该扰动策略进行仿真验证。

两级式单光伏并网发电逆变仿真模型中的相关参数如表 8-1 所示。

表 8-1　两级式单光伏并网发电逆变仿真模型中的相关参数

名称	数值	名称	数值
开路电压 U_{oc}	177V	串联电阻 R_s	0.5Ω
最大功率点电压 U_m	144V	Boost 升压电感 L	0.2mH
短路电流 I_{sc}	14.88A	Boost 稳压电容 C	300 μF
最大功率点电流 I_m	13.88A	负载电阻 R	30Ω
电流温度变化系数 α	0.00398 A/℃	标准光照 S_{ref}	1000W/m²
电压温度变化系数 β	0.0821 V/℃	标准温度 T_{ref}	25℃

设定目标函数 $\varphi(x) = 2500$ ，种群大小 N=30，最大迭代次数 Max$T$=20，P_c=0.9，T=25℃，当光照强度从 1000W/m² 下降到 600 W/m² 再降至 200W/m² 时，输出功率随时间变化的仿真波形如图 8-13 所示。

图 8-13(a)为变步长扰动 MPPT 的仿真结果，可看出该方法跟踪速度较慢，稳定性较差且跟踪精度不高，当光照强度发生变化时难以快速追踪到最大功率点。图 8-13(b)为变加速扰动 MPPT 的仿真波形，由图可看出改进步长后 MPPT 控制策略跟踪速度明显提高，且光照发生突变时仍能实现快速跟踪，但前期跟踪精度不高，波动较大。图 8-13(c)为基于 GA 的变加速扰动 MPPT 的仿真波形，由图可看出引入遗传算法的变加速扰动 MPPT 控制策略有较强的稳定性能，当对光照发生突变时能实现快速跟踪，且跟踪精度高。为了进一步提高速度，可以适当减小遗传算法执行的时间，改用变加速扰动法跟踪最大功率点。

当 S=600W/m²，温度由 15℃上升到 20℃，再由 20℃上升到 25℃时，输出功率仿真如图 8-14 所示。

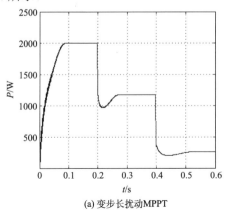

(a) 变步长扰动MPPT

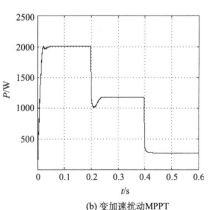

(b) 变加速扰动MPPT

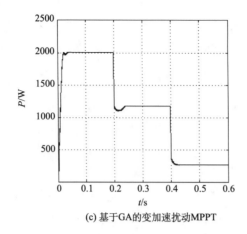

(c) 基于GA的变加速扰动MPPT

图 8-13 不同方法下输出功率变化波形图

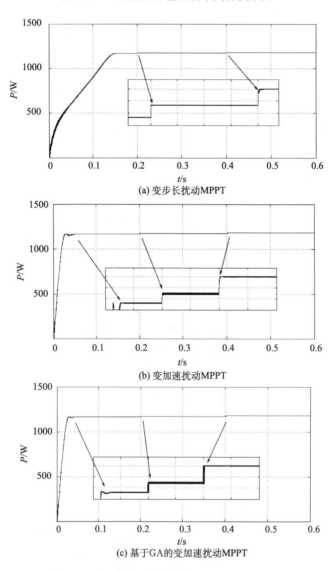

(a) 变步长扰动MPPT

(b) 变加速扰动MPPT

(c) 基于GA的变加速扰动MPPT

图 8-14 不同方法下输出功率随时间变化波形图

图 8-14(a)为变步长扰动法 MPPT 仿真波形，可以看出温度发生变化时变步长扰动法跟踪速度较慢，动态响应能力较差。图 8-14(b)为变加速扰动法 MPPT 的仿真波形，可以看出在温度发生变化时变加速扰动法跟踪速度明显提高，动态响应能力较好，但前期跟踪过程中稳定性较差。图 8-14(c)为基于 GA 的变加速扰动法 MPPT 的仿真波形，可看出该方法在温度变化时对最大功率点进行快速、稳定地追踪，且追踪精度高。

8.2 级联型两级式并网逆变器直流母线均压控制

8.2.1 级联型逆变器调制技术

级联型逆变器采用模块化结构，易于扩展电压输出等级，同时结合多电平 SPWM 调制策略，可减少系统谐波，使得交流侧输出电压、电流接近正弦波。在光伏并网发电系统中，主要依靠多电平 SPWM 调制技术控制级联型逆变器 H 桥功率管的开通与关断，该技术可分为单极性调制和双极性调制。以级联型 H 桥逆变器基本单元为研究对象，对该电路进行 SPWM 调制策略分析，如图 8-15 所示。

1. 单极性调制

设调制信号为正弦波，记为 u_r；载波信号为锯齿波，记为 u_c；u_o 为输出电压，u_{of} 为输出电压的基波分量。单极性 SPWM 调制策略原理如图 8-16 所示。

图 8-16 中，载波 u_c 在 u_r 正半周期对应正极性，在负半周期则对应负极性，在两种信号交点时可控制功率开关管通断，从而改变电路工作模式。对图 8-15 H 桥逆变器采用单极性调制技术，在 u_r 正半周期，左桥臂 S_1 导通、S_2 关断，当 $u_r > u_c$ 时，右桥臂 IGBT 的门极驱动信号驱动 S_4 开通，同时保持 S_3 关断，输出电压 $u_{h1} = E$；当 $u_r < u_c$ 时，右桥臂 IGBT 的门极驱动信号驱动 S_3 开通，同时迫使 S_4 关断，输出电压 $u_{h1} = 0$。同

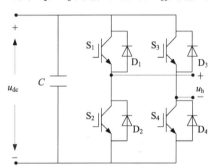

图 8-15 级联型 H 桥逆变器基本单元

理，在 u_r 负半周期，左桥臂 S_2 导通、S_1 关断，当 $u_r > u_c$ 时，右桥臂 IGBT 的门极驱动信号驱动 S_3 开通，同时保持 S_4 关断，输出电压 $u_{h1} = -E$；当 $u_r < u_c$ 时，右桥臂 IGBT 的门极驱动信号驱动 S_4 开通，同时迫使 S_3 关断，输出电压 $u_{h1} = 0$，输出电压波形如图 8-16 所示。可以看出，在单极性调制策略中，输出电压的符号只能在半个周期切换一次，正半周期时在 $0 \sim E$ 切换，负半周期时在 $0 \sim E$ 切换。

2. 双极性调制

和单极性相对应的 SPWM 调制方式为双极性调制策略，两者主要区别在于双极性的载波信号在一个周期内是正负交替出现的，其调制原理如图 8-17 所示。

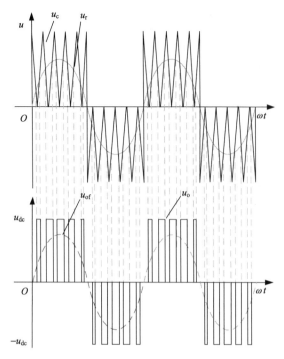

图 8-16　单极性 SPWM 调制策略原理

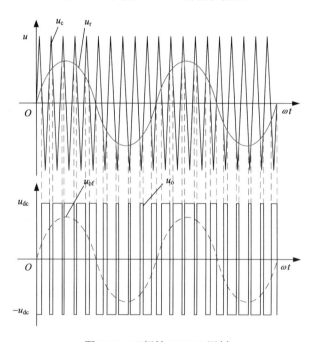

图 8-17　双极性 SPWM 调制

　　由图 8-17 可以看出，在采用双极性 SPWM 调制策略时，载波信号不再是单极性，因此得到的 SPWM 波有正、负两种极性，且一个周期内的输出电压仅有正、负两种电平交替出现，而无 0 电平输出。

　　调制策略的优劣直接影响级联型逆变器的性能，在过去近 30 年里，学者对各种拓扑结构的级联型多电平变换器调制策略进行大量的研究，提出一系列行之有效的调制策略，这些策略基本都是在 SPWM 调制原理上的引申和扩展，根据多电平逆变器各自拓扑结构的特殊性，所采用的调制方式各有特点。

8.2.2 传统控制算法

一般情况下，级联逆变器采用外环控制与内环控制相结合的双环控制，外环控制母线电压稳定输出，内环控制并网电流与电网电压同相，如图 8-18 所示。

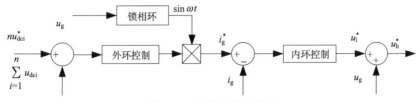

图 8-18　传统控制结构图

图 8-18 中 u_{dci}^{*} 为第 i 个光伏模块经 Boost 电路变换后的参考电压，光伏模块输出电压由前级 MPPT 控制电路获得，该参考电压与直流母线实际电压的误差之和经过外环控制器后再乘以一个正弦信号，可得出参考电流 i_{s}^{*}，且与电网电压同相；电网电流经内环控制，可实现无静差跟踪，同时保持高增益，内环控制器输出电感的参考电压 u_{l}^{*}，逆变器总输出电压 u_{h}^{*} 为电网电压与电感参考电压之和。

1）电流内环控制

并网逆变器电流控制技术通常分为两类，一类是基于静止坐标系下交流电流控制，另一类是基于同步旋转坐标系下的直流电流控制。静止坐标系下控制策略有滞环比较控制、三角载波控制、预测电流无差拍控制、比例谐振控制及重复控制等五种，同步旋转坐标系中的典型控制策略为 PI 控制。由于本章研究的两级式逆变器是在单相光伏发电系统中的，因此仅对静止坐标系下的比例谐振控制原理进行分析。比例谐振(proportional resonant, PR)是一种基于内模原理控制方式，其传递函数为

$$G_{\text{PR}}\left(s\right)=K_{\text{P}}+\frac{2K_{\text{r}}s}{s^2+\omega_{\text{r}}^2} \tag{8-22}$$

式中，ω_{r} 为谐振频率；K_{p}、K_{r} 分别为比例增益系数和积分增益系数。在谐振频率附近，PR 控制器可输出增益趋于无穷大的频率信号，从而实现对交流信号的无差跟踪。但当 ω_{r} 附近频段过窄及增益过大时，负载的波动将会造成逆变器误动作，导致逆变器的抗干扰能力显著降低，为此在 PR 控制器的基础上提出了准比例谐振控制，其传递函数为

$$G_{\text{SPR}}\left(s\right)=K_{\text{P}}+\frac{2K_{\text{r}}\omega_{\text{c}}s}{s^2+2\omega_{\text{c}}s+\omega_{\text{r}}^2} \tag{8-23}$$

式中，ω_{c} 为截止频率，可以保持 ω_{r} 处最大增益特性的同时改善控制器的频带特性，且 ω_{c} 取值越小，选频特性越好。但在实际应用中，当外部干扰造成频率波动或截断误差引起频率参数偏移时，系统稳定性会变差，因此 ω_{c} 取值不宜过小。K_{p} 的取值与控制系统的动态性能成正比，但 K_{p} 过大易引发系统振荡和超调，K_{r} 则视系统峰值增益需求而定。准 PR 控制算法原理如图 8-19 所示。

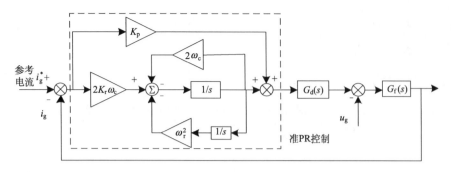

图 8-19　准 PR 控制算法原理

图 8-19 中，$G_d(s)$ 为逆变器的等效一阶惯性环节，$G_f(s)$ 为滤波器的等效传递函数，可以得出电流闭环控制的传递函数为

$$G_{close}(s) = \frac{G_{SPR}(s)G_d(s)G_f(s)}{1 + G_{SPR}(s)G_d(s)G_f(s)} \tag{8-24}$$

通过电流内环控制可以不断减小 i_g 与参考电流间的误差，使 i_g 最终达到理想值。

2）电压外环控制

两级式逆变器的电压控制分为前级控制和后级控制。前级电路主要实现 MPPT 控制，输出最大功率点电压，以提高光伏发电效率。逆变器后级电路的输入电压为直流母线电容电压，该电压大小与光伏最大功率点输出电压一致，常用的电压环调节器有 P、PI 及 PID 三种。PI 调节器具有类似"低通滤波"的性能，在调节不同频率的信号时，增益变化较为平缓；PID 调节器具有"陷波器"性质，在调节某特定频率范围内的信号时，易造成幅值大幅衰减、相角增加，最终导致系统过早饱和，增加系统的不稳定性因素。因此本章仍采用 PI 控制，其传递函数为

$$G_{PI}(s) = k_p + \frac{k_i}{s} \tag{8-25}$$

式中，k_p、k_i 分别为直流母线电压控制环的比例系数和积分系数，其目标是控制母线电压稳定输出，同时保证逆变器实现单位功率因数并网。电压外环控制原理如图 8-20 所示。

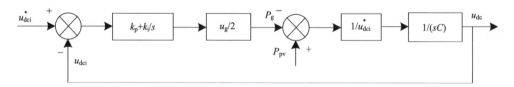

图 8-20　电压外环控制原理图

由图 8-20 可以看出，通过电压外环控制可使逆变器直流母线电压接近参考电压值，直至两者之间误差为零。

3）PLL 锁相环

由于大规模光伏接入电网时会对并网系统造成一定程度的冲击，若不加以控制，必会影响电网安全运行。解决途径是控制逆变器交流侧输出电压与电网电压的幅度、相位和频率达到一致。实现频率的自动跟踪是保障光伏并网安全运行的首要前提，其实质是对相位的跟踪，通常采用锁相环（phase-locked loop，PLL）技术。PLL 除去跟踪、锁定交流信号相位的功能外，

还可提供相关信号的幅值与频率。

PLL 锁相技术有软件和硬件两种实现方式，既可用于单相电网也可应用于三相电网，控制方式可分为开环式与闭环式两种。由于开环锁相中的过零鉴相控制常常限制 PLL 的响应速度，且过零点时电网电压的波动、跌落及谐波问题易造成锁相偏差，导致并网系统产生振荡。因此一般多采用闭环锁相环技术，以提高锁相环快速响应及精确跟踪的能力，闭环锁相环结构如图 8-21 所示。

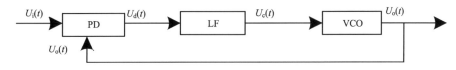

图 8-21　闭环锁相环结构图

闭环锁相回路通道常由鉴相器 PD、环路滤波器 LF 及压控振荡器 VCO 构成。鉴相器通过比较电压输入信号与输出信号的相位获取差值，经由环路滤波器筛除高频成分并调节环路参数，LF 的输出信号 $U_c(t)$ 用于调节压控振荡器的相位和频率，根据反馈电压的相位差供 VOC 调节输出电压信号的相位与频率。当闭环稳定后，电压输入信号与输出信号间的频率差为 0，此时相位差稳定在一个常数。

8.2.3　基于误差标幺化的占空比微调均压控制方法

1. 占空比微调均压控制方法

当光照或温度发生变化时，光伏模块之间输出功率各不相同，由此引起的功率不匹配将进一步造成直流母线电压漂移，为此本章提出了一种基于误差标幺化的占空比微调均压控制方法，具体结构如图 8-22 所示。

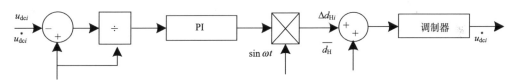

图 8-22　基于误差标幺化的占空比微调均压控制方法

对前级电路各模块输出电压的误差进行标幺化，经过 PI 调节器后乘以电网电压正弦信号，得到一个占空比微调量 Δd_{Hi}，将 Δd_{Hi} 加到原占空比上 $\overline{d_H}$，获得触发脉冲，从而驱动各桥功率器件，最终可得到直流母线参考电压 u_{dci}^*。

由于各模块串联，流过各 H 桥的电流均为电网电流，因此可从网侧把各级联部分看成一个整体。在一个周期内，当逆变器交流侧总输出功率固定时，各个 H 桥单元传输功率受系统调制方式支配。当输出电流变化时，级联逆变器电容电压会产生较大波动，为保证级联逆变器可靠的跟踪目标电流变化，需调节电容电压到参考电压 u_{dci}^*，根据图 8-22 可得逆变侧输出参考电压为

$$u_h^* = \sum_{i=1}^{n} \overline{d_H} u_{dci}^* = \sum_{i=1}^{n} \left(\overline{d_H} + \Delta d_{Hi} \right) u_{dci} \tag{8-26}$$

式中，Δd_{Hi} 为第 i 个 H 桥占空比微调量，其物理意义为

$$\begin{cases} \Delta d_{Hi} > 0, \ \text{电容放电} \\ \Delta d_{Hi} = 0, \ \text{稳态} \\ \Delta d_{Hi} < 0, \ \text{电容充电} \end{cases} \tag{8-27}$$

当第 i 个单元被阴影遮挡致使光伏模块输出电压 u_{dci} 小于其他模块输出电压时，其他光伏模块向该直流电容 C_k 充电，则 $\Delta d_{Hi} > 0$，将式(8-27)展开得

$$u_h^* = \sum_{i=1}^{n} \overline{d_H} u_{dci} + \sum_{i=1}^{n} \Delta d_{Hi} u_{dci} \tag{8-28}$$

式(8-28)第二项的绝对值为 u_{dci} 的变化量，当级联型模块中有 m 个直流电容电压为零时，第二项的绝对值为 m 个直流电容电压变化量之和；当逆变器各模块输出电压相同时，式(8-28)第二项恒为 0。忽略各 H 桥逆变电路的功率管能耗，则级联系统功率守恒：

$$u_h^* * i_g = \sum_{i=1}^{n} \left(\overline{d_H} + \Delta d_{Hi} \right) u_{dci} i_g = \sum_{i=1}^{n} P_{pvi} + \sum_{i=1}^{n} \Delta P_{dci} \tag{8-29}$$

式(8-29)第一项为光伏阵列向电网输送的总功率，第二项为各个直流母线电容微调功率之和，当输出总功率确定时，第二项恒为 0。由以上两式可以看出，不论电压还是能量都只在各模块之间发生变化，整个 H 桥仍处于平衡状态。因此对各模块微调时，并不影响系统总的输出平衡。

2. 实现方式

本章调制器选择载波移相正弦脉宽调制技术(carrier phase-shifted sinusoidal pulse width modulation, CPS-SPWM)。CPS-SPWM 是多重化与 SPWM 技术的优化结合，能够实现低频开关下的等效高频开关。CPS-SPWM 分为单极性与双极性两种调制方式，本章选择双极性调制策略。其基本原理是采用同一正弦波调制 n 个级联单元，其中各单元三角载波信号调制比相同，相角依次相差 θ，通过比较载波与调制波的大小，产生脉冲驱动信号。双极性调制下 $\theta = 2\pi/n$，CPS-SPWM 占空比修正具体实现方式如图 8-23 所示。

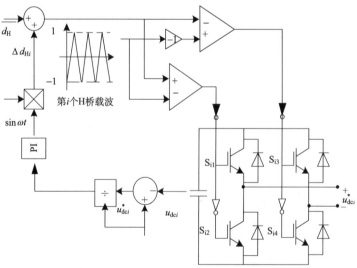

图 8-23　CPS-SPWM 占空比修正实现方式

图 8-23 中 d_{Hi} 为均压算法获得调制信号，u_{cr} 为锯齿波载波信号，幅值为(−1，1)，其中 $d_{Hi} = \overline{d_H} + \Delta d_{Hi}$，将 d_{Hi} 与 u_{cr} 进行比较，比较结果作为修正后的驱动信号，当 $d_{Hi} > u_{cr}$ 时，输出为 u_{dci}^*，当 $d_{Hi} < u_{cr}$ 时，输出为 $-u_{dci}^*$。当各单元输出功率相同时 $d_{Hi} = u_{cr}$，$\Delta d_{Hi} = 0$，此时系统调制信号不需要修正。

8.2.4 仿真验证

为验证本章所提出的控制策略的正确性，在 MATLAB/Simulink 搭建了 3 单元级联型两级式逆变器模型，设定 PI 控制器的参数 $k_p=1.5$、$k_i=200$，准 PR 控制参数 $K_p=4$、$K_r=500$、$\omega_c=5$。

3 单元级联型两级式并网逆变器模型主要有光伏模块、Boost_MPPT 模块、电压电流双闭环控制模块、占空比微调模块、CPS-SPWM 驱动模块、PLL 锁相环及级联逆变桥模块组成。

1. 光照变化相同时

设定光伏阵列开路电压为 223V，直流母线参考电压为 200V，交流电感为 5mH，电网电压交流频率为 50Hz，温度保持在 25℃不变，当单元一、二、三的光照强度同时从 900W/m² 下降到 700W/m² 时，后级电路网侧输出电压波形如图 8-24 所示。

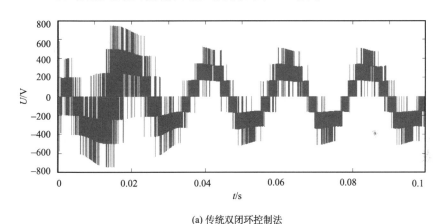

(a) 传统双闭环控制法

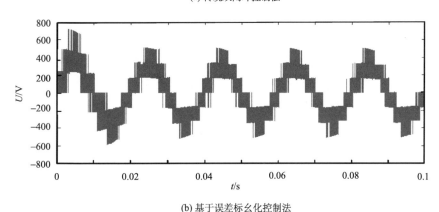

(b) 基于误差幺化控制法

图 8-24 光照变化相同时网侧输出电压波形图

由图 8-24 可看出，传统双闭环控制在光照强度变化时易产生较大的振荡，并且由此产生的谐波较多，基于误差标幺化的占空比微调均压控制方法在光照强度发生突变时，系统产生较小的振荡，可以稳定地向电网输出电压，且谐波较少。

图 8-25(a) 为传统控制法下的 CPS-SPWM 的占空比，图 8-25(b) 为基于误差标幺化控制法下的 CPS-SPWM 的占空比，可以看出，传统控制法下各单元在光照强度发生变化时，占空比仍为定值 1，即平均占空比为 $\overline{d_H}$，基于误差标幺化下的占空比在光照强度变化时会发生变化，然后较为迅速地达到新的稳定值。

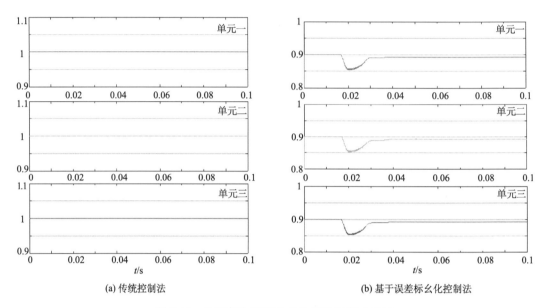

(a) 传统控制法　　　　　　　　　　　　　　(b) 基于误差标幺化控制法

图 8-25　光照变化相同时 CPS-SPWM 的占空比

2. 光照不同时

为了进一步验证本章提出的基于误差标幺化控制法控制策略的正确性，将单元一的光照强度设为 1000W/m²、单元二设为 800W/m²、单元三设为 500W/m²，温度为 25℃ 不变，光伏阵列开路电压仍为 223V，由于光照强度减小，最大功率点电压也会相应减少，此时设定直流母线参考电压 180V，则后级电路网侧输出电压波形如图 8-26 所示。

图 8-27 为理性条件下网侧输出电压波形图，对比图 8-26(a) 可看出，当各模块光照强度不同时，传统控制法下的级联型两级式逆变器输出电压振荡较大且不稳定，在 0.02s 以前输出电压逐渐增大，0.02s 以后电压有所下降，并且这种趋势逐渐增加，这在实际应用中将会造成逆变器工作效率低，产生的谐波较多；图 8-26(b) 为本章提出的基于误差标幺化的均压控制方法，对比图 8-27 可以看出，该方法下逆变器输出电压在 0.02s 之前逐渐增加，0.02s 后趋于稳定，同时逆变器输出电压谐波较少，因此振荡相对较少，网侧电压由各模块直流母线电压合成，接近正弦波。不同光照情况下逆变器交流侧并网电流与电压的仿真波形如图 8-28 所示。

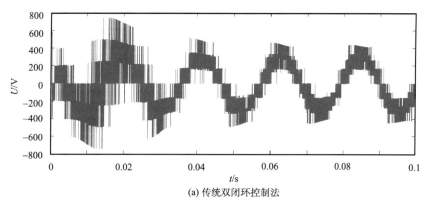

(a) 传统双闭环控制法

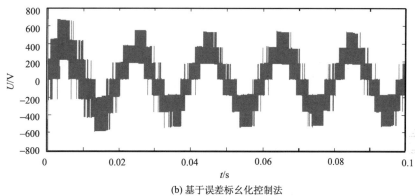

(b) 基于误差标幺化控制法

图 8-26　不同光照下网侧输出电压波形比较

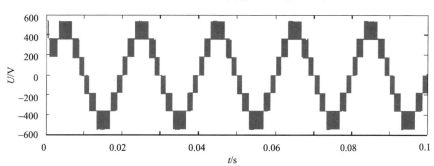

图 8-27　理想条件下网侧输出电压波形

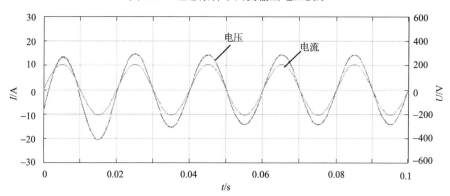

图 8-28　不同光照下并网电流与电压的仿真波形

由图 8-28 可以看出，在本章所提出的均压控制法下，并网电流与电压可以在较短的时间内实现同步并网，减少系统因光照不均造成的功率损耗。

8.3　小　　结

本章首先深入研究了光伏阵列数学模型及输出特性与温度及光照强度之间的变化关系，详细分析了光伏阵列几种常见的 MPPT 控制策略。针对 MPPT 控制过程中出现的问题，提出一种基于 GA 的光伏 MPPT 变加速扰动法的解决方式，对搜索步长进行优化，并引入 GA 作为辅助搜索算法以减小系统搜索时间。为了验证该方法的正确性，在相关仿真平台中分别对变步长扰动法、变加速扰动法以及基于 GA 的变加速扰动法在光照强度和温度变化时进行仿真，结果表明：

(1)在环境发生突变时，基于 GA 的变加速扰动法具有良好的适应能力，可以快速并精确地追踪到最大功率点。

(2)基于 GA 的变加速扰动法解决了遗传算法无法维持系统工作在最大功率点稳定性问题，同时较好地解决了扰动法在最大功率点处电压振荡及对环境适应能力差的问题。

(3)提出一种基于误差标幺化的占空比微调均压控制方法，将各模块误差电压标幺化后经 PI 调节器等系列调节得到占空比微调量，以用于平衡各单元电压。在仿真平台中搭建三单元级联型两级式 H 桥光伏并网逆变系统，仿真结果表明其在输出稳定性及抗扰动性两个方面均有所提高。

第9章　下垂系数动态调节的微电网逆变器控制策略

下垂控制策略广泛应用于微电网逆变器中，可以实现不同逆变器之间的功率均流，然而下垂控制策略在并、离网运行模式切换时需要不同下垂系数的问题，本章提出一种基于动态下垂系数的微电网控制策略，能够对下垂系数进行动态调整，减小随机扰动对系统稳定性的影响。通过引入功率、下垂系数组合的动态下垂系数项来代替传统的固定下垂系数，并设计功率灵敏度因子，达到改善下垂控制的动态性能，实现各个 DG 之间功率均分的目的。在 MATLAB/Simulink 环境下搭建仿真平台，对并网和离网两种工作方式下微电网逆变器分别进行负荷的投切模拟，仿真结果表明该方法在离、并网时都能够取得较好的效果。

9.1　微电网逆变器数学模型

三相全桥电压型逆变器拓扑结构如图 9-1 所示，为了在下垂控制中设计准确的系统参数，需要对逆变器的数学模型进行分析。

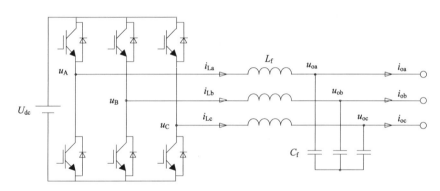

图 9-1　三相全桥电压型逆变器拓扑结构

图 9-1 中，U_{dc} 为直流侧等效输入电压，u_A、u_B、u_C 分别为逆变器桥臂中点输出的三相电压，L_f、C_f 分别为滤波电感、电容，i_{La}、i_{Lb}、i_{Lc} 分别为通过 L_f 的电流，u_{oa}、u_{ob}、u_{oc} 分别为逆变器输出三相电压，i_{oa}、i_{ob}、i_{oc} 分别为逆变器负载侧输出的三相电流。

为了更方便地对控制参数进行设计且有利于分析，做出如下假设。

(1) 所有开关器件均为理想器件。

(2) L_f 之间不存在耦合，C_f 均为理想电容。

(3) 负载频率远大于系统正常工作时的频率。

(4) 线路阻抗均为感性。

根据图 9-1 所示的拓扑结构，以 i_{La}、i_{Lb}、i_{Lc} 为瞬时变量，由 KCL、KVL 定律可得

$$\begin{cases} L_f \cdot \dfrac{di_{La}}{dt} = u_A - u_{oa} \\[2mm] L_f \cdot \dfrac{di_{Lb}}{dt} = u_B - u_{ob} \\[2mm] L_f \cdot \dfrac{di_{Lc}}{dt} = u_C - u_{oc} \\[2mm] C_f \cdot \dfrac{du_{oa}}{dt} = i_{La} - i_{oa} \\[2mm] C_f \cdot \dfrac{du_{ob}}{dt} = i_{Lb} - i_{ob} \\[2mm] C_f \cdot \dfrac{du_{oc}}{dt} = i_{Lc} - i_{oc} \end{cases} \tag{9-1}$$

整理可得逆变器在 abc 三相静止坐标系下的状态方程为

$$\frac{d}{dt}\begin{bmatrix} i_{La} \\ i_{Lb} \\ i_{Lc} \\ u_{oa} \\ u_{ob} \\ u_{oc} \end{bmatrix} = \begin{bmatrix} 0 & 0 & 0 & -\dfrac{1}{L_f} & 0 & 0 \\ 0 & 0 & 0 & 0 & -\dfrac{1}{L_f} & 0 \\ 0 & 0 & 0 & 0 & 0 & -\dfrac{1}{L_f} \\ \dfrac{1}{C_f} & 0 & 0 & 0 & 0 & 0 \\ 0 & \dfrac{1}{C_f} & 0 & 0 & 0 & 0 \\ 0 & 0 & \dfrac{1}{C_f} & 0 & 0 & 0 \end{bmatrix} \begin{bmatrix} i_{La} \\ i_{Lb} \\ i_{Lc} \\ u_{oa} \\ u_{ob} \\ u_{oc} \end{bmatrix} + \begin{bmatrix} 0 & 0 & 0 & \dfrac{1}{L_f} & 0 & 0 \\ 0 & 0 & 0 & 0 & \dfrac{1}{L_f} & 0 \\ 0 & 0 & 0 & 0 & 0 & \dfrac{1}{L_f} \\ -\dfrac{1}{C_f} & 0 & 0 & 0 & 0 & 0 \\ 0 & -\dfrac{1}{C_f} & 0 & 0 & 0 & 0 \\ 0 & 0 & -\dfrac{1}{C_f} & 0 & 0 & 0 \end{bmatrix} \begin{bmatrix} i_{oa} \\ i_{ob} \\ i_{oc} \\ u_A \\ u_B \\ u_C \end{bmatrix}$$

$$\tag{9-2}$$

由于式(9-2)中的瞬时变量都为时变交流量,在设计控制电路时难度较大。且使用 PI 控制时,对交流量的处理存在静差。因此需要将静止坐标系下的交流量变换为旋转坐标系下的直流量,其变换矩阵为

$$T_{abc-dq} = \frac{2}{3}\begin{bmatrix} \cos\theta & \cos\left(\theta - \dfrac{2}{3}\pi\right) & \cos\left(\theta + \dfrac{2}{3}\pi\right) \\ -\sin\theta & -\sin\left(\theta - \dfrac{2}{3}\pi\right) & -\sin\left(\theta + \dfrac{2}{3}\pi\right) \\ \dfrac{1}{2} & \dfrac{1}{2} & \dfrac{1}{2} \end{bmatrix} \tag{9-3}$$

将式(9-2)按式(9-3)所示的变换矩阵进行 3s/2r 变换之后可得逆变器在 dq 旋转坐标系下的数学模型为

$$\frac{\mathrm{d}}{\mathrm{d}t}\begin{bmatrix} i_{\mathrm{Ld}} \\ i_{\mathrm{Lq}} \\ u_{\mathrm{od}} \\ u_{\mathrm{oq}} \end{bmatrix} = \begin{bmatrix} 0 & \omega & -\dfrac{1}{L_{\mathrm{f}}} & 0 \\ -\omega & 0 & 0 & -\dfrac{1}{L_{\mathrm{f}}} \\ \dfrac{1}{C_{\mathrm{f}}} & 0 & 0 & \omega \\ 0 & \dfrac{1}{C_{\mathrm{f}}} & -\omega & 0 \end{bmatrix} \begin{bmatrix} i_{\mathrm{Ld}} \\ i_{\mathrm{Lq}} \\ u_{\mathrm{od}} \\ u_{\mathrm{oq}} \end{bmatrix} + \begin{bmatrix} 0 & 0 & \dfrac{1}{L_{\mathrm{f}}} & 0 \\ 0 & 0 & 0 & \dfrac{1}{L_{\mathrm{f}}} \\ -\dfrac{1}{C_{\mathrm{f}}} & 0 & 0 & 0 \\ 0 & -\dfrac{1}{C_{\mathrm{f}}} & 0 & 0 \end{bmatrix} \begin{bmatrix} i_{\mathrm{od}} \\ i_{\mathrm{oq}} \\ u_{\mathrm{d}} \\ u_{\mathrm{q}} \end{bmatrix} \qquad (9\text{-}4)$$

9.2 下垂控制的基本原理

9.2.1 基本原理分析

下面通过 2 台微电网逆变器并联运行来说明下垂控制的基本原理。将逆变器交流侧电压看作交流电压源，整个系统在简易处理之后如图 9-2 所示。φ_1、φ_2 为逆变器输出电压与公共点电压的相交差；θ_1、θ_2 为线路阻抗角；Z_1、Z_2 为线路阻抗，Z_{load} 为负载。

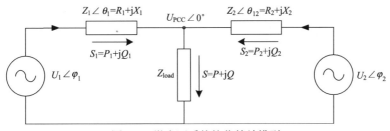

图 9-2　微电网系统简化等效模型

第 i 台 $(i=1,2)$ 微电网逆变器交流侧的电流为

$$I_i = \frac{U_i\angle\varphi_i - U_{\mathrm{PCC}}\angle 0°}{Z_i\angle\theta_i} \qquad (9\text{-}5)$$

输出功率为

$$S_i = I_i^* U_{\mathrm{PCC}}\angle 0° = P_i + \mathrm{j}Q_i \qquad (9\text{-}6)$$

由式 (9-5) 和式 (9-6) 可得

$$P_i = \frac{U_{\mathrm{PCC}}}{R_i^2 + X_i^2}\left[R_i(U_i\cos\varphi_i - U_{\mathrm{PCC}}) + X_i U_i\sin\varphi_i\right] \qquad (9\text{-}7)$$

$$Q_i = \frac{U_{\mathrm{PCC}}}{R_i^2 + X_i^2}\left[X_i(U_i\cos\varphi_i - U_{\mathrm{PCC}}) - R_i U_i\sin\varphi_1\right] \qquad (9\text{-}8)$$

传统下垂控制的应用前提是假定线路阻抗呈感性，即 $X_i \gg R_i$。可是在实际情况中，不同电压等级下的线路阻抗特性也各不一样。各个电压等级线路的典型阻抗如表 9-1 所示。

表 9-1　典型线路阻抗

	$R/(\Omega/\mathrm{km})$	$X/(\Omega/\mathrm{km})$	R/X
低压	0.642	0.083	7.7
中压	0.161	0.190	0.85
高压	0.060	0.191	0.31

本章研究内容均在线路阻抗呈感性的情况下进行，存在 $X \gg R$ ，线路电阻 R 可忽略不计，即 $R=0$ 。此时，逆变器交流侧与公共点间的电压相角之差非常小，因此近似有 $\sin\varphi \approx \varphi$ ，$\cos\varphi \approx 1$ 。所以，式(9-7)、式(9-8)简化为

$$P_i = \frac{U_{\mathrm{PCC}} U_i}{X_i} \varphi_i \tag{9-9}$$

$$Q_i = \frac{U_{\mathrm{PCC}}(U_i - U_{\mathrm{PCC}})}{X_i} \tag{9-10}$$

在一般情况下，需要保证公共点电压 U_{PCC} 稳定，因此可近似认为其值恒定不变。由式(9-9)、式(9-10)可以发现，逆变器输出有功功率大小主要与 φ_i 有关，无功功率与电压幅值 U_i 有关，且他们之间是线性关系。所以，只要改变逆变器输出电压的相角和幅值大小，就可以改变有功和无功大小。然而在现场运行中，相角 φ 不易测量，而 f 和 φ 之间又有积分关系 $f = \mathrm{d}\varphi/(2\pi \cdot \mathrm{d}t)$ ，因此可以通过控制频率来实现对相角的控制。

根据逆变器的输出特征可得其下垂特性方程为

$$\begin{cases} f = f_0 - m(P - P_0) \\ U = U_0 - n(Q - Q_0) \end{cases} \tag{9-11}$$

式中， f 、 U 分别表示逆变器输出电压的频率和幅值； P 、 Q 分别表示逆变器输出的有功功率和无功功率； f_0 、 U_0 分别表示频率和幅值的参考值； P_0 、 Q_0 分别表示有功功率和无功功率的参考值； m 、 n 分别表示有功功率和无功功率的下垂系数。

图 9-3 为传统下垂控制特性曲线。其中 $P_{\max}$ 为逆变器输出有功功率的上限， $f_{\min}$ 为微电网逆变器处于最大功率时对应的频率， $Q_{\max}$ 为逆变器输出无功功率的上限， $U_{\min}$ 为微电网逆变器处于最大无功功率运行时允许的最小电压幅值。一般情况下，频率的波动范围小于额定频率的1%，即 $\Delta f \leqslant 1\% f_0$ 。电压幅值的波动不大于额定电压的5%，即 $\Delta U \leqslant 5\% U_0$ 。

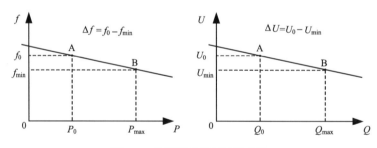

图 9-3 传统下垂控制特性曲线

下垂系数 m 、 n 为

$$\begin{cases} m = \dfrac{f_0 - f_{\min}}{P_{\max} - P_0} \\ n = \dfrac{U_0 - U_{\min}}{Q_{\max} - Q_0} \end{cases} \tag{9-12}$$

式中， $f_{\min} = (1-1\%)f_0$ ； $U_{\min} = (1-5\%)U_0$ 。

9.2.2 控制模块分析

图 9-4 为 P-f 下垂控制器结构框图。其中 i_{oabc}、u_{oabc} 分别为逆变器输出的三相电流和电压，P、Q 分别为经测量后计算出的逆变器实际有功、无功，P_0、Q_0 分别为有功、无功功率的参考值，m、n 分别为有功、无功下垂系数，ω_0、U_0 分别为频率和幅值的参考值，ω、U 分别为经过下垂方程计算出的电压频率和幅值，u^* 为 SPWM 调制信号。

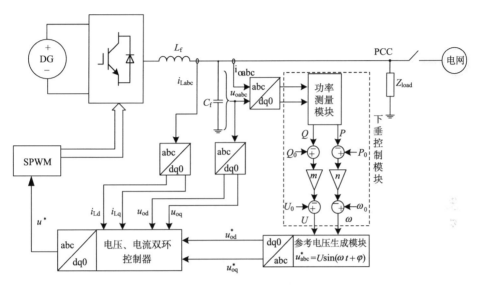

图 9-4 P-f 下垂控制器结构框图

1）功率测量模块

根据实时采集得到的逆变器输出电流 i_{oabc} 和电压 u_{oabc}，通过坐标变换的方式，将 abc 坐标系中的交流量变换成 dq 坐标系中的直流量。根据瞬时功率理论可知，其输出的瞬时有功功率 $\tilde{P}$、瞬时无功功率 $\tilde{Q}$ 分别为

$$\begin{cases} \tilde{P} = \dfrac{3}{2}(u_{od}i_{od} + u_{oq}i_{oq}) \\ \tilde{Q} = \dfrac{3}{2}(u_{oq}i_{od} - u_{od}i_{oq}) \end{cases} \tag{9-13}$$

为了减小谐波对系统的干扰，提高系统稳定性，需要对 $\tilde{P}$、$\tilde{Q}$ 进行低通滤波，才能得到功率测量模块的输出信号。其输出的有功、无功信号分别为

$$\begin{cases} P = \dfrac{\omega_c}{s + \omega_c}\tilde{P} = \dfrac{\omega_c}{s + \omega_c} \cdot \dfrac{3}{2}(u_{od}i_{od} + u_{oq}i_{oq}) \\ Q = \dfrac{\tilde{\omega}_c}{s + \omega_c}\tilde{Q} = \dfrac{\omega_c}{s + \omega_c} \cdot \dfrac{3}{2}(u_{oq}i_{od} - u_{od}i_{oq}) \end{cases} \tag{9-14}$$

式中，$\dfrac{\omega_c}{s + \omega_c}$ 为低通滤波器的传递函数；ω_c 为其截止频率。

2）下垂控制模块

下垂控制模块首先根据功率测量部分计算得到 P、Q，再借助下垂特性曲线，进而生成

电压频率 ω 和幅值 U。再根据频率和相角之间的关系可以得到电压电流双闭环控制模块的输入参考电压。下垂控制模块示意图如图 9-5 所示。

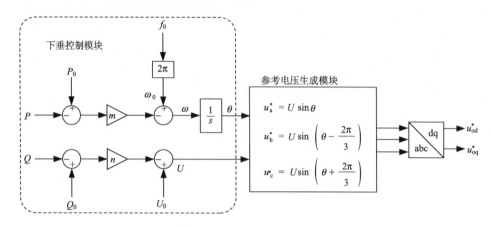

图 9-5 下垂控制模块示意图

3) 双闭环控制模块

电压电流双闭环控制不仅提升了系统的实时性，也提升了抵抗非线性负载扰动的性能，降低整个系统的电压波形畸变率。目前，电流环控制有 2 类实现方法：第一种是将滤波电容电流作为回馈信号，第二种是将滤波电感电流作为回馈信号。由于第一种方式加入了电流幅值抑制单元，这只能确保电容电流值在合理范围内，但流过负载和电感的电流都难以控制，所以无法使用限流措施来维持逆变器稳定运行。而在第二种方式中，通过限制滤波电感电流即可实现逆变器的过电流保护。因此综合看来，本章选择将电感电流作为反馈量来设计电压电流双闭环模块。

将式(9-4)展开可得

$$\begin{cases} L_{\mathrm{f}} \dfrac{\mathrm{d}i_{\mathrm{Ld}}}{\mathrm{d}t} = u_{\mathrm{d}} - u_{\mathrm{od}} + \omega L_{\mathrm{f}} i_{\mathrm{Lq}} = u_{\mathrm{Ld}} \\[2mm] L_{\mathrm{f}} \dfrac{\mathrm{d}i_{\mathrm{Lq}}}{\mathrm{d}t} = u_{\mathrm{q}} - u_{\mathrm{oq}} - \omega L_{\mathrm{f}} i_{\mathrm{Ld}} = u_{\mathrm{Lq}} \\[2mm] C_{\mathrm{f}} \dfrac{\mathrm{d}u_{\mathrm{od}}}{\mathrm{d}t} = i_{\mathrm{Ld}} - i_{\mathrm{od}} + \omega C_{\mathrm{f}} u_{\mathrm{oq}} = i_{\mathrm{od}} \\[2mm] C_{\mathrm{f}} \dfrac{\mathrm{d}u_{\mathrm{oq}}}{\mathrm{d}t} = i_{\mathrm{Lq}} - i_{\mathrm{oq}} - \omega C_{\mathrm{f}} u_{\mathrm{od}} = i_{\mathrm{oq}} \end{cases} \tag{9-15}$$

通过观察式(9-15)发现，在 dq 坐标系下，d 轴分量和 q 轴分量之间仍然强烈耦合。因此，需要进一步对两个分量进行分离，进而实现对双闭环内参数的设计。

根据式(9-15)写出相电压 u_{A}、u_{B}、u_{C} 在 dq 旋转坐标系中所对应的分量为

$$\begin{cases} u_{\mathrm{d}} = u_{\mathrm{Ld}} + u_{\mathrm{od}} - \omega L_{\mathrm{f}} i_{\mathrm{Lq}} \\ u_{\mathrm{q}} = u_{\mathrm{Lq}} + u_{\mathrm{oq}} + \omega L_{\mathrm{f}} i_{\mathrm{Lq}} \end{cases} \tag{9-16}$$

为了使逆变器输出信号更平稳，电压外环采用 PI 控制器。并把 PI 控制器的输出作为电流环的输入可得

$$\begin{cases} u_{\text{PI-d}} = \left(k_{\text{up}} + \dfrac{k_{\text{ui}}}{s} \right)(u_{\text{od}}^* - u_{\text{od}}) \\ u_{\text{PI-q}} = \left(k_{\text{up}} + \dfrac{k_{\text{ui}}}{s} \right)(u_{\text{oq}}^* - u_{\text{oq}}) \end{cases} \tag{9-17}$$

式中，$u_{\text{PI-d}}$、$u_{\text{PI-q}}$ 分别为 PI 控制器输出的 d、q 轴信号；k_{up}、k_{ui} 分别为 PI 控制器的比例系数和积分系数；u_{od}^*、u_{oq}^* 分别为逆变器输出电压的 d、q 轴参考值。

为了增强系统的速动性能，电流内环使用比例调节器，其参考电流为

$$\begin{cases} i_{\text{Ld}}^* = u_{\text{PI-d}} + i_{\text{od}} - \omega C_{\text{f}} u_{\text{oq}} \\ i_{\text{Lq}}^* = u_{\text{PI-q}} + i_{\text{oq}} - \omega C_{\text{f}} u_{\text{od}} \end{cases} \tag{9-18}$$

式中，i_{Ld}^*、i_{Lq}^* 分别为电流内环的 d、q 轴电流的参考电流。

那么，电流内环输出的信号为

$$\begin{cases} u_{\text{k-d}} = k_{\text{ip}}(i_{\text{Ld}}^* - i_{\text{Ld}}) \\ u_{\text{k-q}} = k_{\text{ip}}(i_{\text{Lq}}^* - i_{\text{Lq}}) \end{cases} \tag{9-19}$$

综合式(9-15)～式(9-19)可得

$$\begin{cases} L_{\text{f}} \dfrac{\mathrm{d} i_{\text{Ld}}}{\mathrm{d} t} = k_{\text{ip}}(i_{\text{Ld}}^* - i_{\text{Ld}}) \\ L_{\text{f}} \dfrac{\mathrm{d} i_{\text{Lq}}}{\mathrm{d} t} = k_{\text{ip}}(i_{\text{Lq}}^* - i_{\text{Lq}}) \\ C_{\text{f}} \dfrac{\mathrm{d} u_{\text{od}}}{\mathrm{d} t} = \left(k_{\text{up}} + \dfrac{k_{\text{ui}}}{s} \right)(u_{\text{od}}^* - u_{\text{od}}) \\ C_{\text{f}} \dfrac{\mathrm{d} u_{\text{oq}}}{\mathrm{d} t} = \left(k_{\text{up}} + \dfrac{k_{\text{ui}}}{s} \right)(u_{\text{oq}}^* - u_{\text{oq}}) \end{cases} \tag{9-20}$$

根据式(9-20)可以发现，d 轴信号和 q 轴信号完全分离。因此能够对逆变器输出电压和电流实施高效、精确控制。其解耦控制如图 9-6 所示。

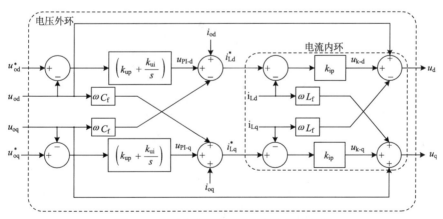

图 9-6　电压电流双闭环控制模块解耦框图

下垂控制器将逆变器交流侧的输出电压和经过采样得到的电感电流作为反馈量，经过功率测量模块、下垂控制模块以及电压电流双闭环控制模块，生成逆变器中功率器件的调制电压信号，进而驱动 IGBT 开关。

9.3 传统固定下垂系数的控制策略

传统的下垂控制方程如式(9-11)所示，当存在两台逆变器时的 P-f 下垂特性曲线如图 9-7 所示，假设它们的下垂系数均为 m，P_0 为有功功率参考值。f_0、f_0^* 分别为两台逆变器输出电压频率参考值，f_0' 为负荷变化导致频率跌落之后的值，ΔP、Δf 分别为接入相同负荷时两台逆变器输出功率之差和频率跌落大小。

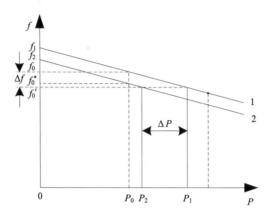

图 9-7 两台逆变器时的 P-f 下垂特性曲线

由图 9-7 可将传统 P-f 下垂控制方程改写成

$$\begin{cases} f_0 - f_0' = mP_1 \\ f_0^* - f_0' = mP_2 \end{cases} \tag{9-21}$$

整理可得

$$m = \frac{\left(f_0 - f_0'\right) - \left(f_0^* - f_0'\right)}{P_1 - P_2} = \frac{\Delta f}{\Delta P} - \frac{f_0^* - f_0'}{\Delta P} \tag{9-22}$$

由式(9-22)可得，$\dfrac{\partial m}{\partial \Delta f} = \dfrac{1}{\Delta P} > 0$，$\dfrac{\partial m}{\partial \Delta P} = -\dfrac{\Delta f}{(\Delta P)^2} < 0$。

因此，当 m 增大时 ΔP 减小，Δf 增大。这表明有功下垂系数与功率均分效果呈正相关，与频率偏差呈负相关。因此在设计下垂系数的时候必须全面考虑。

微电网并网运行是通过 PCC 处的静态开关与电网连接，在稳定之后向电网送电，提高发电的灵活性[143-146]。并网运行时，微电网和主电网连接处的参数必须保持一致。基于传统固定下垂系数的控制策略如图 9-8 所示。

绝大部分情况下，微电网处于并网运行状态，此时微电网内的电压及频率被大电网强制同步[147,148]。负荷的增减或其他因素造成的电压、频率产生较大偏移时，会对系统的稳定性产生严重影响。在 PCC 处的电压向量图如图 9-9 所示。

图 9-9 中 u_{mg}、u_g 分别为微电网母线电压和大电网电压向量，φ_{mg}、φ_g 分别为微电网和大电网相角，$\Delta\varphi = \varphi_{mg} - \varphi_g$。

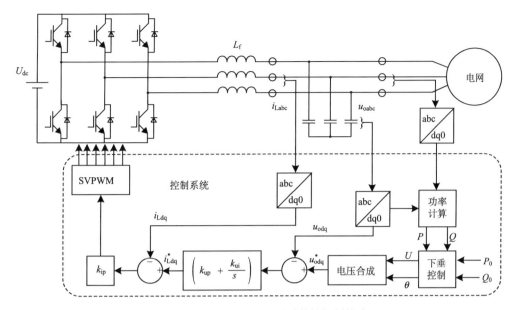

图 9-8　基于传统固定下垂系数的控制策略

　　传统下垂控制中下垂系数是固定的，因此当本地负载较大时，微电网内部会产生波动，导致微电源间出现环流。这不仅会造成系统不稳定，还会导致功率分配精度下降。

　　为改善上述问题，文献[149]～[151]通过控制下垂系数，保持电压及频率稳定，同时消除因功率分配不均引起的系统环流。文献[152]～[154]针对低压微电网

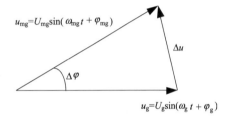

图 9-9　电压向量示意图

中多 DG 并联运行时功率分配不均等问题，增设虚拟阻抗，降低微电网逆变器输出功率对线路阻抗的敏感程度，改进功率控制环，避免不同性质的线路阻抗对控制效果的影响。

　　传统下垂控制方程受线路阻抗的影响较大，且当线路阻抗呈感性时，逆变器输出有功功率仅与角频率有关，无功功率只和幅值有关[155]。因此本章仅在线路阻抗呈感性的前提下进行讨论。

9.4　下垂系数动态调节的控制策略

9.4.1　动态下垂控制方法分析

　　微电网逆变器采用下垂控制时，本地负荷不尽相同，因此容易造成逆变器输出的有功功率无法实现均分，从而引起环流。为了解决这个问题，通常是加入虚拟阻抗来抑制环流，但是增设虚拟阻抗后会影响系统输出电压质量[156,157]。因此为了实现功率均分并抑制环流，提出一种基于动态下垂系数的控制方法。通过引入功率、下垂系数组合的动态下垂系数项来代替传统的固定下垂系数，并设计功率灵敏度因子，具体为

$$\begin{cases} f = f_0 - (a_1 + a_2 P)P - \mu_a \sqrt{\left|\dfrac{P}{P_0} - 1\right|} \\ U = U_0 - (b_1 + b_2 Q)Q - \mu_b \sqrt{\left|\dfrac{Q}{Q_0} - 1\right|} \end{cases} \tag{9-23}$$

式中，a_1 和 a_2 表示有功调节时动态下垂系数的两个参数；b_1 和 b_2 表示无功调节时动态下垂系数的两个参数；μ_a、μ_b 是灵敏度因子，其他参数同式(9-11)。

通过比较式(9-21)、式(9-22)可得，将传统的有功下垂系数 m 换成与功率有关的动态下垂系数项 $(a_1 + a_2 P)$，就能实现下垂系数随功率的波动而动态改变，使得 $(a_1 + a_2 P)P$ 保持稳定。通过设计合适的灵敏度因子，改善系统的动态性能。图 9-10 为下垂控制模块的控制框图。

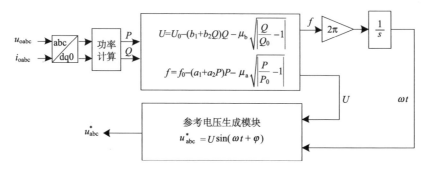

图 9-10　下垂控制模块的控制框图

9.4.2　动态下垂控制器参数设计

如图 9-11 所示，当 $a_2 = 0$ 时为传统下垂控制的 $P\text{-}f$ 下垂曲线，由图可知频率与有功负荷呈反比例关系，其斜率为固定下垂系数。本章所提出的基于动态下垂系数的下垂控制方法中，在功率达到某一值之后，频率的变化趋于平缓，功率的增大对频率的变化影响不大，使得电压稳定在一定范围内，显著提高负荷突变时系统的稳定性。与此同时，引入灵敏度因子，进一步提高系统的动态性能，减小在系统投切负荷时功率变化带来的瞬时冲击。设最大

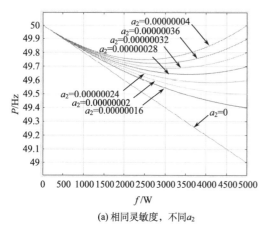

(a) 相同灵敏度，不同 a_2

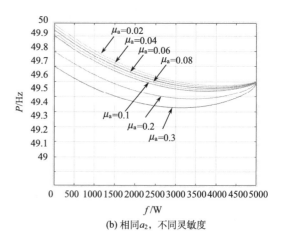

(b) 相同 a_2，不同灵敏度

图 9-11　不同参数时的动态下垂曲线比较图

功率 $P_{\max}$ 为 5kW，频率上限 $f_{\max}$ 为 50.5Hz，频率下限 $f_{\min}$ 为 49.5Hz。将下垂曲线中参数取值为 $a_1 = (f_{\max} - f_{\min})/P_{\max} = 0.0002$，$a_2 = 0.6a_1/P_{\max}$，$\mu_a = 0.03$，同理可得 b_1、b_2、μ_b。

9.5 电压电流双闭环控制器参数设计

电压外环的作用是使逆变器的输出电压对下垂模块的输出进行跟踪，电流内环的作用则是提高系统的动态响应速度，并增加系统的稳定性。在设计电压电流双环控制器的参数时，还需考虑数字信号采样的延时以及驱动信号的惯性延时等因素。

9.5.1 电压环控制器设计

电压环控制器的控制结构如图 9-12 所示。

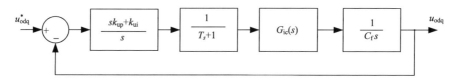

图 9-12 电压环控制器的控制结构

图 9-12 中，u_{odq}^*、u_{odq} 分别表示逆变器输出电压在 dq 旋转坐标系下的参考值和实际值；k_{up}、k_{ui} 分别为 PI 控制器的比例、积分系数；$1/(T_s+1)$ 表示数字信号采样时的延时环节；$G_{ic}(s)$ 为电流环闭环传递函数。$1/C_f s$ 表示滤波环节，这里 $C_f = 5\mu F$，T_s 为信号采样周期，由于逆变器开关频率 $f_s = 20kHz$，因此 $T_s = 1/f_s = 0.05\,ms$。如图 9-12 所示，加入 $sk_{up}+k_{ui}/s$ 之前系统的开环传递函数为

$$G_{pio}(s) = \frac{1}{s(T_s s + 1)(\lambda s + 1)C_f} \tag{9-24}$$

式中，λ 为电流环闭环传递函数 $G_{ic}(s) = 1/(\lambda s + 1)$ 中的一个常数。

根据式(9-24)可知，其转折频率分别为 $f_{u1} = 1/2\pi\lambda = 7350Hz$，$f_{u2} = 1/2\pi T_s = 3183\,Hz$。

设电压环调节器为比例积分调节器，其传递函数为

$$G_{upi}(s) = \frac{sk_{up}+k_{ui}}{s} \tag{9-25}$$

根据经验，设电压外环的穿越频率为电流内环穿越频率的 1/5，即 400Hz，那么

$$\left| G_{pio}(j2\pi \times 400) \right| = \frac{1}{\left| G_{upi}(j2\pi \times 400) \right|} \tag{9-26}$$

又因为本章设计的比例积分调节器在过零点时对应的频率不得大于穿越频率，所以设其所对应的频率为 120Hz，即

$$\frac{k_{up}}{k_{ui}} = \frac{1}{2\pi \times 30} \tag{9-27}$$

联立式(9-26)、式(9-27)可得，比例系数和积分系数分别为

$$\begin{cases} k_{\mathrm{up}} = 0.025 \\ k_{\mathrm{ui}} = 18.85 \end{cases} \tag{9-28}$$

因此，根据图 9-12 可得加入电压外环比例积分调节器之后的开环传递函数为

$$G_{\mathrm{uo}}(s) = \frac{sk_{\mathrm{up}} + k_{\mathrm{ui}}}{s^2(T_{\mathrm{s}}s+1)(\lambda s+1)C_{\mathrm{f}}} \tag{9-29}$$

由式(9-29)可得，加入电压外环比例积分调节器之后的闭环传递函数为

$$G_{\mathrm{uc}}(s) = \frac{G_{\mathrm{uo}}(s)}{1+G_{\mathrm{uo}}(s)} = \frac{sk_{\mathrm{up}} + k_{\mathrm{ui}}}{C_{\mathrm{f}}T_{\mathrm{s}}\lambda s^4 + C_{\mathrm{f}}(T_{\mathrm{s}}+\lambda)s^3 + C_{\mathrm{f}}s^2 k_{\mathrm{up}}s + k_{\mathrm{ui}}} \tag{9-30}$$

加入电压外环比例积分调节器前后的伯德图如图 9-13 所示。从图中可以看出，加入比例积分调节器之后，系统在低频段的增益高于加入之前的增益，相位裕量 P_{m} 为 68.7°，所以在电压环加入比例积分调节器之后系统的稳定性和动态性能均得到了良好的提升。

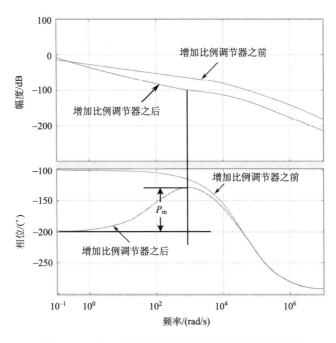

图 9-13　加入电压外环比例积分调节器前后的伯德图

9.5.2　电流环控制器设计

电压环控制器的控制结构如图 9-14 所示。

图 9-14 中，取逆变器等效增益 $k_{\mathrm{inv}} = 461.8$，$1/(T_{\mathrm{s}}+1)$ 表示对电流采样时的延时环节，$k_{\mathrm{inv}}/(0.5T_{\mathrm{s}}+1)$ 表示驱动信号的惯性环节，$1/L_{\mathrm{f}}s+r$ 表示电感滤波环节，r 表示与滤波电感串联的阻尼电阻。滤波电感 L_{f}=6mH，阻尼电阻 r=0.01Ω，$T_{\mathrm{s}} = 1/f_{\mathrm{s}} = 0.05$ 为信号采样周期。

加入电流内环前，系统的开环传递函数为

$$G_{po}(s) = \frac{k_{inv}}{(1.5T_s s + 1)(L_f s + r)} \tag{9-31}$$

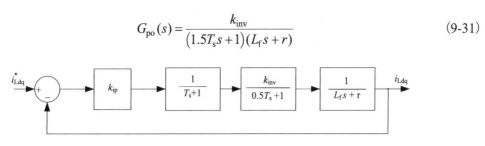

图 9-14 电流环控制器的控制结构

根据式(9-31)可得，系统具有 2 个开环极点，幅频特性的转折频率分别为 $f_{i1} = 1/(1.5T_s \times 2\pi) = 2122\text{Hz}$，$f_{i2} = r/2\pi L_f = 0.3\text{Hz}$。令 $s = j\omega = 0$，则此时系统的开环直流增益为：$20\lg|G_{ip}(j\omega)| = 93.3\text{dB}$。

设 $G_{ip}(s) = k_{ip}$ 为电流内环传递函数，其穿越频率为 $f_s/10 = 2000\text{Hz}$。系统开环传递函数与内环比例调节器传递函数之间的关系为

$$k_{ip} = \frac{L_f}{r} \tag{9-32}$$

根据式(9-32)即可计算出电流内环比例系数 $k_{ip} = 0.6$。

因此，加入电流内环比例调节器之后的开环传递函数为

$$G_{io}(s) = \frac{k_{inv}k_{ip}}{(1.5T_s s + 1)(L_f s + r)} \tag{9-33}$$

由式(9-33)可得，加入电流内环比例调节器之后的闭环传递函数为

$$G_{ic}(s) = \frac{G_{io}(s)}{1 + G_{io}(s)} = \frac{k_{inv}k_{ip}}{1.5T_s L_f s^2 + (1.5T_s r + L_f)s + r + k_{inv}k_{ip}} \tag{9-34}$$

因为阻尼电阻 r 的值很小，所以可忽略不计，则式(9-34)可化简为

$$G_{ic}(s) = \frac{1}{\dfrac{1.5T_s L_f}{k_{inv}k_{ip}}s^2 + \dfrac{L_f}{k_{inv}k_{ip}}s + 1} \tag{9-35}$$

又因为系统采样时间 T_s 很小，所以该闭环传递函数分母的 s^2 项也很小，故可将此系数忽略不计。那么式(9-35)可进一步化简为

$$G_{ic}(s) = \frac{1}{\lambda s + 1} \tag{9-36}$$

式中，$\lambda = L_f/k_{inv}k_{ip} = 2.2 \times 10^{-5}$。

加入电流环比例调节器前后的伯德图如图 9-15 所示。从图中可以看出，系统在加入电流环比例调节器之前低频段的增益为 93.3dB，相位裕量为4.32°。此裕量太小，所以在图中无法表示出来。加入电流环比例调节器之后，相位裕量增加到48.2°。由此可见，增加电流环比例调节器之后相位裕量大幅提升，从而系统的响应速度和稳定性也有大幅提高。

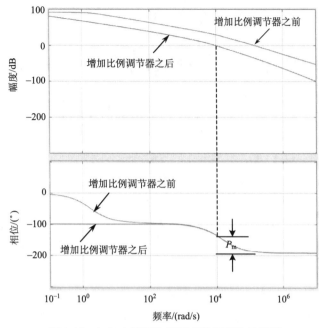

图 9-15　加入电流环比例调节器前后的伯德图

9.6　仿真验证

为了验证本章提出的基于动态下垂系数的微电网控制策略的有效性，在 MATLAB2015 仿真平台搭建模型，在含有 3 台 DG 的系统中进行仿真验证，部分仿真参数设置情况如表 9-2 所示。

表 9-2　仿真参数设置

参数	数值	单位
电压幅值	311	V
初相 φ	0.001	rad
电压频率	50	Hz
a_1	0.0002	—
a_2	0.000000024	—
灵敏度 μ_a	0.03	—
b_1	0.0002	—
b_2	0.000000024	—
灵敏度 μ_b	0.03	—
滤波电感	3	mH
滤波电容	15	μF

9.6.1　离网运行仿真

微电网从并网切换到离网后逆变器输出电压幅值不完全相同，可能导致无功功率均分效果不好，因此需要在离网运行时向下垂控制方程中加入电压补偿量。设微电源输出侧电抗为 x，xQ/U 为线路电压降，通过向下垂控制方程中加入此电压来补偿线路压降，提高各个 DG 对无功负荷的分配精度。加入电压补偿量之后的下垂方程为

$$U = U_0 - (b_1 + b_2 Q)Q - \frac{Q}{U}x - \mu_b \sqrt{\left| \frac{Q}{Q_0} - 1 \right|} \tag{9-37}$$

微电网离网运行时，系统投切负荷时序图如图 9-16 所示，在开始时有功功率为 2kW，无功功率为 1kvar；在 0.2s 投入 1kW、200var 负载；0.4s 时投入 1kW、100var 负载；0.6s 时切除 1kW 负载。仿真结果如图 9-17～图 9-20 所示。

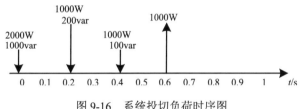

图 9-16　系统投切负荷时序图

图 9-17、图 9-18 分别表示三台逆变器在不同控制方法下逆变器输出频率和有功功率的仿真波形。

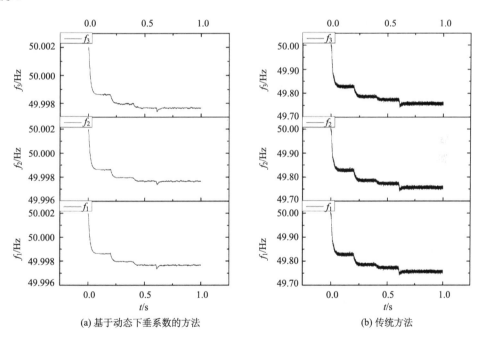

(a) 基于动态下垂系数的方法　　　　　　(b) 传统方法

图 9-17　离网运行模式电压频率对比

通过对比图 9-17 可以发现，基于动态下垂系数的下垂控制策略下电压频率的控制精度大幅提高，在增减负荷以后频率的跌落控制在 0.01Hz 以内，谐波明显减小，逆变器始终能够快速实现功率均分，系统的稳定性得到了显著增强。

从图 9-18 中可以看出，仿真波形平滑，毛刺较少，说明基于下垂系数动态调节的控制方法得到的有功功率明显比传统 P-f 下垂控制方法得到的有功功率稳定性好。

图 9-19、图 9-20 分别表示三台逆变器在不同控制方法下输出的电压幅值和无功功率的仿真波形。从图 9-19 中可以看出，在投切负荷时，用该方法得到的电压幅值 U_m 跌落最大值在 0.3V 以内，而传统方法跌落最大值大约为 0.5V。

从图 9-20 中可以看出，相比于传统方法，下垂系数动态调节的控制方法得到的无功功率波形平滑、谐波较少，稳定性高，电能质量得到了明显改善。

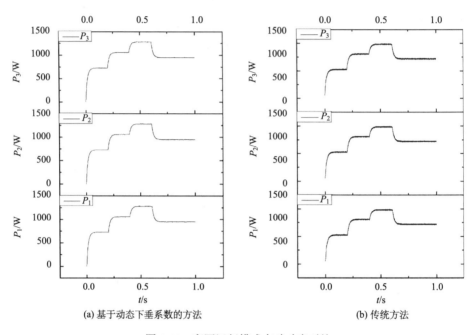

(a) 基于动态下垂系数的方法　　　　　(b) 传统方法

图 9-18　离网运行模式有功功率对比

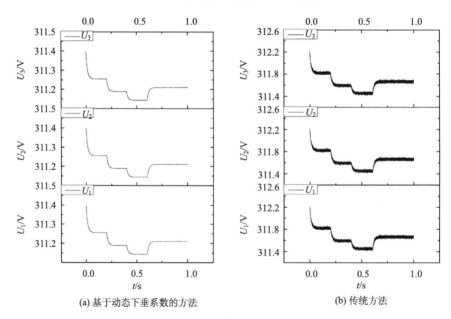

(a) 基于动态下垂系数的方法　　　　　(b) 传统方法

图 9-19　离网运行模式电压幅值对比

9.6.2 并网运行仿真

并网运行时系统投切负荷时序图也如图 9-17 所示。仿真结果如图 9-21 和图 9-22 所示。对比图 9-21（a）、图 9-22（b）可以发现，下垂系数动态调节的控制系统下得到的频率仿真波形一直稳定在 50Hz，抗扰动性能更好，而传统方法略有波动。

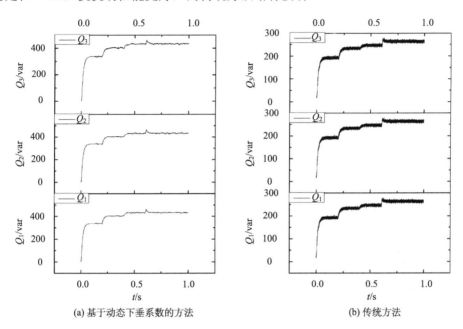

(a) 基于动态下垂系数的方法　　　　　　　(b) 传统方法

图 9-20　离网运行模式无功功率对比

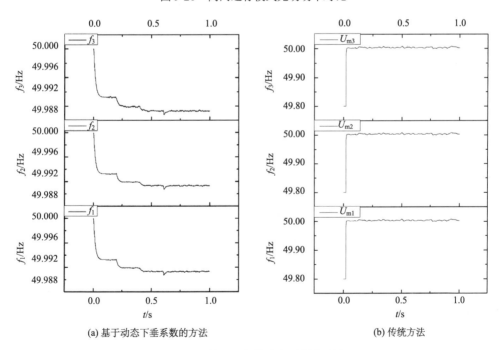

(a) 基于动态下垂系数的方法　　　　　　　(b) 传统方法

图 9-21　并网运行模式电压频率对比

通过对比图 9-22（a）、图 9-22（b）可以发现，基于动态下垂系数的方法在并网运行时的有功功率波形更平滑。

通过对图 9-23、图 9-24 进行分析可知，在并网运行时，用基于动态下垂系数的下垂控制得到的波形更平滑，在投切负荷前后电压下稳定性更好，而传统方法则波动明显。

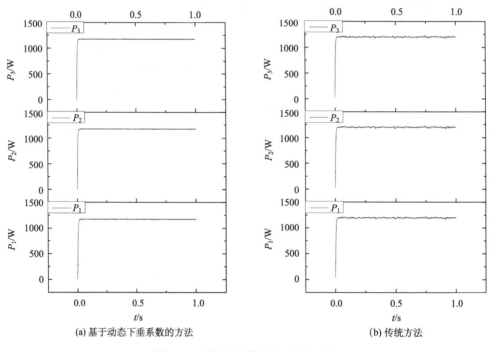

图 9-22　并网运行模式有功功率对比

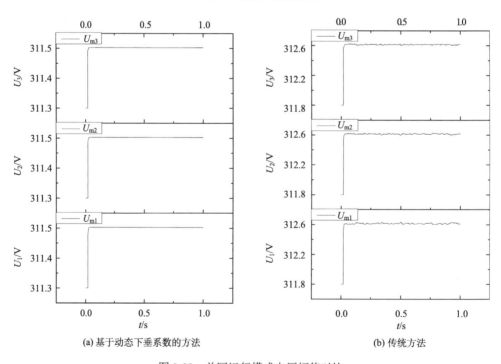

图 9-23　并网运行模式电压幅值对比

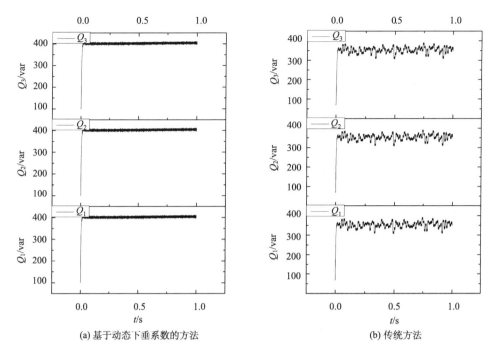

(a) 基于动态下垂系数的方法　　　　　　　(b) 传统方法

图 9-24　并网运行模式无功功率对比

9.7　小　　结

　　本章提出了微电网逆变器基于动态下垂系数的控制策略，并与传统固定下垂系数的控制策略进行了对比。对动态下垂系数表达式中参数取不同值时的下垂曲线进行了分析，并设计了合适的灵敏度因子。通过对动态下垂系数控制器传递函数的伯德图进行分析，证明该下垂控制策略能够改善基于动态下垂系数的下垂控制策略中电压、电流双闭环控制模块中的参数，可以实现系统良好的动态性能和稳态性能。最后，通过仿真模型在不同工作模式下分别对系统进行仿真验证，对比之下可以发现，无论是在并网运行模式还是在离网运行模式，用基于动态下垂系数的控制方法得到的波形更平滑，抗扰动性能更好，控制精度更高。在负载变化时，其电压幅值的波形跌落程度也明显减小，稳定性得到了加强，电能质量也得到了改善。

第10章 光伏逆变器运行模式切换控制方法

本章首先对光伏逆变器并网、离网两种运行状态切换的过程进行分析，然后详细分析微电网逆变器运行模式平滑切换的控制策略。从并网模式转到离网模式时，针对传统孤岛检测算法检测时间较长问题，提出一种基于下垂控制的增强型正反馈孤岛检测方法，缩短孤岛检测时间，提高系统动态特性。在检测到孤岛发生之后，立即向下垂控制方程中加入电压补偿量，从而弥补微电网中微电源在离网运行时输出电压幅值不完全相同的缺陷，达到改善无功功率分配精度的目的。为避免微电网逆变器从离网运行状态转换到并网运行状态时产生较大冲击，提出一种基于动态下垂系数的预同步控制策略，使逆变器的输出电压频率与幅值在并网时迅速和电网电压同步，实现平滑切换。最后通过仿真和实验验证控制策略的正确性及可行性。

10.1 孤岛检测原理

孤岛现象是指由于人为或者非人为因素引起电网失电压时，新能源发电系统保持给线路负载供电的现象[158-161]。在孤岛状态下，若不采取一定的保护措施，检修人员可能在无意识的情况下触电。同时，逆变器会出现频率、电压、谐波等波动较大的问题，最终可能造成失步，导致电网崩溃。从并网工作方式转换到离网工作方式时，孤岛检测技术是实现将微电网与大电网断开的重要技术之一，其准确性和速动性是保证安全离网的重要参考标准。为了避免由于孤岛现象引起的人员、设备安全问题，避免对负载和供电系统带来的损害，各国专家学者对孤岛检测技术展开了深入研究。

孤岛检测技术通常划分成两大类，如图 10-1 所示。第一类是基于信号传递的检测方法，这种方法主要是根据无线电波来判定孤岛现象；第二类是基于对逆变器输出信号进行检测、分析的方法，此方法是利用采集到的输出电压及电流，送入控制系统进行分析，以此确定孤岛是否出现。

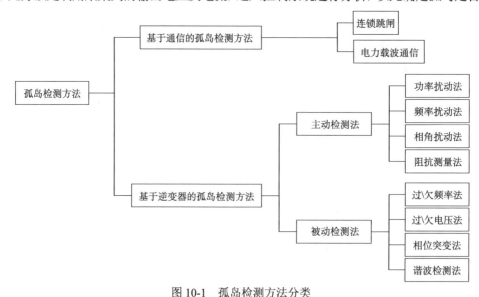

图 10-1 孤岛检测方法分类

10.1.1　频率扰动法原理分析

基于频率扰动的孤岛检测方法是通过向逆变器输出电流增加一个固定的谐波信号，并测量逆变器交流侧电压频率的实际值，该方法也称为主动频率偏移（active frequency drift, AFD）法[162,163]。

在逆变器正常运行时，主电网对微电网的钳位作用，使得微电网的频率始终和主电网保持一致。在主电网和微电网断开连接以后，微电网失去钳位作用，频率偏移会逐渐增加，直至频率偏移达到频率上限值时发生孤岛现象。AFD 法原理如图 10-2 所示。

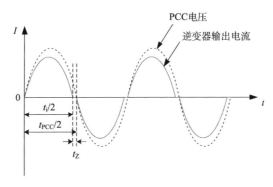

图 10-2　AFD 法原理图

图 10-2 中，t_i 是逆变器输出电流的周期，t_{PCC} 是 PCC 处电压的周期，与电网电压周期相同，t_Z 是截止区间。定义 t_Z 与 $t_{PCC} / 2$ 的比值为截断系数（chopping fraction, cf），用来控制频率偏移的幅度。

$$\mathrm{cf} = 2t_Z / t_{PCC} \tag{10-1}$$

逆变器输出电流参考波形的表达式为

$$i_{\mathrm{ref}} = \begin{cases} I\sin(2\pi f_Z t), & 0 \leqslant \omega t < \pi - t_z \\ 0, & \pi - t_z \leqslant \omega t < \pi \\ I\sin(2\pi f_Z t), & \pi \leqslant \omega t < 2\pi - t_z \\ 0, & 2\pi - t_z \leqslant \omega t < 2\pi \end{cases} \tag{10-2}$$

式中，$f_Z = f / (1 - \mathrm{cf})$。

在 $0 \sim t_{PCC} / 2$ 时间内，PCC 电压频率始终小于逆变单元输出电流频率。当逆变器产生的电流波形过零点后，控制程序立即将其设置为零。在 $t_{PCC} / 2 \sim t_{PCC}$ 区间内，逆变器输出电流幅值与前半周期电流幅值相反。

主动频移法中的频率一般是由过零检测环节中的锁相环得到的。频率的变化需要经过一个工作周期才能够采集到，本章采用了一种基于 p/f 的锁相环的方法，其原理结构如图 10-3 所示。

根据 3s/2r 坐标转换，将 abc 坐标系下 PCC 电压变换成 dq 坐标系下的电压 u_d、u_q。当逆变器频率与参考频率 f_0 之差为 0 时，有功分量也为 0，所以只要将有功电压分量控制为 0，就能够跟随系统频率的变化。此锁相环将有功分量变化偏差作为频率的误差，通过对频率进行积分得到相角，然后再将此相角反馈到 3s/2r 变换中。这样就保证了整个锁相过程是连续、实时进行的，因此逆变器输出电流波形也是连续变化，降低了电流突变对系统造成影响的风险。

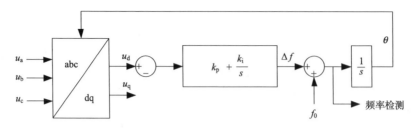

图 10-3　锁相环原理结构图

主动频率扰动法相对来说易于实现，和传统被动式法相比，极大地缩小检测盲区。但是向电流中施加一定的扰动，会导致电能质量有所下降[164-166]。这种方法在用于多个逆变器同时工作的系统中，要确定添加的电流频率扰动方向一致。当负载为感性或容性时，其输出频率的变化趋势也许会和添加扰动的方向不一致，影响检测的效果。

10.1.2　带正反馈的频率扰动法原理分析

在传统的频率扰动法中，添加的频率扰动信号是对逆变器的输出频率按照某一个固定的方向进行扰动[167-169]。在孤岛现象发生时，采用传统的频率扰动法就会致使逆变器输出频率偏移速度较慢，导致孤岛检测时间较长，甚至导致孤岛检测失败。为了改善主动频率扰动法的这些问题，提出了一种改进策略——带正反馈的主动频率扰动法。

通常情况下，带正反馈的主动频率扰动法是通过控制电感电流的参考值，进而使下一周期 PCC 电压的频率比上一周期的频率增加或降低。在并网运行时，PCC 电压在大电网的钳位作用下保持稳定。在孤岛现象发生后，PCC 电压频率在参考电流频率的影响下偏离稳定值，最终达到孤岛检测的频率上限，从而确定孤岛现象的发生。

带正反馈的主动频率扰动法原理如图 10-4 所示。微电网逆变器输出电流与 PCC 电压的相位相同，若检测到 PCC 处频率上升，那么逆变器输出电流就会在下一周期增加其频率。若一个电流周期结束而电压周期还未结束，那么就强制电流为 0，直到电压周期结束。

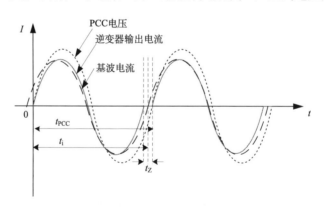

图 10-4　带正反馈的主动频率扰动法原理图

为了简化分析，引入基波电流。规定基波电流超前 PCC 电压 $0.5t_Z$。与常规频率扰动法不同的是，这里定义 t_Z 与 t_g 的比值为截断系数 cf，同时引入正反馈增益系数 k，则带正反馈的截断系数表示为

$$\mathrm{cf} = \mathrm{sign}(f_{\mathrm{PCC}} - f_{\mathrm{g}})\mathrm{cf}_0 + k(f_{\mathrm{PCC}} - f_{\mathrm{g}}) \tag{10-3}$$

式中，cf_0 为标准截断系数；f_{PCC} 为 PCC 电压的频率；f_g 为电网电压频率。定义当 $f_{PCC} \geq f_g$ 时 $\mathrm{sign}(f_{PCC} - f_g) = 1$，当 $f_{PCC} < f_g$ 时 $\mathrm{sign}(f_{PCC} - f_g) = -1$。

通过增加标准截断系数项，就能在出现孤岛现象时有效地启动正反馈频率扰动。本地负载绝大多数呈感性，所以谐振频率比电网频率大，导致微电网与大电网断开连接后微电网系统的频率会朝着频率增大的方向不断扰动。此时，$f_{PCC} - f_g \geq 0$，$cf = cf_0 + k(f_{PCC} - f_g)$，逆变器输出电压频率逐渐增大至上限从而检测到孤岛现象。

定义基波电流超前 PCC 电压的相角为 θ_Z，PCC 电压周期为 t_{PCC}，由图 10-4 可以看出

$$\theta_Z = 2\pi \cdot \frac{0.5 t_Z}{t_{PCC}} = \pi \frac{t_Z}{t_{PCC}} = \pi cf \tag{10-4}$$

在断开微电网与大电网之间的静态开关之后，若不转换至离网工作，PCC 电压的频率会一直处于扰动状态，直到新的稳态。在稳态情况下，负载相位角满足：

$$\theta_L = \arctan\left[R\left(\frac{1}{\omega L} - \omega C \right) \right] = \arctan\left[Q_f \left(\frac{f_{lr}}{f_g} - \frac{f_g}{f_{lr}} \right) \right] \tag{10-5}$$

式中，R、L、C 分别为本地负载的电阻、电感、电容；ω 为 PCC 电压角频率；f_{lr} 为负载谐振频率；f_g 为电网频率；Q_f 为品质因数。

从式 (10-5) 可以看出，当 f_{lr} 与 f_g 相近时，θ_L 近似为 0，与大电网断开后微电网系统频率变化很小，此时用一般的 AFD 法不能判断孤岛现象。而增加正反馈扰动之后，发生孤岛时不论本地负载是感性还是容性，逆变器输出电压频率在标准截断系数 cf_0 的作用下仍会不断扰动。这不仅消除了逆变器输出频率只能按照某一个固定的方向进行扰动的缺陷，与此同时在正反馈增益系数的作用下频率偏移速度更快，能够有效地缩短孤岛检测的时间。但是，在对 cf_0 进行取值时，其值不能过大，否则微电网逆变器输出电流的谐波含量将会增加，影响整个系统的稳定性。

10.2　微电网逆变器并\离网模式切换分析

在绝大多数情况下，微电网与大电网并联运行，微电网的电压和频率被大电网强制同步。当大电网发生故障，频率大幅波动，导致无法满足负荷要求，此时系统应该立即检测到孤岛现象发生，微电网逆变器进入离网运行模式，并发出指令改变下垂方程，从而保证微电网中重要负荷正常工作。当故障消除恢复供电以后，微电网需要再次并网运行。但是，离网运行模式时微电网逆变器输出电压和频率与大电网的电压和频率相比，会产生一定的偏移。因此需要先对电压和频率采取一定的预同步措施，然后才能并网。否则将会引起较大的冲击电流，造成设备损坏。两种运行模式间切换示意图如图 10-5 所示。

图 10-5 中，u_{DG} 表示 DG 输出的电压，u_{L1} 表示离网运行时的负载两端电压，u_{L2} 表示并网运行时负载两端电压；Z_L 表示负载，Z_g 表示线路阻抗；i_{L1}、i_{L2} 分别表示离网运行模式和并网运行模式时流过负载的电流，i_{L2} 为并网电流；S 为静态开关。

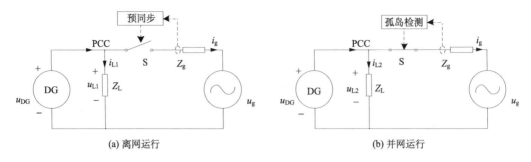

图 10-5 两种运行模式间切换示意图

10.2.1 并网切换至离网分析

微电网既可并网运行也可离网运行，两种运行方式间可互相平滑切换的功能是微电网的优点之一，这也是保证其正常运行的关键技术之一。并网运行时，在以下两种情况需要切换至离网运行模式：第一种是大电网需要检修，人为主动将运行状态切换至离网模式；第二种是大电网出现事故，需要断开与微电网之间的静态开关，被动切换至离网运行。不论是主动切换还是被动切换，控制系统都需要随时为切换做好准备，并自主选择合适的时间节点进行切换，保证系统稳定运行。当非计划孤岛现象发生以后，控制系统需要及时检测到孤岛现象的发生。因此，在微电网逆变器模式切换过程中，必须采取相应的手段来减小电压、频率的波动，保证重要负荷不受模式切换的影响。

微电网和大电网并网运行时，系统提供的功率远远大于负载消耗的功率。当从并网运行切换至离网运行之后，微电网逆变器输出电压幅值会上升至给定的参考值。与此同时电压频率也会上升，这就导致了逆变器输出无功功率减少。此时，若逆变器输出无功功率能够满足负载所需的无功功率，那么系统此时就处于稳定状态。若逆变器输出无功功率无法满足，控制系统就会采取相应的措施，迫使微电网逆变器输出的无功功率上升，使其与负荷所需的达到平衡。由于从并网运行模式切换到离网运行模式时，逆变器都是在下垂控制的作用下工作，其输出电压幅值和频率不会发生突变，只会有小幅波动，其相位也不会出现突变的情况，这就实现了从并网模式平滑切换至离网模式，使系统继续稳定运行。切换至离网运行模式后，负载所需功率全部由微电网逆变器提供。若负载超过微电网全部 DG 的总容量，则微电网内的电压和频率会发生跌落，导致供电稳定性下降。

10.2.2 离网切换至并网分析

在主电网出现故障时，微电网需要断开静态开关连接进入离网工作模式。当主电网故障清除之后，微电网需要重新并网运行。然而，在离网运行模式时微电网逆变器的输出电压和频率与大电网的电压和频率相比，会产生一定的偏移，若不采取任何措施就贸然并网，在系统中会产生较大冲击电流，危害设备、人员安全。根据图 10-5，在离网运行时通过负载的电流为

$$i_{L1} = \frac{\sqrt{2}U_{DG}\sin(\omega_1 t + \varphi_1)}{Z_L} \tag{10-6}$$

在不考虑线路阻抗 Z_g 的情况下，并网运行时通过负载的电流为

$$i_{L2} = \frac{\sqrt{2}U_g \sin(\omega_2 t + \varphi_2)}{Z_L} \tag{10-7}$$

那么，由式(10-6)、式(10-7)可得

$$\Delta i_L = i_{L1} - i_{L2} = \frac{\sqrt{2}U_{DG} \sin(\omega_1 t + \varphi_1) - \sqrt{2}U_g \sin(\omega_2 t + \varphi_2)}{Z_L} \tag{10-8}$$

由式(10-8)可知，当逆变器输出电压幅值、频率、相位有任何一项不相同时，都会使得 $\Delta i_L \neq 0$，即出现并网冲击电流，下面做进一步分析。

(1) 当 $U_{DG} = U_g = U$，$\omega_1 = \omega_2 = \omega$，$\varphi_1 \neq \varphi_2$ 时，若 $\varphi_1 - \varphi_2 \neq 0$，则 $\Delta i_L \neq 0$，产生的冲击电流为

$$\Delta i_L = 2\sqrt{2}\frac{U}{Z_L}\sin\left(\frac{\varphi_1 - \varphi_2}{2}\right)\cos\left(\omega t + \frac{\varphi_1 + \varphi_2}{2}\right) \tag{10-9}$$

(2) 当 $\omega_1 = \omega_2 = \omega$，$\varphi_1 = \varphi_2 = \varphi$，$U_{DG} \neq U_g$ 时，若 $U_{DG} - U_g \neq 0$，则 $\Delta i_L \neq 0$，产生冲击电流为

$$\Delta i_L = \frac{\sqrt{2}}{Z_L}(U_{DG} - U_g)\sin(\omega t + \varphi) \tag{10-10}$$

(3) 当 $\varphi_1 = \varphi_2 = \varphi$，$U_{DG} = U_g = U$，$\omega_1 \neq \omega_2$ 时，若 $\omega_1 - \omega_2 \neq 0$，则 $\Delta i_L \neq 0$，产生冲击电流为

$$\Delta i_L = 2\sqrt{2}\frac{U}{Z_L}\sin\left(\frac{\omega_1 - \omega_2}{2}\right)\cos\left(\frac{\omega_1 + \omega_2}{2}t + \varphi\right) \tag{10-11}$$

若要 $\Delta i_L = 0$，即

$$\frac{\sqrt{2}U_{DG}}{Z_L}\sin(\omega_1 t + \varphi_1) = \frac{\sqrt{2}U_g}{Z_L}\sin(\omega_2 t + \varphi_2) \tag{10-12}$$

那么，根据三角函数的相关性质，必有 $\varphi_1 = \varphi_2$，$U_{DG} = U_g$，$\omega_1 = \omega_2$。综上可知，当逆变器输出电压幅值、频率、相位有任何一项不相同时，都会使得并网时出现冲击电流。因此，在进行合闸操作之前，控制系统需要消除上述引起冲击电流的因素，即采取预同步控制措施，使 PCC 处电压幅值和相位与大电网同步，减小冲击电流，从而稳定并网。

10.3 并网至离网平滑切换控制策略

本节针对传统孤岛检时间长的问题，提出一种基于增强型频率正反馈的孤岛检测方法。由于传统下垂控制方程受电网线路阻抗影响较大，且当线路阻抗呈感性时，逆变器输出有功功率仅与角频率有关，无功功率只和幅值有关[170,171]。为了进一步缩短孤岛检测时间，加入反馈增益系数 A 和 B，能够增强逆变器输出电压角频率的反馈强度和检测效果，同时找到成功检测到孤岛现象的临界条件，明显减少孤岛检测时间。在检测到孤岛发生之后，立即向下垂控制方程中加入电压补偿量，弥补微电网逆变器在离网运行时输出电压幅值不完全相同的缺陷，改善无功功率分配精度，进而实现从并网运行到离网运行模式的平滑切换。

10.3.1 基于增强型频率正反馈的孤岛检测方法

在分布式电源正常并网运行时，逆变器输出电压角频率 ω_{inv} 会受到大电网的箝位作用，因此只会在小范围内脉动而不会产生较大的波动。在非人为因素引起的孤岛现象发生以后，电网对逆变器输出电压角频率的箝位作用消失，逆变器输出电压角频率 ω_{inv} 就会发生较大偏移，当频率偏移达到了整定值时，就可以判断为孤岛发生。

基于增强型频率正反馈的孤岛检测原理如图 10-6 所示。

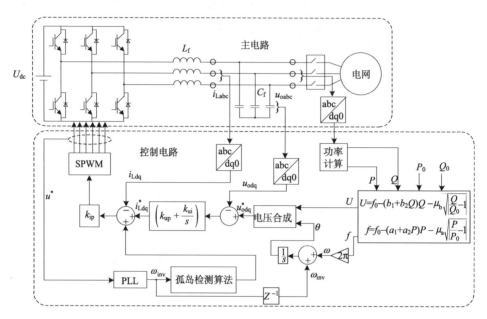

图 10-6　基于增强型频率正反馈的孤岛检测原理

图 10-6 中，P 为逆变器实际输出的有功功率，P_0 为逆变器输出有功功率的参考值，U 为逆变器输出电压幅值，Q 是逆变器实际输出的无功功率，Q_0 是逆变器输出无功功率的参考值。

基于传统下垂控制孤岛检测方法原理如图 10-7 所示。图中，m 为有功下垂系数，其他参数同图 10-6。其中逆变器实际输出的有功功率是逆变器输出电压幅值、逆变器输出角频率以及负载阻抗的函数。电压基波角频率 $\omega(k)$ 是跟随逆变器输出电压角频率 $\omega_{\text{inv}}(k)$ 的变化而改变。当逆变器输出电压角频率 ω_{inv} 偏移达到了整定值时，就可以判断为孤岛发生。

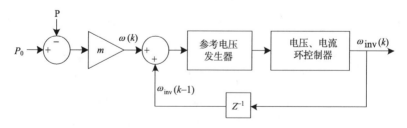

图 10-7　基于传统下垂控制孤岛检测方法原理

图 10-8 为基于动态下垂系数的孤岛检测框图。

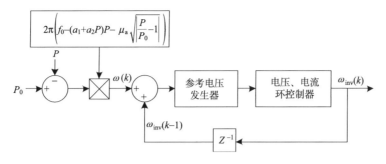

图 10-8　基于动态下垂系数的孤岛检测框图

在理想情况下，系统没有相位差，逆变器的输出角频率参考值 $\omega(k) = \omega_{\mathrm{inv}}(k)$，因此，在发生非计划孤岛以后，逆变器在孤岛发生前后有功功率之差为

$$\Delta P = P_0 - U^2 / R \tag{10-13}$$

式中，U 为逆变器输出电压幅值；P_0 为逆变器输出有功功率的参考值；R 为逆变器输出阻值。

根据图 10-8 可知

$$\omega_{\mathrm{inv}}(k) = \omega_{\mathrm{inv}}(k-1) + 2\pi\left(f_0 - (a_1 + a_2 P)P - \mu_{\mathrm{a}}\sqrt{\left|\frac{P}{P_0} - 1\right|}\right)\Delta P \tag{10-14}$$

式中，μ_{a} 为有功灵敏度系数；a_1、a_2 为一次函数项系数。

$$\omega_{\mathrm{inv}}(k-1) = \omega_{\mathrm{inv}}(k)Z^{-1} \tag{10-15}$$

根据式 (10-15) 可知，逆变器输出角频率 $\omega_{\mathrm{inv}}(k)$ 会受到孤岛现象发生前后的有功功率变化 ΔP 的影响。

在发生孤岛现象之后，若逆变器输出有功功率 P 和公共耦合点处负载阻抗 Z_{L} 吸收的有功功率相差不大，那么根据式 (10-13) 可知 ΔP 很小，因此，频率偏移的速度就会变慢，导致孤岛检测的时间增加。因此，本章提出一种基于增强型频率正反馈的孤岛检测方法，在正反馈的基础上加入反馈增益系数 A 和 B，从而可以改变逆变器输出电压角频率的反馈强度，加速频率偏移速度，减少孤岛检测时间，提高检测效率。图 10-9 为加入增强型频率正反馈的孤岛检测方法原理图。

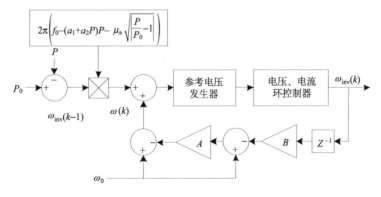

图 10-9　加入增强型频率正反馈的孤岛检测方法原理图

由图 10-9 可以写出在发生孤岛现象之后逆变器输出电压角频率 $\omega_{\mathrm{inv}}(k)$ 为

$$\omega_{\text{inv}}(k) = \omega_0 - A\left[\omega_0 - B\omega_{\text{inv}}(k-1)\right] + K_p\Delta P \qquad (10\text{-}16)$$

式中，$K_p = 2\pi\left(f_0 - (a_1 + a_2 P)P - \mu_a\sqrt{\left|\dfrac{P}{P_0} - 1\right|}\right)$；$\omega_0 = 2\pi f_0$ 为逆变器输出电压角频率。

根据式(10-15)可知，当增益强度 A 和 B 取不同值时，逆变器输出电压角频 $\omega_{\text{inv}}(k)$ 的值也随之改变，出现不同的检测效果，如表10-1所示。

表 10-1　不同增益系数时的检测效果

条件	检测效果
$A<0$，$B<0$	加大正反馈强度，能够减少孤岛检测时间
$A<0$，$B=0$	加大正反馈强度，但反馈强度比上一种弱
$A<0$，$B>0$	$\omega_0 - B\omega_{\text{inv}}(k-1) < 0$ 时是负反馈，无法检测到孤岛 $\omega_0 - B\omega_{\text{inv}}(k-1) > 0$ 时是正反馈，但是反馈强度弱
$A=0$，B 任意	变成传统的下垂控制孤岛检测方法
$0<A<1$，$B<0$	反馈强度弱，孤岛检测时间减少不明显
$0<A<1$，$B=0$	反馈强度弱，孤岛检测时间减少不明显
$0<A<1$，$B>0$	反馈强度弱，孤岛检测时间减少不明显
$A=1$，$B<0$	反馈强度弱，孤岛检测时间减少不明显
$A=1$，$B=0$	反馈强度弱，孤岛检测时间减少不明显
$A=1$，$B>0$	反馈强度弱，孤岛检测时间减少不明显
$A>1$，$B<0$	$B\omega_{\text{inv}}(k-1) + K_p\Delta P < 0$ 时是负反馈，无法检测到孤岛发生， $B\omega_{\text{inv}}(k-1) + K_p\Delta P > 0$ 时是正反馈，但反馈强度弱
$A>1$，$B=0$	是负反馈，无法检测到孤岛情况的发生
$A>1$，$B>0$	是负反馈，无法检测到孤岛情况的发生

从表10-1可以看出，当增益强度 A 和 B 都小于零时，检测效果比其他条件下的检测效果都要好。A 和 B 越小，增益强度越大，检测时间就越少。但是增益强度过大时就会造成非孤岛情况下电网频率波动，使得整个系统不稳定。所以，在确定增益强度 A 和 B 的值时，要根据实际情况来确定。

根据式(10-15)、式(10-16)可知：

$$\omega_{\text{inv}}(k) = \frac{(1-A)\omega_0 + K_p\Delta P}{1 - ABZ^{-1}} \qquad (10\text{-}17)$$

根据小增益定理可知，当 $AB>1$ 时，能够让系统处于不稳定状态，因此可以把这作为能否检测到孤岛的临界条件。在发生孤岛以后，频率就会发生偏移，AB 的值越大，频率偏离的速度也就越快，因而检测到孤岛现象需要的时间就越少。

10.3.2　孤岛检测仿真

为了验证本节所提出的基于增强型频率正反馈的孤岛检测方法的有效性，在MATLAB2015仿真平台搭建模型。通过选取不同 A、B 的值来验证孤岛检测时间的长短，检测到孤岛现象后，在程序中将参考电流设置为0，立刻进行防孤岛保护，使逆变器停止工作。部分仿真参数设置如表10-2所示。

表 10-2　仿真参数设置

参数	数值	单位
电网电压幅值	0.4	kV
电网频率	50	Hz
负载谐振频率	10	rad
逆变器开关频率	20	kHz
品质因数 Q	2.5	—
灵敏度 μ_a	0.03	—
灵敏度 μ_b	0.03	—
b_1	0.0002	—
b_2	0.000000024	—
滤波电感	3	mH
滤波电容	15	μF

在 $A=-2$，$B=1$ 时，不满足检测到孤岛发生时候的条件，且 $\omega_0 - B\omega_{inv}(k-1) < 0$，此时是负反馈，因此无法检测到孤岛，断路器没有切断并网电流，公共耦合点电压略有降低。PCC 电压和并网电流的波形如图 10-10 所示。

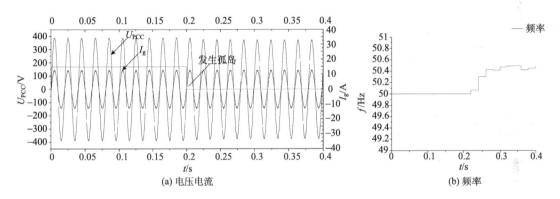

(a) 电压电流　　　　　　　　　　　　　　(b) 频率

图 10-10　孤岛检测失败时 PCC 电压和并网电流仿真波形

$A=0$，B 为任意值，即传统的下垂控制方法下，PCC 电压和并网电流的波形如图 10-11 所示。在 0.2s 时电网断开，PCC 点处的电压有所下降，没有反馈增益效果，所以检测时间较长，大约在 0.34s 时检测到孤岛。由于是 RLC 类型的负载，因此在并网电流到零之后 PCC 处电压需要经过一定时间衰减到零。可以看出，整个检测时间长度在 0.14s 左右。符合 GB/T 29319-2012 对孤岛效应检测时间的具体规定[172]。

在 $A=-2.5$，$B=-1$ 时，正反馈增益效果较弱，PCC 点处电压和并网电流的波形如图 10-12 所示，同样在 0.2s 时电网断开，PCC 点处的电压有所下降。

由于正反馈增益效果不是很强，所以可以看到检测到孤岛所用的时间虽然比传统方法时候的时间有所减少，但是，还是有继续减少的空间。大约在 0.285s 时检测到孤岛。同样 PCC 处电压需要经过一定时间衰减到零。可以发现，整个检测时间长度在 0.085s 左右，符合 GB/T 29319-2012 对孤岛检测时间的具体规定。

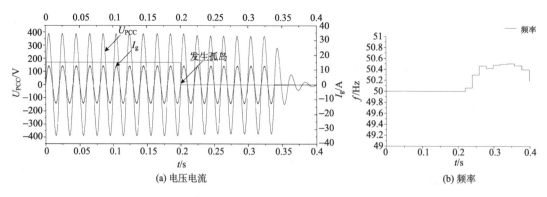

图 10-11　传统下垂控制时 PCC 电压和并网电流仿真波形

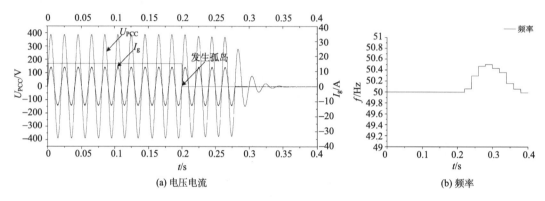

图 10-12　正反馈增益效果减弱时 PCC 电压和并网电流仿真波形

在 $A=-5$，$B=-1$ 时正反馈增益效果较大时，PCC 点处电压和并网电流的波形如图 10-13 所示。同样在 0.2s 时电网断开，PCC 点处的电压有所下降，由于正反馈增益效果较强，所以可以看到检测到孤岛所用的时间明显比前两种方法时候的时间有所减少。大约在 0.255s 时检测到孤岛发生，开启孤岛保护。可以发现，整个检测时间长度在 0.055s 左右，符合 GB/T 29319-2012 对孤岛效应检测时间的具体规定。

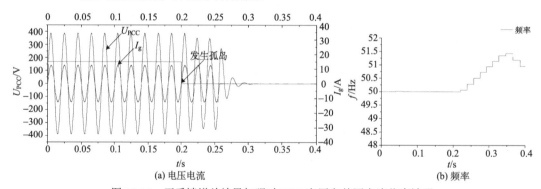

图 10-13　正反馈增益效果加强时 PCC 电压和并网电流仿真波形

10.4　并网至离网切换过程仿真

在上述孤岛检测方法的基础上，为了避免切换到离网运行模式后微电网中各个逆变器输出电压幅值不完全相同的问题，在检测到孤岛发生之后，从并网运行切换到离网运行，立即向下垂控制方程中加入电压补偿量，从而改善无功功率分配精度。加入电压补偿量示意图如图 10-14 所示。

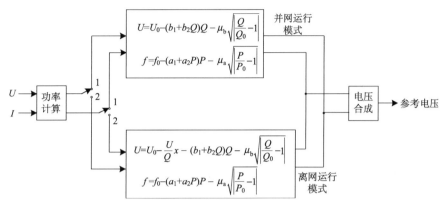

图 10-14　加入电压补偿量示意图

图 10-15 是基于传统 P-f、Q-V 下垂控制方法的逆变器在运行模式切换前后电压电流波形。

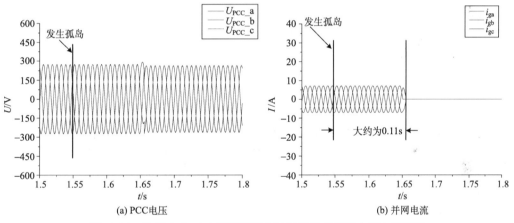

(a) PCC电压　　　　　　　　　　　　(b) 并网电流

图 10-15　传统 P-f、Q-V 下垂控制方法时切换前后的电压电流波形

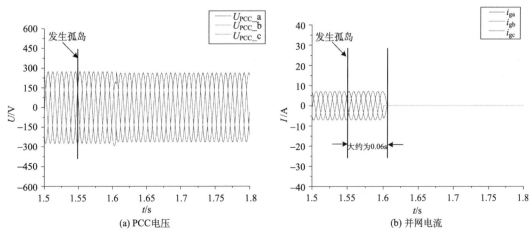

(a) PCC电压　　　　　　　　　　　　(b) 并网电流

图 10-16　基于动态下垂系数的运行模式切换前后电压电流波形

从图 10-15 中可以看出，在 1.55s 时发生孤岛，孤岛检测时长大约为 0.11s，检测到孤岛现象之后立即断开与大电网连接并切换至离网运行模式，因此并网电流 I_g=0，PCC 电压失去大电网钳制左右后其幅值有微小下降。

图 10-16 是基于动态下垂系数的运行模式切换前后电压电流波形，从图中可以看出，孤岛检测时长大约为 0.06s，相较于传统方法检测时间减少了 0.05s，说明本章方法检测速度更快。

10.5　离网至并网平滑切换控制策略

微电网逆变器由离网运行切换到并网运行之前，要保证逆变器输出电压的幅值、频率、相位与电网一致。否则就会造成重要负载的电压突变以及过大的入网冲击电流，严重时会导致并网失败。因此，在离、并网运行的过程中，逆变器输出电压与电网电压的同步问题是实现平滑切换的关键。

10.5.1　基于动态下垂系数的预同步策略

要实现离网至并网运行平滑切换，必须保证切换前 PCC 处电压和电网电压的频率、幅值、相位都相同或处于允许的误差范围内。

当采用下垂控制时，微电网逆变器输出电压角频率与负荷有功功率密切相关，当增加有功负荷时，逆变器输出有功功率增加，根据 $P\text{-}f$ 曲线可知，其输出电压角频率会降低。当有功负荷恒定不变时，要使逆变器输出电压角频率和电网角频率相同，可以在 $P\text{-}f$ 下垂控制公式中对逆变器输出电压角频率进行补偿，增加补偿量 $\Delta\omega$，通过对下垂曲线进行上下平移，达到改变逆变器输出电压频率的目的。然而，逆变器角频率不仅需要和大电网同步，相位也需要和大电网同步。由于相位是通过频率积分得到的，因此，通过控制逆变器输出电压角频率就能够对相位进行控制。通过分析频率与相位之间的关系，可以得出如下结论：逆变器输出电压相位是由角频率积分得到的，因此只要控制相位与电网同步，频率也一定和大电网同步。同理，在 $Q\text{-}U$ 下垂公式中对逆变器输出电压幅值进行补偿，增加补偿量 ΔU，通过对 $Q\text{-}U$ 下垂曲线进行上下平移，达到改变逆变器输出电压幅值的目的。

综上可知，只要实现逆变器输出电压幅值和相位与大电网保持一致，就可以对微电网逆变器进行离网至并网的切换操作。幅值、相位同步的示意图如图 10-17 所示，图中 u_g 为电网瞬时电压，U_g 为电网电压幅值，θ_g 为电网电压相位，U_{PCC} 和 θ_{PCC} 分别为 PCC 点处的幅值和相位。ΔU 和 $\Delta\omega$ 分别为逆变器输出电压幅值和角频率的补偿值，θ_{PCC} 为逆变器输出电压的相位角，U_0 与 ω_0 分别为逆变器输出电压幅值和角频率的参考值。

根据图 10-17 可得

$$\begin{cases} \Delta U = \left(k_{pU} + \dfrac{k_{iU}}{s} \right)\left(U_g - U_{PCC} \right) \\[2mm] \Delta\omega = \left(k_{p\theta} + \dfrac{k_{i\theta}}{s} \right)\left(\theta_g - \theta_{PCC} \right) \end{cases} \tag{10-18}$$

将式 (10-18) 中的补偿量代入基于动态下垂系数的下垂方程中，则加入补偿量之后的下垂控制方程为

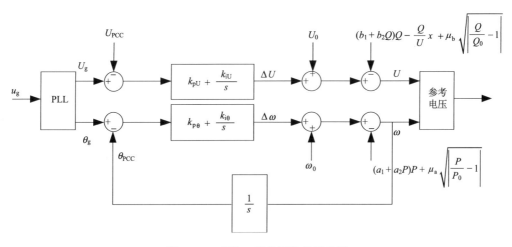

图 10-17　幅值、相位同步的示意图

$$\begin{cases} \omega = \omega_0 - \left(k_{p\theta} + \dfrac{k_{i\theta}}{s} \right)\left(\theta_g - \theta_{PCC} \right) - \left(a_1 + a_2 P \right)P - \mu_a \sqrt{\left| \dfrac{P}{P_0} - 1 \right|} \\[4mm] U = U_0 - \left(k_{pU} + \dfrac{k_{iU}}{s} \right)\left(U_g - U_{PCC} \right) - \left(b_1 + b_2 Q \right)Q + \dfrac{Q}{U}x - \mu_b \sqrt{\left| \dfrac{Q}{Q_0} - 1 \right|} \end{cases} \qquad (10\text{-}19)$$

图 10-18 所示为 PCC 处电压同步和电网电压幅值之差、相位同步的仿真波形。其中图 10-18(a)、图 10-18(b)、图 10-18(c)分别为电压同步的仿真波形，PCC 处电压幅值和电网电

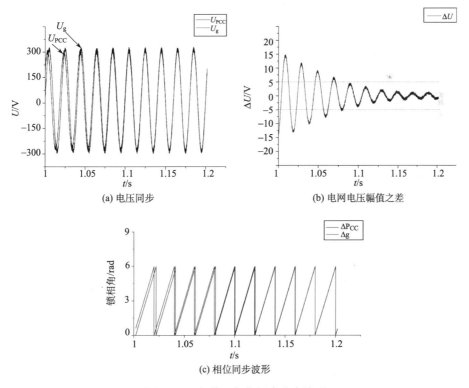

(a) 电压同步

(b) 电网电压幅值之差

(c) 相位同步波形

图 10-18　幅值、相位同步仿真波形

压幅值之差的仿真波形，PCC 处电压相位和电网电压相位同步的仿真波形。在 3.23s 时开始从离网状态切换至并网状态，同步时间在 0.1s 左右，电压幅值差也控制在 5V 以内，此时，满足并网条件。

10.5.2　离网至并网切换过程仿真

图 10-19 为无同步时离网切换至并网前后的电压电流仿真波形。从图 10-19 可以看出，在没有同步控制时进行并网会产生较大冲击电流，极有可能造成设备损坏甚至人员伤亡。

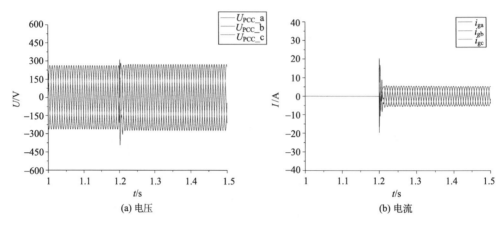

图 10-19　无同步时离网切换至并网前后的电压电流仿真波形

图 10-20 为有同步控制时离网切换至并网前后的电压电流仿真波形，从图中可以看出，增加同步控制后消除了瞬时冲击电流，实现了平滑切换。

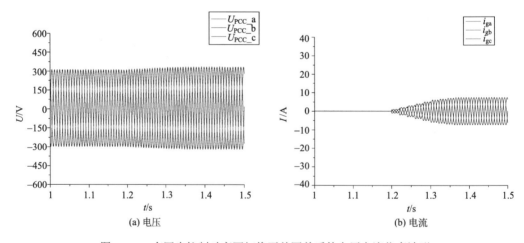

图 10-20　有同步控制时离网切换至并网前后的电压电流仿真波形

逆变器最大输出有功功率设为 5kW，本地负载有功功率设为 5kW，无功功率设为 0.2kvar，在切换过程中的功率变化如图 10-21 所示。由于在离网模式时本地负载只有 2+j0.2kVA，逆变器输出的功率全部被负载吸收。切换至并网模式后，逆变器除了给负载供电，还把多余的功率送入电网。通过对比图 10-21(a)、图 10-21(b)可以发现，在加入同步控制后功率基本实现平滑切换。

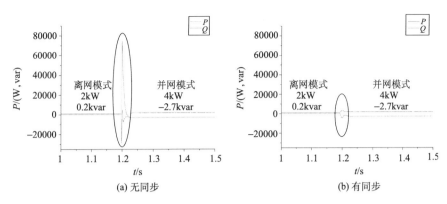

(a) 无同步   (b) 有同步

图 10-21　离网至并网功率变化

10.6　仿 真 验 证

10.6.1　硬件平台设计

为了进一步验证本章所提控制策略的可行性，搭建实验平台进行实验分析。该硬件平台由主电路和控制电路构成，主电路由直流恒压源、输出功率为 5kW 的三相电压型逆变器、采样电路、保护电路、驱动电路、控制电路等构成。硬件系统结构图如图 10-22 所示。DSP 核心器件选用 TI 公司的 TMS320F28335，FPGA 芯片选用 Altera 的 NIOS EP4CE30，电压传感器采用普乐锐思的 VTV-2000DA，电流传感器采用 HKA-YSD。

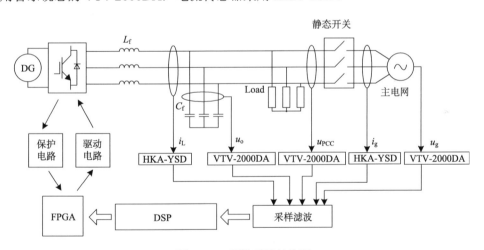

图 10-22　硬件系统结构图

采样信号的 DA 转换、下垂控制策略、孤岛检测算法以及预同步控制策略均在 DSP 中进行，保护电路以及 SVPWM 算法均在 FPGA 中进行。

1. 电流采样电路

在硬件系统中，需要对电感电流 i_L 和并网电流 i_g 进行采样，而 DSP 的采样引脚在 AD 转换时只能识别电压信号。因此要通过采样电路把采集到的电流信号转换成电压信号后再送入DSP 中。这里选用 HKA-YSD 高精度霍尔电流传感器，其额定输入电流是 10～200A，额定输出电压 3V。电流采样信号变换成电压信号之后，还要经过滤波处理及稳压后才能送入 DSP 的 ADC 引脚。电流采样电路如图 10-23 所示。

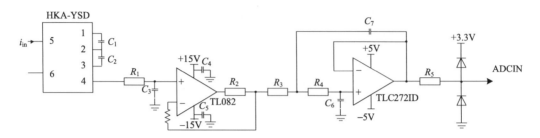

图 10-23　电流采样电路

2. 电压采样电路

由于 PCC 处电压、逆变器输出电压以及电网电压的电压等级较高，无法直接将电信号送入主控芯片，因此需要电压采样电路将采集到的电压转变成主控芯片能够接受的范围内再送入主控芯片。通过电压比较器来实现正弦电压的过零检测、锁相等功能，通过调节电阻 R_s，当正弦电压大于零时比较器输出高电平，反之输出低电平。电压采样电路如图 10-24 所示。

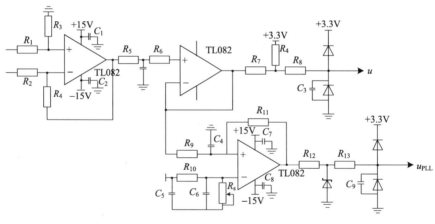

图 10-24　电压采样电路

3. 保护电路

在逆变器从离网运行模式切换至并网运行模式时，有可能会产生瞬时冲击电流，若不能迅速采取过电流保护措施，则有可能烧毁功率器件。本章采用的过电流保护电路如图 10-25 所示。图中 INT 为过电流中断信号，输入至 FPGA，i 为流过逆变器某一相桥臂上 IGBT 的电流。流过 R_3 的电流会在 1IN+引脚产生电压，与 1IN−引脚上的电阻 R_2 两端电压进行比较。在正常工作的情况下，采样电流 i 比参考保护电流小，即 R_3 两端的电压要低于 R_2 两端电压，OUT3 端口输出低电平信号。在系统出现异常，产生较大电流时，R_3 两端电压高于 R_2 两端电压，OUT3 端口输出高平信号。当控制器接收到高电平信号后就会禁止 SVPWM 信号输出，从而保护桥臂上的 IGBT。

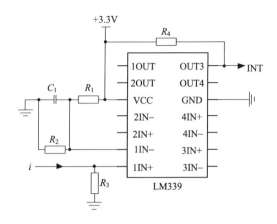

图 10-25　过电流保护电路

10.6.2　输出滤波器设计

本章所研究的微电网逆变器选择 SVPWM 调制方式，为了减小在正常运行过程中产生的谐波，需要在逆变模块的输出端口设计合适的滤波器。

通过比较目前常见的三种类型的滤波器，发现 L 型滤波器结构简单，但需要较大容量的电感，会增加滤波器的成本和体积。而 LCL 型滤波器中有三个非线性元件，通过 3s/2r 变换后仍具有强耦合性，控制难度较大，故本章选择 LC 型滤波器。在选择滤波电感和电容值时，应减小电感上压降和电容中的基波电流，并且要使得其谐振频率远大于基波频率。由于 LC 型滤波器具有易震荡的特点，因此在电路中需加入很小的电阻来减小振荡。LC 型滤波器简化示意图如图 10-26 所示。

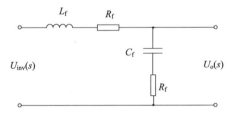

图 10-26　LC 型滤波器简化示意图

根据图 10-26，直接写出 LC 型滤波器的传递函数为

$$G_f(s) = \frac{U_o(s)}{U_{inv}(s)} = \frac{R_f + 1/j\omega C_f}{j\omega L_f + R_f + 1/j\omega C_f} \tag{10-20}$$

将式(10-20)的分子、分母同时乘以 $\dfrac{j\omega}{L_f}$ 可得

$$\frac{U_o(s)}{U_{inv}(s)} = \frac{j\omega \dfrac{R_f}{L_f} + \left(\dfrac{1}{\sqrt{L_f C_f}}\right)^2}{(j\omega)^2 + j\omega \dfrac{R_f}{L_f} + \left(\dfrac{1}{\sqrt{L_f C_f}}\right)^2} \tag{10-21}$$

令 $\omega_0 = \dfrac{1}{\sqrt{L_f C_f}}$，$\xi = \dfrac{R_f}{2\sqrt{L_f / C_f}}$，则式(10-21)可化为

$$\frac{U_o(s)}{U_{inv}(s)} = \frac{j\omega \cdot 2\xi\omega_0 + \omega_0^2}{(j\omega)^2 + j\omega \cdot 2\xi\omega_0 + \omega_0^2} \tag{10-22}$$

滤波器工作时的效果好坏通常是由滤波电感 L_f 和滤波电容 C_f 的谐振频率来决定的。本章所研究的 LC 型滤波器的谐振频率为

$$f_c = \frac{\omega_0}{2\pi} = \frac{1}{2\pi\sqrt{L_f C_f}} \tag{10-23}$$

根据经验可知，在 10 倍基波频率到 0.1 倍功率器件开断频率之间的谐波相对较少。因此设计的谐振频率需满足：

$$10f_n \leqslant f_c \leqslant 0.1f_s \tag{10-24}$$

式中，f_n 为基波频率；f_s 为开关频率。

本章所研究的微电网逆变器输出电压的基波频率为 50Hz，功率器件开断频率设为 20kHz。根据式(10-24)可得 f_c 的范围是 $500\text{Hz} \leqslant f_c \leqslant 2000\text{Hz}$。

在实际生产中，通常要求滤波电感电流的纹波为其输出电流最大值的 15%～25%，本章选择 15%。通过查阅相关三相电压源型逆变器电感设计资料可知，滤波电感的计算公式为

$$\frac{(2U_{dc} - 3U_m)U_m}{2U_{dc} \cdot \Delta i_{max} \cdot f_s} \leqslant L_f \leqslant \frac{2U_{dc}}{3I_m \cdot 2\pi f_n} \tag{10-25}$$

式中，U_{dc}、U_m 分别为直流侧电压与交流侧输出电压最大值；I_m、Δi_{max} 分别为滤波电感电流最大值与滤波电感电流纹波的最大脉动值。

在确定 C_f 具体数值时，通常要求在 C_f 上消耗的无功功率要小于逆变器额定容量的 5%，所以 C_f 需要满足：

$$C_f \leqslant \frac{5\% \cdot P_n}{3\pi f_n U_m^2} \tag{10-26}$$

式中，P_n 为逆变器的额定功率，其他变量同式(10-25)。

10.6.3　控制系统程序设计

首先，系统需要对信号进行采样，每次采样结束后都会触发一次中断，对采样数据进行分析与处理。图 10-27 所示为控制系统程序流程图。

图 10-27 中主程序的功能是对系统、外设以及所需寄存器进行初始化。当 DSP 接收到 FPGA 发出的过零检测中断信号后，转入中断子程序。首先对采集到的数据进行分析，判断是否在并网运行模式。若处于并网模式，再判断是否发生孤岛现象。若没有发生孤岛且满足并网运行条件，则调用并网运行子程序继续并网运行。若系统处在并网运行模式且检测到发生孤岛现象，则调用离网运行子程序。若接收到并网信号且不满足并网条件，则调用预同步并网子程序进行同步并网，执行前面所述的控制策略。最后，DSP 将计算结果输出至 FPGA，作为其参考电压信号进行 SVPWM 调制。若接收到的是保护中断信号则执行保护中断子程序，断开静态开关并禁止驱动信号输出。

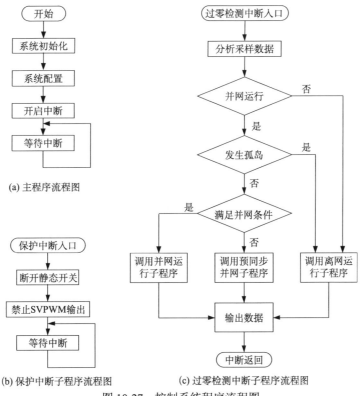

(a) 主程序流程图

(b) 保护中断子程序流程图   (c) 过零检测中断子程序流程图

图 10-27 控制系统程序流程图

10.6.4 实验结果分析

图 10-28 所示为并网运行切换至离网运行的实验波形，从图中可以看出，在发生孤岛现

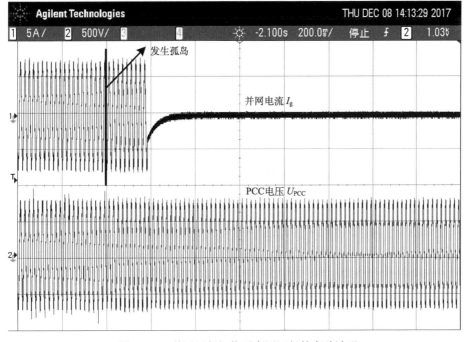

图 10-28 并网运行切换至离网运行的实验波形

象之后，频率会在本章所提出的孤岛检测方法的作用下逐渐偏移，且 PCC 电压失去大电网钳制后其幅值有微小下降。经过约 0.18s 后控制系统检测到孤岛现象发生，随即断开与大电网连接，并调用离网运行子程序从而平滑切换至离网运行模式，并网电流在经过 3～4 个周期之后逐渐减小到零，基本保持平稳。

图 10-29 所示为离网运行切换至并网运行的实验波形。从图中可以看出，在发出并网指令之后，控制系统调用预同步子程序进行预同步控制，经过 3～4 个周期之后同步完毕，然后自动合闸并调用并网运行子程序进入并网运行模式。在合闸之后，并网电流逐渐平滑上升，PCC 电压基本保持平稳，电流、电压波形质量较好。

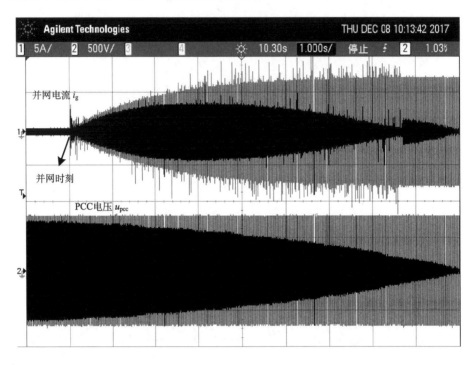

图 10-29　离网运行切换至并网运行的实验波形

10.7　小　　结

本章介绍了孤岛检测原理，然后对光伏逆变器并网、离网模式切换进行了分析，提出了一种基于下垂控制的增强型正反馈孤岛检测方法，使得在发生孤岛时微电网能迅速与大电网断开。通过对比传统孤岛检测方法和本章方法，验证了本章所提方法能够缩短孤岛检测时间，提高孤岛检测的时效性。接下来详细分析了从离网模式切换至并网模式时冲击电流产生的原因，提出了一种基于动态下垂系数的预同步策略，保证微电网逆变器并网之前其输出电压的幅值、频率、相角与电网一致。实验对比有预同步和无预同步时的切换过程仿真波形，有预同步时运行模式能够实现平滑切换，验证了所提出方法的有效性和可行性。

第 11 章　风力发电系统组成及数学模型

风力发电非常环保，且风能蕴量巨大，因此日益受到世界各国的重视。本章针对由风力发电机和 STATCOM 组成的一种典型风力发电系统，首先介绍风力机的数学模型，说明了其运行原理。然后分别在静止坐标系和同步旋转坐标系上，建立了双馈电机及网侧变换器的数学模型，并基于上述数学模型，在 MATLAB 软件平台上利用分立元件搭建了双馈电机及网侧变换器的仿真模型。最后介绍 STATCOM 的两种电路基本拓扑结构及其特点，并对 STATCOM 工作原理予以详细分析，为后续章节相关内容的深入理论研究打下基础。

11.1　风力机的数学模型

风力机的机械功率表示为

$$P_{\mathrm{m}} = 0.5\rho\pi R^2 C_{\mathrm{p}}(\lambda, \beta)v^3 \tag{11-1}$$

式中，ρ 为空气密度；R 为风力机风轮半径；v 为风速；C_{p} 为风能转换系数，与叶尖速比 λ 和桨距角 β 相关；λ 被定义为风力机叶片尖端速度与风速 v 的比值，表示为

$$\lambda = \frac{\omega_{\mathrm{m}}R}{v} = \frac{\pi Rn}{30v} \tag{11-2}$$

式中，ω_{m} 为风力机的转速，rad/s；n 为转速，r/min。

将式 (11-1) 改写为

$$P_{\mathrm{m}} = 0.5\rho(\pi R^2 v)v^2 C_{\mathrm{p}}(\lambda, \beta) \tag{11-3}$$

由式 (11-3) 可得，风力机的机械功率等于流过风力机叶片的空气动能与风能转换系数的乘积。因此，在恒定风速下，风力机输出机械功率的大小完全由风能转换系数 C_{p} 决定。由于 C_{p} 是与叶尖速比 λ 和桨距角 β 相关的函数，所以可以通过调节叶尖速比或者调节桨距角以改变风力机所带来机械功率的大小。

在桨距角 β 保持不变时，风力机的固有风能转换系数 C_{p} 与叶尖速比 λ 之间的关系曲线如图 11-1 所示。

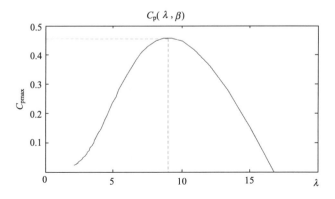

图 11-1　风力机的固有风能转换系数 C_{p} 与叶尖速比 λ 之间的关系曲线

由图 11-1 可知，在给定的风速和桨距角条件下存在一个最优叶尖速比 λ_{opt}，且在此最优叶尖速比下，风能转换系数达到最大值，即风力机捕获的风能能够最大限度地转换为机械能。每个最佳叶尖速比 λ_{opt} 对应唯一的风机转速 v，风力机只有运行在该转速下才能保持输出的机械功率为最大。

11.2 双馈电机的数学模型

图 11-2 给出了一种典型的基于双 PWM 变换器的并网型 DFIG 机组结构图。

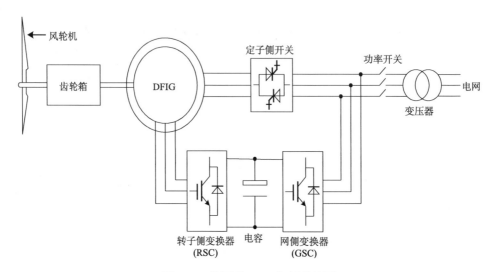

图 11-2 并网型 DFIG 机组结构图

如图所示，DFIG 的定子侧通过静态开关直接挂网，转子侧通过双 PWM 变换器、功率开关、变压器后并网，发电机的输出功率为通过定子侧输出到电网的功率和转差功率之和。对于双 PWM 变换器而言，与电机转子侧连接的称为转子侧变换器(RSC)，与电网侧连接的称为网侧变换器(GSC)。转子侧变换器的主要功能是在转子绕组中加入励磁电压。在实际应用中，可以通过调节励磁电流的幅值和相位，实现对定子侧输出电压和功率的控制，并网时不受电压跌落的影响。网侧变换器的主要功能是通过适当的控制，保持直流母线电压的稳定，并将一部分的电磁功率通过网侧变换器传送给电网，实现对无功功率的控制。

当 DFIG 运行时，定、转子之间会产生旋转磁场，转子绕组切割旋转磁场磁力线产生电能，以实现机电能量的转换。旋转磁场转速满足如下关系式：

$$\omega_e = \omega_r + \omega_{s1} \tag{11-4}$$

式中，ω_e 为旋转磁场的转速；ω_r 为发电机转速；ω_{s1} 为两者之间的转差角速度。

根据式(11-4)可得定子和转子的电流频率 f_e、f_r 之间的关系为

$$f_e = \frac{p_n n}{60} \pm f_r = \frac{f_r}{|s|} \tag{11-5}$$

式中，n 为转子转速，r/min；s 为双馈风力发电机的转差率。

根据上面的推导可得 DFIG 的稳态等效电路如图 11-3 所示，定子电压、电流与转子电压、电流的正方向均在图上标出，并将转子侧电气量全部折算到定子侧。

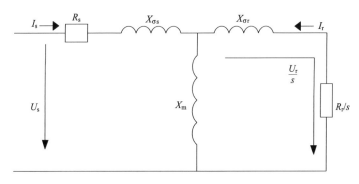

图 11-3 DFIG 的稳态等效电路

根据图 11-3 所示的 DFIG 等效电路，可得 DFIG 稳态方程为

$$\begin{cases} E = I_{\text{m}} \cdot jX_{\text{m}} \\ U_{\text{s}} = E + I_{\text{s}}(R_{\text{s}} + jX_{\sigma \text{s}}) \\ \dfrac{U_{\text{r}}}{s} = E + I_{\text{r}}\left(\dfrac{R_{\text{r}}}{s} + jX_{\sigma \text{r}}\right) \\ I_{\text{r}} = I_{\text{m}} - I_{\text{s}} \end{cases} \tag{11-6}$$

式中，U_{s}、U_{r} 分别为定、转子的电压向量；E 为气隙中由旋转磁场引起的感应电动势；I_{s}、I_{r} 为定、转子的电流向量；I_{m} 为励磁电流相量；R_{s}、R_{r} 为定、转子电阻；$X_{\sigma \text{s}}$、X_{m} 为定、转子之间的漏抗和互抗，其中定子电抗 $X_{\text{s}} = X_{\sigma \text{s}} + X_{\text{m}}$，转子电抗 $X_{\text{r}} = X_{\sigma \text{r}} + X_{\text{m}}$。

从 DFIG 的等效电路和基本稳态方程可以看出，双馈电机是在共转子绕组电机的转子回路上增加了变频功率，既能为电机提供励磁，又能调节电机转速的大小。实现了机电能量转换的功能。DFIG 接入电网运行时，其输出功率的大小由转矩和转差特性两部分共同决定。当转差率 s 小于 0 时，只有在电机处于超同步状态才能将功率馈送给电网，以下分析 DFIG 功率之间的关系。

设 DFIG 总输出电磁功率为 P_{e}，转子侧通过变换器向电网输出功率为 P_{r}。假设电网频率恒定，在调速过程中，双 PWM 变换器的有功功率为转差功率，忽略定子和转子回路的电阻和磁滞损耗，定子与转子侧功率的关系可表示为

$$P_{\text{r}} = -sP_{\text{s}} \tag{11-7}$$

式中，P_{r} 又称转差功率。由式(11-7)可知，如果实际上要求 DFIG 的调速范围越宽，则并网所需要的换流器的容量就会越大，用以匹配所要求的运行功率就会越多。DFIG 输出的总电磁功率为

$$P_{\text{e}} = P_{\text{s}} + P_{\text{r}} = (1-s)P_{\text{s}} \tag{11-8}$$

根据调速过程中 s 的大小，DFIG 有以下三种运行状态，即亚同步状态($s>0$)、同步状态($s=0$)和超同步状态($s<0$)，此时的双 PWM 变换器也相应处于不同的运行状态，以送入和馈出风力机转换过来的电磁能量。

(1)亚同步运行状态。此时 $\omega_{\text{r}} < \omega_{\text{e}}$，转差率之间满足 $s > 0$，频率为 f_{r} 的转子电流所产生的旋转磁场的转速与转子的方向一致，即 $P_{\text{r}} < 0$。由电网经网侧变换器向转子侧馈入电磁功率，即电机输出的电磁功率小于定子侧所提供的电磁功率，即 $P_{\text{e}} < P_{\text{s}}$。

(2)超同步运行状态。此时 $\omega_{\text{r}} > \omega_{\text{e}}$，转差率之间满足 $s < 0$，频率为 f_{r} 的转子电流所产生

的旋转磁场的速度与转子的转速方向相反，功率由转子侧变换器流向网侧，即 $P_e > P_s$。

（3）同步运行状态。此时 $\omega_r = \omega_e$，转差率之间满足 $s=0$，转子中的电流为直流分量，此时的情况与同步发电机的情况基本相同，即 $P_e \leqslant P_s$。

11.2.1 静止坐标系下的数学模型

在三相静止坐标系中，定子三相绕组的轴线在空间上是固定不变的，以 A 轴为参考轴，转子绕组随转子同步旋转。转子的 a 相轴线与定子的 A 相轴线之间的夹角 θ_r 是一个随空间角位移而变化的物理量。在定、转子侧，约定以流入电机的物理量为正，流出为负。可以得到在静止坐标系下的双馈电机稳态数学模型如下。

1）电压方程

三相定子绕组电压平衡方程为

$$
\begin{cases}
U_{as} = r_s i_{as} + \dfrac{\mathrm{d}\psi_{as}}{\mathrm{d}t} \\[2mm]
U_{bs} = r_s i_{bs} + \dfrac{\mathrm{d}\psi_{bs}}{\mathrm{d}t} \\[2mm]
U_{cs} = r_s i_{cs} + \dfrac{\mathrm{d}\psi_{cs}}{\mathrm{d}t}
\end{cases}
\tag{11-9}
$$

将三相转子绕组折算到定子侧后，转子电压方程为

$$
\begin{cases}
U_{ar} = r_r i_{ar} + \dfrac{\mathrm{d}\psi_{ar}}{\mathrm{d}t} \\[2mm]
U_{br} = r_r i_{br} + \dfrac{\mathrm{d}\psi_{br}}{\mathrm{d}t} \\[2mm]
U_{cr} = r_r i_{cr} + \dfrac{\mathrm{d}\psi_{cr}}{\mathrm{d}t}
\end{cases}
\tag{11-10}
$$

式(11-9)、式(11-10)中，r_s、r_r 分别为定子和转子各相绕组的等效电阻；ψ_{as}、ψ_{bs}、ψ_{cs} 分别为各相定子绕组对应的磁链；ψ_{ar}、ψ_{br}、ψ_{cr} 分别为各相转子绕组对应的磁链。

2）磁链方程

定、转子绕组的磁链由它本身的自感磁链和另外两个绕组对它的互感磁链共同组成，因此 6 个绕组的磁链方程式可以用如下的分块矩阵表示：

$$
\psi = \begin{bmatrix} \psi_s \\ \psi_r \end{bmatrix} = \begin{bmatrix} L_s & L_{sr} \\ L_{rs} & L_r \end{bmatrix} \begin{bmatrix} i_s \\ i_r \end{bmatrix}
\tag{11-11}
$$

式中，各磁链分量和定、转子侧的漏感、互感可以分别表示为

$$
\psi_s = \begin{bmatrix} \psi_{sa} & \psi_{sb} & \psi_{sc} \end{bmatrix}^T \qquad\qquad \psi_r = \begin{bmatrix} \psi_{ra} & \psi_{rb} & \psi_{rc} \end{bmatrix}^T
$$

$$
i_s = \begin{bmatrix} i_{sa} & i_{sb} & i_{sc} \end{bmatrix}^T \qquad\qquad i_r = \begin{bmatrix} i_{ra} & i_{rb} & i_{rc} \end{bmatrix}^T
$$

$$
L_s = \begin{bmatrix} L_{ms}+L_{ls} & -\dfrac{L_{ms}}{2} & -\dfrac{L_{ms}}{2} \\[3mm] -\dfrac{L_{ms}}{2} & L_{ms}+L_{ls} & -\dfrac{L_{ms}}{2} \\[3mm] -\dfrac{L_{ms}}{2} & -\dfrac{L_{ms}}{2} & L_{ms}+L_{ls} \end{bmatrix}
\qquad
L_r = \begin{bmatrix} L_{mr}+L_{lr} & -\dfrac{L_{mr}}{2} & -\dfrac{L_{mr}}{2} \\[3mm] -\dfrac{L_{mr}}{2} & L_{mr}+L_{lr} & -\dfrac{L_{mr}}{2} \\[3mm] -\dfrac{L_{mr}}{2} & -\dfrac{L_{mr}}{2} & L_{mr}+L_{lr} \end{bmatrix}
$$

$$L_{sr} = L_{rs} = L_{ms} \begin{bmatrix} \cos\theta & \cos(\theta-120°) & \cos(\theta+120°) \\ \cos(\theta+120°) & \cos\theta & \cos(\theta-120°) \\ \cos(\theta-120°) & \cos(\theta+120°) & \cos\theta \end{bmatrix}$$

式中，L_{ms} 为与定子绕组相交联的最大互感磁通所对应的定子绕组互感值；L_{mr} 为与转子绕组相交联的最大互感磁通所对应的转子绕组互感值，由于折算后定、转子各相绕组匝数相等，且各绕组间的互感磁通都是通过相同的磁阻气隙，因此可以认为 $L_{ms}=L_{mr}$；L_{ls} 为定子绕组各相漏磁通对应的电感值；L_{lr} 为转子绕组各相漏磁通所对应的电感值。

值得注意的是 L_{sr} 和 L_{rs} 中的两个分块矩阵在结构上互为转置，且均与转子的位置角 θ_r 有关，其中的元素均为变参数，这就是系统表现为非线性的根源所在。在实用计算中为了把变参数矩阵转换成便于分析的常参数矩阵，必须进行相应的坐标变换。

将磁链方程式(11-11)代入电压方程式(11-9)和电压方程式(11-10)，并展开后可得

$$U = RI + p(LI) = RI + L\frac{\mathrm{d}I}{\mathrm{d}t} + I\frac{\mathrm{d}L}{\mathrm{d}t} = RI + L\frac{\mathrm{d}I}{\mathrm{d}t} + \omega_r I\frac{\mathrm{d}L}{\mathrm{d}\theta_r} \tag{11-12}$$

式中，$p=\mathrm{d}/\mathrm{d}t$ 为微分算子；$L\mathrm{d}I/\mathrm{d}t$ 为感应电动势分量中的变压器电动势；$\omega_r I/(\mathrm{d}L/\mathrm{d}r)$ 为感应电动势分量中的旋转电动势，其大小与转速 ω_r 成正比。

3) 电磁转矩方程

根据机电能量转换的原理，发电机的电磁转矩可以表示为

$$T_e = \frac{1}{2}n_p\left[I_r^{\mathrm{T}}\frac{\mathrm{d}L_{rs}}{\mathrm{d}\theta_r}I_s + I_s^{\mathrm{T}}\frac{\mathrm{d}L_{sr}}{\mathrm{d}\theta_r}I_r \right] \tag{11-13}$$

式中，n_p 为双馈电机的极对数。将定、转子绕组之间的互感磁链代入后可得

$$T_e = n_p L_{ms}[(i_{sa}i_{ra} + i_{sb}i_{rb} + i_{sc}i_{rc})\sin\theta + (i_{sa}i_{rb} + i_{sb}i_{rc} + i_{sc}i_{ra})\sin(\theta+120°) \tag{11-14}$$
$$+ (i_{sa}i_{rc} + i_{sb}i_{ra} + i_{sc}i_{rb})\sin(\theta-120°)]$$

式(11-14)虽然是在假设磁路为线性、磁动势在空间作正弦分布的前提下推导出的，但对定、转子的电流随时间的变化规律未做明确的规定，即假设电流都为瞬时值。因此，该转矩的表达式完全适用于在转子侧采用 PWM 变换器的非正弦供电情况下 DFIG 的运行分析与计算。

4) 运动方程

根据动力学理论，发电机的运动方程可以表示为

$$T_e - T_L = \frac{J}{n_p}\frac{\mathrm{d}\omega_r}{\mathrm{d}t} + \frac{D}{n_p}\omega_r + \frac{K}{n_p}\theta_r \tag{11-15}$$

式中，T_L 为风力机提供拖动转矩；J 为 DFIG 的转动惯量；D 为与转速的大小成正比阻尼系数；K 为扭转弹性的转矩系数。

通常假定阻尼系数 $D=0$，转矩系数 $K=0$，则有

$$T_e - T_L = \frac{J}{n_p}\frac{\mathrm{d}\omega_r}{\mathrm{d}t} \tag{11-16}$$

以此便构成了一组三相坐标系中的 DFIG 数学模型。它是一个时变、非线性、强耦合的多变量系统方程组。为了研究方便起见，一般可通过坐标变换，实现变量之间的解耦和简化。旋转坐标变换中的任意速旋转的 dq 坐标系是一种可自由定义旋转速度的广义坐标变换，可以用它来简化坐标变换的相关运算。

11.2.2 同步旋转坐标系下的数学模型

设两相同步旋转坐标系的 d 轴与定子 a 相轴线的夹角为 θ，转子 a 相轴线与定子 a 相轴线的夹角为 θ_r，可有如下关系式：

$$\begin{cases} \omega_e = \dfrac{\mathrm{d}\theta}{\mathrm{d}t} \\ \omega_r = \dfrac{\mathrm{d}\theta_r}{\mathrm{d}t} \end{cases} \tag{11-17}$$

定子三相 as-bs-cs 坐标系到转子两相同步旋转坐标系的变换矩阵为

$$C_{32s} = \frac{2}{3} \begin{bmatrix} \cos\theta & \cos(\theta-120°) & \cos(\theta+120°) \\ \sin\theta & \sin(\theta-120°) & \sin(\theta+120°) \\ 1/2 & 1/2 & 1/2 \end{bmatrix} \tag{11-18}$$

式(11-18)的逆变换为

$$C_{23s} = \begin{bmatrix} \cos\theta & \sin\theta & 1 \\ \cos(\theta-120°) & \sin(\theta-120°) & 1 \\ \cos(\theta+120°) & \sin(\theta+120°) & 1 \end{bmatrix} \tag{11-19}$$

转子三相 $ar-br-cr$ 坐标系变换到两相同步旋转坐标系时，其 d 轴与 a 相轴线之间的夹角为 $\theta-\theta_r$。

将 DFIG 在三相静止坐标系下的数学模型经过旋转坐标变换，可得两相同步旋转坐标系下的数学模型，由于 dq 轴在空间上相互垂直，dq 两相绕组之间没有磁的耦合，所以 DFIG 的数学模型可以得到很大程度上的简化，便于相关控制器的设计，其两相同步旋转坐标系下的数学模型如下。

1) 电压方程

电压方程为

$$\begin{cases} u_{sd} = R_s i_{sd} - \omega_e \psi_{sq} + \dfrac{\mathrm{d}\psi_{sd}}{\mathrm{d}t} \\ u_{sq} = R_s i_{sq} + \omega_e \psi_{sd} + \dfrac{\mathrm{d}\psi_{sq}}{\mathrm{d}t} \end{cases} \tag{11-20}$$

$$\begin{cases} u_{rd} = R_r i_{rd} - \omega_{s1} \psi_{rq} + \dfrac{\mathrm{d}\psi_{rd}}{\mathrm{d}t} \\ u_{rq} = R_r i_{rq} + \omega_{s1} \psi_{rd} + \dfrac{\mathrm{d}\psi_{rq}}{\mathrm{d}t} \end{cases} \tag{11-21}$$

式中，u_{sd}、u_{sq}、u_{rd}、u_{rq} 表示定、转子的 d 轴和 q 轴电压分量；i_{sd}、i_{sq}、i_{rd}、i_{rq} 表示定、转子的 d 轴和 q 轴电流分量；ψ_{sd}、ψ_{sq}、ψ_{rd}、ψ_{rq} 表示定、转子的 d 轴和 q 轴磁链分量；ω_{s1} 表示转差角速度，其中 $\omega_{s1} = \omega_e - \omega_r$。

2) 磁链方程

磁链方程为

$$\begin{cases} \psi_{sd} = L_s i_{sd} + L_m i_{rd} \\ \psi_{sq} = L_s i_{sq} - L_m i_{rq} \end{cases} \tag{11-22}$$

$$\begin{cases} \psi_{rd} = L_m i_{sd} + L_r i_{rd} \\ \psi_{rq} = L_m i_{sq} + L_r i_{rq} \end{cases} \tag{11-23}$$

式中，L_m 为同步坐标系下定子绕组和转子绕组之间的等效互感值，且 $L_m = 3/2 L_{sm}$；L_s 为同步旋转坐标系下定子绕组的自感，且 $L_s = L_{\sigma s} + L_m$；L_r 为同步坐标系下转子绕组的自感，且 $L_r = L_{\sigma r} + L_m$。

3）转矩方程

转矩方程为

$$T_e = \frac{3}{2} p_n (\psi_{sq} i_{sd} - \psi_{sd} i_{sq}) \tag{11-24}$$

根据上述 DFIG 在 dq 同步旋转坐标系下的数学方程，可以得出 DFIG 在同步旋转坐标系下的等效电路如图 11-4 所示。

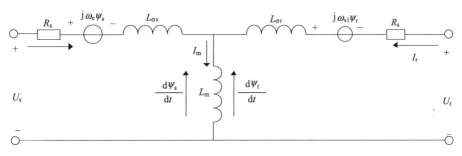

图 11-4 DFIG 在同步旋转坐标系下的等效电路图

用 F 代表 dq 坐标系下的矢量，如电流、电压或磁链矢量，以其 d 轴分量为矢量的实部，q 轴分量为矢量的虚部，可将矢量 F 表示为如下形式：

$$F = F_d + j F_q \tag{11-25}$$

将定、转子的磁链、电压、转矩和定子侧的功率改写为如下的矢量形式：

$$\begin{cases} \psi_s = L_s I_s + L_m I_r \\ \psi_r = L_r I_r + L_m I_s \end{cases} \tag{11-26}$$

$$\begin{cases} U_s = R_s I_s + \dfrac{d\psi_s}{dt} + j\omega_e \psi_s \\ U_r = R_r I_r + \dfrac{d\psi_r}{dt} + j\omega_{s1} \psi_r \end{cases} \tag{11-27}$$

$$T_e = \frac{3}{2} p_n \operatorname{Im}\left[\psi_s \hat{I}_s \right] \tag{11-28}$$

$$P_s + jQ_s = -\frac{3}{2} U_s \hat{I}_s \tag{11-29}$$

式 (11-26)、式 (11-27) 中，ψ_s、ψ_r 为定、转子的磁链矢量；U_s、U_r 为定、转子的电压矢量；式 (11-28)、式 (11-29) 中，I_s、I_r 分别为定、转子的电流矢量，其中 "^" 表示该矢量的共轭；P_s、Q_s 分别为 DFIG 定子侧的有功功率和无功功率。

11.3　网侧变换器的数学模型

双馈风力发电系统中，建立转子侧和网侧三相 PWM 变换器的数学模型是实现其控制策略的基础。三相 PWM 电压源型变换器的拓扑结构如图 11-5 所示。图中 e_{sa}、e_{sb}、e_{sc} 分别为三相电源的相电压，i_a、i_b、i_c 分别为三相电源的相电流，u_{sa}、u_{sb}、u_{sc} 分别为变流器交流侧的相电压，u_{dc} 为中间直流母线的电压，i_{dc}、i_a、i_b、i_c 则分别为变换器直流侧的输出电流和负载电流。R 为交流侧的线路电阻，L 为交流滤波电感，C 为直流侧的滤波电容。

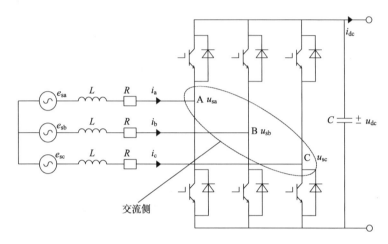

图 11-5　三相 PWM 电压源型变换器的拓扑结构图

针对三相 PWM 变换器数学模型，为了简化问题的分析，通常做出如下的假设。

(1) 电源电动势为三相平衡、无畸变的正弦波形。

(2) 网侧滤波器的电感 L 在分析计算中是线性变化的，且不考虑非线性饱和的现象。

(3) 各个功率开关的开关损耗都计算在交流侧电阻的发热中，且各个开关器件均为理想器件，开关过程无损耗，无迟滞。

图 11-6 为三相 PWM 型变换器的等效电路图。图中 N 为变换器交流侧电压的虚拟中性点。

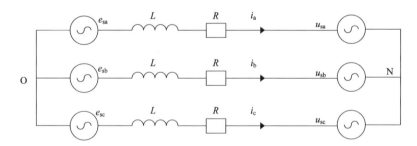

图 11-6　三相 PWM 型变换器的等效电路图

以三相电源的中性点 O 为参考点，由基尔霍夫电压、电流定律可得到电压方程和电流方程如下：

$$\begin{cases} e_{sa} = L\dfrac{di_a}{dt} + i_a R + S_a u_{dc} + u_N \\[2mm] e_{sb} = L\dfrac{di_b}{dt} + i_b R + S_b u_{dc} + u_N \\[2mm] e_{sc} = L\dfrac{di_c}{dt} + i_c R + S_c u_{dc} + u_N \end{cases} \tag{11-30}$$

$$C\frac{du_{dc}}{dt} = i_{dc} - i_L = S_a i_a + S_b i_b + S_c i_{gc} - i_L \tag{11-31}$$

式中，u_N 为直流侧的负极性端 N 与电源的中性点 O 之间的电压；$S_i(i=a，b，c)$ 为变换器三相桥臂的开关函数，其值为

$$S_i = \begin{cases} 1, & 对应上桥臂导通，下桥臂关断 \\ 0, & 对应下桥臂导通，上桥臂关断 \end{cases} \tag{11-32}$$

对于三相三线制系统，变换器交流侧的三相电流之和始终为零，即 $i_a+i_b+i_c=0$，则可得

$$u_N = \frac{e_{sa} + e_{sb} + e_{sc}}{3} - \frac{1}{3}(S_a + S_b + S_c) \tag{11-33}$$

由式(11-33)、式(11-30)可得

$$\begin{pmatrix} \dfrac{di_a}{dt} \\[2mm] \dfrac{di_b}{dt} \\[2mm] \dfrac{di_c}{dt} \end{pmatrix} = -\frac{R}{L}\begin{pmatrix} i_a \\ i_b \\ i_c \end{pmatrix} + \frac{1}{L}\begin{pmatrix} e_{sa} \\ e_{sb} \\ e_{sc} \end{pmatrix} - \frac{u_{dc}}{L}\begin{pmatrix} \dfrac{2}{3} & -\dfrac{1}{3} & -\dfrac{1}{3} \\[2mm] -\dfrac{1}{3} & \dfrac{2}{3} & -\dfrac{1}{3} \\[2mm] -\dfrac{1}{3} & -\dfrac{1}{3} & \dfrac{2}{3} \end{pmatrix}\begin{pmatrix} S_a \\ S_b \\ S_c \end{pmatrix} - \frac{1}{3L}\begin{pmatrix} e_{sa} + e_{sb} + e_{sc} \\ e_{sa} + e_{sb} + e_{sc} \\ e_{sa} + e_{sb} + e_{sc} \end{pmatrix} \tag{11-34}$$

PWM 变换器三相交流侧输出的线电压与各相桥臂的开关函数 S_a、S_b、S_c 的关系可表示如下：

$$\begin{cases} u_{sab} = (S_a - S_b)u_{dc} \\ u_{sbc} = (S_b - S_c)u_{dc} \\ u_{sca} = (S_c - S_a)u_{dc} \end{cases} \tag{11-35}$$

若变换器的交流侧电压不含零序分量，则有

$$u_{sa} + u_{sb} + u_{sc} = 0 \tag{11-36}$$

将式(11-36)代入式(11-35)可得

$$\begin{cases} u_{sa} = \left(S_a - \dfrac{S_a + S_b + S_c}{3} \right)u_{dc} \\[2mm] u_{sb} = \left(S_b - \dfrac{S_a + S_b + S_c}{3} \right)u_{dc} \\[2mm] u_{sc} = \left(S_c - \dfrac{S_a + S_b + S_c}{3} \right)u_{dc} \end{cases} \tag{11-37}$$

将式(11-37)代入式(11-34)可得

$$\begin{pmatrix} \dfrac{\mathrm{d}i_a}{\mathrm{d}t} \\ \dfrac{\mathrm{d}i_b}{\mathrm{d}t} \\ \dfrac{\mathrm{d}i_c}{\mathrm{d}t} \end{pmatrix} = -\frac{R}{L}\begin{pmatrix} i_a \\ i_b \\ i_c \end{pmatrix} + \frac{1}{L}\begin{pmatrix} e_{sa} \\ e_{sb} \\ e_{sc} \end{pmatrix} - \frac{1}{L}\begin{pmatrix} u_{sa} \\ u_{sb} \\ u_{sc} \end{pmatrix} - \frac{1}{3L}\begin{pmatrix} e_{sa}+e_{sb}+e_{sc} \\ e_{sa}+e_{sb}+e_{sc} \\ e_{sa}+e_{sb}+e_{sc} \end{pmatrix} \tag{11-38}$$

在 dq 同步旋转坐标系下三相 PWM 变换器的数学模型中,本章采用恒幅值的坐标变换,将式(11-38)和式(11-31)从 abc 静止坐标系变换到 dq 旋转坐标系下,并取旋转速度 $\omega=\omega_1$,则有

$$\begin{pmatrix} \dfrac{\mathrm{d}i_d}{\mathrm{d}t} \\ \dfrac{\mathrm{d}i_q}{\mathrm{d}t} \end{pmatrix} = \begin{pmatrix} -\dfrac{R}{L} & \omega \\ \omega & -\dfrac{R}{L} \end{pmatrix}\begin{pmatrix} i_d \\ i_q \end{pmatrix} + \frac{1}{L}\begin{pmatrix} u_d \\ u_q \end{pmatrix} - \frac{1}{L}\begin{pmatrix} u_{sd} \\ u_{sq} \end{pmatrix} \tag{11-39}$$

$$C\frac{\mathrm{d}u_{dc}}{\mathrm{d}t} = \frac{3}{2}\begin{pmatrix} S_d & S_q \end{pmatrix}\begin{pmatrix} i_d \\ i_q \end{pmatrix} - i_L \tag{11-40}$$

式(11-39)、式(11-40)中,u_d、u_q 分别为电网电压的 d、q 轴分量;u_{sd}、u_{sq} 分别为变换器交流侧电压的 d、q 轴分量;i_d、i_q 分别为网侧电流的 d、q 轴分量;S_d、S_q 分别为开关函数的 d、q 轴分量。

网侧变换器的控制目标有两个:一是维持中间直流环节的母线电压恒定;二是控制网侧输出功率的功率因数不越限。根据三相电压源型变换器的数学模型,经过坐标变换后可得网侧变换器在 dq 同步旋转坐标系下的数学表达式:

$$\begin{cases} v_{gd} = -L_g\dfrac{\mathrm{d}i_{gd}}{\mathrm{d}t} - R_g i_{gd} - \omega L_g i_{gq} + u_{gd} \\[2mm] v_{gq} = -L_g\dfrac{\mathrm{d}i_{gq}}{\mathrm{d}t} - R_g i_{gq} + \omega L_g i_{gd} + u_{gq} \\[2mm] C\dfrac{\mathrm{d}u_{dc}}{\mathrm{d}t} = i_{gdc} - i_{gL} \end{cases} \tag{11-41}$$

式中,u_{gd}、u_{gq} 分别为网侧电压的 d、q 轴分量;v_{gd}、v_{gq} 分别为网侧变流器的交流侧输出电压的 d、q 轴分量;i_{gd}、i_{gq} 分别为网侧电流的 d、q 轴分量;S_d、S_q 分别为开关函数的 d、q 轴分量;i_{gdc}、i_{gL} 分别为网侧变换器的直流侧电流和负载电流。

11.4 双馈电机及网侧变换器的 MATLAB 建模

建立风力发电系统的准确模型,是风力发电系统进行稳态和暂态分析的必要条件。由于风力发电机组的多样性以及电力电子变换器并网控制策略日趋复杂,需要建立比传统发电方式更加详细和准确的仿真模型,以揭示和评估风力发电机组并网发电的运行特性,从而为解决大规模风电并网之后所面临的低电压穿越问题提供理论基础。

MATLAB 在数学建模及其应用方面的功能十分强大,本节以 MATLAB 2014b 为工具,对双馈风力发电机及网侧变换器进行了建模。首先利用 MATLAB 中的 SimpowerSystem 工具

箱中的各种分立器件，根据式(11-20)、式(11-21)的变速恒频双馈风力发电机的数学模型，分别在仿真平台上建立定子模型、转子模型和磁链模型 3 个模块。再将这几个模块进行有机合成，最终建立了 DFIG 系统的总体仿真模型。

11.5 STATCOM 拓扑结构与工作原理

11.5.1 STATCOM 电路基本结构

根据逆变器直流侧采用的储能元件不同，STATCOM 电路的基本结构主要分为两种类型：一种是采用电流型逆变器的桥式电路，另一种是采用电压型逆变器的桥式电路[173-176]。

电流源型桥式电路是采用电感作为其直流侧储能元件的，通过控制逆变器可以将直流电流逆变成交流电流，并经并联电容送入电网，其中交流侧的并联电容能够吸收产生的换相过电压。电流型桥式电路如图 11-7 所示。

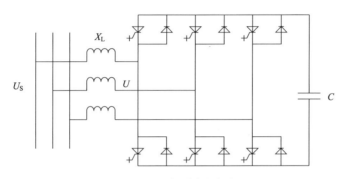

图 11-7 电流型桥式电路

电压源型桥式电路是采用电容作为其直流侧储能元件的，实际上，相较电感元件，电容的储能能力更强，因而迄今投入使用的 STATCOM 主电路结构大都采用电压源型桥式电路。电压源型桥式电路通过控制变流器将直流逆变成交流后，经串联连接电抗并入电网，其电路基本结构如图 11-8 所示。电抗器 X_L 的电压 $\dot{U}_L$ 为变流器的输出电压 $\dot{U}$ 与电网电压 $\dot{U}_S$ 之差，通过控制 $\dot{U}_L$ 可以达到对电抗器电流的控制目的，即控制 STATCOM 从电网中吸收到的电流，同时电抗器也能起到阻尼过电流的作用。此时，STATCOM 可以等效为一个幅值和相位都可以调节的交流电压源。由此可见，调节变流器输出电压 $\dot{U}$ 相对于电网电压 $\dot{U}_S$ 的相位及幅值，达到调节 STATCOM 注入电网电流的相位及幅值作用，实现 STATCOM 吸收或发出无功电流的能力。连续快速的

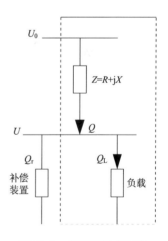

图 11-8 电压型桥式电路

控制 STATCOM 变流器输出电压 U 的大小，使得 STATCOM 所吸收的无功功率也可以连续地由正到负进行快速调节。

11.5.2 STATCOM 的工作原理

1. 无功功率动态补偿原理

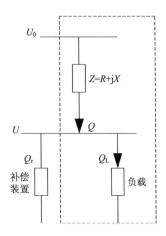

图 11-9 无功补偿实现原理

无功补偿装置能够提供负载消耗的无功功率,减少了无功功率在电网中的流动,从而可以降低因输送无功功率造成的电能损耗,提高端电压,因此,无功补偿成为改善电能质量的一种重要手段。下面对无功功率动态补偿的基本原理加以分析讨论,无功补偿实现原理如图 11-9 所示。

图 11-9 中,U_0 为系统电压,R 和 X 为系统电阻和电抗,Q 为系统供给的无功功率,U 为负载端电压,Q_L 为负载端无功功率,Q_r 为无功补偿装置所提供的无功功率。在一般情况下投入使用无功补偿装置时,系统供给的无功功率 Q 应为无功补偿装置所提供的无功功率 Q_r 与负载无功功率 Q_L 的代数之和,即

$$Q = Q_r + Q_L \tag{11-42}$$

假设负载只有轻微变化,那么系统电压与负载端电压之差 $\Delta U = U_0 - U$ 的值远远小于负载端电压 U。当假设 $R \ll X$ 时,此时表达系统供给的无功功率 Q 与系统电压 U 之间关系的特性曲线如图 11-10 所示。

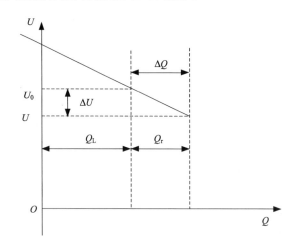

图 11-10 系统供给无功功率与系统电压的关系特性曲线

从图 11-10 中可以看出,这是一条呈直线下降趋势的特性曲线,随着系统供给的无功功率 Q 的增加,供电电压逐步降低,而且系统电压与负载端电压之差 ΔU 与系统供给的无功功率的增加量 ΔQ 是成正比的。

在电力系统分析中,系统电压与负载端电压之差 ΔU 与系统供给的无功功率的增加量 ΔQ 的比值关系也可以通过短路容量 S_{SC} 描述:

$$\frac{\Delta U}{U_0} = -\frac{\Delta Q}{S_{SC}} \tag{11-43}$$

无功补偿装置补偿的无功功率 Q_r 能对不断变化的负载无功功率 Q_L 进行实时动态的补

偿，以保持系统无功功率 Q 的恒定。此时，系统供给的无功功率的增加量 $\Delta Q = 0$，系统电压与负载端电压之差 $\Delta U=0$，使得系统电压也保持恒定，能够实现对无功功率的实时动态补偿，从而达到了调节系统电压的目的。

2. STATCOM 的工作原理

这里对应用最为广泛的电压型桥式电路 STATCOM 进行分析。

1) 忽略 STATCOM 功率损耗

忽略 STATCOM 损耗，只考虑含有基波频率情况时，STATCOM 可等效为幅值和相位均能调节且与电网电压同频率的交流电压源，此时 STATCOM 单相等效电路如图 11-11 所示。

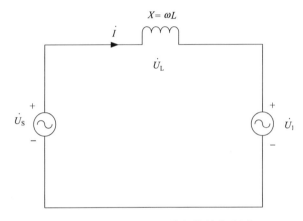

图 11-11　STATCOM 单相等效电路图

图 11-11 中，$\dot{U}_S$ 为电网电压，$\dot{U}_L$ 为连接电抗器上的电压，$\dot{U}_1$ 为 STATCOM 输出的交流电压，$\dot{I}$ 为连接电抗器上流过的电流。根据基尔霍夫定律可得

$$\frac{\Delta U}{U_0} = -\frac{\Delta Q}{S_{SC}} \tag{11-44}$$

连接电抗器上流过的电流 $\dot{I}$ 可以通过上面的电压 $\dot{U}_L$ 控制，即与 $\dot{U}_S - \dot{U}_1$ 相关，由于电网电压 $\dot{U}_S$ 是一定的，所以 STATCOM 所吸收的无功功率可以通过 STATCOM 的输出电压 $\dot{U}_1$ 来实现快速连续调节。当忽略损耗时，连接电抗器可视为纯电感，通过控制手段使电网电压 $\dot{U}_S$ 和输出电压 $\dot{U}_1$ 达到相位一致，此时电流 $\dot{I}$ 就只受电压 $\dot{U}_1$ 幅值大小的影响了。

当 $U_1 > U_S$ 时，电流超前于电压 90°，此时的 STATCOM 可视为一个电容，能够吸收系统中的容性无功功率，其工作相量图如图 11-12(a)所示；当 $U_1 < U_S$ 时，电流滞后于电压 90°，此时的 STATCOM 可视为一个电感，能够吸收系统中的感性无功功率，其工作相量图如图 11-12(b)所示。

2) 考虑 STATCOM 功率损耗

在实际情况中，电抗器、逆变器系统往往存在一定的损耗(如线路损耗、开关损耗、管压降等)。因此，连接电抗器不能单纯地用纯电感来表示，还应当将总的损耗用电阻来表示，此时，U_L 为与 R 与 X 两端的电压降之和，U_L 与 I 之间存在大小为 φ 的夹角。STATCOM 的实际等效电路图及工作相量图分别如图 11-13、图 11-14 所示。

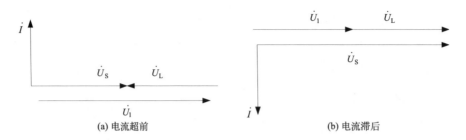

(a) 电流超前   (b) 电流滞后

图 11-12　STATCOM 工作相量图

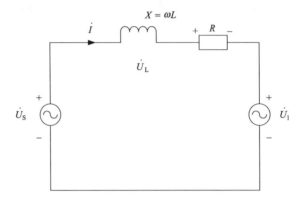

图 11-13　STATCOM 的实际等效电路图

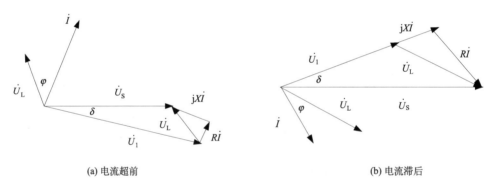

(a) 电流超前   (b) 电流滞后

图 11-14　STATCOM 工作相量图

STATCOM 输出电压 $\dot{U}_1$ 与连接电抗器电流 $\dot{I}$ 存在 90° 的差角，而电网电压 $\dot{U}_\mathrm{S}$ 与电流 $\dot{I}$ 的差角为 $90° - \delta$，因此电网提供有功功率补充电路损耗，也就是说电流 $\dot{I}$ 含有一定的有功分量。这里的 δ 是指 STATCOM 输出电压 $\dot{U}_1$ 和电网电压 $\dot{U}_\mathrm{S}$ 的相位差，通过改变角 δ 的大小以及 $\dot{U}_1$ 的幅值，即可改变电流 $\dot{I}$ 的相位与幅值。若以 STATCOM 输出电压滞后于电网电压为正，则当 $\delta > 0$ 时，STATCOM 起着电容器的作用并发出无功功率；当 $\delta < 0$ 时，STATCOM 起着电抗器的作用并吸收无功功率；当 $\delta = 0$ 时，STATCOM 与系统之间没有发生无功交换。

11.6　小　　结

(1) 首先介绍了风力机的数学模型及其能量流动关系，然后建立了三相静止坐标系下 DFIG 的数学模型，它是一个非线性、强耦合和时变的高阶多变量系统方程，因此通过坐标变换转换到两相旋转坐标系下，可以方便地实现有功功率和无功功率之间的解耦控制。随后建立了网侧变换器在三相静止坐标系下数学模型，分析了在三相电路完全对称的情况下，将其等价变换得到两相旋转坐标系下的数学方程，实现了网侧变换器的解耦控制；最后基于建立的数学模型，在 MATLAB 平台上搭建了双馈电机及网侧变换器的仿真模型。

(2) 介绍了电压源型和电流源型 STATCOM 的电路基本拓扑结构，并对其结构进行详细分析，然后从忽略自身损耗和考虑自身损耗的两个层次详细阐述了 STATCOM 的工作原理，为后续章节相关内容理论分析奠定基础。

第 12 章　风力发电系统低电压穿越技术研究

双馈异步风力发电机(doubly-fed induction generator, DFIG)为当今世界的主流风力发电机型之一。然而，DFIG 的定子侧直接联网，使得风电机组对电网的电压跌落故障十分敏感。在电网电压跌落的情况下，容易产生峰值涌流，损坏变流设备，使得 DFIG 与电网解列，甚至影响整个电网的稳定性。因此双馈型风电场在并网过程中亟须解决低电压穿越(low voltage ride through, LVRT)的技术问题。本章致力于兆瓦级 DFIG 的低电压穿越技术研究，分别从设计 Crowbar 硬件保护电路和提出非线性控制策略两方面着手，改善 DFIG 的低电压穿越性能，使其满足在低电压故障时的并网标准。

12.1　基于 Crowbar 电路的低电压穿越技术

为了实现 DFIG 在电网电压大幅跌落时的低电压穿越，本章首先分析了应用于风电场中的低电压穿越硬件保护方法。从 DFIG 在电网电压大幅跌落下的暂态数学模型出发，推导出风电机组在电压跌落故障下转子电流的计算式。从转子电流限制和直流母线电压限制两方面考虑，提出了一种切合工程实际的 Crowbar 阻值整定方法，解决了投入 Crowbar 保护电路后转子侧出现过电流和直流母线过电压问题。算例及仿真数据均表明，采用该方法可有效地抑制暂态故障分量，显著提高风力发电系统的 LVRT 水平。

12.1.1　电压跌落的基本概念

电网电压跌落就是电压幅值的减小，它通常持续一个到十几个工频周期的时间，为几十毫秒到几百毫秒。而长时间的低电压，称作欠电压。电网的电压跌落是最常见的电网故障。在一个典型的工业场所，每年在变电站的进线侧都会发生几次电压跌落，在设备端口处会发生得更多。而在工业场所内部，电网电压跌落的发生频率还会更高。

通常来说，小幅度的电压跌落对白炽灯或荧光灯，电动机或加热器的影响不大。然而，由于一些电力电子设备缺乏足够的内部储能，因此它们不能穿越电压跌落的这个区间。某些设备能够穿越较深但短暂的电压跌落，而有些能够穿越较长但较浅的电压跌落[177-180]。

电网的电压一般都会在标称值附近有±10%波动的范围。在并网运行的大电网中，各种故障造成的电压跌落大体上分为如下两大类[181-185]。

(1)三相跌落，即三相电压跌落到相同程度的情况。

(2)不对称跌落，即三相电压的跌落程度是不一样的，而使电网电压出现了三相不平衡的情况，例如，单相跌落，它只影响到跌落的那一相；两相跌落，它涉及跌落的某两相。

为了有效地应对大电网低电压故障造成的大量风机脱网的问题，各国对风电场低电压穿越的技术标准也各不相同，如图 12-1 所示。但核心要求大致都是一样的，都要求风力发电机可以持续并网工作，当电网发生故障时，造成风电场接入电网的电压点跌落在电压允许跌落的时间和幅值范围内。例如，美国的低压穿越标准是在跌落深度不超过 85%的情况下，625ms 之内仍然可以连接到电网。丹麦是风力发电技术发展较早的国家之一，它的低电压穿越标准更为严格，它不仅要求风电机组具有低压穿越运行的能力，同时还必须具备双重电压跌落的特性。当风电场有两相短路 100ms 后持续到 300ms 的时间内，如果再发生 100ms 的连续两相短路造成的电压跌落，风机必须能够继续与电网保持连接；如果单相短路为 100ms，风机在此持续短路情况下应能继续保持供电。

德国的 E.ON 公司与西班牙电网的具体要求基本类似，就是风机在电网电压发生跌落故障过程中，对无功功率的支持要求颇高。E.ON 公司指出在电网电压回升到额定电压的 90% 后，在 5s 的时间内必须恢复到原值；而英国电网则要求电网电压回升到正常值的 80%后，0.5s 内应该回升到正常电压的 90%以上。

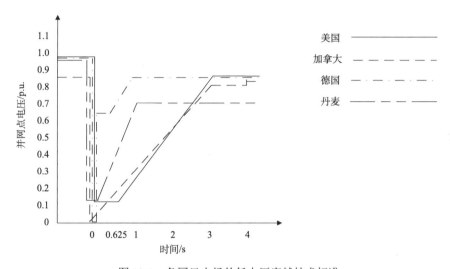

图 12-1　各国风电场的低电压穿越技术标准

我国国家电网公司于 2009 年颁布了低电压故障穿越的相关技术标准，当电网侧变压器提供的电压与电网额定电压的比值在图 12-2 中的实线范围以上时，不应将风力发电机与电网分离。最低的维持电压为额定电压的 20%左右，低电压穿越的时间最长为 625ms。根据国家电网公司对风电场接入大电网具体技术相关规定，对风力发电低电压穿越能力也做了相当明确的规定。

图 12-2 为国家电网公司对风电机组低电压穿越相关规定，具体要求如下所述。

(1) 风电场内的风电机组在并网点电压跌至 20%的额定电压时，能够保持连续不脱网运行 625ms 的低电压穿越运行能力。

(2) 风电场的并网点在发生电压跌落故障后的 3s 内，能够通过采取适当的控制策略，主动恢复到额定电压的 90%左右。在此期间风电场内的风电机组应继续保持不间断并网运行，必要时还需提供一定无功功率的支持，来协助电网电压的快速恢复。对于目前尚不具备低电压穿越运行能力且已经投运的风力发电厂来说，应积极主动开展机组的改造工作，以使其具备低电压穿越运行能力。

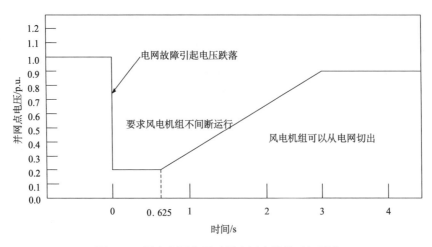

图 12-2　国家电网公司对低电压穿越的时间要求

功率变换器作为风力发电机组的核心部件之一，必须具备低电压穿越运行的能力。由风力发电的基本原理可知，在电网电压跌落的整个过程中，系统会产生很大的故障电流和高电压，因此，必须在变换器的系统中设计泄放电流的保护装置用以防止变换器的损坏。

12.1.2　低电压穿越的硬件保护方法

电网电压的突然下降会对 DFIG 的定子绕组产生很大的冲击电流，同时由于发电机定子与转子之间的电磁耦合，电网电压的下降也会导致转子侧过电流。为了消除转子侧的过电流现象，保护转子侧变换器，目前常用的方法是在 DFIG 的转子侧增加 Crowbar 保护电路，以实现系统的低电压穿越。当 DFIG 处于次同步状态时，将会出现反向转矩，数百毫秒后保护电路被移除，桨距角改变，产生振荡的电磁转矩和平均方向变化的转矩。机械转矩和电磁转矩的频繁波动，导致转矩不平衡，过大的振荡转矩被加载到轴系中，电机的机械应力对电机轴系造成致命的损坏。文献[186]指出，在风机故障造成所有系统停机的时间中，需要最长的停机时间来修理变速箱，而且系统的运行和维护成本非常高。欧洲的许多电网公司（如E.ONS）不仅定义了风电系统低电压运行能力的范围，而且广泛地采用 Crowbar 硬件保护电路来实现风力发电系统转子侧的低电压穿越，且在电网电压下降时提供无功电流支持。Crowbar 保护电路的设计有两个主要出发点：一是用 Crowbar 保护电路来限制浪涌电流，保护变换器；二是限制转子侧的过电压。但该方案的缺点是没有考虑到运行中的转子侧投入 Crowbar 保护电路后，实际运行相当于一台串联大电阻的异步电动机，此时故障下机组的运行需要大量无功功率支持，这不利于电网故障时电压的快速恢复，甚至可能使情况变得更糟。

由于风力发电机的惯性，电网电压故障引起的电磁暂态过程为一个周期到几十个周期。这一时期，变桨距控制系统的可调范围相对有限。DFIG 系统也可以改进其控制策略，以应对小幅低电压穿越，但不能为过大的能量提供通道。因此，单靠控制策略的改进很难实现所有的低电压穿越运行，需要增加硬件辅助电路，为系统的过剩功率提供释放的通道。

为了解决上述问题，Crowbar 硬件保护电路油然而生，它由双向晶闸管和卸放电阻等主要部件组成，其中三相双向晶闸管与发电机的转子侧相连[187-189]，用来控制 Crowbar 电路的投入或切出。由于基于转子侧的 Crowbar 硬件保护电路，结构简单，控制策略容易实现，生产成本较低等诸多优点，在工程上获得了比较广泛的应用。

12.1.3 基于 Crowbar 硬件保护电路的低电压穿越技术

1. Crowbar 电路工作原理及分类

1）Crowbar 电路工作原理

含有 Crowbar 保护电路的双馈风力发电的系统框图如图 12-3 所示。

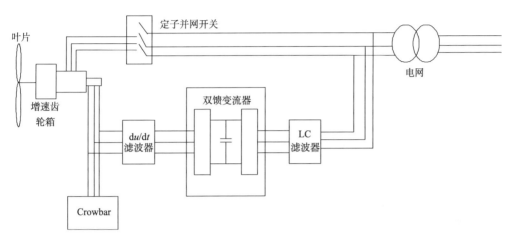

图 12-3 含有 Crowbar 保护电路的双馈风力发电的系统框图

Crowbar 保护电路是广泛用于电源过电压时的保护装置，其主要组成部分包括：桥电路（晶闸管或者二极管）、控制开关（GTO 或 IGBT）和旁路电阻。检测元件主要监测转子侧电流和直流侧的母线电压。首先对转子电流进行监测，如果此过电流大于规定的限值，则立即投入 Crowbar 硬件保护电路。同时控制转子侧 PWM 变换器的脉冲，封锁转子侧变换器。当 Crowbar 保护电路投入运行时，双馈电机作为鼠笼式异步发电机运行，转子侧的变换器不起调节作用，但电网侧的变换器能继续保持并网运行。旁路电阻 R 吸收泄放的多余电磁能量以抑制转子电流增长。在此期间，检测单元保持对转子电流的持续监视，当电流继续下降到规定的电流范围之内时，Crowbar 保护电路退出运行。

它的基本原理是在发生故障的设备两端，投入一条短路支路或低阻抗支路，用以泄放设备由于故障而未及时送出的能量，这样就可保护电路不受故障的危害。如图 12-4 所示，Crowbar 电路通常安装于风电机组中的转子端，用于保护在电压跌落引起的过电压时保护转子侧变换器不至于被冲击性能量损坏。当 Crowbar 电路检测到不正常的工作状态时，例如，

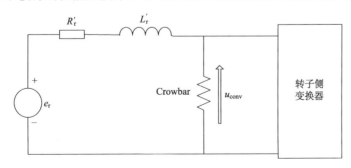

图 12-4 Crowbar 动作时系统的等效电路

转子的过电流、直流母线的过电压或者定子的过电压时应可靠动作，此时的转子电流将流向 Crowbar 保护电路，保护转子侧变换器。另外一种理解其工作原理的思路为：当电压跌落故障时，Crowbar 电路连接到转子上时，转子流过的故障电流很大，在转子绕组的 R'_r 和 L'_r 上的压降也会变得很大，这就使得并网处转子端口电压会降得很低，以保护转子侧变换器。

为了减小系统的复杂度和电路损耗，许多生产商采用了图 12-5 所示的电路进行替代。该替代方案通过二极管对转子电流进行整流，因此它只需一个单向开关即可，具有电路简单、硬件成本低的优点。

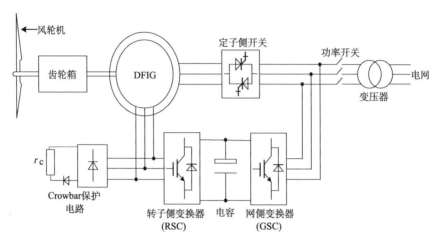

图 12-5　Crowbar 电路的替代实现方案

在转子侧增加 Crowbar 硬件保护电路是目前双馈风力发电系统中普遍采用的方法，也是增加硬件保护电路的常用做法。目前应用的 Crowbar 硬件保护电路全部采用全控型器件，构成主动式 Crowbar 硬件保护电路，通过控制触发脉冲控制其投入或退出运行，系统运行十分灵活方便。

2) 几种常用的 Crowbar 保护电路

图 12-6 给出了 4 种常用的 Crowbar 保护电路，通常使用晶闸管或 IGBT 作为 Crowbar 电路的主要开关器件。晶闸管属于半控型器件，只能控制其导通，而关断取决于流过它的电流是否过零，因此关断过程会有一定程度上的延迟。而 IGBT 可以任意控制电路的开通和关断，随着 IGBT 制造技术的快速发展，目前电流容量在 1000A 以上的 IGBT 已经研制成功，而且性价比也越来越高。

在发电机定子侧增加泄荷负载的方法也很常见，在一定程度上可以实现 Crowbar 硬件保护的功能，图 12-7 是在定子侧加装 Crowbar 保护电路的基本结构框图。泄荷负载通过功率开关器件与发电机的定子侧相连。用这种方法实现的硬件保护是一种简单易行的方式，但其缺点是对发电机的输出电压影响比较大，对其变速恒频运行能力的控制有限。

在功率变换器直流侧增加 Crowbar 硬件保护电路也是一种目前常用的方法。图 12-8 为在直流侧增加泄荷负载的 Crowbar 硬件保护电路的结构形式，其中泄荷负载通过电力电子开关装置连接到直流侧。图 12-8(a) 中泄荷负载通过 Buck 电路连接到直流侧。当系统正常运行时，整个装置被封锁而不起作用。当发生电压跌落故障时，直流侧输入的功率大于输出功率。如果直流侧没有 Crowbar 硬件保护电路，直流侧的电压就会因故障而突然上升。这样骤然上升

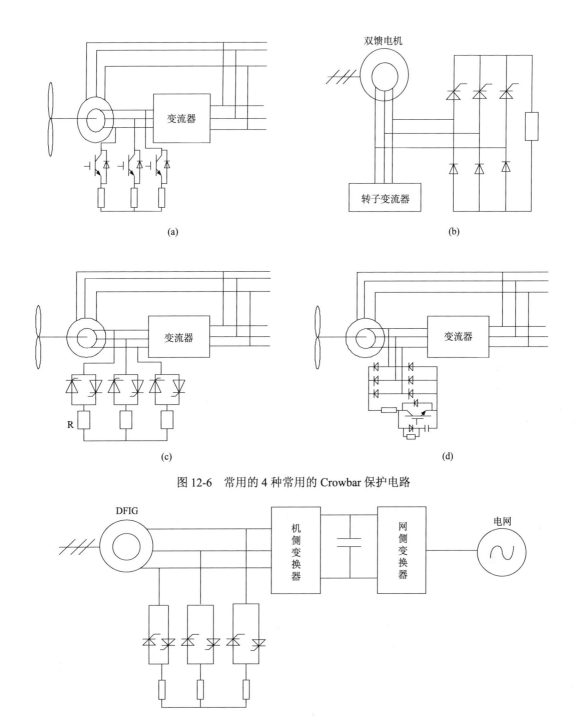

图 12-6　常用的 4 种常用的 Crowbar 保护电路

图 12-7　定子侧增加装 Crowbar 保护电路的基本结构框图

的电压可能会损坏电容，并对网侧或转子侧变换器造成损害。在这种情况下，加入泄荷负载消耗直流侧多余的能量，电容电压便会保持在规定的限值内。图 12-8(b)中，低压直流负载通过 Buck 电路降压使用，但还需增加平波电感等器件。增加泄荷负载的优点是可靠性较高，缺点是要消耗能量，并需提供散热装置。

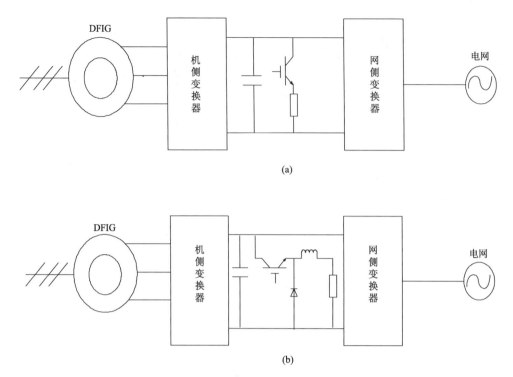

(a)

(b)

图 12-8   直流侧增加泄荷负载的 Crowbar 硬件保护电路

此外，对于双馈风力发电系统，在直流侧增加带储能装置的 Crowbar 硬件保护方式也是一种比较好的选择。例如，直流侧电容和加装的储能设备可以通过使用能量双向流动的电力电子变换器连接在一起。储能设备一般可选择蓄电池或超级电容器等储能元件。为了避免在电网电压跌落时直流侧过电压，多余的能量可以通过变换器存储在储能设备中。当直流侧电压不足时，储能可被释放以给电容充电，储能设备的能量可向电网提供有功功率。这种方法的优点是可以重复利用能量，同时能够保证直流侧电压的稳定性。其缺点是储能设备增加了结构的复杂性并增加了整个系统的成本。

2. Crowbar 电路阻值的优化与选择

为了研究电网电压跌落故障对 DFIG 系统的影响，需要推导出 DFIG 在电压跌落过程中定子电压和转子电流的暂态数学表达式；为了更好地研究 Crowbar 保护电路投入运行时 DFIG 的电气特性，必须推导定子电压和转子电流在电压跌落过程中的暂态方程，所以对故障过程中的电磁暂态过程进行分析是十分必要的。由于 DFIG 的转子侧绕组在电网电压故障情况下是用 Crowbar 保护电路进行短接，可以利用电路原理中的叠加定理对整个跌落过程进行分析，得到该情况下 DFIG 的暂态电流表达式。

设定子短路电流的空间矢量 i_s 为

$$i_s = i_{s0} + i_{s1} \tag{12-1}$$

式中，i_{s0} 为定子电压在电网电压跌落故障发生前的定子稳态电流空间矢量；i_{s1} 为在定子端施加方向相反、幅值等于电压跌落深度的三相电网电压所产生的定子电流空间矢量。

设定子电压的空间矢量为 $u_s = -\mathrm{j}U_m \mathrm{e}^{\mathrm{j}(\omega_s t + \varphi)}$，则在转子坐标系中，定子电压可以表示为 $u'_s = -\mathrm{j}U_m \mathrm{e}^{\mathrm{j}(\omega_s t + \varphi)}$，于是得到定子电压在电网电压跌落前的电流矢量 i'_{s0} 为

$$i'_{s0} = \frac{u'_s}{R_s + j\omega_1 L_s} = \frac{-jU_m e^{j(\omega_s t + \varphi)}}{R_s + jX_L} \tag{12-2}$$

式中，R_s 为定子电阻；X_L 为定子电抗，$X_L = \omega_1 L_s = X_{s\sigma} + X_m$，$X_m$ 为励磁电抗，$X_{s\sigma}$ 为定子漏抗。

在转子坐标系中，假设定、转子之间初始无储能，即它们磁链的初始值均为 0。类似于式 (12-1)，采用拉普拉斯变换分析方法，可得在定子端施加反向的幅值为电压跌落深度的三相电压时，相应的定子电压方程式为

$$AU'_{s1} = [R_s + (s + j\omega_1)L_s(s)]I'_{s1} \tag{12-3}$$

式中，A 为电压跌落深度 $(0 < A < 1)$，表征电压跌落的大小；$L_s(s)$ 为转子坐标系下定子侧的运算电感，$L_s(s) = L_s(1 + sT'_r) / (1 + sT_r)$；$T_r$ 与 T'_r 分别为转子的时间常数和瞬态时间常数，$T_r = L_r/R_r$，$T'_r = L'_r/R_r$，I'_{s1} 为发生电压跌落后的定子电流。

由此可得 I'_{s1} 的计算式如下：

$$I'_{s1} = \frac{jAU_m e^{j\varphi}}{(s - j\omega_s)(\alpha + s + j\omega_1)L_s(s)} \tag{12-4}$$

式中，α 为定子直流分量的衰减时间常数，且 $\alpha \approx R_s / L'_s$。

将式 (12-4) 中的运算电感 $1/L_s(s)$ 进行展开，可得 I'_{s1} 的展开式形式，并取其拉普拉斯逆变换，可得 i'_{s1}，考虑到 $\alpha \ll \omega_r$，$-1/T'_r \ll \omega_r$，$(s + \alpha + j\omega_1) \approx s(s + \alpha + j\omega_r)$，可将式 (12-4) 进行化简。再利用电路的叠加定律可得 i'_s 为

$$i'_s = i'_{s0} + i'_{s1} \tag{12-5}$$

最后可得到在静止的定子坐标系中，定子电流空间矢量的时域表达式为

$$i_s = i'_s e^{j\omega_r t} \tag{12-6}$$

则定子的 A 相电流 i_A 为

$$\begin{aligned} i_A &= \mathrm{Re}(i_s) \\ &= (A-1)\frac{U_m}{X_s}\cos(\omega_1 t + \varphi) - \frac{AU_m e^{-\alpha t}}{X'_s}\cos\varphi + AU_m\left(\frac{1}{X'} - \frac{1}{X_s}\right)e^{-t/T'_r}\cos(\omega_r t + \varphi) \end{aligned} \tag{12-7}$$

由式 (12-7) 可以看出，电压跌落故障时，定子 A 相电流由三部分组成：

$(A-1)U_m \cos(\omega_1 t + \varphi) / X_s$ 表示定子电流的稳态分量，幅值的大小 $(A-1)$ 由电压的跌落深度 A 来决定；

$AU_m e^{-\alpha t}\cos\varphi / X'_s$ 是暂态故障电流中的直流分量，其幅值的大小取决于短路时电压和电流之间的相位角 φ，且此直流分量以定子时间常数 T_a 呈指数函数不断衰减；

$AU_m(1/X'_s - 1/X_s)\, e^{-t/T'_r}\cos(\omega_r t + \varphi)$ 为暂态故障的交流分量部分，此部分占暂态电流中的大部分，以瞬态时间常数 T'_r 呈指数函数快速衰减，一般经历 3～5 个时间常数即可衰减完毕。

根据定、转子之间的电压方程式 (11-9)、式 (11-10)，并结合式 (12-7) 的分析结果，再经旋转坐标变换到转子侧后，可得转子侧故障电流的时域表达式为

$$i'_r = \frac{1}{j(L_s L_r - L_m)}\left[\frac{L_s}{s}\sqrt{u_{dr}^2 + u_{qr}^2}\, e^{j\delta t} + L_m U_s\right]e^{-t/T'_r} + \frac{U_s}{j\omega_s}\left[-\frac{L_m e^{-j(1-s)\omega_s t} e^{-t/T'_s}}{(L_2 + L_m)L'_s} + \frac{e^{-t/T'_r}}{L'_r}\right] \tag{12-8}$$

与定子的 A 相电流相类似，转子侧的故障电流也是由转差率电流分量、转子稳态转速频率分量和衰减的直流分量叠加而成。对式 (12-8) 进一步分析可知，为抑制转子暂态电流，

Crowbar 保护电路中阻值 r_c 的选取十分重要，r_c 越大，则转子在电压跌落故障下的电流起始值就越小，功率和转矩振荡的幅值也小；但是过大的 r_c 会导致 DFIG 的网侧变换器和在转子绕组上产生过大的电压降，最终将导致直流母线上的电压泵升。

当并网端发生电压跌落故障时，投入 Crowbar 保护电路后 DFIG 的等效电路如图 12-9 所示。图中，U_r 为转子电压，R_r 为转子电阻，$L_{s\sigma}$ 和 $L_{r\sigma}$ 分别为定、转子各自的等效漏感；i_r 为转子电流。为了简化计算过程，一些对计算结果影响不大的参数可以忽略不计。

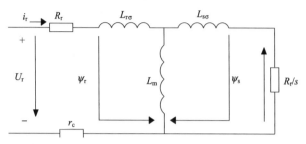

图 12-9　投入 Crowbar 保护电路后的 DFIG 等效电路

由上所述，本章提出 Crowbar 阻值的整定方法如下。

(1) 在投入 Crowbar 硬件保护电路后，转子侧故障电流的最大值应小于转子电流的安全值 I_{fm}，一般 I_{fm} 取 1.5p.u.左右，于是对转子电流有如下限制：

$$\frac{U_r}{\sqrt{X_L^2 + (r_c + R_r)^2}} \leqslant K_I I_{fm} \tag{12-9}$$

式中，K_I 为转子电流安全系数，K_I=0.9～1.2，当电压跌落发生在机端时，K_I 取较小值 0.9；当电压跌落发生在用户侧时 K_I 取较大值 1.2。

(2) 为了避免在投入 Crowbar 保护电路后，直流母线上出现过电压，则在投入 Crowbar 保护电路后，应满足在 r_c 上的压降小于其阈值电压 U_{dcm}，一般 U_{dcm} 取 2p.u.左右，于是对直流母线电压有如下限制：

$$\frac{\sqrt{3} r_c U_r}{\sqrt{X_L^2 + (r_c + R_r)^2}} \leqslant K_U U_{dcm} \tag{12-10}$$

由此可得 r_c 在整定范围内的最大值，式(12-10)中 K_U 为母线电压安全系数，K_U=0.95～1.3，当电压跌落发生在机端时，K_U 取较大值 1.3；当电压跌落发生在用户侧时 K_U 取较小值 0.95。

(3) 由式(12-9)和式(12-10)可得到 r_c 的取值范围为

$$\begin{cases} r_{c\_max} \leqslant \dfrac{K_U U_{dcm} X_L}{\sqrt{3U_r^2 - U_{dc}^2}} - R_r \\ r_{c\_min} \geqslant \sqrt{\left(\dfrac{U_r}{K_I I_{fm}}\right)^2 - X_L^2} - R_r \end{cases} \tag{12-11}$$

对式(12-11)进行分析，并结合式(12-8)结论可得：在保证网侧变换器不出现过电压以保护网侧变换器的情况下，若 Crowbar 的阻值在该取值范围内，且取该范围的上限值时，DFIG 的 LVRT 效果将更好。

为了确定 Crowbar 阻值的合适值，对于 1.5MW 的 DFIG，在代入不同的 r_c 时，求得对应的最大短路电流 I_{max}、最大转子电压 U_{rmax} 以及无功功率峰值 Q_{smax}。其具体计算结果如表 12-1 所示。

表 12-1　不同 Crowbar 取值下 I_{rmax}、U_{rmax} 和 Q_{smax} 的计算结果

r_c	对应数值(标幺值)		
	I_{rmax}	U_{rmax}	Q_{smax}
0.01	8.86	0.081	−1.51
0.03	7.92	0.161	−1.65
0.05	6.89	0.345	−1.77
0.07	6.15	0.490	−1.93
0.09	5.98	0.535	−2.15
0.10	5.77	0.577	−2.46

从表 12-1 可以看出：随着 Crowbar 硬件保护电路阻值的不断增大，而最大转子电流则逐渐减小，但转子侧出现的最大过电压则随之升高。为了避免网侧变换器直流侧出现过电压，Crowbar 阻值的选择应使得在电压跌落故障过程中满足如下的两个约束条件：$U_{rmax} < U_{rlim}$，其中 U_{rlim} 为网侧变换器能承受的最大工作电压，一般标注在产品铭牌上。对于 1.5MW DFIG，$U_{rlim} = 0.57$p.u.。然而从表 12-1 中可以看出，当 $r_c = 0.10$p.u.时，$U_{rmax} < U_{rlim}$ 已不再成立，因此 Crowbar 保护电路的阻值最大不应该超过 0.095p.u.。

12.1.4　仿真验证

仿真中所使用的发电机仿真参数设置如下：DFIG 的额定功率为 2MW，额定线电压为 640V，发电机额定频率为 11.25Hz，定子等效电阻为 7.68mΩ，磁极对数为 30 对，转子磁链为 7.44Wb，d 轴同步电感为 1.28mH，q 轴同步电感为 2.26mH。

全功率变换器的仿真参数设置如下：变换器额定功率为 2MW，额定电流为 840A，其中直流母线电压为 1200V，额定频率为 50Hz，网侧滤波电感为 0.75mH，并网处的电感为 0.4mH，直流母线两端的支撑电容为 25mF。

为了验证本章上述结论的正确性，对于严重三相电网电压对称跌落故障下基于 Crowbar 硬件保护电路进行了相关仿真。根据国家电网规定的风电场接入电网的相关规定，当电网电压在发生低电压故障时，跌落深度为 80%，持续时间为 625ms。电网发生电压跌落时的波形如图 12-10 所示，图中横轴为仿真的时间，纵轴为电网电压的标幺值。电压在 $t = 1.5$s 时跌落至 20%的额定值，$t = 2$s 时恢复到正常电压。

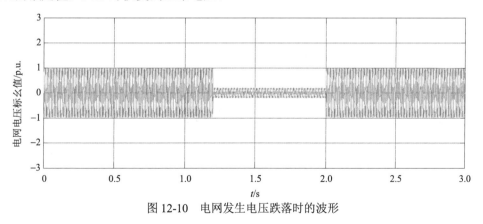

图 12-10　电网发生电压跌落时的波形

在电网出现电压跌落故障时,分别对风力发电机未加入Crowbar保护电路和加入Crowbar保护电路后两种情况进行仿真,仿真结果如图12-11～图12-13所示。图中横轴为仿真时间,

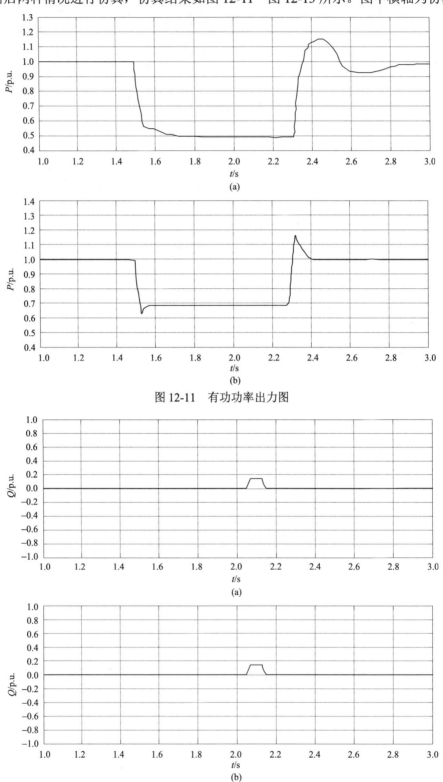

图 12-11　有功功率出力图

图 12-12　无功功率出力图

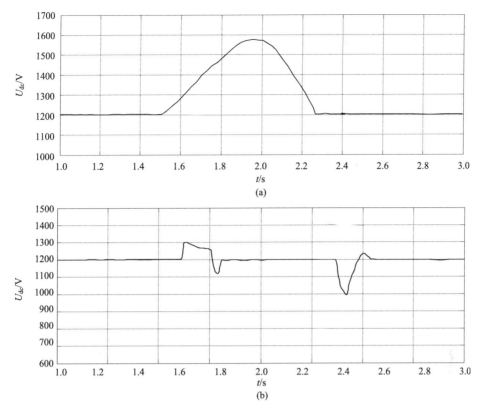

图 12-13　直流母线电压图

纵轴为有功功率、无功功率的输出标幺值。其中图 12-11(a)所示为未加入 Crowbar 保护电路时的双馈风力发电机有功、无功和直流母线电压图，图 12-11(b)所示为加入 Crowbar 保护电路后的对照情况。

当发生电压跌落故障时，会引起定子端电压的骤降，相应的电磁转矩也会依电压跌落而减小，但由于风力机输入的机械转矩是不变的，也就是风速是不变的，所以 ω_{r} 会因电磁功率的不匹配而增大。

由仿真结果来看，低电压故障期间，未加入任何硬件保护电路时的直流母线电压迅速上升，接近 1600V 电压时可能会造成变换器开关器件的损坏。当投入 Crowbar 硬件保护电路后，直流母线电压迅速回落，并且无功输出增多，因为此时网侧变换器已经切换到无功支持状态，协助了电网电压的恢复。故障消除后，直流母线电压波动较小。

由图 12-11～图 12-13 的分析结果可知，在电网低电压故障发生过程中，如果不采取任何硬件保护措施，双馈电机的有功、无功出力均发生较大变化。如果此变化超出了变换器能够承受的阈值，特别是当直流电压超过中间直流电容或 IGBT 的电压限额时，就会造成变换器的损坏，使得整个风机退出风电场运行。因此，当电网发生大幅度电压跌落时，增加 Crowbar 硬件保护电路是十分有必要的。

12.2　基于状态反馈线性化的网侧变换器低电压穿越技术

为了实现 DFIG 在电网电压小幅跌落时的低电压穿越，本章首先介绍状态反馈线性化的基本理论。然后基于非线性控制策略，建立了 DFIG 网侧变换器(grid side converter, GSC)的仿射非线性模型。通过控制选定的目标函数，采用状态反馈线性化和坐标变换的方法，推导出系统的非线性状态反馈表达式，并由此提出一种基于输入输出反馈线性化的 GSC 低电压穿越控制策略，实现了非线性系统的线性化，并在此基础上完成了相关控制器的设计。仿真结果验证了所提方法的有效性，所设计的网侧非线性控制器具有良好的控制性能，保证了风电并网系统的稳定性。

12.2.1 状态反馈线性化理论

非线性控制系统的微分几何理论在过去的 20 年中得到了迅速发展，为非线性系统的结构分解、分析和控制器的设计带来了极大的便利。基于微分几何理论的状态反馈线性化方法可直接应用于非线性系统的线性化、解耦和零动态系统的反馈整定上。双馈电机是一种多变量、强耦合的典型非线性系统。在将矢量控制、直接转矩控制以及无速度传感器控制等新技术应用于交流电机的精确控制出现之前，对这种非线性系统的控制方法，很难获得与直流电机控制系统相媲美的高精度、高动态性能。在采用双 PWM 变换器实现 DFIG 的控制中，网侧变换器的主要控制目标是使直流侧的电压保持稳定。

当出现电网电压跌落故障时，系统能否继续正常并网运行是一个十分重要的课题。对于 DFIG 和三相变换器来说，为了获得良好的控制性能，必须针对其强非线性、多变量和相互耦合的特点，从引入非线性系统的反馈线性化理论方面着手，采用非线性坐标变换的基本原理，建立三相变换器的反馈线性化模型，实现三相电压源型 PWM 变换器的三相输入电压、无功功率和有功功率之间的解耦控制，得到具有稳态特性和暂态响应都更为优越的控制策略。

1. 仿射非线性系统及其相对阶

现有如下能控能观的 n 阶单输入单输出仿射非线性系统：

$$\begin{cases} \dot{x} = f(x) + g(x)u \\ y = h(x) \end{cases} \tag{12-12}$$

式中，$x \in R^n$ 为状态向量；输入量 $u \in R$；输出量 $y \in R$；$f(x)$，$g(x)$ 为 R^n 上的光滑向量场；$h(x)$ 为光滑函数。

对于一个典型的多输入多输出非线性系统，可以通过状态反馈线性化和坐标变换的方法，使得每个输入通道控制相应闭环系统的唯一输出通道，即可以通过状态反馈的方法实现输入量和受控输出量之间的解耦。其中多输入多输出的仿射非线性系统基本形式可以表示如下：

$$\begin{cases} \dot{x} = f(x) + g_1(x)u_1 + g_2(x)u_2 + \cdots + g_m(x)u_m = f(x) + \sum_{i=1}^{m} g_i(x)u_i \\ y_1(t) = h_1(x) \\ \vdots \\ y_m(t) = h_m(x) \end{cases} \tag{12-13}$$

式中，x 为 n 维状态向量；$f(x)$ 及 $g_i(x)(i=1,2,\cdots,m)$ 皆为光滑向量场；u_i 为控制向量的第 i 个分量；$y_i(t)$ 为输出向量的第 i 个分量；$h_i(x)$ 为标量函数。

在状态反馈线性化理论中，另一个非常重要概念是相对阶，又称为系统的关系度，下面对系统关系度的概念进行精确地阐述。

首先对于多输入多输出系统中的每一个输出 $y_i(t) = h_i(x)$，都有一个相应的关系度 r_i，所以多输入多输出系统的关系度 r 是输入和输出构成的一个集合，即 $r=\{r_1, r_2, \cdots, m\}$。其次，对于该关系度中的每一个子关系度 $r_i(i=1, 2, \cdots, m)$ 在 x_0 领域内，存在如下的两个约束条件。

(1)输出函数 $h(x)$ 对向量场中 $f(x)$ 的 k 阶李导数和对向量场中 $g(x)$ 的李导数在 $x=x_0$ 的邻域内的值为零，即有

$$
\begin{cases}
L_{g1}L_f^k h_i(x) = 0 \\
L_{g2}L_f^k h_i(x) = 0 \\
\vdots \\
L_{gm}L_f^k h_i(x) = 0 \\
k < r_i - 1
\end{cases}
\tag{12-14}
$$

(2) $h(x)$ 对 $f(x)$ 的 r_i-1 阶李导数 $(k < r_i - 1)$ 对 $g(x)$ 的李导数在 $x=x_0$ 的整个邻域内的值不全为零，即有

$$
\begin{cases}
L_{g1}L_f^{r_i-1} h_i(x) \\
L_{g2}L_f^{r_i-1} h_i(x) \\
\vdots \\
L_{gm}L_f^{r_i-1} h_i(x)
\end{cases}
\tag{12-15}
$$

在 $x=x_0$ 的领域内不全为零。

上面的两个约束条件是由单输入/单输出系统的关系度的相关定义引申出来的，但是对于多输入多输出系统还需要附加以下的条件(3)。

(3)李括号[190]形式的相对阶矩阵 $B(x)$ 是非奇异的，即有

$$
B(x) = \begin{bmatrix}
L_{g1}L_f^{r_1-1} h_1(x) & L_{g2}L_f^{r_1-1} h_1(x) & \ldots & L_{gm}L_f^{r_1-1} h_1(x) \\
L_{g1}L_f^{\rho r-1} h_2(x) & L_{g2}L_f^{r_2-1} h_2(x) & \ldots & L_{gm}L_f^{r_2-1} h_2(x) \\
\vdots & \vdots & & \vdots \\
L_{g1}L_f^{r_m-1} h_m(x) & L_{g2}L_f^{r_m-1} h_m(x) & \ldots & L_{gm}L_f^{r_m-1} h_m(x)
\end{bmatrix}
\tag{12-16}
$$

式(12-16)在 x_0 的领域内是非奇异的。

2. 仿射非线性系统线性化的基本条件

对于如式(12-12)所示的仿射非线性系统，本章选择指标函数集 m，满足如下关系式：

$$
m = n_1 \geqslant n_2 \geqslant \cdots \geqslant n_N
\tag{12-17}
$$

且

$$
\sum_{i=1}^{N} n_i = n
\tag{12-18}
$$

式(12-17)中，n 为状态向量 x 的维数。如果所描述的系统是可以进行线性化的，则以下的两个条件在整个向量场中均是成立的。

(1)n 个向量场所组成的矩阵：

$$
D_n = [g_1, \cdots, g_{n_1}; \text{ad}_f g_1, \cdots, \text{ad}_f g_{n2}; \cdots; \text{ad}_f^{N-1} g_1, \cdots, \text{ad}_f^{N-1} g_{nN}]
\tag{12-19}
$$

在 x_0 的领域内是非奇异的。

(2) 下列的 n 个向量场集合：

$$\begin{cases} D_1 = \{g_1\} \\ \quad\vdots \\ D_{n_1} = \{g_1, g_2, \cdots, g_m\} \\ D_{n_1+1} = \{D_{n_1}, \mathrm{ad}_f g_1\} \\ \quad\vdots \\ D_{n_1+n_2} = \{D_{n_1}, \mathrm{ad}_f g_1, \cdots, \mathrm{ad}_f g_{n2}\} \\ \quad\vdots \\ D_n = \{D_{n-n_N}, \mathrm{ad}_f^{N-1} g_1, \cdots, \mathrm{ad}_f^{N-1} g_{nN}\} \end{cases} \tag{12-20}$$

每一个向量场都是对合的。

为简单起见，下面以两个输入量、两个输出量的非线性系统为例，输入、输出量满足如下关系式：

$$\begin{cases} \dot{x} = f(x) + g_1(x)u_1 + g_2(x)u_2 \\ y_1 = h_1(x) \\ y_2 = h_2(x) \end{cases} \tag{12-21}$$

假设其系统的相对阶之间满足条件：$r = r_1 + r_2 = n$（其中 n 为状态向量 x 的维数），在这种情况下，选择坐标变换函数集 $z = \Phi(x)$，其中的 $\Phi(x)$ 称为 x 到 z 的微分同胚函数，其具体形式表示如下：

$$\begin{aligned} z &= [z_1 \quad z_2 \quad \cdots \quad z_{r1} \quad z_{r1+1} \quad z_{r1+2} \quad \cdots \quad z_n]^{\mathrm{T}} \\ &= [\varphi_1(x) \quad \varphi_2(x) \quad \cdots \quad \varphi_{r1}(x) \quad \varphi_1(x) \quad \varphi_2(x) \quad \cdots \quad \varphi_{r2}(x)]^{\mathrm{T}} \\ &= [h_1(x) \quad L_f h_1(x) \quad \cdots \quad L_f^{r_1-1} h_1(x) \quad h_2(x) \quad L_f h_2(x) \quad \cdots \quad L_f^{r_2-1} h_2(x)]^{\mathrm{T}} \end{aligned} \tag{12-22}$$

式 (12-22) 中的 z、x 之间满足如下关系式：

$$x = \Phi^{-1}(z) \tag{12-23}$$

在式 (12-22) 所示的坐标变换下，系统 (12-23) 可以转换为如下的标准型：

$$\begin{cases} \dot{z}_1 = z_2 \\ \quad\vdots \\ \dot{z}_{r_1-1} = z_{r_1} \\ \dot{z}_{r_1} = v_1 = L_f^{r_1} h_1(x) + L_{g_1} L_f^{r_1-1} h_1(x)u_1 + L_{g_2} L_f^{r_1-1} h_1(x)u_2 \\ \dot{z}_{r_1+1} = z_{r_1+2} \\ \quad\vdots \\ \dot{z}_{n-1} = z_n \\ \dot{z}_n = v_2 = L_f^{r_2} h_2(x) + L_{g_1} L_f^{r_2-1} h_2(x)u_1 + L_{g_2} L_f^{r_2-1} h_2(x)u_2 \end{cases} \tag{12-24}$$

式 (12-24) 被称为布鲁诺夫斯基标准型 (Brunovsky norm form)，将其改写成 Brunovsky 矩阵所示的标准型，如下所示：

$$\dot{z} = Az + Bv \qquad (12\text{-}25)$$

式(12-25)中

$$A = \begin{bmatrix} 0 & 1 & 0 & \cdots & 0 \\ 0 & 0 & 1 & \cdots & 0 \\ \vdots & \vdots & \vdots & & \vdots \\ 0 & 0 & 0 & \cdots & 1_{r_1-1} \\ 0 & 0 & 0 & \cdots & 0_{r_1-1} \\ & & & & & 0 & 1 & 0 & \cdots & 0 \\ & & & & & 0 & 0 & 1 & \cdots & 0 \\ & & & & & \vdots & \vdots & \vdots & & \vdots \\ & & & & & 0 & 0 & 0 & \cdots & 1_{n-1} \\ & & & & & 0 & 0 & 0 & \cdots & 0_{n} \end{bmatrix}, \quad B = \begin{bmatrix} 0 & 0 \\ \vdots & \vdots \\ 1_{r_1} & 0 \\ 0 & 0 \\ \vdots & \vdots \\ 0 & 1_{n} \end{bmatrix} \qquad (12\text{-}26)$$

从式(12-24)中可以得到新控制量 v 和原控制量 u 之间的关系如下所示:

$$\begin{bmatrix} v_1 \\ v_2 \end{bmatrix} = A(z) + B(z) \begin{bmatrix} u_1 \\ u_2 \end{bmatrix} \qquad (12\text{-}27)$$

式中, $A(z) = \begin{bmatrix} a_1(z) \\ a_2(z) \end{bmatrix} = \begin{bmatrix} L_f^{r_1} h_1(x) \\ L_f^{r_2} h_2(x) \end{bmatrix}_{x=\Phi^{-1}(z)}$; $B(z) = \begin{bmatrix} b_{11}(z) & b_{12}(z) \\ b_{21}(z) & b_{22}(z) \end{bmatrix} = \begin{bmatrix} L_{g_1} L_f^{r_1} h_1(x) & L_{g_2} L_f^{r_1-1} h_1(x) \\ L_{g_1} L_f^{r_2-1} h_2(x) & L_{g_2} L_f^{r_2-1} h_2(x) \end{bmatrix}_{x=\Phi^{-1}(z)}$。

由式(12-26)、式(12-27)可得,原系统的相应控制变量 u 可由式(12-28)求得

$$\begin{bmatrix} u_1 \\ u_2 \end{bmatrix} = D(x) \begin{bmatrix} -L_f^{r_1} h_1(x) + v_1 \\ -L_f^{r_2} h_2(x) + v_2 \end{bmatrix} \qquad (12\text{-}28)$$

式中, $D(x) = B(z)^{-1} = \begin{bmatrix} L_{g_1} L_f^{r_1} h_1(x) & L_{g_2} L_f^{r_1-1} h_1(x) \\ L_{g_1} L_f^{r_2-1} h_2(x) & L_{g_2} L_f^{r_2-1} h_2(x) \end{bmatrix}^{-1}$。

在式(12-27)所示的反馈控制率表达式中,需要确定新控制变量 v 的表达式,这里的 v 是 Brunovsky 标准型线性系统中的控制变量,可以通过矩阵理论中具有二次型性能指标的线性最优化控制设计方法(矩阵的 LQR 理论方法)得到。泛函性能指标函数 J_1 满足如下关系:

$$J_1 = \frac{1}{2} \int_0^\infty (z^\mathrm{T} Q z + v^\mathrm{T} R v) \mathrm{d}t \qquad (12\text{-}29)$$

式中, Q 为正定或半正定的 $n \times n$ 阶加权矩阵; R 为正定的 $m \times m$ 阶权矩阵。根据矩阵理论中 LQR 分解设计原理,对系统(12-14)和泛函性能指标函数 J_1 有如下的线性最优化反馈控制律:

$$v^* = -K^* z \qquad (12\text{-}30)$$

式中, v^* 为最优控制量; K^* 为最优反馈增益矩阵,其表达式如下:

$$K^* = R^{-1} B^\mathrm{T} P \qquad (12\text{-}31)$$

式中, P 为里卡蒂(Riccati)矩阵方程的非负正定解。

$$A^\mathrm{T} P + P A - P B R^{-1} B^\mathrm{T} P + Q = 0 \qquad (12\text{-}32)$$

根据 LQR 理论,在不同的多种解中,选择合适的矩阵 R 和 Q 可使所设计的控制系统具有良好的控制性能。然后将所求出的新反馈控制量 v 代入式(12-27)中,即可求出原来的非线性反馈控制率 u,即状态反馈线性化的一般操作原理。而实际的系统多为多输入/多输出系统,

情况比较复杂，需要考虑的因素更多，在采用该方法时经常忽略一些次要的约束条件。

考虑到本章所研究的网侧变换器满足反馈线性化的两个基本条件，也满足 $r=n$ 这个条件，所以本章的网侧变换器是可以实现反馈线性化的。

12.2.2 网侧变换器的状态反馈线性化控制

两相同步旋转 dq 坐标系下的网侧变换器数学模型为

$$
\begin{cases}
\dfrac{\mathrm{d}i_{gd}}{\mathrm{d}t} = -\dfrac{R_g}{L_g}i_{gd} + \omega_1 i_{gq} + \dfrac{1}{L_g}e_{gd} - \dfrac{1}{L_g}u_{gq} \\[2mm]
\dfrac{\mathrm{d}i_{gq}}{\mathrm{d}t} = -\dfrac{R_g}{L_g}i_{gq} - \omega_1 i_{gq} + \dfrac{1}{L_g}e_{gq} - \dfrac{1}{L_g}u_{gq} \\[2mm]
CU_{dc}\dfrac{\mathrm{d}U_{dc}}{\mathrm{d}t} = P_g - P_r
\end{cases}
\tag{12-33}
$$

式中，P_g 为从网侧变换器吸收的有功功率；P_r 为转子侧变换器吸收的有功功率；在双馈电机稳态运行状态时，即未发生电压跌落故障时有

$$
P_r = U_{dc}i_{load}
\tag{12-34}
$$

由式(12-34)可见，直流母线电压反映了转子侧有功功率的波动，此有功功率通过直流母线传给网侧变换器，所以通过控制直流母线的电压就可以控制输出的有功功率。在同步旋转 dq 坐标系下 GSC 的有功功率、无功功率表达式为

$$
\begin{cases}
P_g = \dfrac{3}{2}(e_{gd}i_{gd} + e_{gq}i_{gq}) = \dfrac{3}{2}E_{gd}i_{gd} \\[2mm]
Q_g = \dfrac{3}{2}(u_{sq}i_{gd} - u_{sd}i_{gq}) = -\dfrac{3}{2}E_{gd}i_{gq}
\end{cases}
\tag{12-35}
$$

选取系统状态变量 $x=[x_1 \quad x_2]^T=[i_{gd} \quad i_{gq}]^T$，输入变量 $u=[u_1 \quad u_2]^T=[u_{gd} \quad u_{gq}]^T$，以机组在低电压故障时的控制目标为参考，构建输出方程：

$$
y = \begin{bmatrix} y_1 \\ y_2 \end{bmatrix} = \begin{bmatrix} h_1(x) \\ h_2(x) \end{bmatrix} = \begin{bmatrix} U_{dc} - U_{dc}^* \\ Q_g - Q_g^* \end{bmatrix}
\tag{12-36}
$$

因此式(12-12)可细化为

$$
\begin{cases}
\dot{x} = f(x) + g_1(x)u_1 + g_2(x)u_2 \\
y_i = h_i(x), \qquad i=1,2
\end{cases}
\tag{12-37}
$$

式中

$$
f(x) = \begin{bmatrix} f_1 \\ f_2 \end{bmatrix} = \begin{bmatrix} \dfrac{R_g}{L_g}i_{gd} + \omega_1 i_{gq} + \dfrac{1}{L_g}E_{gd} \\[2mm] -\omega_1 i_{gd} - \dfrac{R_g}{L_g}i_{gq} \end{bmatrix}, \quad g_1 = \begin{bmatrix} -\dfrac{1}{L_g} \\[2mm] 0 \end{bmatrix}, \quad g_2 = \begin{bmatrix} 0 \\[2mm] -\dfrac{1}{L_g} \end{bmatrix}
\tag{12-38}
$$

然后验证能否精确线性化条件，对式(12-37)进行李括号计算如下：

$$[\mathrm{ad_f}, \ g_1] = [f, g_1] = \frac{\partial g_1}{\partial x} f - \frac{\partial f}{\partial x} g_1 = \begin{bmatrix} 0 \\ 0 \end{bmatrix} - \begin{bmatrix} -\dfrac{R_g}{L_g} & \omega_1 \\[2mm] -\omega_1 & -\dfrac{R_g}{L_g} \end{bmatrix} \begin{bmatrix} -\dfrac{1}{L_g} \\[2mm] 0 \end{bmatrix} = \begin{bmatrix} -\dfrac{R_g}{(L_g)^2} \\[2mm] -\dfrac{\omega_1}{L_g} \end{bmatrix} \tag{12-39}$$

$$[\mathrm{ad_f}, \ g_2] = [f, g_2] = \frac{\partial g_2}{\partial x} f - \frac{\partial f}{\partial x} g_2 = \begin{bmatrix} 0 \\ 0 \end{bmatrix} - \begin{bmatrix} -\dfrac{R_g}{L_g} & \omega_1 \\[2mm] -\omega_1 & -\dfrac{R_g}{L_g} \end{bmatrix} \begin{bmatrix} 0 \\[2mm] -\dfrac{1}{L_g} \end{bmatrix} = \begin{bmatrix} \dfrac{\omega_1}{L_g} \\[2mm] -\dfrac{R_g}{(L_g)^2} \end{bmatrix} \tag{12-40}$$

由此可得矩阵：

$$D = \begin{bmatrix} g_1(x) & g_2(x) & \mathrm{ad_f} g_1(x) & \mathrm{ad_f} g_2(x) \end{bmatrix} = \begin{bmatrix} -\dfrac{1}{L_g} & 0 & -\dfrac{R}{L_g^2} & \dfrac{\omega_1}{L_g} \\[3mm] 0 & -\dfrac{1}{L_g} & -\dfrac{\omega_1}{L_g} & -\dfrac{R_g}{L_g^2} \end{bmatrix} \tag{12-41}$$

其秩为 2，等于该系统的阶数 n。当然，也容易判断当 $n=2$ 时，向量场 $D = \begin{bmatrix} g_1(x) & g_2(x) \end{bmatrix}$ $ad_f g_1(x)$ $\quad ad_f g_2(x) \end{bmatrix}$ 是对合的。

进行坐标变换，选择：

$$z = \Phi(x) = \begin{bmatrix} z_1 \\ z_2 \end{bmatrix} = \begin{bmatrix} \varphi_1(x) \\ \varphi_2(x) \end{bmatrix} = \begin{bmatrix} h_1(x) \\ h_2(x) \end{bmatrix} = \begin{bmatrix} U_{dc} - U_{dc}^* \\ -1.5 E_{gd} i_{gq} - Q_g^* \end{bmatrix} \tag{12-42}$$

将原系统转化为 Brunovsky 的标准形：

$$\dot{z} = v \tag{12-43}$$

$$L_f h_1(x) = \frac{\partial h_1}{\partial x_1} f_1 + \frac{\partial h_1}{\partial x_2} f_2 = \frac{3E_{gd}}{2CU_{dc}} f_1 \tag{12-44}$$

$$L_f h_2(x) = \frac{\partial h_2}{\partial x_1} f_1 + \frac{\partial h_2}{\partial x_2} f_2 = -\frac{3E_{gd}}{2} f_2 \tag{12-45}$$

$$L_{g_1} h_1(x) = \frac{\partial h_1}{\partial x_1} g_{11} + \frac{\partial h_1}{\partial x_2} g_{12} = -\frac{3E_{gd}}{2CU_{dc}L_g} \tag{12-46}$$

$$L_{g_2} h_1(x) = \frac{\partial h_1}{\partial x_1} g_{21} + \frac{\partial h_1}{\partial x_2} g_{22} = 0 \tag{12-47}$$

$$L_{g_2} h_2(x) = \frac{\partial h_2}{\partial x_1} g_{21} + \frac{\partial h_2}{\partial x_2} g_{22} = \frac{3E_{gd}}{2L_g} \tag{12-48}$$

最后，可得新的控制变量 v 和原控制变量 u 之间的关系为

$$\begin{bmatrix} v_1 \\ v_2 \end{bmatrix} = A + B \begin{bmatrix} u_1 \\ u_2 \end{bmatrix} \tag{12-49}$$

式中

$$A = \begin{bmatrix} L_f h_1(x) \\ L_f h_2(x) \end{bmatrix} = \begin{bmatrix} -\dfrac{3u_{gd} f_1}{2CU_{dc}L_g} & -\dfrac{3u_{gd} f_2}{2} \end{bmatrix}^{\mathrm{T}} \tag{12-50}$$

$$B = \begin{bmatrix} L_{g1}h_1(x) & L_{g2}h_1(x) \\ L_{g1}h_2(x) & L_{g2}h_2(x) \end{bmatrix} = \begin{bmatrix} -\dfrac{3E_{gd}}{2CU_{dc}} & 0 \\ 0 & \dfrac{3E_{gd}}{2L_g} \end{bmatrix} \tag{12-51}$$

$$B^{-1} = \begin{bmatrix} -\dfrac{3E_{gd}}{2CU_{dc}} & 0 \\ 0 & \dfrac{3E_{gd}}{2L_g} \end{bmatrix}^{-1} = \begin{bmatrix} -\dfrac{2CU_{dc}L_g}{3E_{gd}} & 0 \\ 0 & \dfrac{2L_g}{3E_{gd}} \end{bmatrix} \tag{12-52}$$

将式(12-39)、式(12-41)代入式(12-38)可求得原控制变量 u 为

$$
\begin{aligned}
\begin{bmatrix} u_1 \\ u_2 \end{bmatrix} &= B^{-1}\left[-A + \begin{bmatrix} v_1 \\ v_2 \end{bmatrix} \right] = \begin{bmatrix} -\dfrac{2CU_{dc}L_g}{3E_{gd}} & 0 \\ 0 & \dfrac{2L_g}{3E_{gd}} \end{bmatrix}\begin{bmatrix} -\dfrac{3E_{gd}}{2CU_{dc}}f_1 + v_1 \\ \dfrac{3E_{gd}}{2}f_2 + v_2 \end{bmatrix} \\
&= \begin{bmatrix} -\dfrac{2CU_{dc}L_g}{3E_{gd}}\left(-\dfrac{3E_{gd}}{2CU_{dc}}\left(-\dfrac{R_g}{L_g}i_{gd} + \omega_1 i_{gq} + \dfrac{1}{L_g}E_{gd} \right) + v_1 \right) \\ \dfrac{2L_g}{3E_{gd}}\left(\dfrac{3E_{gd}}{2}\left(-\dfrac{R_g}{L_g}i_{gq} - \omega_1 i_{gd} \right) + v_2 \right) \end{bmatrix} \\
&= \begin{bmatrix} (-R_g i_{gd} + \omega_1 i_{gq} + E_{gd}) - \dfrac{2CU_{dc}L_g}{3E_{gd}}v_1 \\ (-R_g i_{gq} - \omega_1 i_{gd}) + \dfrac{2L_g}{3E_{gd}}v_2 \end{bmatrix}
\end{aligned} \tag{12-53}
$$

由矩阵的 LQR 理论可得，新的最优控制变量即新的输入量可以表示为

$$\begin{bmatrix} v_1 \\ v_2 \end{bmatrix} = \begin{bmatrix} -z_1 \\ -z_2 \end{bmatrix} = \begin{bmatrix} U_{dc}^* - U_{dc} \\ Q_g^* - Q_g \end{bmatrix} \tag{12-54}$$

为了消除整个系统的稳态静差，提高系统的控制精度，在反馈输入端加入 PI 调节器，其具体设计依据传统调节器的设计和输入差值的大小综合而定。这样，由式(12-53)和式(12-54)可得基于状态反馈线性化的 DFIG 网侧变换器控制方法设计框图，如图 12-14 所示。图中，假设电网发生电压跌落故障后残存的电压为 $U_{s2} = bU_s$，则在整个低电压故障期间 u_{gd} 会随着电网电压的跌落变为原来的 b 倍，b 为电压跌落的深度。根据国家电网公司对电压跌落的相关规范，本章中取 $b = 20\%$。

图 12-14 所示的控制系统采用双闭环的控制结构，其中的反馈控制变量有两个，一个是输入的无功功率，另一个是输出的直流电压。无功功率反馈环迫使输入的无功功率跟随给定的参考值，电压环可以稳定直流母线电压。无功功率、电压环均采用 PI 控制，可使系统在减小稳态误差的同时增加控制系统的稳定性。

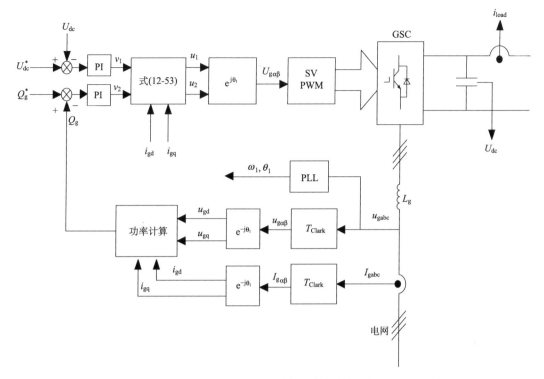

图 12-14 GSC 的非线性解耦控制框图

12.2.3 仿真验证

为了验证本章所提状态反馈线性化控制策略有效性，在电网电压小幅跌落的情况下，对 DFIG 机组的不脱网运行能力的控制效果进行了相关验证。在 MATLAB 仿真平台中使用 Simulink 工具箱中的相关元器件，构建了含 2×1.5MW 的 DFIG 仿真模型图，如图 12-15 所示。

其中 DFIG 的主要参数如下：定子额定电压 U_N=690V，定子额定功率 P_s=1.5MW，定子电压频率 f_1=50Hz，定、转子电阻 R=2.1mΩ，定子漏感 L_{ls}=55.8μH，转子漏感 L_{lr}=44.65μH，定、转子之间互感 L_m=1.73mH。网侧变换器参数设置如下：交流侧等效电感 L_g=1.73mH；交流侧的等效电阻 R_g=0.02Ω；直流侧并联电容 C=470μF；直流侧等效电阻 R_0=40Ω；中间直流电压 U_{dc}=120V；开关器件的开关频率 f_s=10kHz。

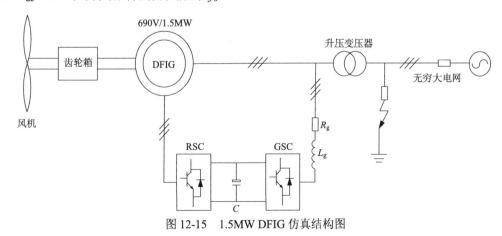

图 12-15 1.5MW DFIG 仿真结构图

将上述系统参数代入式(12-34)~式(12-38)，并在 MATLAB 中使用指令[K,S,e] = lqr(SYS, Q, R, N)，求得最优反馈增益矩阵K=[k_1　k_2]^{T}=[3860068　3593]^{T}。

为了验证本章所采用控制策略的正确性和优越性，对双馈风力发电系统在传统基于定子磁场定向的矢量控制以及加入状态反馈线性化控制策略后的两种情况进行了仿真。双馈风力发电机的有功与无功出力波形分别如图 12-16、图 12-17 所示，直流母线电压如图 12-18 所示。其中图 12-18(a)为传统基于定子磁场定向矢量控制的双馈风力发电机的有功、无功和直流母线电压变化情况，图 12-18(b)为加入状态反馈线性化控制策略后双馈风力发电机的有功、无功和直流母线电压变化情况。图中横轴为仿真的时间，纵轴为有功功率和无功功率的输出标幺值。设置电网电压在 1.5s 时跌落，1.7s 时恢复正常，持续时间为 0.2s，跌落后的电压为 0.8U_s。则在低电压故障期间，式(12-30)中的 u_{gd} 会随着电网电压的跌落变为原来的 80%。

在电压跌落故障期间，载波小于调制波的大小，出现过调制状态，导致不能进行正确的调制，从而导使输出的波形失真。从图 12-16(a)、图 12-17(a)、图 12-18(a)中可以看出在采用传统基于定子磁场定向的矢量控制下，有功功率、无功功率和直流母线电压的波形在故障期间发生了畸变，其中直流母线电压在故障清除时刻的峰值要大于故障时刻的峰值。有功出力变化幅度较大，振幅随振荡的剧烈而明显增大，但不足以对变换器造成较大影响。因此，在电压降较小的情况下，不需要加入 Crowbar 硬件保护电路。在通过改进变换器的控制策略或增加直流侧输出到网侧的功率，就能够实现低电压故障的穿越运行。在发生低电压故障期

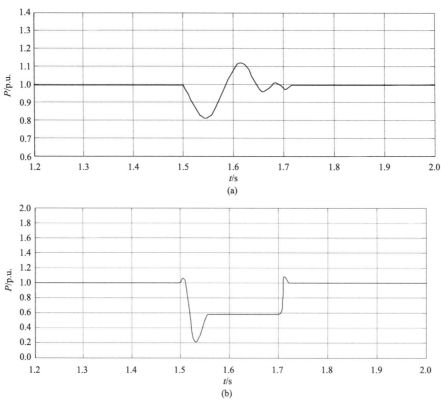

图 12-16　有功出力图

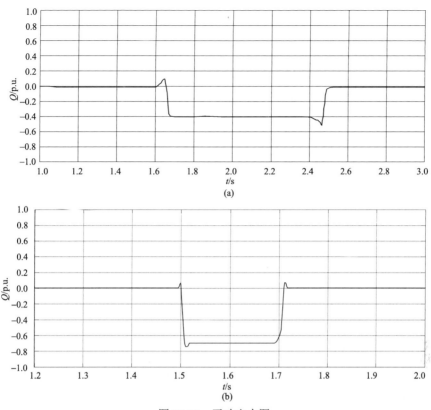

图 12-17　无功出力图

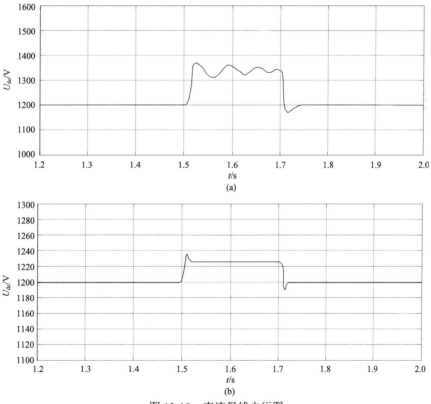

图 12-18　直流母线电压图

间，风力发电机需要提供无功功率支持电网电压的恢复，但从仿真结果可以看出，传统控制策略的无功出力变化较小。

当加入状态反馈线性化控制策略后，在电压跌落期间，有功出力减少，无功出力为电网所需的感性无功，直流母线电压由于加入控制策略后，上升幅度明显变缓。仿真波形如图 12-16(b)、图 12-17(b)、图 12-18(b) 所示。

从以上仿真结果可以分析得出，在 1.5s 时发生低电压故障，系统通过检测电路检测到电网电压的突然跌落，检测直流母线电压，然后引入状态反馈线性化控制策略，此时变换器的控制策略发生了改变，从单位功率因数运行状态到无功支持运行状态。仿真结果表明，直流母线电压最终稳定在 1200 V 左右，故障结束后有功功率、无功功率和直流母线电压恢复到正常状态。结果表明该控制策略在实现双馈风力发电机的低电压穿越运行方面是有效的。

12.3　小　　结

(1) 为了实现 DFIG 在电网电压大幅跌落时的低电压穿越，本章首先分析了应用于风电场中的低电压穿越的硬件保护方法，推导出了风力发电机在电压跌落故障下转子侧故障电流的计算式，提出了一种符合工程实际的 Crowbar 阻值整定方法，解决了投入 Crowbar 保护电路后转子侧出现过电流和直流母线过电压问题。算例及仿真数据均表明，采用该方法可有效地抑制暂态故障分量，显著提高风力发电系统的 LVRT 水平。

(2) 为了实现 DFIG 在电网电压小幅跌落时的低电压穿越，在分析 DFIG 和网侧变换器数学模型的基础上，提出了一种基于状态反馈线性化的网侧变换器的控制策略。该控制策略可实现非线性系统的线性化，并在此基础上完成了相关控制器的设计。仿真结果表明，所设计的网侧非线性控制器，在电网电压小幅跌落下能够有效地抑制转子侧过电流，以及有功功率和无功功率波动，能够保持直流母线电压的稳定，保证了风电发电并网系统的稳定性。

第 13 章 STATCOM 补偿指令电流检测方法研究

本章首先对矢量坐标变换原理进行分析，引出瞬时无功功率理论中应用到的 Clarke 变换和 Park 变换。然后在此基础上研究基于瞬时无功功率理论的传统 p-q 检测方法的原理，并深入研究含有锁相环单元的传统 i_p-i_q 检测方法的工作原理，对比上述两种检测方法效果，指出 i_p-i_q 检测方法所具有的优越性。考虑跨端口 STATCOM 的结构特殊性，并针对跨端口这一特殊工况下传统补偿指令电流检测过程中存在的缺陷进行分析，将提出的改进软件锁相环算法和相位补偿方法引入到传统 i_p-i_q 检测方法中，最后得到改进型 STATCOM 补偿指令电流检测方法。

13.1 STATCOM 补偿指令电流定义

通过分析 STATCOM 的工作原理可以知道，STATCOM 是通过一定的检测方法分离出需要补偿的电流分量，即补偿指令电流。对补偿指令电流进行控制运算从而输出补偿电流，此时补偿电流与负载电流中的谐波及无功等电流分量可以相互抵消，使得电网侧电流不含谐波及无功分量。因此，在补偿过程中应当把除了基波正序有功电流分量的其他谐波电流以及基波无功电流等分量都进行实时补偿。

设电网电流信号 $\begin{bmatrix} i_\mathrm{a} & i_\mathrm{b} & i_\mathrm{c} \end{bmatrix}^\mathrm{T}$ 为非正弦周期信号，利用对称分量法可以提取出电网电流中基波正序电流分量 $\begin{bmatrix} i_\mathrm{a}^+ & i_\mathrm{b}^+ & i_\mathrm{c}^+ \end{bmatrix}^\mathrm{T}$、基波负序电流分量 $\begin{bmatrix} i_\mathrm{a}^- & i_\mathrm{b}^- & i_\mathrm{c}^- \end{bmatrix}^\mathrm{T}$、基波零序电流分量 $\begin{bmatrix} i_\mathrm{a0} & i_\mathrm{b0} & i_\mathrm{c0} \end{bmatrix}^\mathrm{T}$ 以及谐波电流分量 $\begin{bmatrix} i_\mathrm{ah} & i_\mathrm{bh} & i_\mathrm{ch} \end{bmatrix}^\mathrm{T}$。对基波正序电流分量继续分解可以进一步提取出有功与无功分量，即基波正序有功电流分量 $\begin{bmatrix} i_\mathrm{ap}^+ & i_\mathrm{bp}^+ & i_\mathrm{cp}^+ \end{bmatrix}^\mathrm{T}$ 以及基波正序无功电流分量 $\begin{bmatrix} i_\mathrm{aq}^+ & i_\mathrm{bq}^+ & i_\mathrm{cq}^+ \end{bmatrix}^\mathrm{T}$。其中

$$\begin{bmatrix} i_\mathrm{aq}^+ \\ i_\mathrm{bq}^+ \\ i_\mathrm{cq}^+ \end{bmatrix} = \sqrt{2} \begin{bmatrix} I\cos\varphi\sin\omega t \\ I\cos\varphi\sin\left(\omega t - \dfrac{2}{3}\pi\right) \\ I\cos\varphi\sin\left(\omega t + \dfrac{2}{3}\pi\right) \end{bmatrix} \tag{13-1}$$

而 STATCOM 的补偿指令电流 $\begin{bmatrix} i_\mathrm{am} & i_\mathrm{bm} & i_\mathrm{cm} \end{bmatrix}^\mathrm{T}$ 通常由基波正序无功电流、基波负序电流、基波零序电流以及谐波电流分量构成，即

$$\begin{bmatrix} i_\mathrm{am} \\ i_\mathrm{bm} \\ i_\mathrm{cm} \end{bmatrix} = \sqrt{2} \begin{bmatrix} I\cos\varphi\sin\omega t \\ I\cos\varphi\sin\left(\omega t - \dfrac{2}{3}\pi\right) \\ I\cos\varphi\sin\left(\omega t + \dfrac{2}{3}\pi\right) \end{bmatrix} + \begin{bmatrix} i_\mathrm{a}^- \\ i_\mathrm{b}^- \\ i_\mathrm{c}^- \end{bmatrix} + \begin{bmatrix} i_\mathrm{a0} \\ i_\mathrm{b0} \\ i_\mathrm{c0} \end{bmatrix} + \begin{bmatrix} i_\mathrm{ah} \\ i_\mathrm{bh} \\ i_\mathrm{ch} \end{bmatrix} \tag{13-2}$$

13.2 传统 STATCOM 补偿指令电流检测方法及局限性

13.2.1 矢量坐标变换原理

矢量坐标变换原理最开始是从异步电动机矢量控制的基本思想出发的，通过数学上的坐标变换方法，用一组新的变量来等效原来的变量，可以使变量之间的耦合因子弱化，系统数学模型得到简化。但等效变换是有前提的，其变换前后的合成磁动势需相同，同时又要满足坐标系变换前后功率不变的约束条件。

矢量坐标变换包括静止坐标系之间的相互变换、静止坐标系与旋转坐标系之间的相互转换以及极坐标系与直角坐标系之间的相互转换。基于瞬时无功功率理论检测方法原理中使用

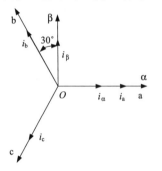

图 13-1　三相、两相坐标系空间矢量关系

的矢量坐标变换有两种，一种是静止坐标系中三相与两相之间的相互转换，即 Clarke 变换；另一种是两相静止坐标系与两相旋转坐标系之间的相互转换，即 Park 变换。

1) Clarke 变换

Clarke 变换指的是静止坐标系中三相与两相之间的相互转换。abc 三相静止坐标系中相邻两相相差 120°，αβ 两相静止坐标系中 α、β 两相之间相差 90°，两坐标系之间通过建立空间旋转磁场实现等效，其空间矢量关系如图 13-1 所示。

由于等效变换前后磁动势相等，瞬时磁动势在 α、β 轴上的投影对应相等，a、b、c 轴上分量通过正余弦运算变换到 α、β 轴上分量，这样就可以达到三相静止坐标系转换为两相静止坐标系的目的。本章对三相电路中三相电流 i_a、i_b、i_c 变换到 αβ 两相静止坐标系下进行研究，根据其矢量关系可以得到矩阵方程：

$$\begin{bmatrix} i_\alpha \\ i_\beta \end{bmatrix} = \sqrt{\frac{2}{3}} \begin{bmatrix} 1 & -\dfrac{1}{2} & -\dfrac{1}{2} \\ 0 & \dfrac{\sqrt{3}}{2} & -\dfrac{\sqrt{3}}{2} \end{bmatrix} \begin{bmatrix} i_a \\ i_b \\ i_c \end{bmatrix} \tag{13-3}$$

即三相静止坐标系变换为两相静止坐标系的变换矩阵为

$$C_{32} = \frac{\sqrt{2}}{3} \begin{bmatrix} 1 & -\dfrac{1}{2} & -\dfrac{1}{2} \\ 0 & \dfrac{\sqrt{3}}{2} & -\dfrac{\sqrt{3}}{2} \end{bmatrix} \tag{13-4}$$

由于两相静止坐标系变换为三相静止坐标系是逆变换过程，可以得到

$$C_{23} = C_{32}^{\mathrm{T}} \tag{13-5}$$

2) Park 变换

Park 变换指的是两相静止坐标系与两相旋转坐标系之间的等效变换，其空间矢量关系

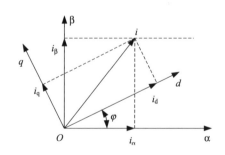

图 13-2　两相静止与两相旋转坐标系空间矢量关系

如图 13-2 所示。αβ 两相坐标系是静止的，dq 两相旋转坐标系是以一定角速度旋转的，两坐标系的坐标轴之间的角度差 φ 随着 dq 两相旋转坐标系旋转角而改变。

假设电流矢量 i 投影在 αβ 两相静止坐标系上 α、β 轴的分量分别为 i_α、i_β，投影在 dq 两相旋转坐标系上 d、q 轴的分量分别为 i_d、i_q。根据其矢量关系可以得到矩阵方程：

$$\begin{bmatrix} i_\alpha \\ i_\beta \end{bmatrix} = \begin{bmatrix} \cos\varphi & -\sin\varphi \\ \sin\varphi & \cos\varphi \end{bmatrix} \begin{bmatrix} i_d \\ i_q \end{bmatrix} \tag{13-6}$$

由此可得两相旋转坐标系与两相静止坐标系之间的相互变换矩阵分别为

$$C_{2r/2s} = \begin{bmatrix} \cos\varphi & -\sin\varphi \\ \sin\varphi & \cos\varphi \end{bmatrix} \tag{13-7}$$

$$C_{2s/2r} = C_{2r/2s}^{T} = \begin{bmatrix} \cos\varphi & \sin\varphi \\ -\sin\varphi & \cos\varphi \end{bmatrix} \tag{13-8}$$

13.2.2　传统 $p\text{-}q$ 检测方法

在众多 STATCOM 补偿指令电流检测方法中，应用最为广泛的是基于瞬时无功功率理论的传统 $p\text{-}q$ 和 $i_p\text{-}i_q$ 检测方法[191-200]。无功功率在电路中起着建立磁场，交换能量的作用。传统的无功功率是以平均值理论为基础定义的，在电路电压、电流为理想的正弦波形时，其有功功率、无功功率以及功率因素等概念是清晰明确的，但当电路电压、电流中出现谐波或不平衡分量时，这种功率概念就会变得复杂模糊。这种情况下，传统的无功功率概念无法准确定义和解释。因此，建立并完善能够应对电流发生畸变或不平衡现象的功率基础理论是十分重要的。瞬时无功功率理论打破了传统无功功率的定义模式，建立以瞬时实功率 p 和瞬时虚功率 q 为基础的新的无功功率理论体系，该理论的物理意义虽然不够清晰，但能对无功功率和谐波进行瞬时检测，对促进无功补偿装置的研究和发展起了很大的作用。经过不断发展与完善，提出了基于瞬时无功功率理论的 $p\text{-}q$ 和 $i_p\text{-}i_q$ 检测方法。目前，大多数无功补偿装置都是采用这两种基本检测方法实现对补偿指令电流的检测。

基于瞬时无功功率理论的 $p\text{-}q$ 检测方法打破了传统理论基础定义功率的形式，取而代之的是采用定义瞬时功率作为计算的依据，使得其不仅能适用于正弦波的情况，在非正弦波和其他过渡过程的情况下也能适用。传统 $p\text{-}q$ 检测方法的工作原理如图 13-3 所示。

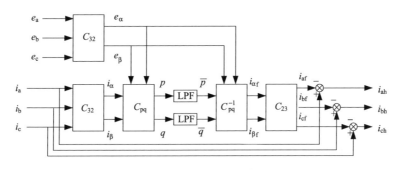

图 13-3　$p\text{-}q$ 检测方法的工作原理图

三相电路中各相电压瞬时值为 e_a、e_b、e_c，各相电流瞬时值为 i_a、i_b、i_c，经 Clarke 变换可以得到 αβ 两相坐标系上两相电压 e_α、e_β 为

$$\begin{bmatrix} e_{\alpha} \\ e_{\beta} \end{bmatrix} = C_{32} \begin{bmatrix} e_{a} \\ e_{b} \\ e_{c} \end{bmatrix} = \sqrt{3}E_1 \begin{bmatrix} \sin\omega t \\ -\cos\omega t \end{bmatrix} \tag{13-9}$$

$\alpha\beta$ 两相坐标系上两相电流 i_{α}、i_{β} 为

$$\begin{bmatrix} i_{\alpha} \\ i_{\beta} \end{bmatrix} = \sqrt{3} \begin{bmatrix} \sum_{n=1}^{\infty} I_n \sin(n\omega t + \varphi_n) \\ \sum_{n=1}^{\infty} \mp I_n \cos(n\omega t + \varphi_n) \end{bmatrix} \tag{13-10}$$

式中，当 $n = 3k+1$ 时取上符号 "$-$"，当 $n = 3k-1$ 时取下符号 "$+$"。

瞬时有功功率 p 和瞬时无功功率 q 由定义可得

$$\begin{bmatrix} p \\ q \end{bmatrix} = C_{pq} \begin{bmatrix} i_{\alpha} \\ i_{\beta} \end{bmatrix} = \begin{bmatrix} e_{\alpha} & e_{\beta} \\ e_{\beta} & -e_{\alpha} \end{bmatrix} \begin{bmatrix} i_{\alpha} \\ i_{\beta} \end{bmatrix} \tag{13-11}$$

p 和 q 经低通滤波器(low pass filter,LPF)滤除交流分量，分别输出其直流分量 $\bar{p}$、$\bar{q}$。假设电网电压是对称并且没有畸变的，$\bar{p}$ 是由基波有功电流产生的，$\bar{q}$ 是由基波无功电流产生的，经逆变换矩阵变换后可获得三相检测电流基波分量 i_{af}、i_{bf}、i_{cf} 分别为

$$\begin{bmatrix} i_{af} \\ i_{bf} \\ i_{cf} \end{bmatrix} = C_{23} C_{pq}^{-1} \begin{bmatrix} \bar{p} \\ \bar{q} \end{bmatrix} \tag{13-12}$$

将三相检测电流 i_a、i_b、i_c 减去检测出的各相基波分量 i_{af}、i_{bf}、i_{cf}，即得到各次谐波电路分量之和 i_{ah}、i_{bh}、i_{ch}，如下：

$$\begin{bmatrix} i_{ah} \\ i_{bh} \\ i_{ch} \end{bmatrix} = \begin{bmatrix} i_a \\ i_b \\ i_c \end{bmatrix} - \begin{bmatrix} i_{af} \\ i_{bf} \\ i_{cf} \end{bmatrix} \tag{13-13}$$

式 (13-13) 所示为 STATCOM 谐波补偿指令电流。通过对该方法的理论分析可以看出，当采用该方法检测无功电流时，可以不需要通过滤波器，理论上检测无功电流的结果是准确无延时的。当检测谐波电流时，由于需采用数字低通滤波器对其进行滤波，因而存在一定的延时。传统 p-q 检测方法具有计算简单、实时性好的优点，能在电网电压对称无畸变的工况下准确得到 STATCOM 补偿指令电流，但是在电网电压和负载电流均畸变不对称的工况下，经 LPF 滤波后电压和电流中除了含有基波分量，也含有部分谐波分量，因此无法准确得出 STATCOM 补偿指令电流。

13.2.3 传统 i_p-i_q 检测方法

基于瞬时无功功率理论的传统 i_p-i_q 检测方法和 p-q 检测方法的检测原理大致相似，与 p-q 检测方法不同的地方在于，i_p-i_q 检测方法具有锁相环节。锁相环不仅能严格同步信号相位，而且还具有频率跟踪、锁定系统相位的功能。因此具有锁相环单元的 i_p-i_q 检测方法比 p-q 检测方法的误差更小，在工程实践中应用更加广泛。

1. 锁相环工作原理

锁相环是一种对相位误差进行反馈控制的电路，其作用是通过对输出信号调频调相，以保证输出电压与输入电压的相位差保持恒定，从而达到跟踪相位、锁定系统的目的[201,202]。锁相环可以根据其控制方式进行分类：即开环锁相环和闭环锁相环两种。与开环锁相环相比，闭环锁相环的反馈环节使其能够实现对相位的实时跟踪控制，因而闭环锁相环在工程实践中得到更为广泛的应用。传统的锁相环电路是由鉴相器、环路滤波器以及压控振荡器三个基本部件组成的，其结构框图如图 13-4 所示。通过鉴相器比较检测出锁相环输入信号 $u_i(t)$ 与输出信号 $u_0(t)$ 之间的相位差 $\theta_e(t)$，并将相位差信号 $\theta_e(t)$ 转换为输出电压信号 $u_d(t)$，将该输出信号经环路滤波器滤除其中的高次谐波以及噪声分量后得到压控振荡器的控制电压 u_c，锁相环中压控振荡器主要起实现比例积分的作用，最终得到锁相环输出信号 u_0。此时，输入信号 u_i 与输出信号 u_d 保持一样的频率以及恒定的相位差。

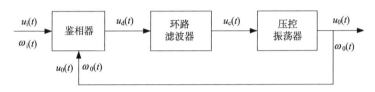

图 13-4　传统锁相环原理图

图 13-4 中，$u_i(t)$、$\omega_i(t)$ 分别为锁相环输入电压信号和输入角频率信号，$u_d(t)$ 为鉴相器的输出信号，$u_c(t)$ 为环路滤波器的输出信号，$u_0(t)$、$\omega_0(t)$ 分别为锁相环输出电压信号和输出角频率信号。可以得到锁相环输入信号的表达式为

$$u_i(t) = U_i \sin\left[\omega_i t + \theta_i(t)\right] \tag{13-14}$$

锁相环输出信号的表达式为

$$u_0(t) = U_0 \sin\left[\omega_0 t + \theta_0(t)\right] \tag{13-15}$$

式中，$\theta_i(t)$ 为锁相环输入信号初始相位值；$\theta_0(t)$ 为锁相环输出信号初始相位值。

1）鉴相器

锁相环中的鉴相器也称作相位比较器，它的功能就是通过比较锁相环输入信号 $u_i(t)$ 与输出信号 $u_0(t)$ 的相位，并检测出其相位差 $\theta_e(t)$，将相位差信号 $\theta_e(t)$ 通过函数运算转换为输出电压信号 $u_d(t)$，其鉴相特性是表现相位差与输出电压之间的函数关系。鉴相器通常可分为模拟鉴相器和数字鉴相器两大类，模拟鉴相器是将锁相环的两个输入正弦信号之间的和与差分别加于检波二极管，检波后产生的电位差为鉴相器的输出电压信号，数字鉴相器是将锁相环的两个输入信号的相位与频率通过数字电路进行比较得到与相位差相关的输出电压信号。在传统 i_p-i_q 检测方法中通常使用乘法鉴相器，这里以乘法鉴相器为例，其参考模型如图 13-5 所示。乘法鉴相器是一种数字鉴相器，通过比较锁相环输入信号 $u_i(t)$ 与输出信号 $u_0(t)$ 的相位，得到相位差 $\theta_e(t)$，并将相位差 $\theta_e(t)$ 作为输入量代入具有鉴相特征的函数运算 $f(x)$ 中，从而得到输出电压信号 $u_d(t)$，此时 $u_d(t) = f\left[\theta_e(t)\right]$。通常鉴相

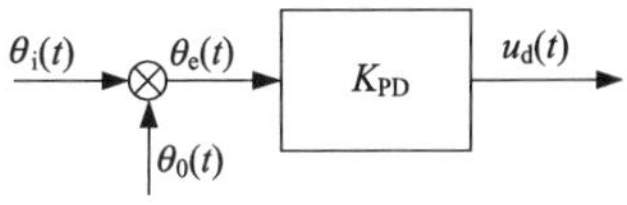

图 13-5　乘法鉴相器参考模型

器在理想状态下呈线性鉴相特性，其鉴相函数运算 $f(x)$ 可以等效为一个运算放大器，即 $u_{\mathrm{d}}(t) = K_{\mathrm{PD}}\theta_{\mathrm{e}}(t)$，$K_{\mathrm{PD}}$ 为运算放大器的增益。

2) 环路滤波器

图 13-6 环路滤波器的参考模型

环路滤波器主要有两大功能：一是环路在短时间内跳出锁定状态时能够迅速恢复信号，以提高系统稳定性；二是滤除环路滤波器输入信号中的任意次数谐波分量，以提高抗干扰能力。因此，环路滤波器在对锁相环电路中的参数设置以及性能改善方面都有着十分重要的地位。无源环路滤波器的组成部分有线性电阻、电容及电感等元件，而有源环路滤波器除了上述线性元件还包括运算放大器，起到改善环路滤波器性能的作用。环路滤波器的参考模型如图 13-6 所示。

环路滤波器的输出电压信号 $u_{\mathrm{c}}(t)$ 通常是直流信号，并与输入电压信号 $u_{\mathrm{d}}(t)$ 之间满足一个常系数微分方程：

$$u_{\mathrm{c}}(t) = \int_0^t u_{\mathrm{d}}(\tau) f(t-\tau)\,\mathrm{d}\tau = K_{\mathrm{LF}} u_{\mathrm{d}}(t) \tag{13-16}$$

3) 压控振荡器

压控振荡器体现的是输入电压信号 $u_{\mathrm{c}}(t)$ 与输出角频率 $\omega_0(t)$ 之间的转换关系，其转换关系可以用函数表示为

$$\omega_0(t) = K_{\mathrm{V}} u_{\mathrm{c}}(t) \tag{13-17}$$

式中，K_{V} 为压控振荡器的灵敏系数，该系数表示的是单位时间内控制电压引起的振荡角频率的变化。

对式 (13-17) 两边同时进行积分运算可以得到

$$\theta_0(t) = K_{\mathrm{V}} \int_0^t u_{\mathrm{c}}(t)\,\mathrm{d}t = \frac{K_{\mathrm{V}}}{T} u_{\mathrm{c}}(t) \tag{13-18}$$

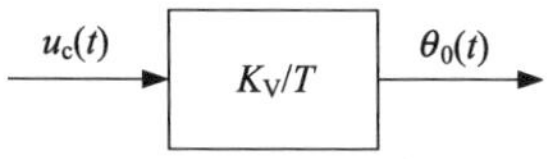

从而得到压控振荡器的比例积分参考方程，其参考模型如图 13-7 所示。

图 13-7 压控振荡器参考模型

将锁相环电路的鉴相器、环路滤波器以及压控振荡器的参考模型依次连接起来，得到锁相环电路系统参考模型，如图 13-8 所示。

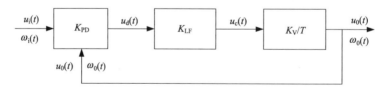

图 13-8 锁相环系统参考模型

输入电压与输出电压相位信号之差可以表示为

$$\theta_{\mathrm{e}}(t) = \left[\omega_{\mathrm{i}} t + \theta_{\mathrm{i}}(t)\right] - \left[\omega_0 t - \theta_0(t)\right] = (\omega_{\mathrm{i}} - \omega_0)t + \theta_{\mathrm{i}}(t) - \theta_0(t) \tag{13-19}$$

令 $\theta_{\mathrm{I}}(t) = (\omega_{\mathrm{i}} - \omega_0)t + \theta_{\mathrm{i}}(t)$，可得

$$\theta_{e}(t) = \theta_{1}(t) - \theta_{0}(t) = \theta_{1}(t) - K_{PD}K_{LF}K_{V}\frac{\theta_{e}(t)}{T} \tag{13-20}$$

对式(13-20)两边同时进行微分运算可以得到

$$\frac{\mathrm{d}\theta_{e}(t)}{\mathrm{d}t} + K_{PD}K_{LF}K_{V}\theta_{e}(t) = \frac{\mathrm{d}\theta_{1}(t)}{\mathrm{d}t} \tag{13-21}$$

式(13-21)所示为理想状态下锁相环电路的工作特性，但在工程实践中普遍存在一些影响锁相环工作性能的干扰因素，有待进一步对传统锁相环性能进行改进。

2. 传统 i_{p}-i_{q} 检测方法

锁相环能够实现对电网电压信号的频率与相位的自动跟踪，因此引入锁相环的 i_{p}-i_{q} 检测方法的检测精度相比 p-q 检测方法更高。传统 i_{p}-i_{q} 检测方法的原理实现如图 13-9 所示。

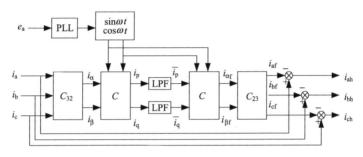

图 13-9 i_{p}-i_{q} 检测方法原理图

传统 i_{p}-i_{q} 检测方法没有采集三相电压进行矩阵变换，而是采集其中的 a 相电压 e_{a} 通过锁相环与正余弦发生电路产生与 e_{a} 同相位的正余弦信号 $\sin\omega t$ 和 $\cos\omega t$，并构成变换矩阵 C：

$$C = \begin{bmatrix} \sin\omega t & -\cos\omega t \\ -\cos\omega t & -\sin\omega t \end{bmatrix} \tag{13-22}$$

假设三相对称情况下，被检测电流为

$$i_{a} = \sqrt{2}\sum_{n=1}^{\infty} I_{n}\sin(n\omega t + \varphi_{n})$$

$$i_{a} = \sqrt{2}\sum_{n=1}^{\infty} I_{n}\sin\left[n\left(\omega t - \frac{2\pi}{3}\right) + \varphi_{n}\right] \tag{13-23}$$

$$i_{a} = \sqrt{2}\sum_{n=1}^{\infty} I_{n}\sin\left[n\left(\omega t + \frac{2\pi}{3}\right) + \varphi_{n}\right]$$

式中，ω 为角频率；I_{n} 和 φ_{n} 分别为各次电流的有效值及初相角。

在传统 i_{p}-i_{q} 检测方法中，不需要计算瞬时有功功率 p 和瞬时无功功率 q，而是引入计算瞬时有功电流 i_{p} 和瞬时无功电流 i_{q}。将检测到的三相信号经过 Clarke 变换矩阵 C_{32} 和 Park 变换矩阵 C，得到两相旋转坐标系下的瞬时有功电流 i_{p} 和瞬时无功电流 i_{q}：

$$\begin{bmatrix} i_{\mathrm{p}} \\ i_{\mathrm{q}} \end{bmatrix} = C \cdot C_{32} \cdot \begin{bmatrix} i_{\mathrm{a}} \\ i_{\mathrm{b}} \\ i_{\mathrm{c}} \end{bmatrix} = \sqrt{3} \begin{bmatrix} \sum_{n=1}^{\infty} I_n \cos\left[(1 \mp n)\omega t \mp \varphi_n\right] \\ \sum_{n=1}^{\infty} \pm I_n \sin\left[(1-n)\omega t - \varphi_n\right] \end{bmatrix} \qquad (13\text{-}24)$$

瞬时有功电流 i_{p} 和瞬时无功电流 i_{q} 经 LPF 滤除了其中的交流分量, 得到对应的有功直流分量 $\overline{i_{\mathrm{p}}}$ 和无功直流分量 $\overline{i_{\mathrm{q}}}$, 对其进行逆变换就能得出三相基波电流分量为

$$\begin{bmatrix} i_{\mathrm{af}} \\ i_{\mathrm{bf}} \\ i_{\mathrm{cf}} \end{bmatrix} = C_{23} \cdot C \cdot \begin{bmatrix} \overline{i_{\mathrm{p}}} \\ \overline{i_{\mathrm{q}}} \end{bmatrix} = \begin{bmatrix} \sqrt{2} I_1 \sin(\omega t + \varphi_1) \\ \sqrt{2} I_1 \sin\left(\omega t - \dfrac{2\pi}{3} + \varphi_1\right) \\ \sqrt{2} I_1 \sin\left(\omega t + \dfrac{2\pi}{3} + \varphi_1\right) \end{bmatrix} \qquad (13\text{-}25)$$

原始电流信号 i_{a}、i_{b}、i_{c} 减去检测出的基波分量 i_{af}、i_{bf}、i_{cf}, 得到的电流信号为 STATCOM 谐波补偿指令电流, 而将 $\overline{i_{\mathrm{q}}}$ 进行逆变换即可得到 STATCOM 无功补偿指令电流。

13.2.4 传统检测方法的局限性

传统 p-q 和 i_{p}-i_{q} 电流检测方法具有较好的实时性、较快的动态响应速度、既能治理谐波又能补偿无功功率等特点。p-q 检测方法采用定义瞬时功率作为计算的依据, 使其不仅能适用于正弦波的情况, 在非正弦波和其他过渡过程的情况下也能适应。i_{p}-i_{q} 检测方法中直接参与运算的不是三相电压本身, 而是与其同步且三相对称的正余弦信号, 电压谐波成分不会出现在运算过程中, 因此 i_{p}-i_{q} 检测方法不仅能在电网电压和负载电流均对称无畸变的工况下准确检测出 STATCOM 补偿指令电流, 而且在电网电压和负载电流均畸变不对称的工况下, 也能准确检测出 STATCOM 补偿指令电流。

通过上述分析可以看出传统 p-q 和 i_{p}-i_{q} 电流检测方法的诸多优势, 但在实际工程应用中, 上述传统检测方法仍存在一定的局限性。

(1) 根据 p-q 检测方法和 i_{p}-i_{q} 检测方法的原理分析, 不难看出, p-q 检测方法在运算过程中需要同时采集多个电压电流信号, 如果电压信号发生任何畸变都会严重影响到检测的效果。主要是因为检测方法的计算过程中得到的有功功率 p 和无功功率 q 需要用到三相电压信号, 虽然有功功率和无功功率经过低通滤波器后可以滤除交流分量, 但此时的直流分量不仅只含有基波成分, 同时还包含由谐波分量所产生的有功分量和无功分量, 经逆变换后得到的电流分量不再只是纯粹的基波分量。因此, p-q 检测方法在电压波形发生畸变的情况下检测精度较低。

(2) i_{p}-i_{q} 检测方法在检测 STATCOM 补偿指令电流的过程中是从 STATCOM 同一位置采集电压信息的, 当 STATCOM 补偿指令电流检测点与补偿注入点安装位置不同时, 其电压等级也会不同, 因此采集到的电压相位和幅值信息会产生误差, 从而影响检测效果。可以看出, i_{p}-i_{q} 检测方法对于 STATCOM 补偿指令电流检测点与补偿注入点不在同一位置的情况下存在一定的局限性。

(3) i_{p}-i_{q} 检测方法中的锁相环节能够对 STATCOM 补偿指令电流检测点的电压相位进行实时跟踪, 达到准确锁定系统的目的。但传统锁相环只适合于电网电压环境较好、对锁相要求

不高的情况，在系统三相输入电压不平衡的情况下，当输入信号的频率和相位发生变化时，传统锁相环无法即刻检测出各时刻的相位值，这样就会使锁相环发生锁相误差。电网电压被谐波污染时会产生二倍频分量，而传统锁相环无法彻底消除电压中的二倍频分量，是导致相位锁定误差的主要原因。可以看出，在电网电压发生畸变的工况下，传统 i_p-i_q 检测方法中的锁相环的性能并不理想。因此，迫切需要研究改进以克服传统 STATCOM 补偿指令电流检测方法存在的局限性。

13.3 跨端口 STATCOM 补偿指令电流检测方法

13.3.1 STATCOM 跨端口工况下的局限性

基于瞬时无功功率理论的 STATCOM 补偿指令电流检测方法都有一个显著特征，那就是都需要采集补偿注入点的电压和电流信息。传统检测方法在检测其补偿指令电流的过程中电压采样信号一般来自于同一位置，即补偿指令电流检测点的电压信号，要求检测点和补偿注入点在同一安装位置上并有相同的电压等级，否则容易产生检测误差。普通结构 STATCOM 的补偿指令电流检测点与补偿注入点通常都在同一电压等级，但随着 STATCOM 在无功补偿领域的快速发展，其结构设计日益多元化，目前有专家学者提出了一种补偿指令电流检测环节与无功补偿单元在不同位置的跨端口 STATCOM 结构，这种跨端口 STATCOM 系统中的补偿指令电流检测点和补偿注入点会位于不同的端口，其各端口的电压相位与幅值之间会存在一定的差异。

传统 p-q 和 i_p-i_q 检测方法都需要对补偿注入点进行电压、电流信号采集，要求 STATCOM 补偿指令电流检测点与补偿注入点位于同一电压等级上，才能实现快速、准确地电流检测。对于跨端口 STATCOM 而言，电压、电流检测点与补偿注入点位于不同端口。针对基于瞬时无功功率理论的传统 p-q 和 i_p-i_q 检测方法存在的局限性进行分析可知，当 STATCOM 补偿指令电流检测点和补偿注入点位于不同位置时，检测点电压和补偿注入点电压的相位、幅值存在一定的偏差，检测点处的电压和电流信息不能直接用于补偿电流的运算中。然而，传统 i_p-i_q 检测方法通过锁相环只采样到同一电压相位与幅值信息，并直接进行矩阵变换，因而仅适用于检测点与补偿注入点在同一位置的 STATCOM 系统结构，检测出的信息量容易有较大偏差，难以直接用于补偿。

13.3.2 跨端口 STATCOM 补偿指令电流检测方法

与 p-q 检测方法相比较，i_p-i_q 检测方法在运算过程中，三相电压信号并未直接参与运算，而是通过锁相环以及与其同相位的正余弦发生信号参与运算，运算过程中不会出现电压信号中的谐波分量，因此 i_p-i_q 检测方法能更准确地检测出 STATCOM 的补偿指令电流。

为此，本章在传统 i_p-i_q 检测方法的基础上，对所提跨端口 STATCOM 补偿指令电流检测方法的原理进行了深入研究，提出了一种能够满足上述跨端口结构 STATCOM 的补偿指令电流检测方法。具体做法为改变了 i_p-i_q 检测方法只从同一点获取电压信息的传统信号采集方式，采用一种分别从补偿指令电流检测点和补偿注入点处获取电压 e_a、e_b 信息的新的信号采样方式。首先在 STATCOM 补偿指令电流检测点采样相电压信号 e_a，在补偿注入点采样相电压信号 e_b，获取不同端口的电压信息后对采集到的电压信号进行矩阵变换，在此基础上分别从电压相位误差和幅值误差两个方面进行考虑，通过设置相位补偿角和 PR 控制器对传统 i_p-i_q 检测方法做了改进，使得改进后的方法在 STATCOM 跨端口工况下仍能实现对补偿指令电流的准确检测。其具体实现原理如图 13-10 所示。

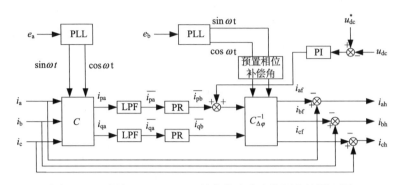

图 13-10 跨端口 STATCOM 补偿指令电流检测方法原理图

STATCOM 补偿指令电流检测点与补偿注入点不在同一端口时，其电压信号之间会存在一定的相位差，使得检测环节中逆变换前后的矩阵存在误差，从而影响 STATCOM 补偿指令电流的检测精度。在补偿注入点电压 e_b 的相位信号参与逆变换之前，通过预置一个相位补偿角补偿检测点与补偿注入点之间的电压相位差，从而消除因相位差异产生的检测误差，相位补偿角的大小为检测点 e_a 和补偿注入点 e_b 的相位之差。具体运算过程介绍如下。

设定补偿指令电流检测点电压 e_a 的表达式为

$$e_a = U_{am} \sin(\omega t + \varphi_a) \tag{13-26}$$

补偿注入点电压 e_b 的表达式为

$$e_b = U_{bm} \sin(\omega t + \varphi_b) \tag{13-27}$$

式 (13-26)、(13-27) 中，U_{am}、U_{bm} 分别为补偿指令电流检测点和补偿注入点的电压幅值；φ_a、φ_b 分别为补偿指令电流检测点和补偿注入点的电压初始相位值。

从而得到补偿指令电流检测点电压 e_a 与补偿注入点电压 e_b 的初始相位值之差为

$$\Delta\varphi = \varphi_b - \varphi_a \tag{13-28}$$

变换矩阵 C 是由 PLL 锁定补偿指令电流检测点电压 e_a 的相位信号后，通过一个与 e_a 相位相同的正余弦信号发生电路得到的，变换矩阵 C 为

$$C = \sqrt{\frac{2}{3}} \begin{bmatrix} \sin(\omega t) & \sin\left(\omega t - \frac{2\pi}{3}\right) & \sin\left(\omega t + \frac{2\pi}{3}\right) \\ -\cos(\omega t) & -\cos\left(\omega t - \frac{2\pi}{3}\right) & -\cos\left(\omega t + \frac{2\pi}{3}\right) \end{bmatrix} \tag{13-29}$$

由 PLL 锁定补偿注入点电压 e_b 的相位信号，通过一个与 e_b 相位相同的正余弦信号发生电路得到逆变换矩阵 C^{-1}，由于补偿注入点电压 e_b 与检测点电压 e_a 相位不同，其电压变化的幅度也不同，逆变换矩阵 C^{-1} 不再是与变换矩阵 C 相角恒等的逆矩阵。这里将补偿指令电流检测点电压 e_a 与补偿注入点电压 e_b 的初始相位差 $\Delta\varphi$ 设为相位补偿角的输入量，在进行逆变换过程前预置一个相位补偿角 $\Delta\varphi$，可以得到一个新的逆变换矩阵 $C_{\Delta\varphi}^{-1}$ 为

$$C_{\Delta\varphi}^{-1} = \sqrt{\frac{2}{3}} \begin{bmatrix} \sin(\omega t + \Delta\varphi) & -\cos(\omega t + \Delta\varphi) \\ \sin\left(\omega t + \Delta\varphi - \dfrac{2\pi}{3}\right) & -\cos\left(\omega t + \Delta\varphi - \dfrac{2\pi}{3}\right) \\ \sin\left(\omega t + \Delta\varphi + \dfrac{2\pi}{3}\right) & -\cos\left(\omega t + \Delta\varphi + \dfrac{2\pi}{3}\right) \end{bmatrix} \tag{13-30}$$

预置相位补偿角 $\Delta\varphi$ 后得到的逆变换矩阵 $C_{\Delta\varphi}^{-1}$ 能够实现对相位误差的调整，通过以上对相位进行的改进，直流分量经过逆变换矩阵 $C_{\Delta\varphi}^{-1}$ 后得到的基波分量不会产生因补偿指令电流检测点与补偿注入点的相位差异而引起的误差，从而达到提高检测精度的目的。

在低通滤波器将瞬时有功电流和瞬时无功电流滤掉交流分量后，控制系统通过额外增加 PR 控制器实现消除补偿指令电流检测点 e_a 与补偿注入点 e_b 之间电压幅值误差，具体做法过程介绍如下。

采样补偿指令电流检测点一相电压信息 e_a，然后通过 PLL 锁定补偿指令电流检测点电压 e_a 的相位信号，并通过与 e_a 同相位的正余弦信号发生电路得到变换矩阵 C，三相电流 i_a、i_b、i_c 经矩阵变换后，可以得到

$$\begin{bmatrix} i_{pa} \\ i_{qa} \end{bmatrix} = C \begin{bmatrix} i_a \\ i_b \\ i_c \end{bmatrix} \tag{13-31}$$

再经过低通滤波器滤除高次谐波后得到基波电流信号 $\bar{i}_{pa}$、$\bar{i}_{qa}$。由于补偿指令电流检测点与补偿注入点之间存在一定的电压幅值差异，在变换过程中无法保证功率的平衡，因此得到的基波电流不能直接逆变换，为了达到功率平衡，必须实现电压幅值之间的变换。根据功率平衡原理，可以得到功率平衡公式为

$$\frac{3}{2}U_{am}I_{am} = \frac{3}{2}U_{bm}I_{bm} \tag{13-32}$$

式中，I_{am}、I_{bm} 分别为补偿指令电流检测点和补偿注入点的电流幅值。

对补偿注入点处电压 U_{bm} 与补偿指令电流检测点处电压幅值 U_{am} 进行比较，并设定其幅值比为 K_{up}，即

$$K_{up} = \frac{U_{bm}}{U_{am}} \tag{13-33}$$

根据功率平衡公式，可以推出

$$I_{bm} = \frac{1}{K_{up}}I_{am} \tag{13-34}$$

这里得到的比值 $1/K_{up}$ 为 PR 控制器的比例调节系数。将直流分量 $\bar{i}_{pa}$、$\bar{i}_{qa}$ 送入 PR 控制器中，通过比例谐振运算可以得到新的直流分量 $\bar{i}_{pb}$、$\bar{i}_{qb}$，再送到逆变换环节中，可以得到基波电流为

$$\begin{bmatrix} i_{af} \\ i_{bf} \\ i_{cf} \end{bmatrix} = C_{\Delta\varphi}^{-1} \begin{bmatrix} \bar{i}_{pb} \\ \bar{i}_{qb} \end{bmatrix} \tag{13-35}$$

为了使 STATCOM 能维持正常工作状态，必须保证u_{dc}恒定。为此，引入一个电压均衡控制器，通过比较器得到参考电压u_{dc}^*与反馈电压u_{dc}之间的差值，然后利用 PI 控制器对电压差值进行比例积分调节，并将输出结果送入运算电路中与$\overline{i_{pb}}$进行叠加，从而实现维持直流侧电容电压稳定。

根据上述计算分析可见，在两次矩阵变换过程中，由于采用了新的电压信号采集方式，即分别从补偿指令电流检测点和补偿注入点处获取电压e_a、e_b的相位和幅值信息，必须消除由此产生的电压相位和幅值误差。通过预置一个与补偿指令电流检测点和补偿注入点电压相位差值相等的相位补偿角实现相位转换，在最大程度上减小了因电压相位差导致的检测误差。根据功率平衡原理，在传统i_p-i_q检测方法的基础上额外设置一个 PR 控制器，实现电压幅值的转换，从而消除因电压幅值差导致的检测误差。

13.3.3 仿真验证

为了验证 STATCOM 的补偿方案可行性，利用 MATLAB/Simulink 平台，在感性工况下进行了仿真分析。仿真参数设置如下：电网电压有效值为 220V，电网频率为 50Hz，直流侧电压为 750V，连接电抗器的感抗值为 0.6mH，仿真模型如图 13-11 所示。

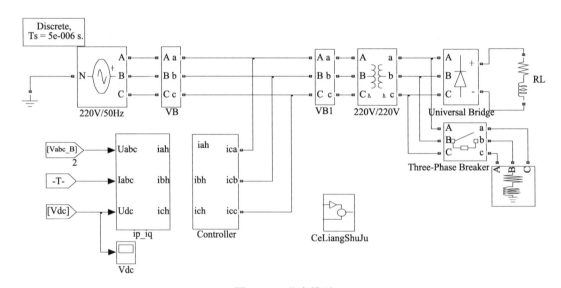

图 13-11　仿真模型

图 13-12 所示为感性工况下 STATCOM 投入使用前系统 a 相电压U_a和电流I_a的仿真波形。可以看出，由于感性无功电流的存在，此时 a 相电流I_a的相位滞后于电压U_a的相位。图 13-13 为感性工况下经 STATCOM 补偿后的系统 a 相电压U_a和电流I_a的仿真波形。可以看出，在补偿后的一个周期内，电压U_a相位与电流I_a相位基本保持一致，STATCOM 具有较好的无功补偿性能。

图 13-14 为直流侧电容电压波形，可以明显看出，直流侧电压经过约 0.3s 达到参考值 750V，此后直流电压一直维持平衡状态。

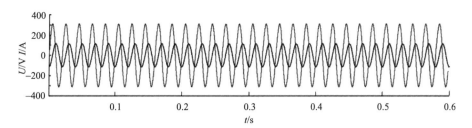

图 13-12　STATCOM 投入使用前系统 a 相电压和电流的仿真波形

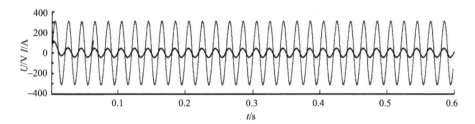

图 13-13　STATCOM 补偿后的系统 a 相电压和电流的仿真波形

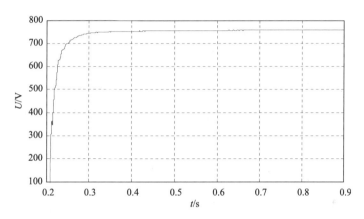

图 13-14　直流侧电容电压波形

在搭建的 STATCOM 仿真模型的基础上，对传统 i_p-i_q 检测方法和本章所提的跨端口 STATCOM 补偿指令电流检测方法进行仿真对比。仿真系统详细参数设定如下：电源相电压为 220V，电源峰值电流为 32A，电网频率为 50Hz。

不失一般性，以 a 相为例，图 13-15 所示为传统 i_p-i_q 检测方法检测到的 a 相基波电流，可以看出，传统 i_p-i_q 检测方法检测到的 a 相基波电流波形不佳，畸变较大，其相位与电源电压相位不一致，检测到的电流在整个仿真周期内仍含有一定的相位偏差。图 13-16 为本章所提跨端口 STATCOM 补偿指令电流检测到的 a 相基波电流，可以看出，本章提出的检测方法提取到的 a 相基波电流实时性较好，畸变较小，更近似于正弦波，大大提高了检测精度。

图 13-17 为补偿前的电网电流波形，其波形畸变严重。从 0.04s 开始对电网谐波进行补偿，图 13-18(a)、(b)分别为传统 i_p-i_q 检测方法检测补偿后的电网电流波形及 a 相频谱图。可以明显看出，经传统 i_p-i_q 检测方法检测补偿后的电网电流波形仍含有大量谐波，效果不佳，此时的电流总谐波畸变率(total harmonic distortion, THD)为 15.11%。图 13-19(a)、(b)分别为本章所提跨端口 STATCOM 补偿指令电流检测方法检测补偿后的 a 相电网电流波形及频谱图，可以看出，经改进检测方法补偿后电网电流波形已相当接近正弦波，谐波含量明显减少，此时

的电流 THD 已经降到 3.54%，补偿效果对比明显。

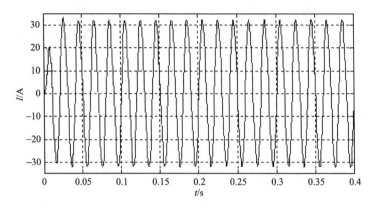

图 13-15　传统 i_p-i_q 检测方法检测到的 a 相基波电流

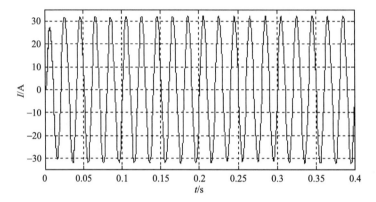

图 13-16　本节方法检测到的 a 相基波电流

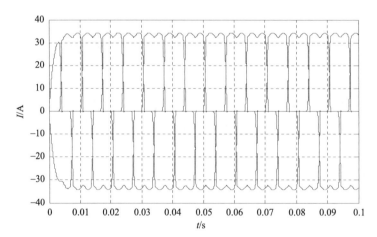

图 13-17　补偿前的电网电流波形

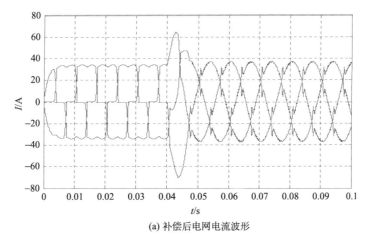

(a) 补偿后电网电流波形

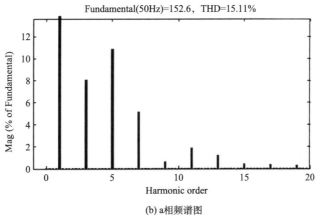

Fundamental(50Hz)=152.6，THD=15.11%

(b) a相频谱图

图 13-18　传统方法检测补偿后的电网电流及 a 相频谱图

通过对传统 i_p-i_q 检测方法和本章所提跨端口 STATCOM 补偿指令电流检测方法进行仿真对比分析，仿真结果验证了本章所提改进方法更适用于补偿指令电流检测点与补偿注入点不在同一端口位置的跨端口 STATCOM，能够更好地消除因不同端口的电压相位和幅值差引起的检测误差。

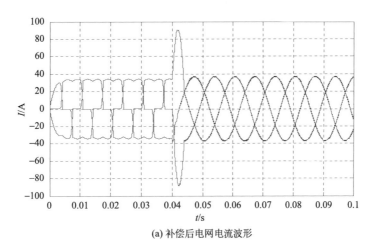

(a) 补偿后电网电流波形

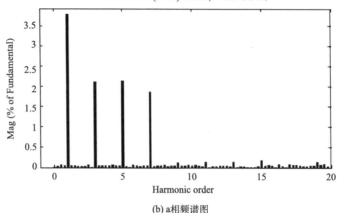

(b) a相频谱图

图 13-19 本节方法检测补偿后的电网电流及 a 相频谱图

13.4 改进型 STATCOM 补偿指令电流检测方法

13.4.1 传统锁相环的工作局限性

传统锁相环一般是采用硬件锁相技术实现的，通过过零检测法或专用的锁相芯片等手段进行锁相。过零检测法总体上比较容易实现，是目前硬件锁相技术中最常用的一种相位检测方法。过零检测法将检测到的正弦电压过零点作为零相位点即相位基准，并通过零相位点计算不同时刻的相位值。当输入信号的频率和相位发生变化时，使用过零检测法的锁相环无法即刻检测出各时刻的相位值，只有等到下一个过零点出现时，才能检测出各时刻的相位值。与此同时，过零点的检测过程产生的噪声也会给相位的检测带来一定的影响，因此其动态性能存在一定延迟，无法快速准确地实现相位检测。使用专用锁相芯片的硬件锁相环电路较为复杂，实现成本较高。在电网电压存在谐波污染、过零点波形发生畸变、电压暂降或是发生相位跳跃的工况下，容易导致零点漂移的出现，一旦发生零点漂移的现象，使用专用锁相芯片的硬件锁相环电路的锁相性能会降低，严重时会产生误操作导致锁相失败。

由此可以看出，硬件锁相环只适合于电网电压环境较好、对锁相要求不高的情况。针对上述传统锁相环的工作局限性，寻求一种适用于电压畸变场合并能快速锁定相位的新型锁相环已迫在眉睫。

13.4.2 改进的软件锁相环算法

锁相环能否实时动态获取电网电压相位信息并将相位误差控制在恒定值内对实现谐波与无功的实时准确检测至关重要。但传统锁相环在电网发生扰动、电压出现畸变的工况下难以通过锁相环节准确获取电网电压相位信息，实现锁定相位功能，这就对锁相环控制性能的进一步优化提出了新的要求。针对传统锁相环存在的工作局限性，提出一种改进的软件锁相环算法，该方法能够在电网发生扰动、电压出现畸变的工况下动态跟踪并锁定电压信号的相位信息，并能有效地保证对谐波与无功的实时准确检测。

1. 软件锁相环算法

与采用硬件锁相技术的传统锁相环相比，基于瞬时无功理论的软件锁相环(soft phase lock

loop, SPLL) 算法更适合于电压畸变工况下的快速相位检测。

系统三相输入电压 u_a、u_a、u_c 分别为

$$\begin{bmatrix} u_a \\ u_b \\ u_c \end{bmatrix} = \begin{bmatrix} U\cos\left(\omega_i t + \theta_i\right) \\ U\cos\left(\omega_i t + \theta_i - 120°\right) \\ U\cos\left(\omega_i t + \theta_i + 120°\right) \end{bmatrix} \tag{13-36}$$

式中，U 为系统电压幅值；ω_i 为锁相环输入电压角频率；θ_i 为锁相环输入电压信号初始相位值。

经 Clarke 变换，得到 αβ 坐标系下电压分量：

$$\begin{bmatrix} u_\alpha \\ u_\beta \end{bmatrix} = \sqrt{\frac{2}{3}}U\begin{bmatrix} \sin\left(\omega_i t + \theta_i\right) \\ -\cos\left(\omega_i t + \theta_i\right) \end{bmatrix} \tag{13-37}$$

当角速度的旋转变换保持恒定时，角速度对应的相位及频率信号可以转换为直流分量，利用锁相环输出电压信号进行 Park 变换，可以将锁相控制进一步转换为 dq 旋转坐标系下的分量进行控制：

$$\begin{bmatrix} u_d \\ u_q \end{bmatrix} = \sqrt{\frac{3}{2}}U\begin{bmatrix} \cos\left[(\omega_0 - \omega)t - \theta_0\right] \\ \sin\left[(\omega_0 - \omega)t - \theta_0\right] \end{bmatrix} \tag{13-38}$$

当锁相环输入电压的频率和相位信息与锁相环输出电压的频率与相位信息相同时。此时 u_q 为恒定不变的直流分量，即使系统电压的幅值发生变化，u_q 也会恒定不变，此时仅需利用 PI 调节器调节 u_q 即可达到锁相目的。若锁相环输入电压的频率和相位信息与锁相环输出电压的频率和相位信息不同时，即 $\omega_i \neq \omega_0$，$\omega_i \neq \omega_0$。通过校正环节对 u_q 进行校正，将得到的输出作为角频率的误差 ω_e 并对输出电压的角频率进行修正，当输出电压的频率与相位同时跟踪到输入电压的频率和相位时，锁相环系统达到稳态。由此可以得到软锁相环原理框图如图 13-20 所示。

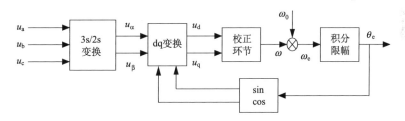

图 13-20 软锁相环原理框图

当系统三相输入电压不平衡时，在 dq 旋转坐标系中，正序电压直接转换为直流分量，而负序电压转换为二倍频的交流分量，若想要达到更好的效果，需要对二倍频的交流分量进行低通滤波。经过校正环节中低通滤波器滤波后，软件锁相环输出的为正序电压的频率和相位。

根据上述分析可以知道，校正环节中的低通滤波器能够滤除负序电压变换的二倍频的交流分量，但该处设计低通滤波器会使得校正环节较为复杂，且低通滤波器会影响到校正环节的响应速度，限制了系统的动态特性。因此有必要对软件锁相环进行改进，以准确获得电网电压正序分量的频率和相位信息，从而优化软件锁相环在系统三相输入电压不平衡工况下的运行性能。

2. 改进的软件锁相环算法

利用正负序同步分离法对软件锁相环算法进行改进，将系统三相不平衡电压同时进行正、负序同步旋转变换，分别得到系统三相输入电压经正序同步旋转变换得到的 d、q 分量以及经负序同步旋转变换得到的 d、q 分量。

系统三相不平衡电压为

$$u(t) = \begin{bmatrix} U_p \cos(\omega t + \alpha) \\ U_p \cos(\omega t + \alpha - 120°) \\ U_p \cos(\omega t + \alpha + 120°) \end{bmatrix} + \begin{bmatrix} U_n \cos(\omega t + \beta) \\ U_n \cos(\omega t + \beta - 120°) \\ U_n \cos(\omega t + \beta + 120°) \end{bmatrix} \tag{13-39}$$

式中，U_p 为系统电压的正序分量；U_n 为负序分量。

将系统三相输入电压进行正序同步旋转变换：

$$\begin{bmatrix} u_d^p(t) \\ u_q^p(t) \end{bmatrix} = \sqrt{\frac{2}{3}} \begin{bmatrix} \cos(\omega t) & \cos(\omega t - \theta) & \cos(\omega t - \sigma) \\ -\sin(\omega t) & -\sin(\omega t - \theta) & -\sin(\omega t - \sigma) \end{bmatrix} \cdot u(t)$$

$$= \begin{bmatrix} \sqrt{\dfrac{3}{2}} U_p \cos \alpha \\ \sqrt{\dfrac{3}{2}} U_p \sin \alpha \end{bmatrix} + \begin{bmatrix} \sqrt{\dfrac{3}{2}} U_n \cos(2\omega t + \beta) \\ -\sqrt{\dfrac{3}{2}} U_n \sin(2\omega t + \beta) \end{bmatrix} \tag{13-40}$$

式中，$u_d^p(t)$ 为系统三相输入电压经正序同步旋转变换后得到的 d 轴分量；$u_q^p(t)$ 为系统三相输入电压经正序同步旋转变换后得到的 q 轴分量。此时，正序分量变成 dq 坐标系上的直流分量，负序分量变成 dq 坐标系上的交流分量。

与此同时，将系统三相输入电压进行负序同步旋转变换：

$$\begin{bmatrix} u_d^n(t) \\ u_q^n(t) \end{bmatrix} = \sqrt{\frac{2}{3}} \begin{bmatrix} \cos(\omega t) & \cos(\omega t + \theta) & \cos(\omega t + \sigma) \\ -\sin(\omega t) & -\sin(\omega t + \theta) & -\sin(\omega t + \sigma) \end{bmatrix} \cdot u(t)$$

$$= \begin{bmatrix} \sqrt{\dfrac{3}{2}} U_n \cos \beta \\ \sqrt{\dfrac{3}{2}} U_n \sin \beta \end{bmatrix} + \begin{bmatrix} \sqrt{\dfrac{3}{2}} U_p \cos(2\omega t + \alpha) \\ -\sqrt{\dfrac{3}{2}} U_p \sin(2\omega t + \alpha) \end{bmatrix} \tag{13-41}$$

式中，$u_d^n(t)$ 为系统三相输入电压经负序同步旋转变换后得到的 d 轴分量；$u_q^n(t)$ 为系统三相输入电压经负序同步旋转变换后得到的 q 轴分量。此时，负序分量变成 dq 轴上的直流分量，正序分量变成 dq 坐标系上的交流分量。

经正序同步旋转变换后的二倍频交流分量的幅值与经负序同步旋转变换后的直流分量的幅值相等，而经正序同步旋转变换后的直流分量的幅值与经负序同步旋转变换后的二倍频交流分量的幅值相等。利用低通滤波器滤除 $u_d^p(t)$ 和 $u_q^p(t)$ 中的二倍频交流分量得到只含有直流分量的 $\bar{u}_d^p(t)$ 和 $\bar{u}_q^n(t)$，此时软件锁相环系统可以直接用 PI 调节器代替校正环节，使得结构设计更加简单。$\bar{u}_q^p(t)$ 和 $\bar{u}_q^p(t)$ 通过 PI 调节器进行校正，将得到的输出作为角频率的误差 ω_e 并对输出电压的角频率进行修正，当输出电压的频率与相位同时跟踪到输入电压的频率和相位时，锁相环系统达到稳态。根据得到的基波正序 dq 坐标系上的分量设计 SPLL，就可以实现对电网电压正序分量的频率和相位信息的准确获取。改进的软件锁相环算法原理实现如图 13-21 所示。

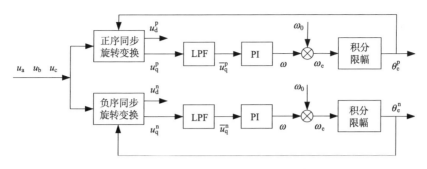

图 13-21　改进的软件锁相环算法原理实现

在系统三相输入电压不平衡的工况下，改进的软件锁相环直接对系统三相输入电压同时进行正、负序同步旋转变换，通过低通滤波器滤除二倍频交流分量，此时得到的 u_q 为恒定不变的直流分量，因此可以省去校正环节，直接用 PI 调节器替代，简化了软件锁相环的结构设计，从而提高了软件锁相环的动态响应速度。对系统三相输入电压同时进行正、负序同步旋转变换能够更加准确地获得电网电压正序分量的频率和相位信息，优化软件锁相环在系统三相输入电压不平衡工况下的运行性能。

3. 仿真分析

在仿真平台上搭建传统锁相环与改进的软件锁相环的模型，对其在系统三相输入电压不平衡工况下的动态性能进行对比仿真研究，验证了本节所提改进的软锁相环的有效性和可行性。仿真参数设置：电压幅值为 220V，频率为 50Hz。图 13-22 为三相不平衡电压波形。

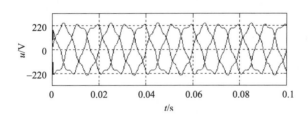

图 13-22　三相不平衡电压波形

由图 13-22 可以看出，三相电压波形幅度不平衡，存在明显畸变。图 13-23(a)、(b) 分别为传统锁相环和改进的软件锁相环的输出相位角，图 13-24(a)、(b) 分别为传统锁相环和改进的软件锁相环的输出相位角误差。在系统三相电压不平衡的工况下，比较图 13-23(a) 和图 13-23(b)，可以看出传统锁相环得到的输出相位角畸变较为严重，而采用改进的软件锁相环得到的输出相位角基本无畸变。比较图 13-24(a) 和图 13-24(b)，可以看出传统锁相环输出相位角误差波形抖动厉害，因此难以顺利锁定电压基波相位，而改进的软件锁相环输出相位角误差波形波动很小，能更加准确地锁定基波电压相位。

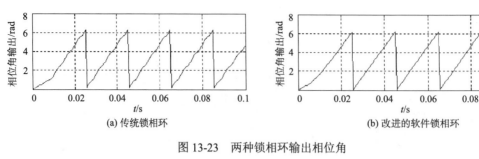

(a) 传统锁相环　　　　　　　　　　(b) 改进的软件锁相环

图 13-23　两种锁相环输出相位角

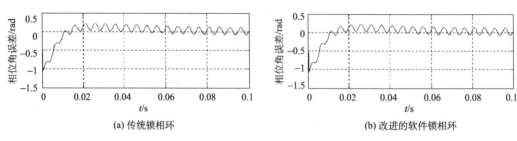

(a) 传统锁相环　　　　　　　　　　(b) 改进的软件锁相环

图 13-24　两种锁相环输出相位角误差

根据上述仿真对比结果可以发现，与传统锁相环相比，本章设计的改进的软件锁相环表现出更加优越的动态响应速度和更加准确的跟踪锁定性能。

13.4.3　相位调节模块

为了进一步有效地消除 STATCOM 补偿指令电流检测方法中由相位差异引起的检测误差，进一步改善相位调节能力，提出一种相位调节模块，该模块可以快速跟踪初始量信息，通过调整环节达到预期目标量，其模块结构如图 13-25 所示。

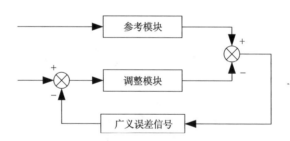

图 13-25　相位调节模块结构

相位调节模块由一个参考模块和一个调整模块组成，将参考模块的输入设定为规定的或者期望的目标量，调整模块的输入设定为期望调节的初始量。得到参考模块的输出方程：

$$\begin{cases} \dot{x} = A_r x_r + B_r u_r \\ y_r = C_r x_r \end{cases} \tag{13-42}$$

调整模块的输出方程：

$$\begin{cases} \dot{x} = Ax + Bu \\ y = Cx \end{cases} \tag{13-43}$$

由于期望调节的初始量与期望的目标量之间存在一定的差异，通过减法器直接将参考模块的输出减去调整模块的输出，可以得到广义误差信号 e：

$$e = y_r - y \tag{13-44}$$

将广义误差信号 e 反馈到调整模块，使用减法器将期望调节的初始量减去广义误差信号 e 来调节调整模块的输出，使得调整模块的输出与参考模块的目标量渐渐逼近。当广义误差信号 e 趋于零时，调节过程结束。

13.4.4 改进型STATCOM补偿指令电流检测方法

当 STATCOM 补偿指令电流检测点与补偿注入点不在同一电压等级时，其电压信号 e_a 和 e_b 的相位会存在一定的差异，这种相位差会使得矩阵变换环节中逆变换矩阵与变换前的矩阵不再恒等，从而影响 STATCOM 补偿指令电流的检测精度。为解决此问题，将本章提出的改进软件锁相环算法和相位调节模型同时引入传统 i_p-i_q 检测方法。改进后的软件锁相环算法具有更好的动态响应速度和更准确的锁相能力，能保证对电压相位信号的准确锁定。在此基础上利用相位调节模块对相位的初始量进行调整优化，使其逐渐逼近期望目标相位，具体实现原理如图 13-26 所示。

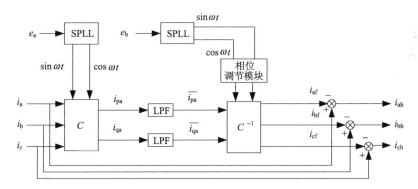

图 13-26   改进的 STATCOM 补偿指令电流检测方法原理图

此处继续沿用从 STATCOM 补偿指令电流检测点和补偿注入点处分别获取电压信息 e_a、e_b 的信号采集方式。即在补偿指令电流检测点采集一相电压信号 e_a，在补偿注入点采集一相电压信号 e_b，变换矩阵 C 是由 STATCOM 补偿指令电流检测点电压 e_a 通过改进的软锁相环锁定其相位信息，并和一个与 e_a 相位信息相同的正余弦信号发生电路得到的。逆变换矩阵 C^{-1} 是由补偿注入点电压 e_b 通过改进的软锁相环锁定其相位信息，并和一个与 e_b 相位信息相同的正余弦信号发生电路得到的。STATCOM 补偿指令电流检测点 e_a 与补偿注入点电压 e_b 相位不同，使得变换矩阵 C 和逆变换矩阵 C^{-1} 不再是恒等矩阵。其中，变换矩阵 C 为

$$C = \sqrt{\frac{2}{3}} \begin{bmatrix} \sin(\omega t) & \sin\left(\omega t - \dfrac{2\pi}{3}\right) & \sin\left(\omega t + \dfrac{2\pi}{3}\right) \\ -\cos(\omega t) & -\cos\left(\omega t - \dfrac{2\pi}{3}\right) & -\cos\left(\omega t + \dfrac{2\pi}{3}\right) \end{bmatrix} \tag{13-45}$$

将 STATCOM 补偿指令电流检测点处电压 e_a 的相位信号 φ_a 作为相位调节模块中参考模块的输入，即设定的期望目标量。补偿注入点处电压 e_b 的相位信号 φ_b 作为相位调节模块中调整模块的输入，即设定的期望调节的初始量。通过减法器对比可以得到参考模块的输出与调

整模块的输出之间的差值，即得到一个广义误差信号 e：

$$e = \varphi_a - \varphi_b \tag{13-46}$$

将广义误差信号 e 反馈到相位调节模块的调整环节，将调整模块的输入 φ_b 通过减法器减去广义误差信号 e 以调节调整模块的输出：

$$\varphi_{bn} = \varphi_b - e \tag{13-47}$$

此时参考模块的输出 φ_a 与调整模块的输出 φ_{bn} 的值相当接近，广义误差信号 e 趋于零时，相位调节过程结束。此时将调整模块的输出 φ_{bn} 作为补偿注入点电压 e_b 的相位信息，使其与 STATCOM 补偿指令电流检测点的电压相位差异趋近于零，此时对补偿注入点的电压信号 e_b 进行的逆变换矩阵与对 STATCOM 补偿指令电流检测点的电压信号 e_a 进行的变换矩阵是恒等的，不存在相位误差。逆变换矩阵 C^{-1} 为补偿注入点电压 e_b 通过改进的软件锁相环和一个经相位调节过程后的调整模块输出相位信息得到

$$C^{-1} = \sqrt{\frac{2}{3}} \begin{bmatrix} \sin(\omega t) & -\cos(\omega t) \\ \sin\left(\omega t - \dfrac{2\pi}{3}\right) & -\cos\left(\omega t - \dfrac{2\pi}{3}\right) \\ \sin\left(\omega t + \dfrac{2\pi}{3}\right) & -\cos\left(\omega t + \dfrac{2\pi}{3}\right) \end{bmatrix} \tag{13-48}$$

经相位调节过程后，可继续按照传统 i_p-i_q 检测方法的原理对 STATCOM 补偿指令电流进行检测，将原始电流信号 i_a、i_b、i_c 减去检测到的基波分量 i_{af}、i_{bf}、i_{cf}，得到的电流信号为 STATCOM 谐波补偿指令电流 i_{ah}、i_{bh}、i_{ch}：

$$\begin{cases} i_{ah} = i_a - i_{af} \\ i_{bh} = i_b - i_{bf} \\ i_{ch} = i_c - i_{cf} \end{cases} \tag{13-49}$$

改进的软件锁相环具有更好的动态响应和更优越的锁定相位性能，即使在电网电压不平衡或畸变的工况下，仍能实时锁定电压相位信息，从而减小锁相误差。相位调节模块可以实时准确地跟踪补偿注入点电压的相位信息，通过相位调节模块与 STATCOM 补偿指令电流检测点电压相位信号进行对比反馈，最终得到期望的输出电压相位信号。将改进的软锁相环和相位调节模块引入传统 i_p-i_q 检测方法中，得到的改进型 STATCOM 补偿指令电流检测方法不会因 STATCOM 补偿指令电流检测点与补偿注入点之间存在电压相位差而产生检测误差，并能够有效地动态跟踪补偿指令电流，最大限度地提高了检测精度。

13.4.5 仿真与实验分析

为了验证改进型 STATCOM 补偿指令电流检测方法的正确性与有效性，在三相电网电压波形畸变的工况下，利用 MATLAB/Simulink 仿真平台对改进型 STATCOM 补偿指令电流检测方法进行仿真。根据仿真结果搭建 STATCOM 实验平台，实验结果进一步验证了改进型 STATCOM 补偿指令电流检测方法的良好检测效果。

1. 仿真分析

为了验证本章所提改进型 STATCOM 补偿指令电流检测方法的正确性与有效性，在 MATLAB/Simulink 的仿真平台上搭建 STATCOM 仿真模型进行分析。图 13-27 所示为电网电

压波形，可看出其波形存在畸变与不平衡。图 13-28 所示为负载电流波形，电流中含有较多谐波，大大降低了电网的电能质量。

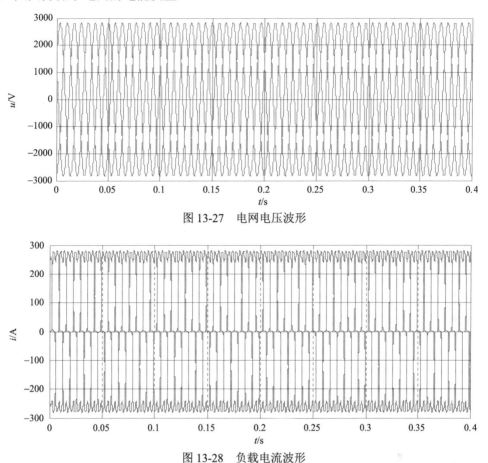

图 13-27　电网电压波形

图 13-28　负载电流波形

　　从 0.04s 开始投入 STATCOM，对负载谐波电流进行补偿。图 13-29 为利用本章所提改进型 STATCOM 补偿指令电流检测方法补偿后的电网电压波形，可以明显看出，补偿后的电网

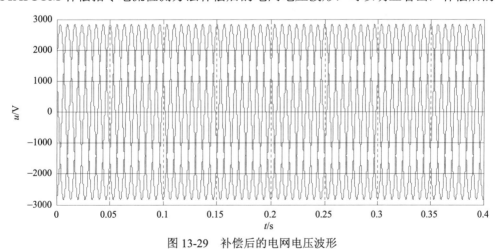

图 13-29　补偿后的电网电压波形

电压波形与补偿前相比更加平滑，更加趋于正弦波。图 13-30 为补偿后的电流波形及 a 相频谱图，可以看出，其谐波含量明显减少，波形更加平滑，没有明显畸变，此时的电流畸变率为 1.06%。

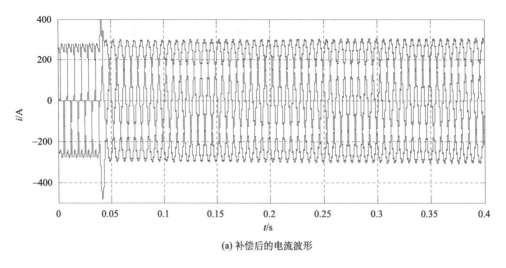

(a) 补偿后的电流波形

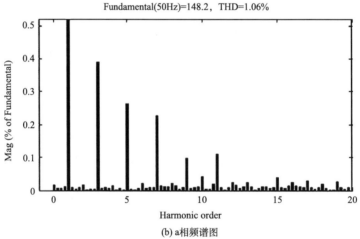

(b) a相频谱图

图 13-30　补偿后的电流波形及 a 相频谱图

2. 实验分析

为了进一步验证本章所提出的改进型 STATCOM 补偿指令电流检测方法的正确性和可行性，根据上述仿真结果搭建 STATCOM 实验平台，实验参数设置如下：电网相电压有效值为 220V，频率为 50Hz；STATCOM 样机功率为 10kVA，连接电感为 2mH，直流电容为 5000μF，控制板 DSP 芯片型号为 TMS320F2812。STATCOM 实验平台整体系统结构如图 13-31 所示。

图 13-32 为补偿前的系统 a 相电压电流波形，可以看出 a 相电流波形存在一些毛刺，由于存在感性无功电流，a 相电流相位滞后于电压相位。图 13-33 为使用本章所提改进型 STATCOM 补偿指令电流检测方法补偿后的 a 相电压电流波形，此时 a 相电流波形已基本趋于正弦波，且 a 相电流与电压相位达到一致。

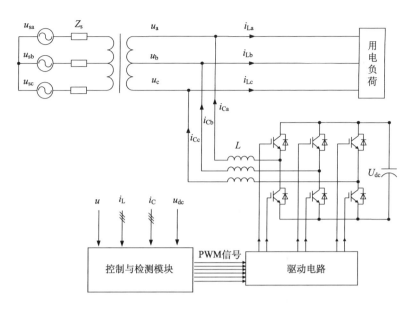

图 13-31　STATCOM 实验平台整体系统结构图

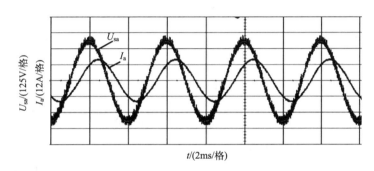

图 13-32　补偿前的系统 a 相电压电流波形

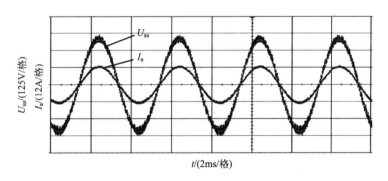

图 13-33　改进检测方法补偿后的 a 相电压电流波形

　　利用电能质量分析仪对补偿前和经本章所提改进检测方法补偿后的 a 相电流的畸变率进行分析，并对补偿前后的功率因数进行测量，其检测结果如表 13-1 所示。补偿后电流畸变率下降到 1.06%，功率因数提高到 0.96。实验结果验证了本章所提改进型 STATCOM 补偿指令电流检测方法的具有较高的检测精度，使得 STATCOM 补偿效果更优。

表 13-1　补偿前后电流畸变率及功率因素

	电流畸变率/%	功率因数
补偿前	15.11	0.79
传统方法检测补偿后	3.54	0.87
本章方法检测补偿后	1.06	0.96

13.5　小　结

(1)在矢量坐标变换原理的基础上,对传统 STATCOM 补偿指令电流检测方法中的 $p\text{-}q$ 检测方法和 $i_p\text{-}i_q$ 检测方法进行了深入研究,对锁相环的工作原理及三个基本组成部件进行详细分析,并阐述了基于锁相环的传统 $i_p\text{-}i_q$ 检测方法与传统 $p\text{-}q$ 检测方法相比的各自的优越性。通过对传统 STATCOM 补偿指令电流检测方法的详细分析,指出传统检测方法存在的局限性。

(2)针对跨端口 STATCOM 的结构特殊性,提出一种适用于跨端口 STATCOM 的补偿指令电流检测方法。采用分别从 STATCOM 补偿指令电流检测点和补偿注入点处获取电压信息的信号采集方式,通过设置相位补偿角消除电压相位误差,根据功率平衡定理设置 PR 控制器消除电压幅值误差,仿真分析证明了所提方法能够大大地提高检测精度。

(3)针对传统锁相环在系统三相输入电压不平衡工况下的局限性,利用正负序同步分离法对软件锁相环算法进行改进,提出一种改进的软件锁相环算法,并通过仿真分析验证了在电网电压不平衡的工况下改进的软件锁相环具有更好的锁相性能。为了进一步改进相位调节能力,提出一种相位调节模块,并对其工作原理进行详细分析。将改进的软件锁相环算法和相位调节模块引入传统 $i_p\text{-}i_q$ 检测方法中,得到一种改进型 STATCOM 补偿指令电流检测方法,通过改进的软件锁相环实时准确锁定相位信息,利用相位调节模块实时调整反馈所需电压相位的性能,从而进一步减小相位误差带来的检测误差。仿真与实验分析都验证了所提方法能够提高检测实时性,降低检测误差。

第 14 章　风电并网中级联 STATCOM 的正负序解耦控制方法

本章介绍单极倍频 SPWM 调制策略，分析其原理、性质并阐述其优点。分析级联 STATCOM 直流侧电容电压不平衡产生的原因，介绍几种传统的电压平衡控制方法，分析有功功率均等分配原理，提出基于有功功率均等分配的级联 STATCOM 直流侧电容电压平衡控制方法，采用分层协调控制策略实现总体和模块控制。介绍系统不平衡产生的原因及危害，分析系统电压不平衡工况下级联 STATCOM 的工作特性，推导系统在正序和负序环境下的解耦控制方程，提出不平衡工况下基于正序-负序解耦 PWM 的级联 STATCOM 控制方法。对级联 STATCOM 的控制系统进行软硬件设计，级联 STATCOM 控制系统硬件平台是基于双 DSP+FPGA+CPLD 组合系统，详细介绍主控制板、功率单元控制系统的组成和功能；利用流程图的方式对控制系统软件进行系统设计，具有一定的工程参考价值。

14.1　级联 STATCOM 结构原理与调制策略

14.1.1　拓扑结构与工作原理

1. 拓扑结构

由于受到开关器件容量的限制，传统三相逆变桥结构的 STATCOM 的结构已难以适应高压大功率应用场合。目前，高压大容量 STATCOM 装置的常用拓扑结构有两种，分别为多重化结构及多电平结构。

1）多重化结构

多重化结构的特点是用若干个逆变桥进行拓扑变换后，生成相位差几个角度的方波电压，再将其与变压器连接起来，组合后通过升压变压器接入电网，这样装置的输出电压由于叠加效果会更加接近于正弦波，其原理如图 14-1 所示。各逆变桥的输出电压与变压器 T_1、T_2、T_3、T_4 的一次侧相连，变压器二次侧串联后接入升压变压器。由于每个逆变桥的输出电压存在相位差，所以每个变压器的变压比互不相同。多重化结构在国内外工程应用中的案例比较多，例如，我国在 1999 年，由河南省电力公司与清华大学联合研制安装在河南洛阳的 STATCOM 装置，其主电路便是采用了四个三相逆变桥组成的多重化结构，装置容量为±20Mvar，每个逆变桥输出电压相互之间存在的相位差为 15°，然后通过不同变压比的变压器组合后接入升压变压器接入电网。

多重化结构之所以备受欢迎是因为其在简单的拓扑叠加中提高了装置的容量，而且无须较高的开关频率就可以较好地抑制谐波，很适合在高压大功率场合使用。但是，这种电路结构所需的耦合变压器价格非常昂贵，成本占到整个装置 1/3 之多，损耗占总损耗 50%以上，同时占据了将

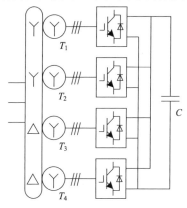

图 14-1　多重化结构原理图

近 40%的总面积，而且繁重的变压器会带来一系列的问题，变压器直流励磁和浪涌电压共同影响，会引起磁饱和现象；如果电路参数选取不当，系统中的电抗和电容之间会发生串联谐振；当系统处于不平衡状态时，输入装置的电压和电流会产生负序分量，有可能使其发出错误的过电流保护指令，严重威胁装置的稳定运行。所以，目前大容量 STATCOM 的主电路拓扑结构朝着无须耦合变压器，向更加经济、更加稳定高效的方向发展，即偏向于采用下面的多电平结构。

2) 多电平结构

为了解决大功率场合装置的应用问题，20 世纪 70 年代提出了多电平结构。该结构主要由若干个功率开关管与直流电容组合而成，进行一定的拓扑变换后，通过功率开关管的导通与关断控制直流电容的输出电压，使得逆变单元输出的电压是多个电容电压的合成值，形成多电平的输出。以此分析可知，两电平的逆变器可以得到包括电容电压负值在内的两电平输出电压，三电平逆变器则可以得到包含零电平在内的三电平输出。以此类推，逆变桥自身的电平数越多，得到的输出电压电平就越高，从而能够有效地减少装置输出谐波含量，改善输出波形。

目前，针对多电平结构的 STATCOM 提出了许多拓扑变换，并取得了一定的工程实践应用，常用的主要有三种：二极管箝位型拓扑；电容箝位型拓扑；级联型多电平拓扑。下面分别分析它们的结构原理并作对比分析。

(1) 二极管箝位型拓扑。1980 年，学者 Nabae 等首次提出了三电平中点箝位型拓扑，后来在此拓扑结构的基础上，电平数发展越来越多。单相二极管箝位型拓扑结构如图 14-2 所示，该结构通常选择数个电容器进行串联，将直流侧电压分配到各个电容器中，从而分担了系统直流侧母线电压，每个电容器承受的电压比较低。箝位二极管起着连接功率开关管和电容的作用，通过控制箝位二极管的通断，选择不同的电容组合，从而形成不同等级的输出电压。

二极管箝位多电平拓扑应用在 STATCOM 中时，其结构、控制电路以及控制算法相对比较简单，由于箝位作用，每个功率开关管只需承受较小的电压，通常为直流侧母线电压值的一半，无疑降低了对功率器件容量的要求，而且其无功潮流可控，能够实现能量的双向流动。但是这种拓扑也存在不少缺点。

①当用在高压大功率场合时，所需的箝位二极管数量会显著增加，同时过多的箝位二极管会带来寄生电容与电感，影响系统参数设计，增加系统的损耗，并且封装起来也比较麻烦。

②因为每个箝位二极管的通断时间不一样，所以其承受电压的时间也不同，从而会产生不同的电流。为了保证装置运行，通常选取电流的最大值，这无疑会空置开关管一部分容量，造成资源浪费。

③由于每个电容的电流在一个周期里时而流入、时而流出，所以一些电容有时会产生连续充电或连续放电的情况，造成其直流电容电压产生严重的失衡。

二极管箝位型是箝位型多电平结构研究的基础，已成功应用在许多工程项目中，获得了较为理想的效果。

(2) 电容箝位型拓扑。针对二极管箝位型多电平结构存在的缺点，特别是箝位二极管数量使用过多的问题，Meynard 等 1992 年在上述结构的基础上，提出了电容箝位型多电平拓扑结构。单相电容箝位型拓扑结构如图 14-3 所示，对比图 14-2 与图 14-3 可知，这种结构和二极管箝位型的最大区别是利用箝位电容替换了箝位二极管。电容器通过特殊的梯形拓扑变换以后，使得每个功率开关管两端的输出电压是直流侧母线电压与箝位电容电压的差值，在结构上实现了均压效果。

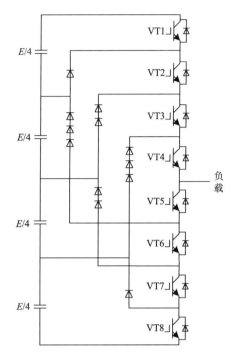

图 14-2　单相二极管箝位型拓扑结构　　　　图 14-3　单相电容箝位型拓扑结构

电容箝位多电平的优点是其能够在四象限下运行，能够同时实现有功、无功潮流控制；相同等级的输出电压可由功率器件开关的不同组合而成，这种选择的自由性，有助于装置灵活地输送有功功率，为其应用到超高压直流输电以及电机变频调速等场合提供了可能。但是该拓扑同样存在一定的缺点。

①当用在高电压场合时，所需的箝位电容数量显著上升，无疑增大了装置体积，提高了系统损耗，而且电容价格比较昂贵，不利于封装。

②当传输有功功率时，随着开关频率的提高，开关损耗也随之上升，控制电路相当复杂，稳定性降低。

③电容电压存在不平衡。相比二极管箝位型，虽然该结构有一定优势，但是控制电路比较复杂，整机价格较贵，工程应用案例比较少。

(3) 级联型多电平拓扑。针对箝位型多电平拓扑结构存在的一系列问题，Peng 等在 1996 年首次将级联多电平拓扑结构移植到 STATCOM 中，取得了显著的效果。风电场中级联 STATCOM 主电路拓扑结构如图 14-4 所示[203-206]，L_S 为连接电抗，R_S 为电阻之和，u_{sa}、u_{sb}、u_{sc} 为系统侧电压，u_{ca}、u_{cb}、u_{cc} 为装置的输出电压，i_{ca}、i_{cb}、i_{cc} 为补偿电流。级联 STATCOM 主要由多个两电平的 H 桥模块串联而成，直流侧电容彼此之间相互独立，没有直接联系，所以不存在均压问题。将所有 H 桥模块输出电压叠加得到谐波含量低、波形好的输出电压。

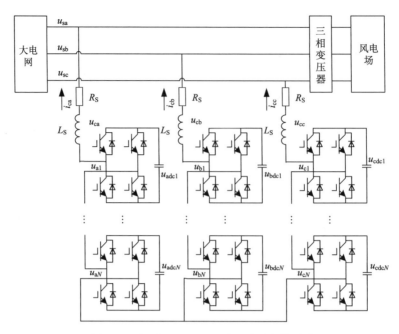

图 14-4 级联 STATCOM 的主电路拓扑结构

与多重化结构相比,级联 STATCOM 拓扑结构的主要优势有以下几方面。

①无需变压器便可接入系统,减少了装置的占地面积,降低了成本,同时解决了变压器的非线性和磁饱和带来的一系列问题,提高了装置的性能。

②每个 H 桥模块之间相互独立,而且各桥参数基本相同,便于实现模块化和冗余设计,简单增加模块就可提高装置的容量,系统可靠性大大提高。

③级联 STATCOM 具有补偿接入点电压不平衡的潜力,在不平衡工况下,能够通过分相控制实现各相接入点电压平衡,从而保证装置安全稳定运行。

三种多电平拓扑结构中需要的各类器件数量对比如表 14-1 所示。

表 14-1 三种多电平拓扑结构中需要的各类器件数量对比

拓扑结构	功率开关管	续流二极管	箝位二极管	箝位电容器	直流电容器
二极管箝位型	$6(n-1)$	$6(n-1)$	$(n-1)(n-2)$	0	$n-1$
电容箝位型	$6(n-1)$	$6(n-1)$	0	$3(n-1)(n-2)/2$	$n-1$
级联型	$6(n-1)$	$6(n-1)$	0	0	$3(n-1)/2$

结合表 14-1 中的数据,级联型拓扑相比箝位型具有自身独到的优点。

①在输出相同电平的情况下,级联型比箝位型使用的器件数量要少很多。

②便于扩展容量和模块化设计。级联多电平结构是由多个相互独立的 H 桥模块串联而成,各模块参数基本相同,便于扩展装置容量,易于实现模块化设计,单个模块故障不会影响装置整体运行效果,箝位型不具备这些特点。

③控制方法简单,实现起来较为容易,同时具备线电压和相电压冗余特性,而箝位型不具备相电压冗余。相电压冗余有利于均衡各功率单元的器件利用率,理论上可以让装置的器件利用率达到完全一致。

④可以实现软开关。在逆变桥中添加软开关电路，通过一定的控制方法后，便可实现软开关技术，从而省去了开关缓冲电路，提高了系统性能，减少了散热装置的数量，降低了成本。

因此级联型 STATCOM 近年来一直深受追捧。但是，级联 STATCOM 也具有一定缺陷。

①每个 H 桥单元的直流侧都需要单独供电，虽然不存在直流电容的均压问题，但是将会增加不可控整流桥的数量；

②各模块之间没有直接联系，其各模块直流侧电压难以平衡。

综上所述，从技术性、经济性以及稳定性等多方面考虑，级联型多电平结构逆变器是相对比较完美的高压大容量 STATCOM 逆变器，相比其他结构具有一定的优势，在高压场合，特别是大规模风电场中具有广泛的应用基础。

2. 级联 STATCOM 工作原理

理想情况下，级联 STATCOM 可以看作一个幅值和相位都可以任意调节、与电网频率一致的电压源，级联 STATCOM 的单相等效电路如图 14-5 所示。其中，$\dot{U}_\text{S}$ 为系统电压，$\dot{I}$ 为装置的注入电流，$\dot{U}_\text{C}$ 为装置的输出电压，$\dot{U}_\text{L}$ 为连接电抗上的电压。

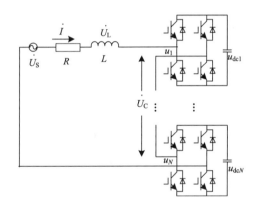

图 14-5　级联 STATCOM 的单相等效电路

静止坐标下，级联 STATCOM 装置单相等效电路的数学模型为

$$L\frac{\text{d}i}{\text{d}t}=u_\text{s}-iR-u_\text{c} \tag{14-1}$$

式中，u_s 为系统电压；i 为装置注入电流；u_c 为级联 STATCOM 装置输出电压。

为了使装置具有更快的无功响应速度，通常将静止坐标下的三变量转换为旋转坐标下的两变量来进行分析，其直流侧电容的数学表达式可由交流侧与直流侧能量守恒定律求得，以此来提高控制效率和精度。

由 PARK 变换可知：

$$\begin{bmatrix} i_\text{d}(t) \\ i_\text{q}(t) \\ i_0(t) \end{bmatrix} = T \begin{bmatrix} i_\text{sa}(t) \\ i_\text{sb}(t) \\ i_\text{sc}(t) \end{bmatrix} \tag{14-2}$$

式中，T 为线性变换矩阵，大小为

$$T = \sqrt{\frac{2}{3}} \begin{bmatrix} \cos\omega t & \cos\left(\omega t - \dfrac{2\pi}{3}\right) & \cos\left(\omega t + \dfrac{2\pi}{3}\right) \\ -\sin\omega t & -\sin\left(\omega t - \dfrac{2\pi}{3}\right) & -\sin\left(\omega t + \dfrac{2\pi}{3}\right) \\ \dfrac{1}{\sqrt{2}} & \dfrac{1}{\sqrt{2}} & \dfrac{1}{\sqrt{2}} \end{bmatrix} \tag{14-3}$$

由于在三相三线制输电中，三相电流之和为 0，即 $i_0(t)$ 为 0。因此，在旋转坐标下级联 STATCOM 有功、无功电流以及直流侧电压的表达式为

$$\frac{\mathrm{d}}{\mathrm{d}t}\begin{bmatrix} i_{\mathrm{d}} \\ i_{\mathrm{q}} \\ u_{\mathrm{c}} \end{bmatrix} = \begin{bmatrix} -\dfrac{R}{L} & \omega & -\dfrac{\sqrt{3}K}{\sqrt{2}L}\sin\delta \\ -\omega & -\dfrac{R}{L} & -\dfrac{\sqrt{3}K}{\sqrt{2}L}\cos\delta \\ \dfrac{\sqrt{3}K}{\sqrt{2}C}\sin\delta & \dfrac{\sqrt{3}K}{\sqrt{2}C}\cos\delta & 0 \end{bmatrix}\begin{bmatrix} i_{\mathrm{d}} \\ i_{\mathrm{q}} \\ u_{\mathrm{c}} \end{bmatrix} + \frac{1}{L}\begin{bmatrix} 0 \\ \sqrt{3}u_{\mathrm{s}} \\ 0 \end{bmatrix} \tag{14-4}$$

式中，K 为装置的增益比例；δ 为输出电压与电网电压之间的相位角；ω 为角频率，u_{s} 为系统电压的瞬时有效值；u_c 为直流侧电容电压之和。

基于瞬时功率理论的分析，级联 STATCOM 输入电网的瞬时有功功率和无功功率表达式为

$$\begin{cases} p(t) = u_{\mathrm{d}}(t)i_{\mathrm{d}}(t) + u_{\mathrm{q}}(t)i_{\mathrm{q}}(t) \\ q(t) = u_{\mathrm{q}}(t)i_{\mathrm{d}}(t) - u_{\mathrm{d}}(t)i_{\mathrm{q}}(t) \end{cases} \tag{14-5}$$

因为电压 d 轴分量 $u_{\mathrm{d}} = -\sqrt{3}u_{\mathrm{s}}$，电压 q 轴分量 $u_{\mathrm{q}} = 0$。所以，式 (14-5) 可表示为

$$\begin{cases} p(t) = -\sqrt{3}u_{\mathrm{s}}i_{\mathrm{d}}(t) \\ q(t) = -\sqrt{3}u_{\mathrm{s}}i_{\mathrm{q}}(t) \end{cases} \tag{14-6}$$

由式 (14-6) 可知，调节有功电流 $i_{\mathrm{d}}(t)$ 的大小，便可以改变装置吸收的有功功率大小；调节无功电流 $i_{\mathrm{q}}(t)$ 的大小，便可以改变其吸收或释放无功功率的大小。通过一定的控制方法，就可以让装置吸收或者发出满足系统要求的有功、无功电流，从而实现无功补偿的目的。

理想情况下，STATCOM 的基本工作原理矢量分析如图 14-6 所示，此时忽略了装置的有功损耗，即图 14-5 中的 $R=0$ 时。可以看出，装置输出电压 $\dot{U}_{\mathrm{C}}$ 与系统电压 $\dot{U}_{\mathrm{S}}$ 的相位相同，所以只需要控制 $\dot{U}_{\mathrm{C}}$ 的幅值便可以控制输出电流 $\dot{I}$ 的大小和方向，从而决定装置吸收感性或者容性无功的大小，实现无功补偿的功能。当输出电流超前输出电压 90°时，$\dot{U}_{\mathrm{C}}$ 的幅值大于 $\dot{U}_{\mathrm{S}}$，装置本身相当于一个电容器，STATCOM 向电网输送无功电流，为电网注入感性无功，此时称装置工作在容性工况状态，如图 14-6(a) 所示。相反，当输出电流滞后输出电压 90°时，$\dot{U}_{\mathrm{C}}$ 的幅值小于 $\dot{U}_{\mathrm{S}}$，装置本身相当于一个电抗器，电网向 STATCOM 输送无功电流，装置为电网注入容性无功，此时称装置工作在感性工况状态，如图 14-6(b) 所示。因为级联 STATCOM 的输出电压 $\dot{U}_{\mathrm{C}}$ 的幅值与相位可以连续快速的调节，所以装置输出的无功电流的方向和大小也可连续改变，从而可以使其能够在容性和感性工况之间进行不断的切换，实现动态无功补偿的功能。

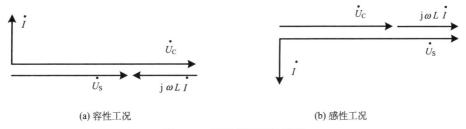

(a) 容性工况   (b) 感性工况

图 14-6   理想情况下矢量图

然而在实际情况下，连接电抗器和逆变器本身都会消耗一定的有功功率，即图 14-6 中的 $R \neq 0$，此时其工作原理矢量图如图 14-7 所示。

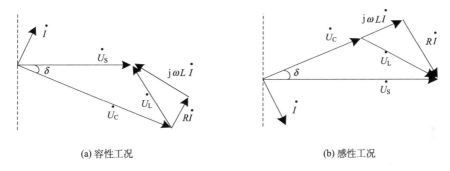

(a) 容性工况   (b) 感性工况

图 14-7   实际情况下矢量图

由于有功损耗全部反映在电阻 R 上，所以输出电流 $\dot{I}$ 和装置的输出电压 $\dot{U}_C$ 之间角度仍然相差 90°，但是输出电流 $\dot{I}$ 与电网电压 $\dot{U}_S$ 之间的角度已经不再是 90°，而是小了 δ°。此时，装置必须从电网中吸收一定的有功功率来补偿其自身消耗的有功，从而保证系统整体的能量平衡。从图 14-7 中可以看出，对于输出电流 $\dot{I}$ 来说，其相对于 $\dot{U}_S$ 的投影为有功电流，而与 $\dot{U}_S$ 正交的投影为无功电流。通过改变输出电压 $\dot{U}_C$ 的幅值和相位，随之改变了电流 $\dot{I}$ 的方向和大小，也就改变了输出电流对应的有功、无功分量的大小，从而实现了装置在不同工况下的动态无功补偿功能。

STATCOM 除了补偿无功，还具备稳定电压的功能，其调节系统电压的原理如图 14-8 所示，$\dot{U}_{ref}$ 为系统电压给定值，假设开始时系统电压为 $\dot{U}_{S0}$，STATCOM 输出电压为 $\dot{U}_{C0}$，相位滞后系统电压为 δ_0，STATCOM 输出电流的无功分量为 $\dot{I}_0$。当系统电压跌落时，通过增大 δ_0 至 δ_1，使 STATCOM 输出电压增大至 $\dot{U}_{C1}$，输出电流的无功分量增大至 $\dot{I}_1$，并将系统电压提升至 $\dot{U}_{S1}$；当系统电压上升时，则减小 δ_0 至 δ_2，使 STATCOM 输出电压为 $\dot{U}_{C2}$，输出电流的无功分量为 $\dot{I}_2$，并将电网电压降至 $\dot{U}_{S2}$，从而维持系统电压稳定在 $\dot{U}_{ref}$ 附近。

STATCOM 在进行动态无功补偿的同时，还可以通过检测负载电流中谐波电流的大小产生补偿指令信号，将该信号叠加到系统补偿电流指令中，从而让装置发出与系统谐波电流大小相等的补偿电流，彼此相互抵消，起到抑制谐波的功能。

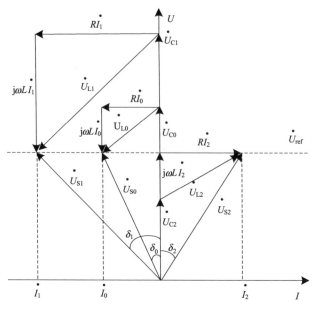

图 14-8 STATCOM 调节电压矢量图

3. 系统主电路参数

1) 级联模块数

每相 H 桥模块的数量由每个模块承受的最低电压、变流器的输出电压和冗余数量等条件共同决定。

由于 STATCOM 采用自供电方式，每个模块承受系统的最低电压是 U_{imin}，这样最大级联模块数 N_{max} 可以由以下公式计算：

$$k \times \frac{U_{smin}}{\sqrt{3}N_{max}} \geqslant U_{imin} \tag{14-7}$$

式中，通常取 $k=1.2$；一般电压的波动范围为 $\pm 10\%$，U_{smin} 为最低系统电压，取 $U_{smin}=90\%U_s$。根据式 (14-7)，可求得最大级联模块数 N_{max}。

而

$$U_{out} = \sqrt{3} \times \left(N_{min} \times U_{iout} / \sqrt{2} \right) \tag{14-8}$$

式中，U_{iout} 是第 i 个 H 桥模块交流侧的输出电压。

容性工况时，输出电压为

$$U_{out} \geqslant U_{smax} \tag{14-9}$$

式中，U_{smax} 为最高系统电压，取 $U_{smax}=110\%U_s$，可求得最小级联模块数 N_{max}。

所以，级联 STATCOM 单相级联模块数 N 的选取范围为

$$N_{min} < N < N_{max} \tag{14-10}$$

考虑到系统冗余，通常在不超过最大值的情况下选择多加 1~2 个模块。

2) IGBT 元件

IGBT 的选取通常依据阻断电压和最大电流。

元件的阻断电压为

$$U_{\mathrm{m}} = k_1(k_2 U_{\mathrm{p}} + U_{\mathrm{d}}) \tag{14-11}$$

式中，k_1 是绝缘因子；k_2 是过电压因子；U_{p} 是器件断开时的峰值电压；U_{d} 是器件的额定电压。

元件最大电流为

$$I_{\mathrm{m}} = \alpha_1 \cdot \alpha_2 \cdot \alpha_3 \cdot I_{\mathrm{o}} \tag{14-12}$$

式中，I_{o} 为器件额定电流；α_1 为电流峰值系数；α_2 为温度下降系数；α_3 为过载系数。

3）连接电抗器

由于直流侧电压 U_{dc} 大小基本保持不变，则交流侧的输出电压 U_{out} 有一个上限值，在取得上限值的情况下，连接电抗器的选取应保证此时 STATCOM 能可靠地输出最大感性无功功率。

当系统采用单极倍频 SPWM 调制策略，交流侧输出的基波电压幅值为

$$U_{\mathrm{outmax}} = N M U_{\mathrm{dc}} \tag{14-13}$$

式中，N 为级联模块数；M 为调制比。

装置必须满足：

$$U_{\mathrm{outmax}} \geqslant U_{\mathrm{smax}} + \omega L I_{\mathrm{max}} \tag{14-14}$$

式中，U_{smax} 为最大电网电压；I_{max} 为输出最大容性无功时的无功电流。

根据式（14-14），外加电流峰值之谐波抑制要求，连接电抗的选取应满足：

$$\frac{U_{\mathrm{outmax}}}{N \cdot f \cdot \Delta i_{\mathrm{max}}} \leqslant L \leqslant \frac{U_{\mathrm{outmax}} - U_{\mathrm{smax}}}{\omega I_{\mathrm{max}}} \tag{14-15}$$

式中，f 为等效开关频率；Δi_{max} 为谐波电流最大允许值（通常取最大输出电流峰值的 20%）。

除了上述条件，电抗器的选取还应考虑纹波电流的大小。电抗越大，纹波电流越小；电抗越小，纹波电流越大。因此，电抗在满足式（14-15）时应取大一点。

4）直流侧电容

功率支撑电容按额定工作频率 50Hz 选择，纹波电压及电流的计算公式如下：

$$U_{\mathrm{ripple}} = U_0 \cdot I_0 \cdot \sin(2\omega \cdot t - \alpha) / U_{\mathrm{dc}} \cdot 2\omega \cdot C \tag{14-16}$$

$$U_{\mathrm{ripple}} = U_0 \cdot I_0 \cdot \cos(2\omega \cdot t - \alpha) / U_{\mathrm{dc}} \tag{14-17}$$

由式（14-16）、式（14-17）可知，纹波电压、电流的大小与输出电压、电流的乘积均成正比。

由于纹波电压必须满足 $U_{\mathrm{ripple}} < 10\% U_{\mathrm{dc}}$ 条件，因此最小电容的选取方程为

$$C_{\mathrm{min}} = U_0 I_0 \sin(2\omega t - \alpha) / U_{\mathrm{dc}} \cdot 2\omega U_{\mathrm{ripple}} = 2\pi f \cdot I_{\mathrm{rms}} / U_{\mathrm{ripple}} \tag{14-18}$$

5）旁路单元

变流器机组由多个功率模块连接，单个功率模块出现故障时将导致机组停机，影响用户的生产并带来不同程度的损失。为了提高系统的稳定性，采用功率单元旁路设计，当一个或多个功率单元出现故障时，可以通过控制旁路掉故障单元，级联 STATCOM 仍能正常工作，从而提高装置运行的可靠性。

变流器采用接触器作为旁路开关，当模块故障时旁路开关立即合闸。变流器旁路电路如图 14-9 所示。L1、L2 分别与其他模块单元通过串联方式连接。

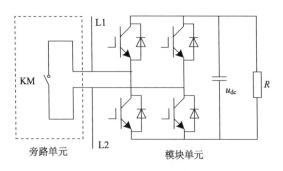

图 14-9 变流器旁路电路

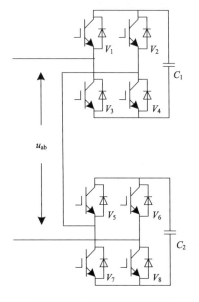

图 14-10 单相两模块级联
STATCOM 拓扑结构

14.1.2 单极倍频 SPWM 调制策略

单极倍频 SPWM 调制策略能够有效地减少输出电压中的谐波成分，具有输出波形质量好、信号传输带宽等特点[207]。

所谓倍频是指其输出电压频率比器件开关频率提高了一倍。所以与普通 PWM 调制相比，单极倍频 SPWM 调制策略能在同样器件频率下，把输出电压的脉动波频率等效地提高一倍，从而有利于降低开关损耗，优化波形质量。

以 H 桥模块串联的单相级联 STATCOM 为例，其结构如图 14-10 所示。调制波反相法原理如图 14-11(a) 所示，u_{c1} 是第一个 H 桥的载波信号，u_{c2} 是第二个 H 桥的载波信号，u_{s1} 和 u_{s2} 为调制波信号。其中，T1 是 V1 管的脉冲信号，T2 对应 V2 管，T3 对应 V5 管，T4 对应 V6 管。载波反相法原理如图 14-11(b) 所示，其中 u_{c1} 和 u_{c3} 为第一个 H 桥模块的载波信号，u_{c2} 和 u_{c4} 为第二个 H 桥模块的载波信号，此时两个 H 桥模块共用一个调制波 u_s，脉冲序列与开关管的对应关系如图 14-11 中箭头所示。

对于单个两电平 H 桥模块，采用 SPWM 调制，其输出电压为

$$v_o = U_{dc}\left\{ M\sin(\omega_s t + \delta) + 2\sum_{m=1}^{\infty}\sum_{n=-\infty}^{\infty}\frac{1}{m}\sin(m+n)\cdot J_n(\pi mM/2)\sin\left[m(\omega_c t + \phi) + n(\omega_s t + \delta)\right] \right\}$$

(14-19)

式中，U_{dc} 为直流侧电容电压；M 为调制比；ω_s 为调制波角频率；ω_c 为载波角频率；δ 为调制波相位；φ 为载波相位；$J_n(x)$ 为贝塞尔函数，其表达式为

$$J_n(x) = \frac{1}{2\pi}\int_{-\pi}^{\pi} e^{-jx\sin y}e^{jny}dy$$

(14-20)

对于 N 个两电平 H 桥串联而成的单相级联 STATCOM，通过调制波与 N 个载波信号比较后，得到各 H 桥模块的驱动脉冲信号。每个载波的相位相差一定角度，通常数值为三角载波周期的 $1/2N$，则第 $i(1\leqslant i\leqslant N)$ 个逆变器载波信号的相位为

$$\varphi_i = \varphi + \pi i/N$$

(14-21)

由式(14-19)、式(14-21)可知，第 i 个 H 桥模块的输出电压为

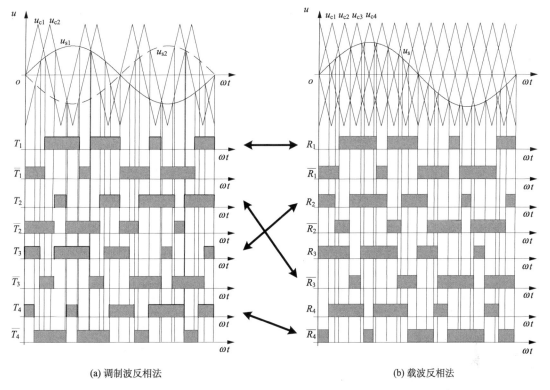

(a) 调制波反相法   (b) 载波反相法

图 14-11 单极倍频 SPWM 示意图

$$v_{oi} = U_{dc}\left\{ M\sin(\omega_s t + \delta) + 2\sum_{m=1}^{\infty}\sum_{n=-\infty}^{\infty}\frac{1}{m}\sin(m+n)\cdot J_n(\pi m M/2)\sin\left[m(\omega_c t + \varphi + (i-1)\pi/N) + n(\omega_s t + \delta)\right]\right\}$$

(14-22)

由正弦函数的特征可知：

$$\sum_{i=1}^{N}\sin\left[m(\omega_c t + \varphi + (i-1)\pi/N) + n(\omega_s t + \delta)\right] = \begin{cases} 0, & m \neq jN \\ N\sin\left[m(\omega_c t + \varphi) + n(\omega_s t + \delta)\right], & m = jN \end{cases}$$

(14-23)

式中，$j = 1, 2, \cdots, \infty$。

单相级联 STATCOM 的输出电压为 i 个 H 桥模块输出电压之和，所以装置的单相输出电压为

$$v_{out} = U_{dc}\left\{ NM\sin(\omega_s t + \delta) + 2N\sum_{m=1}^{\infty}\sum_{n=-\infty}^{\infty}\frac{1}{jN}\sin(jN+n)\cdot J_n(\pi jNM/2)\sin\left[jN(\omega_c t + \varphi) + n(\omega_s t + \delta)\right]\right\}$$

(14-24)

由式 (14-23) 可知，当载波倍数 m 与模块数 N 不是整数倍关系时，相应频带上的谐波都为 0；当 m 是 N 的整数倍时，则把原来的载波频率相应提高了 N 倍，谐波主要分布在载波频率的 N 倍以及 N 倍上下谐波边带中。

单极倍频 SPWM 调制策略应用到级联 STATCOM 中具有的主要优点有以下几方面。

(1) 能够减小器件所承受的电压，有效地减少输出谐波含量，使输出电压的开关等效频率提高 2N 倍，其中 N 为单相级联模块数，在较低的开关频率下获得较高的等效开关频率。

(2)不管单相级联 STATCOM 调制比奇偶与否，也不论级联 H 桥模块数是奇是偶，其边带永远只含有奇数次谐波。

(3)并网输出电压中一定不会含有直流分量，系统相对比较稳定。

14.2 级联 STATCOM 直流侧电容电压平衡控制方法

14.2.1 直流侧电容电压不平衡的原因

理想情况下，假设级联 STATCOM 装置的有功损耗为零，装置只与系统进行无功交换，只产生无功电流，该电流对直流侧电容器进行规律性充放电，使得各 H 桥模块直流侧电压基本稳定在一恒定值。但是在实际情况下，由于每个模块功率器件差异、有功损耗差异以及脉冲信号延迟等因素的影响，其直流侧电容电压往往会出现比较严重的不平衡现象。

以模块功率作为出发点进行定性分析。稳态时，级联 STATCOM 的直流侧电容电压的大小与并联型、混合型损耗息息相关。对每个 H 桥模块而言，当其交流侧吸收的有功功率大于模块有功损耗时，与之有关的并联型、混合型损耗都会增加，导致直流侧电容电压升高；同理，当其交流侧吸收的有功功率小于模块有功损耗时，这两类损耗都会降低，直流侧电压下降。另外，脉冲信号延迟会影响装置吸收的有功功率，所以也会影响直流侧电压的大小。具体分析如下。

图 14-12(a)所示为任意选取的级联 STATCOM 一个模块，图 14-12(b)为其单个模块的矢量图。其中，u_{out} 是模块的输出电压，i_s 是输出电流，u_{dc} 是模块直流侧电压，R 是并联电阻，δ 是输出电压和电流的相位差。

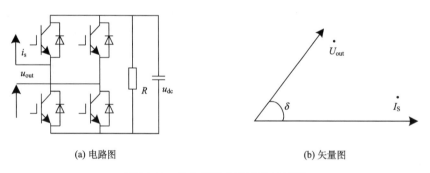

(a) 电路图　　　　　　　　　　　(b) 矢量图

图 14-12　单个模块电路图及矢量图

依据功率平衡，模块直流侧电容电压的变化依赖其交流侧吸收的有功功率和模块自身消耗的有功功率为

$$\Delta P = P_{in} - P_l = \frac{1}{2}C\frac{du_{dc}^2}{dt} \tag{14-25}$$

式中，P_{in} 是模块吸收的有功功率；u_{dc} 是电容电压瞬时值；P_l 是模块自身的有功损耗，主要由并联型和混合型损耗组成：

$$P_l = P_{bl} + P_{hl} \tag{14-26}$$

式中，P_{bl} 是模块并联型损耗；P_{hl} 是混合型损耗。其中并联型损耗可等效为

$$P_{bl} = \frac{U_{dc}^2}{R} \tag{14-27}$$

原则上，混合型损耗只需考虑其开关损耗，数学表达式为

$$P_{hl} = \frac{4}{\pi} f \left(E_{on} + E_{off} \right) \frac{U_{dc} I_S}{U_0 I_0} \tag{14-28}$$

式(14-27)、式(14-28)中，U_{dc} 是电容电压的平均值；f 是系统频率；U_0 是额定电压；I_0 是额定电流；E_{on} 与 E_{off} 分别是开关器件在 U_0、I_0 以及给定条件下的导通和关断损耗。

图 14-12(b)中，U_{out} 是输出电压的有效值；I_S 是输出电流的有效值。则模块交流侧吸收的有功功率为

$$P_{in} = U_{out} \cdot I_S \cdot \cos \delta \tag{14-29}$$

由式(14-25)、式(14-27)~式(14-29)可知，由于流经单相级联 STATCOM 的每个 H 桥模块的电流 i_s 为同一电流，则其直流侧电压的差异与参数 U_{out}、δ、R、E_{on}、E_{off} 有关，上述几个参数分别与直流侧损耗(即并联型损耗和混合型损耗)、驱动脉冲延迟以及功率开关管参数相关，从而在理论上验证了上述分析的正确性。

综上所述，对于级联 STATCOM 直流侧电压不平衡原因，基本可以归纳为以下几方面。

(1)并联型损耗差异。主要包含开关器件的断态损耗、逆变器线路损耗和电容损耗，该损耗只和电容电压有关。存在器件断态损耗的原因是当功率开关管处于断态时，管中仍有漏电流经过，续流二极管中会有反向恢复电流存在，故会造成有功损耗，从而影响直流电容电压的大小。理想情况下电容器不消耗有功，但实际上电容器存在一定的有功损耗，所以会影响各模块电容电压的平衡，通常选择用并联电阻来模拟分析该损耗。

(2)混合型损耗差异。主要包含功率管的开关损耗以及续流二极管的反向恢复损耗，该损耗与电容电压、装置开关频率以及输出电流有关。

(3)触发脉冲延时差异。理想状态下，各模块发出的驱动脉冲信号指令基本一致，但是该信号经过放大电路和逻辑处理等各个环节以后，各模块实际接收到的脉冲信号会产生一定的延迟，而且各模块延迟时间都不相同，从而影响每个模块有功交换，造成其直流侧电容电压的不平衡。

(4)系统电压不平衡。当系统处于不平衡工况时，由于负序分量的存在，负序电压与正序电流之间的相互作用会影响每个模块的有功损耗，而有功损耗直接影响着直流侧电压，所以会造成各模块电压不平衡度越来越大，所以本章第 3 节专门针对不平衡工况下的级联 STATCOM 提出了相应的控制方法。

14.2.2　传统电容电压平衡控制方法

目前，针对级联 STATCOM 直流侧电压平衡控制方法，基本可以分为两大类：外部平衡控制法和内部自身控制法。

1)外部平衡控制法

外部平衡控制法是通过将级联 STATCOM 各模块直流侧电容与外部共用电源组合进行能量交换，保证各模块电容电压平衡。主要有三种控制方法。

(1)利用并联电阻调节并联型损耗控制方法。主要是通过控制与等效电阻串联在一起的功率开关器件的导通与关断时间，调节并联在电容器两端的等效电阻来模拟调节模块的并联型损耗。当模块电容电压上升时，通过增大电阻值来提高并联型损耗，使电容电压下降；反之亦可。该方法可以比较容易地实现均衡控制，但是额外的电路无疑增加了装置的损耗，经

济性较差。

(2)基于共用交流母线外部平衡控制方法，其原理如图 14-13（a）所示。每个模块的直流侧并联一个逆变器，负责直流电和交流电之间的转换。逆变器通过升压变压器连接到共用交流母线上。当模块电容电压偏高时，则将能量传送至共用交流母线，电容自身放电使其电压降低；当模块电容电压偏低时，则从交流母线吸收能量，电容充电使其电压升高。该方法虽然能够有效地实现直流侧电容电压的动态平衡，但也存在第一种方法具有的缺点。

(3)基于共用直流母线外部平衡控制方法，其原理如图 14-13（b）所示。每个模块直流侧连接逆变器与变压器后再通过不可控整流桥并入共用直流母线。由于采用了不可控整流桥，能量无法实现双向流动，所以电容充放电的回路不同，其模块交流侧经过变压器和不可控整流桥后，并入共用直流母线中。整个外设装置为 2 组隔离变压器、2 组不可控整流桥以及 1 组逆变器，装置整体成本直线上升，占地面积也显著增加。

外部平衡控制方法实现起来较为简单，通过单向控制直流侧电容的充放电，保证其电压的平衡，不会影响装置整体无功补偿的效果，具有一定的工程应用基础。但是，其需要加入许多逆变器、变压器等装置，使得装置成本大幅度提高，系统损耗也显著增加，可靠性有所降低。

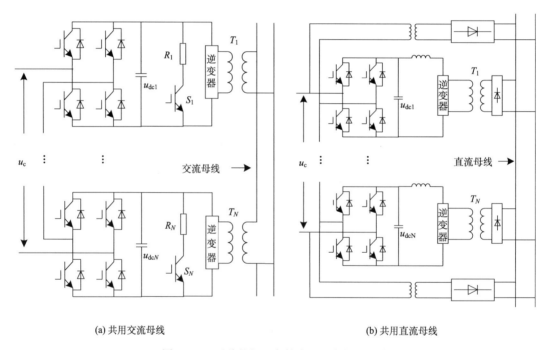

(a) 共用交流母线   (b) 共用直流母线

图 14-13　两种外部平衡的电压平衡控制方法

2)内部自身控制法

内部自身控制法与外部平衡控制法的不同在于，其主要靠通过内部自身的一些控制算法，改变装置从电网吸收或者释放有功功率的大小，实现各模块直流侧电压平衡。相比外部平衡控制方法，该类方法无须额外的外部硬件均压电路，降低了成本，不过控制复杂度有所上升。因为流经各模块的相电流为同一电流，对于模块吸收或释放的有功功率，只需控制输出电压的幅值与相位便可以调节，也就是调节调制比 M 和相位角 δ 的大小。基于此，内部自身控制法大体分为下面三种。

（1）相位角 δ 不变，只改变调制比 M。具有较快的动态无功响应速度，但输出电压中谐波含量和器件承受的电压比较高。

（2）调制比 M 不变，只改变相位角 δ。输出电压中谐波含量和器件承受的电压都比较低，但装置动态无功响应速度慢。

（3）同时改变调制比 M 和相位角 δ。效果好，但控制起来比较复杂。

由于第一种方法动态无功响应速度快，实现起来最简单，考虑到级联 STATCOM 自身具有输出电压谐波含量少和器件承受电压低的优点，能够一定程度上弥补该方法的缺陷，因此比较适合作为装置电容电压平衡控制的方法。

14.2.3 有功功率均等分配的直流侧电容电压平衡控制方法

本节提出的控制方法可以归属为内部自身控制方法这一类，分层协调控制策略中下层的电容电压平衡控制与上层整体控制算法相互独立，不会存在耦合现象，只改变模块有功而不会影响其无功输出，同时结合了外部平衡控制法和内部自身控制法的优点。具体思路如下。

1）系统总体控制

在 dq 旋转坐标下，级联 STATCOM 的等效电路的解耦方程式为

$$u_{cd} = -\left(K_p + \frac{K_1}{s}\right)(i_d^* - i_d) - \omega L i_q + u_{sd} \tag{14-30}$$

$$u_{cq} = -\left(K_p + \frac{K_1}{s}\right)(i_q^* - i_q) + \omega L i_d + u_{sq} \tag{14-31}$$

式（14-30）、式（14-31）中，K_p、K_i 是 PI 控制器的调节参数。根据上述方程式，可以得到级联 STATCOM 系统总体控制如图 14-14 所示。上层通过解耦分离系统有功、无功分量，实现有功无功总体控制，然后利用模块控制器实现对下层各模块直流侧电压的平衡控制。u_{dcref} 为模块额定直流电容电压，u_{dc} 为各模块实际直流电容电压的平均值，通过调节有功指令电流 i_d^*，改变系统吸收有功功率的大小来改变直流侧电容充放电时间。

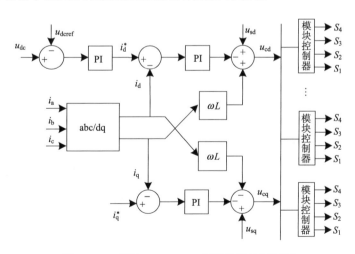

图 14-14 级联 STATCOM 系统总体控制框图

2) 有功功率均等分配的原理

由于流经模块的电流为同一电流 i，所以各模块吸收的有功功率大小为

$$\begin{cases} P_1 = u_1 \cdot i \cdot \cos\delta \\ P_2 = u_2 \cdot i \cdot \cos\delta \\ \quad\vdots \\ P_N = u_N \cdot i \cdot \cos\delta \end{cases} \qquad (14\text{-}32)$$

式中，$u_1, u_2, \cdots, u_N$ 为各 H 桥模块交流侧的输出电压；δ 为移相角。

又因为

$$\begin{cases} \Delta P_1 = P_1 - P_{s1} = \dfrac{1}{2} C_1 \dfrac{\mathrm{d}u_{dc1}{}^2}{\mathrm{d}t} \\ \Delta P_2 = P_2 - P_{s2} = \dfrac{1}{2} C_2 \dfrac{\mathrm{d}u_{dc2}{}^2}{\mathrm{d}t} \\ \qquad\qquad\vdots \\ \Delta P_N = P_N - P_{sN} = \dfrac{1}{2} C_N \dfrac{\mathrm{d}u_{dcN}{}^2}{\mathrm{d}t} \end{cases} \qquad (14\text{-}33)$$

式中，$P_{s1}, P_{s2}, \cdots, P_{sN}$ 为各模块的有功损耗；$C_1, C_2, \cdots, C_N$ 为各模块直流侧电容大小；$u_{dc1}, u_{dc2}, \cdots,$ u_{dcN} 为各模块直流侧电容电压。为了保证各模块直流侧电压平衡，则需 $\Delta P_1 = \Delta P_2 = \cdots = \Delta P_N$。由于各逆变桥的有功损耗变化不大，故可以调节各模块吸收的有功功率来改变相应直流侧电容的电压。

为了保证系统稳定，从级联 STATCOM 的控制特性入手，考虑到在四象限下的分析结果大致相同，以下主要以感性工况为例，由式(14-32)可知通过调节各模块交流侧输出的电压或者移相角来改变各模块的有功功率。

由图 14-15 可知，改变输出电压的幅值即改变调制比 M，只会改变其矢量的大小而不会改变其与电流的夹角，该方法动态无功响应特性好，相互之间耦合性低，系统稳定性好。

图 14-16 为通过改变输出电压移相角的矢量图，可以看出该方法会造成系统的不稳定，控制器参数设计也较为复杂。

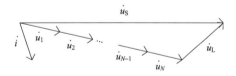 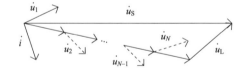

图 14-15　改变输出电压幅值的矢量图　　　　图 14-16　改变输出电压移相角的矢量图

3) 有功功率均等分配控制方法

基于上述分析，本章采用调节各模块输出电压的方法来调节对应的有功功率，最终达到平衡各模块直流电容电压的目的。有功功率均等分配控制各模块直流侧电容的电压平衡原理如图 14-17 所示。共有 N 个模块级联，$u_{cd1}, \cdots, u_{cdN}$ 分别为各模块输出电压的有功分量，若各直流侧电容电压平衡，则有 $\Delta P = \Delta P_1 = \Delta P_2 = \cdots = \Delta P_N$，则各模块交流侧吸收的有功功率为 $P_j = \Delta P + P_{sj}$ $(j=1,2,\cdots,N)$，$\Delta u_{cd1}, \cdots, \Delta u_{cdN}$ 为各模块需要合成电压的有功分量，$\Delta u_{c1}, \cdots, \Delta u_{cN}$ 为各模块交流侧需要合成电压的大小。

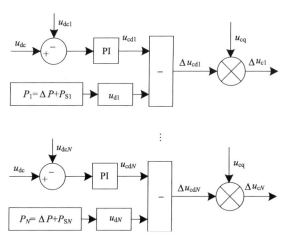

图 14-17 有功功率均等分配控制框图

4）分层协调控制

系统采用分层协调控制策略，具体控制流程如图 14-18 所示。中央处理器实现双闭环的上层解耦控制算法，包括总的有功、无功控制以及锁相环控制等，实现对级联 STATCOM 系统的总体控制。

下层采用模块控制器对每个级联模块进行单独控制，中央处理器将所得信息传递到各模块控制器中，同时各模块控制器将获得的信息反馈给中央处理器，实现资源共享的同步分层协调控制。对于 N 模块级联的 STATCOM，通过将中央控制器计算得到总的有功功率、检测到的各桥有功损耗等信息送入到模块控制器中，最后得到每个级联模块的交流侧所需合成电压，实现有功功率均等分配控制，从而达到各模块电容电压相互平衡的目的。

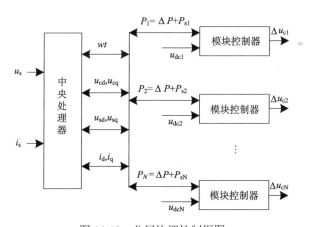

图 14-18 分层协调控制框图

14.2.4 仿真与实验分析

1）仿真分析

在 MATLAB/Simulink 下搭建图 14-4 的仿真模型，具体系统仿真参数如表 14-2 所示。

表 14-2　系统仿真参数

参数	数值
系统线电压 u_s/V	2000
风电场出口电压 u_0/V	690
电网频率 f_s/Hz	50
并网电感 L_s/mH	5
链节直流侧电容 C_{dc}/uF	2000
链节直流侧电压 u_{dc}/V	250
单级倍频 f_c/Hz	1000
级联模块个数 N	5

图 14-19 为级联 STATCOM 的 A 相直流侧电容电压波形。由图 14-19(a)可以看出，只有上层控制时各模块直流侧电压不平衡较为明显，240~255V 不等，且无明显改善迹象。图 14-19(b)为加入有功功率均等分配控制后的直流侧电压波形，其直流侧电压基本趋于一致，稳定在给定值 250V 左右。由此看出，该方法可以有效地稳定级联 STATCOM 各模块直流侧电容的电压，效果十分明显。

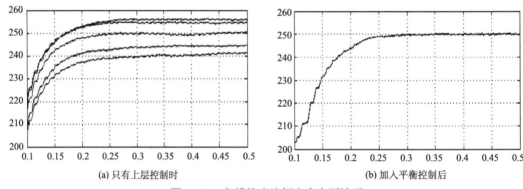

(a) 只有上层控制时　　　　　　　　　　(b) 加入平衡控制后

图 14-19　各模块直流侧电容电压波形

图 14-20 为级联 STATCOM A 相输出电压的频谱图。当只有上层控制时，输出电压的谐波畸变率 THD=1.16%；加入该平衡控制后，THD 减少到 0.13%。由此可知，所提控制方法可以有效地减少输出电压中的谐波含量，优化波形质量。

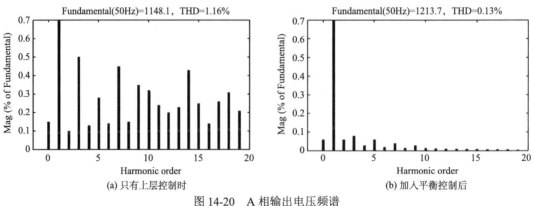

(a) 只有上层控制时　　　　　　　　　　(b) 加入平衡控制后

图 14-20　A 相输出电压频谱

图 14-21 为加装该装置的风电场并网出口电压波形，将电网电压分别由 1.00p.u.跌落到 0.90p.u.再恢复到 1.00p.u.，由 1.00p.u.上升到 1.10p.u.再恢复到 1.00p.u.，p.u.为系统电压的标 幺值。图 14-21(a)为只有上层控制时风电场出口电压波形，可以看出，此时装置可以将风电 场的出口电压由 0.90p.u.提高到 0.95p.u.左右，由 1.10p.u.降低到 1.04p.u.左右；图 14-21(b)为 加入该平衡控制后的波形图，可以看出，装置可以将其出口电压由 0.90p.u.提高到 0.99p.u.左 右，由 1.10p.u.降低到 1.01p.u.左右。比较两图可得，加入该平衡控制方法可以有效地稳定风 电场并网点的出口电压。

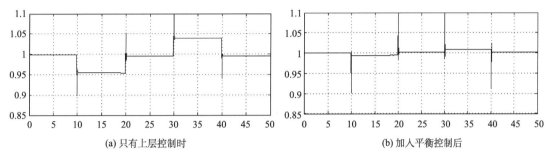

(a) 只有上层控制时　　　　　　　　　　(b) 加入平衡控制后

图 14-21　风电场并网点的出口电压波形

2)实验分析

为了验证控制方法的有效性，进行了实验研究。实验参数：系统电压是 100V，系统电流 是 5A，直流侧电容电压的参考值是 20V，单相级联模块数为 3 个。控制器为基于双 DSP+FPGA+CPLD 的组合系统，其中 DSP 主要用来实现装置整体控制算法、锁相、过电压 过电流保护等功能，FPGA 用来产生驱动脉冲信号，CPLD 用来扩展 I/O 接口数量。

图 14-22 显示为只有上层控制和加入平衡控制两种情况下 A 相各模块直流侧电压波形。 可以看出，不加平衡控制时，A 相各模块直流侧电压差异较为明显，最高为 23V，最低为 –12 V，最大相差 35 V，输出电压 THD 为 4.78%；加入平衡控制以后，各模块直流侧电压基 本趋于一致，最高为 20V，最低为 18V，最大相差仅为 2V，输出电压 THD 仅为 1.15%。实 验结果表明，有功功率均等分配的控制方法能够有效地解决级联 STATCOM 直流侧电容电压 不平衡的难题。

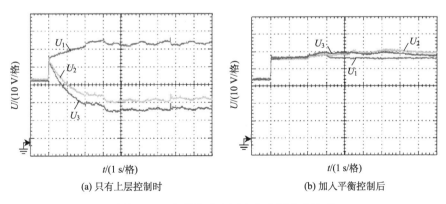

(a) 只有上层控制时　　　　　　　　　　(b) 加入平衡控制后

图 14-22　各模块直流侧电容电压实验波形

图 14-23 显示为补偿前系统的电压与电流，对比明显可以看出，补偿前系统电流波形较差，谐波含量很高，补偿后电流基本趋向于正弦波，质量较好。

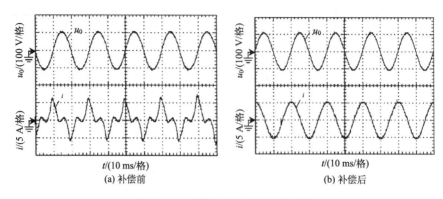

(a) 补偿前   (b) 补偿后

图 14-23   系统电压与电流实验波形

图 14-24 显示为系统电压突变时直流侧电压与系统电流，可以看出当电压突变时，其直流侧电容电压基本保持稳定，系统电流波形较好。

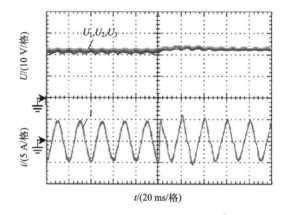

图 14-24   系统电压突变时直流侧电压与系统电流波形

加入该平衡控制方法后，不同工况下系统电压电流与装置输出电流的波形如图 14-25 所示。明显看出，级联 STATCOM 可以很好地工作在容性和感性工况下，实现良好的动态无功补偿。

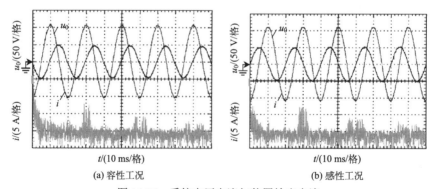

(a) 容性工况   (b) 感性工况

图 14-25   系统电压电流与装置输出电流

14.3 不平衡工况下级联 STATCOM 控制方法

14.3.1 系统不平衡产生原因及危害

1. 系统不平衡产生的原因

对于系统电压不平衡产生的原因，通常可以归纳为以下几个方面。

1)输电线路参数不同

在输电线路铺设过程中，其参数通常很难达到一致，原因是各相输电线的选型、输电线之间和输电线与地之间的距离以及所处环境等因素很难同时保持一致。

2)变压器参数不同

在实际供电系统中，由于变压器的选材、拓扑结构以及制造工艺水平的不同，其绕组之间的电路参数很难做到一致，所以三相变压器参数不一致情况会不可避免地发生。

3)缺相运行

缺相运行情况是指电力系统中三相电路中有一相或者两相由于严重的故障而断开运行，这种情况会使系统出现非常严重的不平衡现象。

4)三相负载不平衡

在实际电力系统中，相比由电源不对称而造成的系统电压不平衡现象，三相负载造成的不平衡问题显得更加常见。因为负载所处荷区的不确定性和波动性比较大，三相负载不平衡随时可能发生，由此带来整个系统电压不平衡的现象。特别随着工业化步伐越来越快，许多诸如电弧炉、电动机车、工厂用电设备等大功率不对称负载的投入使用，其对电网的冲击会严重影响负荷的平衡。另外，在大规模风电并网系统中，把风电系统作为并网负荷，风电的随机性和间歇性，会随时产生三相不对称电压，从而导致整个系统的电压不平衡。

在上述所列产生系统电压不平衡现象的原因中，输电线路以及三相变压器参数不一致对电力系统平衡性的影响非常小，通常可以忽略不计；至于缺相运行状况，一般系统都会有相应的规避和保护电路来应对。所以电力系统对上面三种情况没有提出具体的控制要求，故本章主要把研究的重点放在了由三相负载不平衡造成系统电压不平衡的问题上，主要探讨在大规模风电并网系统背景下不平衡工况时级联 STATCOM 的控制方法。当系统出现不平衡时，STATCOM 装置如果还使用原来的控制方法，其各模块直流侧电容电压不平衡会越来越严重，装置也可能因为过电流而退出运行，功率因数会明显降低。本章提出基于正序-负序解耦PWM 控制策略，并探讨了其两种工作模式，采用分时段控制系统实现级联 STATCOM 的资源最大化利用，并利用 MATLAB 软件搭建系统仿真模型，仿真和实验结果证明了所提方法是可行的、有效的。

2. 系统不平衡的危害

现在的电力设备和器件设计原则一般都是建立在系统平衡条件下的，当三相系统电压出现不平衡时，这些电力设备的运行性能和效率会显著下降，器件损耗明显增大、使用寿命陡然下降，严重时可能直接烧毁装置。系统电压的不平衡会影响整个电力系统的安全稳定，严重恶化系统电能质量，产生巨大的负面效应。随着现代社会对电能质量的要求逐渐提高，系统不平衡造成的危害受到了广泛的关注，具体有以下几个方面。

（1）输电线路的损耗增大。不平衡工况下，输电线路的有功和无功损耗都会增大，这也是系统三相电压不平衡时最显著的影响。

（2）干扰通信线路。当通信线路与输电线路两者距离比较接近时，输电线路中不平衡的电流将在通信线路周围产生感应磁场，从而会在线路中产生感应电动势，对通信线路传输信号产生强烈的干扰，严重时甚至还会造成设备的毁坏。

（3）影响变压器。系统不平衡时，会增加变压器损耗，降低装置寿命。

（4）影响继电保护装置。当不平衡系统产生的负序分量比较大时，可能会使继电保护装置发出错误指令，从而产生误操作，严重时还会造成保护失灵，影响装置安全运行。

（5）影响电机运行。系统中存在负序分量，增加了电机的损耗，发热量变大，工作效率下降，电机抖动和噪声增大，严重时会使电机使用寿命降低并可能烧毁三相绕组。

（6）影响电力用户。如在电压高的一相，会存在降低设备使用寿命、烧毁家用电器等问题；在电压低的一相，会发生灯光照明不足、电力设备的工作效率下降等问题。

14.3.2 不平衡工况下级联 STATCOM 工作特性分析

级联 STATCOM 的安全运行一共受到两个因素的影响：一是装置输出的电流；二是直流侧电容的电压。

输出电流在装置安全运行时有严格的上限 $I_{\max}$，为防止装置过电流，必须满足：

$$I < I_{\max} \tag{14-34}$$

直流侧电容电压在装置运行时也有严格的上限 $U_{c\max}$ 和下限 $U_{c\min}$，装置安全运行必须满足：

$$U_{c\min} < U_c < U_{c\max} \tag{14-35}$$

所以在不平衡系统中，为了保证级联 STATCOM 装置正常运行必须满足上述两个条件。

对于任何一个不平衡系统而言，依据对称分量法原理，可以将其分成正序、负序和零序三个平衡分量来进行分析。在三相三线制系统中，由于不存在零序分量，所以系统的三相电压可表示为

$$
\begin{bmatrix} v_{sab} \\ v_{sbc} \\ v_{sca} \end{bmatrix} =
\begin{bmatrix} V_{s+}\sin(\omega t + \alpha) \\ V_{s+}\sin\left(\omega t + \alpha - \dfrac{2}{3}\pi\right) \\ V_{s+}\sin\left(\omega t + \alpha + \dfrac{2}{3}\pi\right) \end{bmatrix} +
\begin{bmatrix} V_{s-}\sin(\omega t + \beta) \\ V_{s-}\sin\left(\omega t + \alpha + \dfrac{2}{3}\pi\right) \\ V_{s-}\sin\left(\omega t + \alpha - \dfrac{2}{3}\pi\right) \end{bmatrix}
\tag{14-36}
$$

式中，v_{sab}、v_{sbc}、v_{sca} 是系统三相电压；V_{s+}、V_{s-} 是系统电压正序和负序分量的幅值；α、β 是系统正序、负序电压的相位。

1）只输出正序分量情况

级联 STATCOM 只输出电压正序分量 v_{out+} 情况时，其原理如图 14-26 所示。

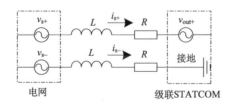

图 14-26　只输出电压正序分量情况

通常，选择忽略级联 STATCOM 装置的有功损耗来简化分析其工作状态，则输出正序电压为

$$v_{\text{out+}} = \begin{bmatrix} V_{\text{out+}} \sin(\omega t) \\ V_{\text{out+}} \sin\left(\omega t - \dfrac{2\pi}{3}\right) \\ V_{\text{out+}} \sin\left(\omega t + \dfrac{2\pi}{3}\right) \end{bmatrix} \tag{14-37}$$

此时，级联 STATCOM 在电网负序侧相当于接地，故其输出负序电压为 0。

而输出电压为

$$v = v_{\text{out+}} + v_{\text{out-}} \tag{14-38}$$

同理，输出正序电流为

$$i_{\text{S+}} = \begin{bmatrix} I_{\text{S+}} \sin\left(\omega t - \dfrac{\pi}{2}\right) \\ I_{\text{S+}} \sin\left(\omega t - \dfrac{2\pi}{3} - \dfrac{\pi}{2}\right) \\ I_{\text{S+}} \sin\left(\omega t + \dfrac{2\pi}{3} - \dfrac{\pi}{2}\right) \end{bmatrix} \tag{14-39}$$

输出负序电流为

$$i_{\text{S-}} = \begin{bmatrix} I_{\text{S-}} \sin\left(\omega t + \alpha - \dfrac{\pi}{2}\right) \\ I_{\text{S-}} \sin\left(\omega t + \alpha - \dfrac{2\pi}{3} - \dfrac{\pi}{2}\right) \\ I_{\text{S-}} \sin\left(\omega t + \alpha + \dfrac{2\pi}{3} - \dfrac{\pi}{2}\right) \end{bmatrix} \tag{14-40}$$

输出电流为

$$i_{\text{S}} = i_{\text{S+}} + i_{\text{S-}} \tag{14-41}$$

式中

$$\begin{cases} I_{\text{S+}} = \dfrac{V_{\text{S+}} - V_{\text{out+}}}{\omega L} \\ I_{\text{S-}} = \dfrac{V_{\text{S-}}}{\omega L} \end{cases} \tag{14-42}$$

所以级联 STATCOM 吸收的瞬时功率为

$$p_{\text{o}} = \begin{bmatrix} p_{\text{oab}} \\ p_{\text{obc}} \\ p_{\text{oca}} \end{bmatrix} = v_{\text{out}} \cdot i_{\text{S}} \tag{14-43}$$

以 AB 相为例：

$$P_{\text{oab}} = -\frac{V_{\text{out+}} \cdot I_{\text{S+}}}{2} \sin(2\omega t) + \frac{V_{\text{out+}} \cdot I_{\text{S-}}}{2} \sin\alpha - \frac{V_{\text{out+}} \cdot I_{\text{S-}}}{2} \sin(2\omega t + \alpha) \tag{14-44}$$

由式(14-44)可知，AB 相的瞬时有功功率中存在由负序电流和正序电压作用引起的直流分量以及二倍工频的波动，模块间的电容电压产生比较大的抖动，此时直流侧电容电压 V_c 表达式为

$$V_c = V_{dc} + V_{2m} \sin\left(2\omega t + \alpha\right) \tag{14-45}$$

这样的波动使得其直流侧电容电压难以满足式(14-35)而无法安全运行，各模块的有功功率不可控，容易造成控制系统的振荡。

同时当电网三相电压不平衡时，级联 STATCOM 对电网负序电压 v_s 相当于短路，只有装置和电网之间的连接阻抗发挥一定的限流功能，此时即便系统电压不平衡度很小也会在装置中产生很大的负序电流 i_{s-}，使其难以满足式(14-34)而造成装置过电流。同理，BC 相和 CA 相也有相同的结论。

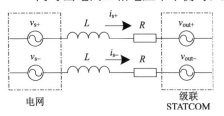

图 14-27　同时输出正序与负序分量情况

2)同时输出正序和负序分量情况

级联 STATCOM 同时输出正序与负序分量情况时，其原理如图 14-27 所示。

分析大致如上，只是此时 $V_{out-} \neq 0$，则有

$$\begin{cases} I_{S+} = \dfrac{V_{S+} - V_{out+}}{\omega L} \\ I_{S-} = \dfrac{V_{S-} - V_{out-}}{\omega L} \end{cases} \tag{14-46}$$

如果采取合适的控制方法，让级联 STATCOM 装置输出的负序电压 V_{out-} 与系统电压的负序分量 V_{s-} 的大小相同、方向相反，两者相互抵消，从而起到稳定接入点电压平衡的作用。以 AB 相为例，此时系统输入的负序电流大小为 0，则装置吸收的瞬时功率为

$$p_{oab} = -\dfrac{V_{out+} \cdot I_{S+}}{2} \sin(2\omega t) \tag{14-47}$$

所以，级联 STATCOM 在同时输出正序电压以及与系统电压负序分量大小相等、方向相反的负序电压时，能够有效地补偿接入点的三相电压不平衡，保证级联 STATCOM 装置在系统不平衡工况下的正常运行，实现最大化利用。

14.3.3　基于正序-负序解耦 PWM 的级联 STATCOM 控制方法

1. 正序-负序解耦 PWM 控制方法

基于级联 STATCOM 在不平衡工况下的特性分析可知，需使其发出与系统电压负序分量大小相同的负序电压以维持接入点的电压平衡。因此，对传统有功-无功解耦 PWM 进行改造，提出正序-负序解耦 PWM 控制方法，具体分析如下。

当系统电压平衡时，其负序含量为 0，正序环境下的解耦控制方程可以参照电网电压平衡时的有功-无功解耦 PWM 控制。所以，正序解耦 PWM 的方程为

$$\begin{cases} u_{cd+}^* = i_{d+}^* R - i_{q+}^* \omega L + u_{sd+} \\ u_{cq+}^* = i_{q+}^* R + i_{d+}^* \omega L + u_{sq+} \end{cases} \tag{14-48}$$

式中，u_{cd+}^*、u_{cq+}^* 分别为输出侧指令电压的有功和无功正序分量；u_{sd+}、u_{sq+} 分别是网侧电压的有功和无功正序分量；i_{d+}^*、i_{q+}^* 分别是输出侧指令电流的有功和无功正序分量。

在负序环境下，装置输出的有功和无功功率分别为

$$
\begin{cases}
P_{\text{out}-} = \dfrac{3}{2}(u_{\text{cd}-}^* i_{\text{d}-}^* + u_{\text{cq}-}^* i_{\text{q}-}^*) \\[2mm]
Q_{\text{out}-} = \dfrac{3}{2}(u_{\text{cq}-}^* i_{\text{d}-}^* - u_{\text{cd}-}^* i_{\text{q}-}^*)
\end{cases}
\tag{14-49}
$$

式中，$u_{\text{cd}-}^*$、$u_{\text{cq}-}^*$ 分别为输出侧指令电压的有功和无功负序分量；$i_{\text{d}-}^*$、$i_{\text{q}-}^*$ 分别为输出侧指令电流的有功和无功负序分量。

装置接入电网处的有功和无功功率为

$$
\begin{cases}
P_- = \dfrac{3}{2}(u_{\text{sd}-} i_{\text{d}-}^* + u_{\text{sq}-} i_{\text{q}-}^*) \\[2mm]
Q_- = \dfrac{3}{2}(u_{\text{sq}-} i_{\text{d}-}^* + u_{\text{sd}-} i_{\text{q}-}^*)
\end{cases}
\tag{14-50}
$$

式中，$u_{\text{sd}-}$、$u_{\text{sq}-}$ 分别为网侧电压的有功和无功负序分量。

连接阻抗吸收的有功和无功功率大小为

$$
\begin{cases}
P_{\text{l}-} = \dfrac{3}{2}(i_{\text{d}-}^{*2} + i_{\text{q}-}^{*2})R \\[2mm]
Q_{\text{l}-} = -\dfrac{3}{2}(i_{\text{d}-}^{*2} + i_{\text{q}-}^{*2})\omega L
\end{cases}
\tag{14-51}
$$

由能量平衡原理可知：

$$
\begin{cases}
P_{\text{out}-} = P_- + P_{\text{l}-} \\
Q_{\text{out}-} = Q_- + Q_{\text{l}-}
\end{cases}
\tag{14-52}
$$

结合式(14-50)～式(14-52)可知，负序环境下解耦 PWM 的方程为

$$
\begin{cases}
u_{\text{cd}-}^* = i_{\text{d}-}^* R + i_{\text{q}-}^* \omega L + u_{\text{sd}-} \\
u_{\text{cq}-}^* = i_{\text{q}-}^* R - i_{\text{d}-}^* \omega L + u_{\text{sq}-}
\end{cases}
\tag{14-53}
$$

由式(14-48)、式(14-53)可知，系统正序-负序解耦 PWM 的方程为

$$
\begin{cases}
u_{\text{cd}}^* = u_{\text{cd}+}^* + u_{\text{cd}-}^* = \left(i_{\text{d}+}^* + i_{\text{d}-}^*\right)R + \left(i_{\text{q}-}^* - i_{\text{q}+}^*\right)\omega L + u_{\text{sd}} \\
u_{\text{cq}}^* = u_{\text{cq}+}^* + u_{\text{cq}-}^* = \left(i_{\text{q}+}^* + i_{\text{q}-}^*\right)R + \left(i_{\text{d}+}^* - i_{\text{d}-}^*\right)\omega L + u_{\text{sq}}
\end{cases}
\tag{14-54}
$$

由式(14-54)可知，系统正序-负序解耦 PWM 控制原理如图 14-28 所示。

图 14-28 中，三相静止到两相正序旋转坐标的传输矩阵为

$$
T_{\text{abc/dq}+} =
\begin{bmatrix}
\cos\omega t & \cos\left(\omega t - \dfrac{2}{3}\pi\right) & \cos\left(\omega t + \dfrac{2}{3}\pi\right) \\[3mm]
-\sin\omega t & -\sin\left(\omega t - \dfrac{2}{3}\pi\right) & -\sin\left(\omega t + \dfrac{2}{3}\pi\right)
\end{bmatrix}
\tag{14-55}
$$

三相静止到两相负序旋转坐标的传输矩阵为

$$
T_{\text{abc/dq}-} =
\begin{bmatrix}
\cos(\omega t) & \cos\left(\omega t + \dfrac{2}{3}\pi\right) & \cos\left(\omega t - \dfrac{2}{3}\pi\right) \\[3mm]
\sin(\omega t) & \sin\left(\omega t + \dfrac{2}{3}\pi\right) & \sin\left(\omega t - \dfrac{2}{3}\pi\right)
\end{bmatrix}
\tag{14-56}
$$

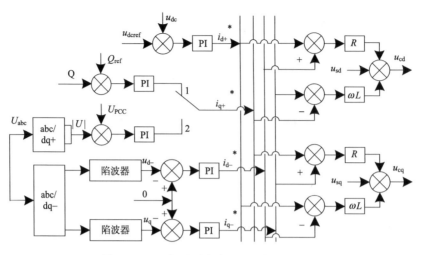

图 14-28　正序-负序解耦 PWM 控制原理图

直流侧电容电压的给定值 u_{dcref} 与实际值 u_{dc} 经过比较，通过 PI 调节后得到正序有功指令电流 i_{d+}^*。U_{abc} 通过负序传输矩阵 $T_{abc/dq-}$ 坐标变换以后，经过陷波器滤波后得到负序电压 d 轴分量 u_{d-} 与负序电压 q 轴分量 u_{q-}。当系统电压不平衡时，负序电压 $u_{a,b,c}\neq0$，则 $u_{d,q}\neq0$。控制目标是希望级联 STATCOM 发出与系统电压的负序分量大小相等、方向相反的负序电压，使接入点电压的负序含量为 0，从而维持接入点电压的平衡，即需要使 $u_{a,b,c}=0$，则只要 $u_{d,q}=0$ 即可。所以利用 u_{d-}、u_{q-} 与 0 作差值，通过 PI 调节后得到负序有功指令电流 i_{d-}^* 和负序无功指令电流 i_{q-}^*。

当图 14-28 中开关位于 1 位置，即正序无功指令电流 i_{q+}^* 是通过瞬时无功检测到的无功功率 Q 与其给定值 Q_{ref} 比较后经过 PI 调节得到的，此时级联 STATCOM 工作在无功补偿模式，以动态补偿无功为主。

当图 14-28 中开关位于 2 位置时，U_{abc} 经过 $T_{abc/dq+}$ 坐标变换以后，通过幅值运算得到的正序电压实际值，与电网电压给定值 U_{PCC} 比较后经过 PI 调节得到 i_{q+}^*，此时级联 STATCOM 工作在电压控制模式，以稳定接入点电压平衡为主。

2. 级联 STATCOM 分时段控制

不平衡度 ε 是衡量系统电压不平衡大小的性能指标。由于三相三线制系统中没有零序分量，当已知三相线电压 u_{ab}、u_{bc}、u_{ca} 时，其不平衡度计算表达式为

$$\varepsilon=\sqrt{\frac{1-\sqrt{3-6L}}{1+\sqrt{3-6L}}}\times100\% \tag{14-57}$$

式中，$L=\left(u_{ab}^4+u_{bc}^4+u_{ca}^4\right)/\left(u_{ab}^2+u_{bc}^2+u_{ca}^2\right)^2$。

在系统平衡度不同情况下，为了使级联 STATCOM 得到最大利用，提出级联 STATCOM 的分时段控制。通过实时采集电网数据信息，判断三相不平衡度的大小，当不平衡度低于 2% 时，希望级联 STATCOM 能够正常发挥无功补偿的功能，采用本章提出的正序-负序解耦 PWM 的控制方法，让其工作在无功补偿模式；当不平衡度为 2%～20% 时，希望级联 STATCOM 能够维持接入点电压平衡，采用正序-负序解耦 PWM 的控制方法，让其工作在电压控制模式；当不平衡

度大于 20%时，通常情况下，因为其不平衡度过大，一般的控制策略已经无法达到良好的补偿效果，此时选择让装置自锁退出，等系统电压平衡后再投入使用，控制流程如图 14-29 所示。

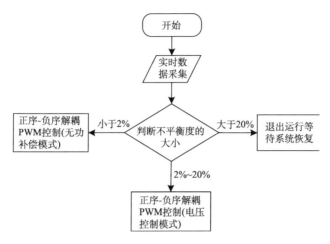

图 14-29　级联 STATCOM 分时段补偿控制流程图

3. 系统整体控制

系统整体控制如图 14-30 所示，采用分层协调控制策略，上层采用正序-负序解耦 PWM 控制，实现级联 STATCOM 在不平衡工况下总的有功、无功以及负序电压控制；下层采用模块控制器，利用有功功率均等分配控制来平衡各模块直流侧电容电压。P_1 是模块 1 交流侧需要吸收的有功功率，P_{S1} 为模块 1 逆变器消耗的有功功率，ΔP 的大小直接关系着直流侧电容电压的稳定，只要保证每个模块 ΔP 相同，则可以保证各模块直流侧电容电压平衡。

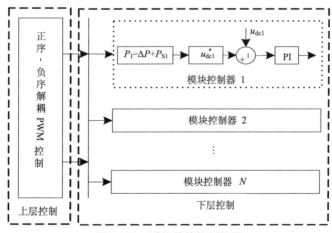

图 14-30　系统整体控制框图

14.3.4　仿真与实验分析

1. 仿真分析

本节基于 MATLAB7.0 对所提控制方法进行了仿真分析，系统仿真总体结构如图 14-31 所示。仿真参数如下：系统相电压 u_s 为 220V，电网频率 f_s 为 50Hz，连接电感 L 为 5.1mH，

直流侧电容 C 大小为 2200μF，电容电压参考值 u_{dcref} 为 200V。利用不平衡阻性负载来模拟系统电压不平衡。

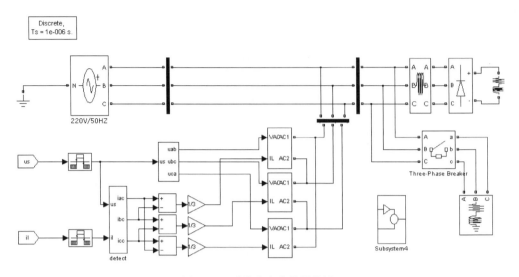

图 14-31 系统仿真总体结构图

图 14-32 显示为单相级联 STATCOM 结构仿真模型，共 5 个 H 桥模块单元串联，调制策略采用单极倍频 SPWM。

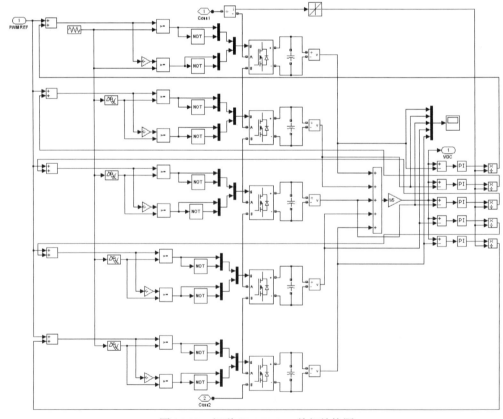

图 14-32 级联 STATCOM 单相结构图

1）不平衡度小于 2%

此时对处于无功补偿模式下的正序-负序解耦 PWM 的控制特性，做了如下仿真：0.1s 时投入无功负载，图 14-33 为 A 相电路的功率因数变化情况。比较两图可知，A 相功率因数补偿前为 0.85，补偿后基本稳定在 1 左右。由此可见，工作在无功补偿模式的正序-负序解耦 PWM 控制可以有效地实现动态补偿系统的无功。

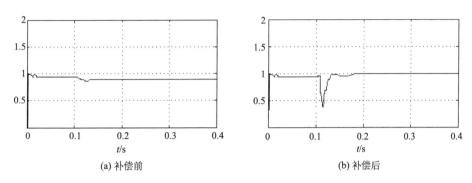

图 14-33 A 相的功率因数

2）不平衡度为 2%～20%

时对处于电压控制模式下的正序-负序解耦 PWM 的控制特性，做了如下仿真：调节不平衡阻性负载后，让系统电压不平衡度达到 12.5%，图 14-34(a) 为补偿前接入点的电压波形，其三相电压出现了明显的不平衡。图 14-34(b) 为投入该级联 STATCOM 装置后接入点电压波形，可以明显发现，其三相电压基本趋于一致，波形质量较好，不平衡度降到了 0.56%。所以，工作在电压控制模式的正序-负序解耦 PWM 控制方法可以有效地解决接入点电压不平衡的问题。

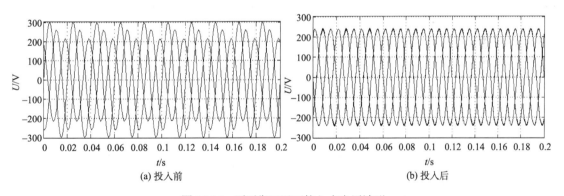

图 14-34 不平衡工况下接入点电压波形

2. 实验分析

为了验证正序-负序解耦 PWM 控制方法的有效性，特别进行了实验研究，其中系统电压为 398V，电流为 20A，频率为 50Hz，电容电压的参考值为 2000V，载波频率为 1000Hz，器件开关频率为 500Hz，采样频率为 3200Hz，每一相是由 3 个 H 桥模块串联而成的。硬件平台是双 DSP+FPGA+多 CPLD 组合系统，DSP 主要实现基波电网电压锁相、指令电流运算、直流侧电压控制、变流器保护等功能；FPGA 用来产生 PWM 驱动信号，CPLD 用来扩展 I/O

接口数量。负载侧为带阻感的三相不可控整流桥。

图 14-35(a)和图 14-35(b)分别为级联 STATCOM 装置投入前后接入点的电压波形。投入前，接入点的三相电压分别为 351.5V、420.7V、387.1V，不平衡度达到 8.85%；投入后，接入点的三相电压分别为 397.2V、398.8V、396.5V，不平衡度降至 0.45%，电压基本平衡，波形质量较好。对比后发现，补偿后接入点的电压不平衡度显著降低，达到了很好的补偿效果。实验结果表明，该方法可以有效地补偿接入点电压不平衡，保证级联 STATCOM 在系统电压不平衡时的稳定运行。

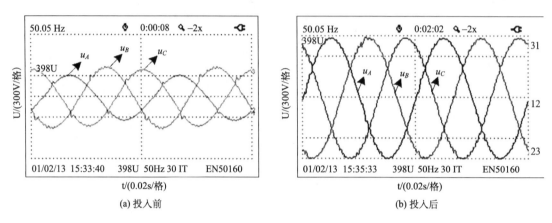

图 14-35　接入点电压实验波形

图 14-36(a)和图 14-36(b)分别为级联 STATCOM 投入前后接入点的三相电流波形。投入前，三相电流幅值分别为 22.5A、17.6A、19.3A；投入后，三相电流幅值分别为 19.8A、20.3A、20.1A。可以看出，投入该级联 STATCOM 装置以后，接入点的电流不平衡度也明显降低。

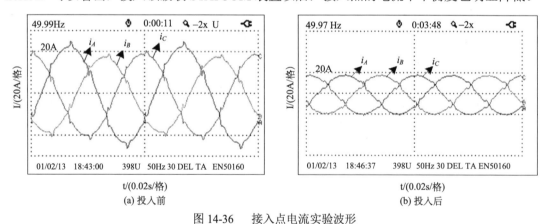

图 14-36　接入点电流实验波形

14.4　级联 STATCOM 控制系统设计

14.4.1　控制硬件设计

1. 控制硬件组成

控制系统硬件主体由主控制板、AD 采集板、功率单元控制系统等组成。控制硬件系统结构如图 14-37 所示。

　　主控制板负责实现级联 STATCOM 动态无功补偿功能并产生调制器的三相电压指令。另外，它实现系统开关量的检测与控制、变流器保护（过电流、欠电压、过温等）、生成 IGBT 触发命令以及与功率单元进行通信和保护[208,209]。AD 采集板主要用于采集系统电压、电流信号以及级联 STATCOM 的输出电流信号，进行调理后转换成数字量信号传送到主控制板。功率单元控制系统通过与主控制板实时通信完成对功率单元的控制与保护。

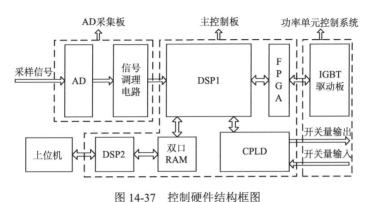

图 14-37　控制硬件结构框图

2. 主控制板

　　主控制板是由双 DSP+FPGA+CPLD 组合而成的，如图 14-38 所示。其中，DSP 选择 TI 公司的 TMS320F2812，FPGA 选择 Xilinx 公司 Spartan-3A 系列的 XC3S50AFTG256，CPLD 选择 Xilinx 公司 XC9500XL 系列的 XC9572XL。

　　因为采样频率越高，获得的信号就越精确，换句话说，也就是 DSP 的中断周期越短，控制就越有效。在级联 STATCOM 系统中，DSP 作为核心控制元件，既要实现指令电流计算、电压电流的锁相、调制波的生成，又要实现直流侧电压控制、过电压过电流保护以及与上位机数据通信等功能，所以很难在很短的中断周期内实现如此多的操作。因此，选择了两块 DSP 芯片共同完成上述任务，两者之间利用双口 RAM 进行数据通信。

　　DSP1 的主要功能如图 14-39 所示。将 AD 卡中采集到的交流侧电压电流信号、直流侧电容电压信号等信息，通过信号调理电路转换为计算信号送入 DSP1 中，DSP1 完成电压电流的锁相、运行状态控制、故障状态处理、调制波的生成以及开关量的处理等功能。

图 14-38　主控制板

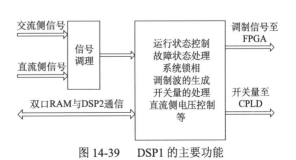

图 14-39　DSP1 的主要功能

DSP2 除了需要配合 DSP1 实现状态控制等功能，还需要计算相关数据结果，并通过异步通信的方式送入上位机中，同时接收来自上位机的指令，通过双口 RAM 送入到 DSP1 中。

因为级联 STATCOM 所需的脉冲信号很多，单纯以 DSP 内部产生 PWM 驱动信号难以满足系统要求，所以选择采用 FPGA 作为核心可编程逻辑器件，其主要功能如图 14-40 所示。通过将接收的来自 DSP1 输出的调制波信号指令与自身内部的三角载波进行比较后，得到每个开关管的 PWM 控制信号，送入 IGBT 驱动板。DSP1 输出控制信号与 IGBT 驱动板回馈的信号共同产生控制信号，从而决定每个开关管的状态，同时将驱动板回馈的信号送至 DSP1 中。

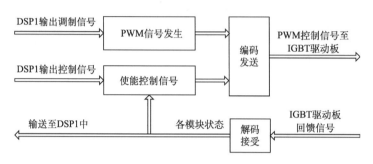

图 14-40　FPGA 的主要功能

由于级联 STATCOM 装置开关量输入输出信号非常多，两块 DSP 芯片的片外资源十分丰富，一块 FPGA 显然无法满足如此多 I/O 接口需要，所以选择外加一块 CPLD 来扩展 I/O 接口。主要是将装置各开关量信号编码后送入 DSP1 中，将 DSP1 中信号解码后送到开关量输出隔离电路中。

除了主控制板，其他控制器采用就近控制的方式，分布于系统各个控制环节，与主控制板实现实时通信。按系统响应时间的快慢要求，每个功能模块通过设置不同的地址实现与主控制板的一对多主从通信，可根据实际需要，增加或减少串入网络的模块数量。

3. 功率单元控制系统

功率单元控制系统主要由单元控制板和 IGBT 驱动板组成。其供电取自模块中间直流电压，无须外接低压控制电源，有效地保证了高低压的隔离，同时实现了对模块中间直流电压的实时采集，保证了相关控制算法的有效实现。

1）单元控制板

单元控制板如图 14-41 所示。该板主要由脉冲分配部分、VI 转换部分以及开关电源部分组成，主要用于完成功率单元模块的控制与保护。

脉冲分配部分主要用来分配脉冲信号给 IGBT 驱动板，其主要接口有控制电源接口、主控制板通信接口、驱动板接口、开关量输入输出接口以及中间直流电压检测接口等。

VI 转换部分的主要功能是将功率单元模块上的电压信号转换成电流信号，而后提供给脉冲分配板；将功率模块上的电压经过电容储能滤波后提供给开关电源板。主要接口有支撑电容正负极连接端口、脉冲分配板连接端口、开关电源板连接端口。

开关电源板的主要功能是将功率模块支撑电容上直流电压转换成+15V、+5V 直流电压，并对输入输出进行电位隔离；为整个单元控制板、IGBT 驱动板以及旁路单元驱动板提供稳定的电源。主要接口有脉冲分配板连接的+15V、+5V端口以及开关电源板连接端口。

2）IGBT 驱动板

IGBT 驱动板采用 CONCEPT 公司的 2SD315AI，实物图如图 14-42 所示。主要功能是配合脉冲分配板实现对 IGBT 元件的驱动，并将 IGBT 状态反馈给脉冲分配板。其特点在于可以根据不同的使用场所和不同 IGBT 元件，调整死区时间、过电流保护值、门极电阻等；IGBT 驱动板为半桥控制模式（即驱动板根据脉冲分配板发出的信号产生一对互锁的信号驱动 2 个 IGBT）；IGBT 驱动板不仅具有驱动功能，还集保护、隔离等作用于一体。IGBT 驱动板主要接口有脉冲分配板连接端口以及 IGBT 连接端口。

图 14-41　单元控制板　　　　　　图 14-42　IGBT 驱动板

14.4.2　控制软件设计

控制软件设计主要包括三个方面。

（1）DSP1 和 DSP2 的主程序和控制中断程序的设计。

（2）采用单极倍频 SPWM 调制策略生成驱动开关管通断的 PWM 信号。

（3）系统监测软件的设计。

其中，缓冲单元、分频单元、控制单元、计数单元共同协调完成一系列操作，主要包括向 DSP 发送直流电压指令、系统锁相、脉冲信号指令以及过电压过电流保护等行为指令的综合计算。

1）DSP1 软件设计

DSP1 的主函数程序流程图和控制中断程序流程图如图 14-43 和图 14-44 所示。

由图 14-43 可知，控制器通电以后，DSP1 首先进行函数及变量声明和各模块初始化（如 DSP 内部 EV 模块等）。然后从外部 EPROM 读取控制参数（如电流环、电压环的控制参数等）后初始化外部 AD 并开放中断。需要注意的是，DSP1 开放了两个中断源，分别执行保护中断程序和控制中断程序，而前者比后者的中断优先级高。开放中断后，主程序执行开机检测过程，在装置各个检测变量均正常的情况下，接收到开机信号后，执行开机过程控制。在装置直流侧电容电压达到稳态工作值以后，系统进入补偿运行状态，此时主程序死循环运行，等待中断。在死循环程序中，将系统的当前运行参数保存至外扩 EPROM 中并监测是否有关机指令。

DSP1 的控制中断是由 EV 模块的定时器 1 实现的，周期中断的设置时间为 100μs，即控制器的采样频率为 10kHz。在程序运行至控制中断后，首先启动外部 AD，获取装置交流侧采样信号并将数据调理成控制系统所需的形式。然后，从 FPGA 中获取各级联模块的状态信号，包括各 IGBT 的工作状态和直流侧电容电压。进而，执行故障判断及故障处理子程序。在完成信号采样及还原、故障判断及处理程序后，顺序执行锁相、指令提取、软启动控制、电流控制环、电压控制环，再将调理后的调制波送入 FPGA 中后退出控制中断程序。

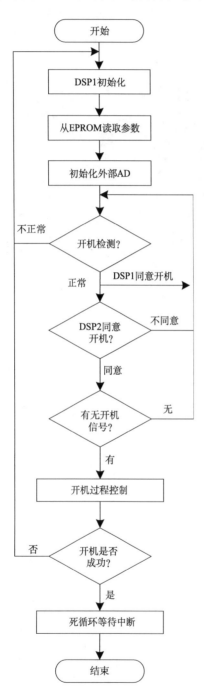

图 14-43 DSP1 主程序流程图

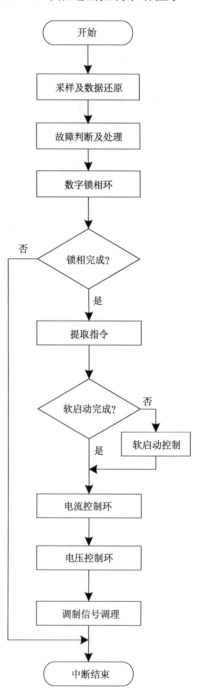

图 14-44 DSP1 控制中断程序流程图

2）DSP2 软件设计

DSP2 的主函数程序流程图和中断程序流程图如图 14-45 和图 14-46 所示。

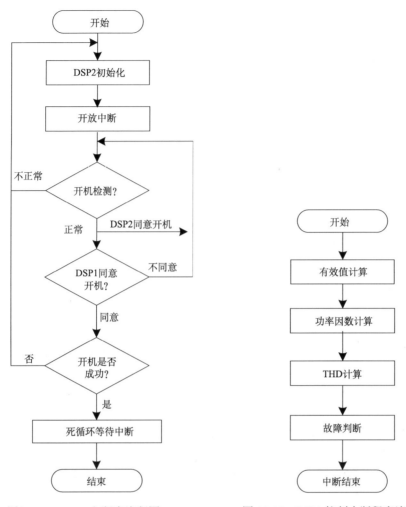

图 14-45　DSP2 主程序流程图　　　　图 14-46　DSP2 控制中断程序流程图

由图 14-45 可知，DSP2 的主程序和 DSP1 大体类似，需要注意的是 DSP2 主程序的死循环中执行的是人机通信的程序。DSP2 的中断也是由 EV 模块的定时器 1 实现的，同 DSP1 的控制周期保持一致，DSP2 的计算周期也取 100μs。

3）PWM 信号产生

信号主要由 DSP1 进行控制，在 FPGA 中按照单极倍频 SPWM 的调制策略进行处理运算，最终产生 PWM 驱动信号，具体程序流程如图 14-47 所示。

本节通过调制波反相法来实现单极性倍频调制，原理如图 14-11（a）所示。DSP1 通过总线的方式将调制波数据送至 FPGA，FPGA 通过寄存器变量锁存调制波数据。DSP1 的外设地址空间与这些寄存器变量之间的对应关系通过地址译码器实现。需要注意的是 FPGA 的数据总线是通过双向 I/O 实现的，根据 FPGA 双向 I/O 的驱动真值表，当双向 I/O 作为输入口使用时要将其置为高阻态。

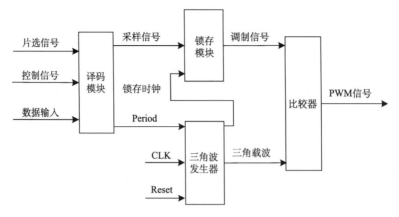

图 14-47　PWM 信号生成流程图

图中四个模块的具体功能如下。

(1)译码模块。通过片选信号、控制信号以及数据输入，实现 DSP1 和 FPGA 之间的通信连接，DSP1 将处理好的三角波周期信号和指令信号传输到 FPGA 中。

(2)锁存模块。锁存模块的作用是保存 DSP1 传输的指令信号，其锁存时钟信号主要由三角波发生器的计数器方向决定，加 1 计数时值为 0，减 1 计数时值为 1，从而保证在产生 PWM 信号时，调制波在载波的一个周期里不会发生变化。

(3)三角波发生器模块。也称为载波发生器，主要用来产生多个具有固定相位差、幅值相同、频率相同的三角载波信号。通过计数器来生成波形，从 0 开始计数，直到计数到最大值 Period，然后再变成减 1 计数，减到 0 以后再重新加 1 计数，以此类推进行循环计数，便能得到所需的三角载波信号，因为最大值 Period 是由译码模块给定的，所以信号的幅度和频率都相同。而它们之间固定的相位差，可以由不同的计数开始值和不同的计数方向来获得。例如，对于要形成 90° 的相位差，其具体实现过程为：第一个三角波信号从 Period 的一半开始加 1 计数；第二个三角波信号从 0 开始进行加 1 计数；第三个三角波信号从 Period 的一半开始减 1 计数；第四个三角波信号从 0 开始实行减 1 计数。由此可以得到相位差固定在 90°的四个三角载波信号。

(4)比较器模块。主要是将调制信号和三角载波信号进行对比，从而产生开关脉冲信号。

4)监测软件设计

级联 STATCOM 的监测系统主要是用来对装置整体及其各部件的运行进行实时监测，从而及时了解装置运行状况和相关信息。总体结构如图 14-48 所示。

监测软件系统主要由中央监控系统、现场监测系统、故障录波系统、远方监控系统四个部分组成，其中现场监测系统是整个系统的中枢。整个系统采用集中式上、下位机结构，现场监测系统是上位机，用于对装置运行状态进行监测，还能实现故障预警和数据传输功能；故障录波系统是下位机，主要实现系统故障下记录和障碍解除等功能。上、下位机之间通过网卡实现数据交换，开关量输出信号通过远控单元送往中央监控系统，现场监测系统通过 MODEM 和远方监控系统进行通信，实现遥测功能。

如图 14-48 所示，输入模拟量信号由装置中各种传感器产生，通过信号传输和适配，经过 A/D 转换电路后送到上、下位机。输入开关量信号主要是装置中各种触发信号，经过光电隔离电路后送至上、下位机中。

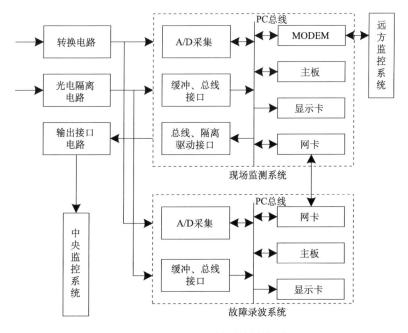

图 14-48 监测软件系统结构图

　　输入信号的采集和处理主要由 A/D 采集卡和缓冲、总线、隔离电路组成。上位机的 A/D 采集卡用于监测装置的运行状态,下位机的 A/D 采集卡用于对信号进行录波。

　　STATCOM 在控制柜中间安装了 12.1 英寸(1 英寸=2.54cm)工控机并采用触摸操作,同时支持鼠标操作。STATCOM 的监控界面如图 14-49～图 14-55 所示,图 14-56 为实验装置图,图 14-57～图 14-60 为装置整机实物图。

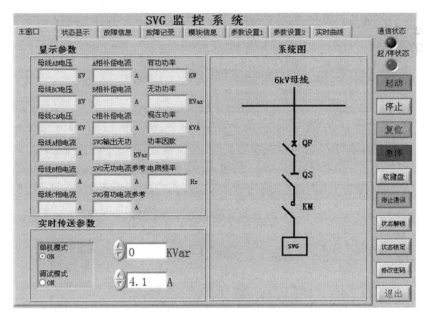

图 14-49　监控主界面

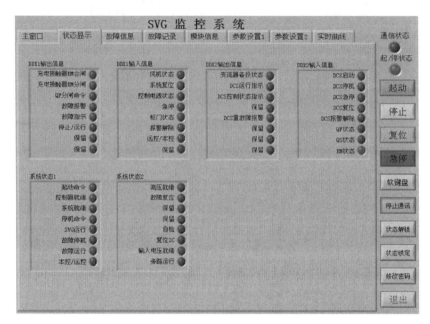

图 14-50　状态显示界面

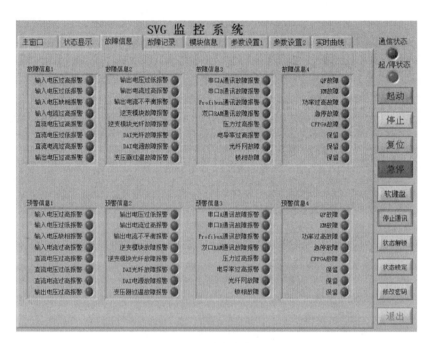

图 14-51　故障信息界面

图 14-52 故障记录界面

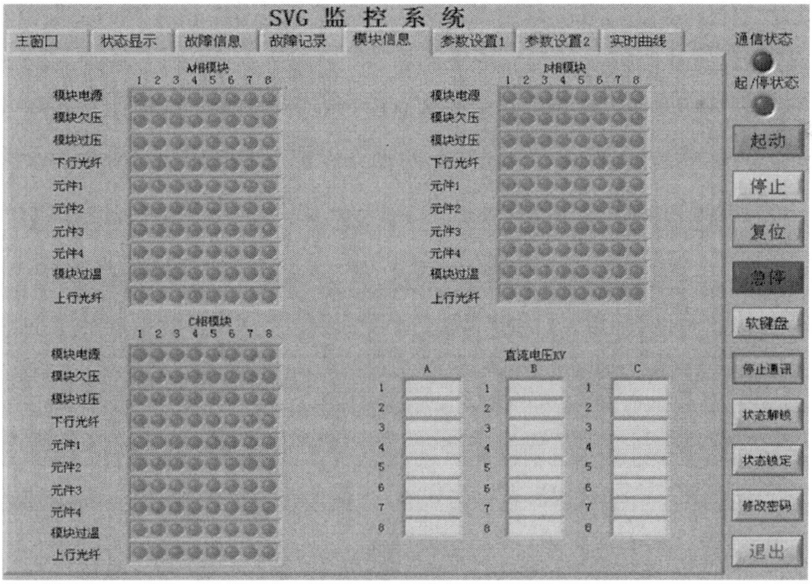

图 14-53 模块信息界面

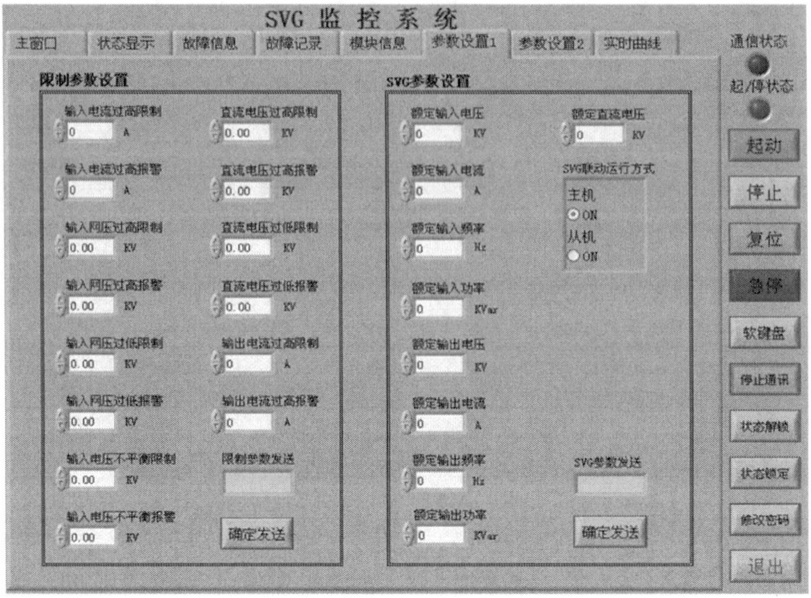

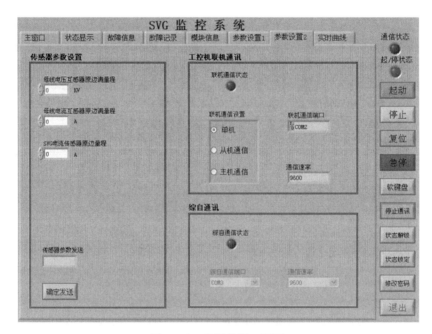

图 14-54 参数设置 1 界面

图 14-55 参数设置 2 界面

图 14-56　实验装置

图 14-57　装置整机实物图 1

图 14-58　装置整机实物图 2

图 14-59　功率单元控制系统

图 14-60　连接电抗器

14.5 小　　结

本章介绍了大容量 STATCOM 主电路的拓扑结构以及它们各自的优缺点，总结了级联 STATCOM 的优势。分析级联 STATCOM 的工作原理，详细介绍了一种适合级联 STATCOM 拓扑的调制策略，并分析其原理与优点。针对级联 STATCOM 直流侧电容电压难以平衡问题，提出有功功率均等分配来控制其各模块直流侧电压的平衡方法。利用分层协调控制级联，上层通过解耦实现总体控制，下层通过模块控制器实现有功功率均等分配控制。针对不平衡工况下级联 STATCOM 的控制问题，提出让级联 STATCOM 输出等效负序电压的办法来保证接入点的电压平衡。推导了系统在正序和负序环境下的解耦控制方程，提出基于正序-负序解耦 PWM 的控制方法。对装置的控制硬件、控制软件分别提出了相应的设计方案，并通过仿真与实验验证了该方法的可行性和有效性。

第 15 章　不平衡条件下级联 STATCOM 的复合控制方法

各 H 桥模块之间的一致性较差，导致了级联 STATCOM 直流侧电容电压的不平衡，不平衡现象的出现会危及装置的正常安全运行。针对级联 STATCOM 直流侧电容电压不平衡问题，提出一种直流侧电容电压分层控制方法，从控制系统上将级联 STATCOM 分为上层功率控制、相间电容电压平衡控制以及相内平衡控制三个层次，通过总体平衡控制、相间零序电压注入均压与相内均压来实现级联 STATCOM 直流侧电容电压平衡控制，引入 PI 与重复控制方法后，减少了级联 STATCOM 输出电流的谐波含量，改善了级联 STATCOM 输出电流波形。

15.1　级联 STATCOM 数学建模

15.1.1　级联 STATCOM 建模方法分析

数学建模对研究 STATCOM 控制策略及装置特性具有非常重要的作用，其数学建模一般可以分为三个层次，即器件级建模、系统级建模与装置级建模。

第一层次为器件级建模，该层次从脉冲控制和电路拓扑结构等角度出发，在不同的运行方式之下，通过对开关电路拓扑变化情况的分析，实现了微分方程组的有效构建。与此同时，根据一定的时序完成了对微分方程的求解过程，这一方法的建模属于开关电路建模，建模过程相当复杂。尤其是对 STATCOM 装置而言，建模难度将会因开关器件数量的增加而增大。正因如此，这一建模方法的适用范围较小。

第二层次为系统建模，该层次站在电力系统稳定性与潮流分布等宏观角度上，对 STATCOM 的性能进行研究，该建模中 STATCOM 通常被视为一种动态无功电流源，可进行快速平滑控制，人们只需利用一阶滤波器数学模型，便可顺利完成其数学建模。

第三层次为装置级建模，其实为前两者间的桥梁，这一建模方式主要是通过对脉冲控制与系统无功电流需求之间的关系进行分析，以实现对 STATCOM 装置输出电流与脉冲控制角 δ 之间非线性关系的研究，STATCOM 装置的主要特性便是通过这一关系映射出来的，这无疑为系统无功电流跟踪补偿的研究提供了一种行之有效的方法。目前，这一层次的建模方法主要有两种：一种是开关函数建模，另一种是输入输出建模。开关函数建模方法是通过对一个周期内高低电平(与周期内功率开关的导通与关断相对应)之间进行傅里叶变换，以有效地获取各次谐波分量，进而以开关函数来实现对 STATCOM 谐波特征的分析，利用这一方法可对装置内开关器件的开关过程进行详细的描述，但从其计算过程来看较为复杂，不利于装置系统性能分析。输入输出建模方法是将 STATCOM 装置等效为电压源，通过外接等效电感与电阻并接于系统，在基尔霍夫电压与电流定律的基础上完成微分方程组的建立，同时以能量守恒定律为依据，构建直流侧电容电压微分方程，进而将二者联立求解，便可顺利获得 STATCOM 的数学模型。这一方法侧重于对输入输出关系的分析，其建模过程相对简单，建模精度高，因此本章采用该方法对级联 STATCOM 进行建模。

15.1.2 级联 STATCOM 建模假设

在运用输入输出建模方法的过程中，为了便于计算，应首先做出如下假设。

(1) 线路电感和连接电感的总和，用等效电感 L 表示，总等效电阻用 R 表示。

(2) 各 H 桥逆变器的参数相同。

(3) 装置的直流侧电容电压和输出电压之间呈现出正比关系。

(4) 在级联 STATCOM 装置中，多个单相 H 桥的输出电压经过叠加之后，便可顺利形成该装置的输出电压。因此，只要调制方法适当，输出电压的谐波将大幅减少。因此，在稳态模型的构建过程中只需考虑基波分量，至于高次的谐波分量，完全可以忽略不计。

基于上述假设，可得到级联 STATCOM 主电路拓扑结构如图 15-1 所示，STATCOM 装置各相链节由 N 个 H 桥逆变器构成。其中，u_{sa}、u_{sb}、u_{sc} 分别为网侧三相电压，L、R 分别为滤波电感和等效电阻，u_{ca}、u_{cb}、u_{cc} 分别为级联 STATCOM 的输出电压，i_a、i_b、i_c 分别为电网注入的 STATCOM 电流，i_{la}、i_{lb}、i_{lc} 分别为负载电流，各模块直流侧电容电压分别为 u_{jdc1}，u_{jdc2}，…，u_{jdcN}（j=a,b,c）。

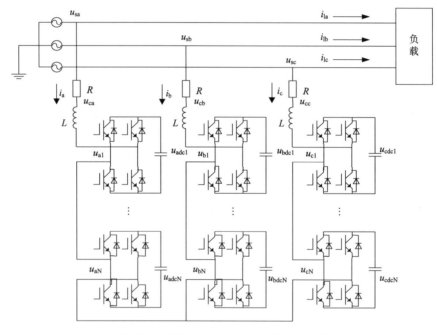

图 15-1　级联 STATCOM 主电路拓扑结构

15.1.3 级联 STATCOM 数学模型

系统电压为正弦电压且三相对称，各相电压之间的角度互差 120°，令相电压的有效值为 U_s，则用矩阵形式表示的三相电压表达式为

$$\begin{bmatrix} u_{sa} \\ u_{sb} \\ u_{sc} \end{bmatrix} = \sqrt{2}U_s \begin{bmatrix} \sin\omega t \\ \sin\left(\omega t - 2\pi/3\right) \\ \sin\left(\omega t + 2\pi/3\right) \end{bmatrix} \tag{15-1}$$

当调制比为 M，各相链节数均为 N，单个 H 桥模块直流侧电容电压为 u_{dc} 时，STATCOM 装置各相输出的电压由 N 个逆变器输出电压叠加而成，则装置各相输出电压可表示为

$$\begin{bmatrix} u_{ca} \\ u_{cb} \\ u_{cc} \end{bmatrix} = NMu_{dc} \begin{bmatrix} \sin(\omega t + \delta) \\ \sin(\omega t + \delta - 2\pi/3) \\ \sin(\omega t + \delta + 2\pi/3) \end{bmatrix} \tag{15-2}$$

式中，δ 是 STATCOM 装置输出电压滞后系统电压的角度。由图 15-4，根据 Kirchhoff 定律，可以推得 STATCOM 装置 abc 三相电路有如下的等式成立：

$$L\frac{d}{dt}\begin{bmatrix} i_a \\ i_b \\ i_c \end{bmatrix} + R\begin{bmatrix} i_a \\ i_b \\ i_c \end{bmatrix} = \begin{bmatrix} u_{sa} \\ u_{sb} \\ u_{sc} \end{bmatrix} - \begin{bmatrix} u_{ca} \\ u_{cb} \\ u_{cc} \end{bmatrix} \tag{15-3}$$

联立式(15-1)～式(15-3)，即可得到级联 STATCOM 装置在三相静止坐标系中的数学模型：

$$\begin{cases} L\dfrac{di_a(t)}{dt} + Ri_a(t) = \sqrt{2}u_s\sin\omega t - NMu_{dc}(t)\sin(\omega t - \delta) \\[2mm] L\dfrac{di_b(t)}{dt} + Ri_b(t) = \sqrt{2}u_s\sin(\omega t - 2\pi/3) - NMu_{dc}(t)\sin(\omega t - \delta - 2\pi/3) \\[2mm] L\dfrac{di_c(t)}{dt} + Ri_c(t) = \sqrt{2}u_s\sin(\omega t + 2\pi/3) - NMu_{dc}(t)\sin(\omega t - \delta + 2\pi/3) \end{cases} \tag{15-4}$$

根据式(15-4)可以很明显地看出，在三相静止坐标系中级联 STATCOM 装置的数学模型是一组时变系数的微分方程。如果据此三相静止坐标系下的数学模型来进行相应的控制算法设计，实现起来具有较大的难度，于是本章引入电力系统中常用的 dq0 变换方法，则 abc 三相静止坐标系当中时变系数的微分方程经过变换，即可转换成 dq 同步旋转坐标系中的常系数微分方程。本节选取电网电压通用矢量与 d 轴重合，则 abc 三相静止坐标系到 dq 两相同步旋转坐标系的等功率变换矩阵可以表示为

$$T_{3s-2r} = \sqrt{\frac{2}{3}}\begin{bmatrix} \cos\omega t & \cos(\omega t - 2\pi/3) & \cos(\omega t + 2\pi/3) \\ -\sin\omega t & -\sin(\omega t - 2\pi/3) & -\sin(\omega t + 2\pi/3) \end{bmatrix} \tag{15-5}$$

经过同步旋转坐标变换，abc 三相静止坐标系中的变量就可以转换为 dq 两相同步旋转坐标系中的对应值，转换如下：

$$\begin{bmatrix} u_d \\ u_q \end{bmatrix} = T_{3s-2r}\begin{bmatrix} u_a \\ u_b \\ u_c \end{bmatrix}, \begin{bmatrix} i_d \\ i_q \end{bmatrix} = T_{3s-2r}\begin{bmatrix} i_a \\ i_b \\ i_c \end{bmatrix} \tag{15-6}$$

对式(15-6)等式两边同时乘以 T_{3s-2r}，可得

$$T_{3s-2r}L\frac{d}{dt}\begin{bmatrix} i_a \\ i_b \\ i_c \end{bmatrix} + T_{3s-2r}R\begin{bmatrix} i_a \\ i_b \\ i_c \end{bmatrix} = T_{3s-2r}\begin{bmatrix} u_{sa} \\ u_{sb} \\ u_{sc} \end{bmatrix} - T_{3s-2r}\begin{bmatrix} u_{ca} \\ u_{cb} \\ u_{cc} \end{bmatrix} \tag{15-7}$$

对式(15-7)两边同时除以 L，并用 dq 坐标系中的物理量进行表示，可得

$$T_{3s-2r} \frac{d}{dt}\begin{bmatrix} i_a \\ i_b \\ i_c \end{bmatrix} = \frac{1}{L}\begin{bmatrix} u_{sd} - u_{cd} \\ u_{cd} - u_{cq} \end{bmatrix} - \frac{R}{L}\begin{bmatrix} i_d \\ i_q \end{bmatrix} \tag{15-8}$$

又因 $\begin{bmatrix} i_d \\ i_q \end{bmatrix} = T_{3s-2r}\begin{bmatrix} i_a \\ i_b \\ i_c \end{bmatrix}$，所以有

$$\frac{d}{dt}\begin{bmatrix} i_d \\ i_q \end{bmatrix} = \frac{d}{dt}\left(T_{3s-2r}\begin{bmatrix} i_a \\ i_b \\ i_c \end{bmatrix} \right) = T_{3s-2r}\frac{d}{dt}\begin{bmatrix} i_a \\ i_b \\ i_c \end{bmatrix} + \frac{dT_{3s-2r}}{dt}\begin{bmatrix} i_a \\ i_b \\ i_c \end{bmatrix} \tag{15-9}$$

式中，$\dfrac{dT_{3s-2r}}{dt} = \omega\sqrt{\dfrac{2}{3}}\begin{bmatrix} -\sin\omega t & -\sin(\omega t - 2\pi/3) & -\sin(\omega t + 2\pi/3) \\ -\cos\omega t & -\cos(\omega t - 2\pi/3) & -\cos(\omega t + 2\pi/3) \end{bmatrix}$。

所以

$$\frac{dT_{3s-2r}}{dt}\begin{bmatrix} i_a \\ i_b \\ i_c \end{bmatrix} = \omega\begin{bmatrix} i_q \\ -i_d \end{bmatrix} \tag{15-10}$$

将式(15-8)、式(15-10)代入式(15-9)，可得

$$\frac{d}{dt}\begin{bmatrix} i_d \\ i_q \end{bmatrix} = \frac{1}{L}\begin{bmatrix} u_{sd} - u_{cd} \\ u_{sq} - u_{cq} \end{bmatrix} - \frac{R}{L}\begin{bmatrix} i_d \\ i_q \end{bmatrix} + \omega\begin{bmatrix} i_q \\ -i_d \end{bmatrix} \tag{15-11}$$

对式(15-11)进行整理，便得到 dq 两相同步旋转坐标系中 STATCOM 的数学模型：

$$\frac{d}{dt}\begin{bmatrix} i_d \\ i_q \end{bmatrix} = -\begin{bmatrix} R/L & -\omega \\ \omega & R/L \end{bmatrix}\begin{bmatrix} i_d \\ i_q \end{bmatrix} + \frac{1}{L}\begin{bmatrix} u_{sd} - u_{cd} \\ u_{sq} - u_{cq} \end{bmatrix} \tag{15-12}$$

式中，i_d、i_q 分别为有功电流与无功电流，在 dq 两相同步旋转坐标系中 STATCOM 的数学模型已转换成常系数的微分方程，因此控制算法根据 dq 两相同步旋转坐标系中的数学模型来设计是非常有利的。

根据单相等效电路图，为了后续控制算法设计的方便，在正序环境下只需充分结合基尔霍夫电压定律，便可准确地推算出三相电路正序分量，其表达式如下：

$$L\frac{d}{dt}\begin{bmatrix} i_a^p \\ i_b^p \\ i_c^p \end{bmatrix} + R\begin{bmatrix} i_a^p \\ i_b^p \\ i_c^p \end{bmatrix} = \begin{bmatrix} u_{sa}^p \\ u_{sb}^p \\ u_{sc}^p \end{bmatrix} + \begin{bmatrix} u_{ca}^p \\ u_{cb}^p \\ u_{cc}^p \end{bmatrix} \tag{15-13}$$

式中，u_{sd}^p、u_{sq}^p 分别为网侧正序电压 d 轴分量和 q 轴分量；i_d^p、i_q^p 分别为正序有功和无功电流；u_{cd}^p、u_{cq}^p 分别为装置输出正序电压的 d 轴分量和 q 轴分量。

采取同样的方法对三相正序电压和电流分量进行 dq 坐标变换，并结合上述的推导过程，推导出正序分量的数学模型，其表达式如下：

$$\frac{d}{dt}\begin{bmatrix} i_d^p \\ i_q^p \end{bmatrix} = -\begin{bmatrix} R/L & \omega \\ \omega & R/L \end{bmatrix}\begin{bmatrix} i_d^p \\ i_q^p \end{bmatrix} + \frac{1}{L}\begin{bmatrix} u_{sd}^p - u_{cd}^p \\ u_{sq}^p - u_{cq}^p \end{bmatrix} \tag{15-14}$$

15.2 级联 STATCOM 直流侧电容电压分层控制方法

15.2.1 级联 STATCOM 直流侧电容电压不平衡机理

当前高压大容量 STATCOM 主要采取 H 桥单元相互独立这种方案,但是该方案也产生了新的问题,主要体现为:首先,级联 STATCOM 中各单元电容电压容易出现失衡现象,这对各 H 单元的正常运转产生不利影响;其次,在级联 STATCOM 工作前要对每个电容电压进行逐一检测和平衡控制,以达到最优控制。在理论研究中,级联 STATCOM 中各 H 桥单元能够与触发脉冲相匹配,工作中的各个电容电压保持平衡。但是在实际工作中,级联 STATCOM 中各 H 桥单元与触发脉冲存在很大的偏差,且脉冲之间存在延时,这就不可避免地导致各个电容电压失衡。

在工作中,级联 STATCOM 的损耗可以分成 3 种,分别为并联式损耗、串联式损耗和混合式损耗。其中串联式损耗只与 H 桥单元的电流有直接关联,不受电压影响,也就是 IGBT 的通态损耗。如图 15-2 所示的 H 桥单元与电抗器相串联的串联式损耗,将整体等效为电阻 R;混合式损耗与 H 桥单元的电压和电流都有直接关联,也就是 IGBT 的开关损耗,用图 15-2 所示的各个 H 桥单元并联 $K_j I$($j=1,2,\cdots,N$)支路表示;并联式损耗与 H 桥单元的电压有直接关联,它不受电流影响,也就是 IGBT 的电容器和断态损耗,用图 15-2 所示的并联电阻 $R_j I$($j=1,2,\cdots,N$)表示并联式损耗。国内专家采用计算机模拟仿真技术对各种损耗情况进行模拟,并运用能量平衡理论进行详细分析得出,工作电容电压的动态平衡不受串联式损耗的影响,但是会受到构件直流侧电容参数的直接影响;对构件工作电容电压的平衡产生影响的是混合式损耗和并联式损耗,另外还包括级联 STATCOM 中各 H 桥单元的 IGBT 触发脉冲的延时问题,都对直流侧电容电压的平衡性产生影响[210]。

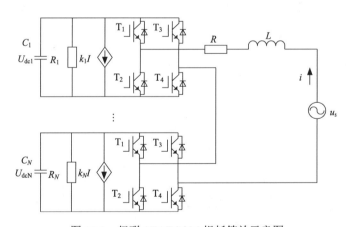

图 15-2 级联 STATCOM 损耗等效示意图

由图 15-2,对第 i 个 H 桥单元,根据基尔霍夫定律,可得

$$C_i \frac{\mathrm{d}U_{dci}(t)}{\mathrm{d}t} + \frac{U_{dci}(t)}{R_i} + k_i I = i(t) S_{\mathrm{w}}(t,i) \tag{15-15}$$

式中,U_{dci} 为第 i 个 H 桥单元直流电容两端电压;k_i 为第 i 个 H 桥单元混合型损耗系数;$S_{\mathrm{w}}(t, j)$ 表示第 i 个 H 桥单元的开关函数,如果开关 1、4 处于导通的状态之中,$S_{\mathrm{w}}=1$;2、3 导通时,

$S_w = -1$；若开关 1、3 或者开关 2、4 处于导通状态，则 $S_w = 0$。

所有 H 桥单元的直流电容电压，都含有两种类型的电流分量，即直流分量与交流分量，具体可以表示为

$$U_{dci}(t) = \bar{U}_{dci}(t) + \tilde{U}_{dci}(t) \tag{15-16}$$

式中，$\bar{U}_{dci}(t)$ 为第 i 个 H 桥单元直流电容电压分量平均值；$\tilde{U}_{dci}(t)$ 则是交流分量，即为第 i 个 H 桥单元直流电容电压的交流分量，大部分是 2 倍频分量。

在装置输出电流 i 的构成上，则主要由两个部分进行构成，具体为基频成分与谐波成分，可以表示为

$$i(t) = \sqrt{2}I_1 \sin(\omega t + \varphi) + \sum_{k=2}^{\infty} \sqrt{2}I_k \sin(k\omega t + \varphi_k) \tag{15-17}$$

式中，I_1 表示装置输出电流基波的成分有效值；φ 表示基波成分电流相位角；I_k 表示装置输出电流；k 表示谐波成分有效值的次数；φ_k 表示谐波成分电流相位角。

在计算第 i 个 H 桥单元开关函数时，可以表示为

$$S_w(t,i) = M_i \sin(\omega t + \Delta\theta_i) + \sum_{k=2}^{\infty} M_{ik} \sin(k\omega t + \theta_{ik}) \tag{15-18}$$

式中，M_i 表示基波成分调制比，如果 H 桥单元驱动脉冲发生延时的情况，就会与输出基波电压的相位形成误差，其误差角用 $\Delta\theta$ 表示；在表达 k 次谐波成分调制比方面，用 M_{ik} 表示；k 次谐波成分与基波成分形成一定的相位差用 θ_{ik} 表示。

把式(15-16)、式(15-18)代入到式(15-15)中，且只考虑 H 桥单元直流电容电压的直流成分，可得

$$\frac{C_i d\bar{U}_{dci}(t)}{dt} + \frac{\bar{U}_{dci}(t)}{R_i} + k_i I = \frac{\sqrt{2}}{2}I_1 M_i \cos(\varphi - \Delta\theta_i) + \frac{\sqrt{2}}{2}I_k M_{ik} \cos(\varphi_k - \Delta\theta_{ik}) \tag{15-19}$$

稳态时，H 桥单元电容电压平均值是直流量，于是有

$$\bar{U}_{dci}(t) = \left[\frac{\sqrt{2}}{2}I_1 M_i \cos(\varphi - \Delta\theta_i) + \frac{\sqrt{2}}{2}I_k M_{ik} \cos(\varphi_k - \Delta\theta_{ik}) - k_i I \right] R_i \tag{15-20}$$

本章使用三相 Y 型接法，采用载波移相调制技术，不考虑谐波成分造成的影响，在这种情况下可以把式(15-20)简化为

$$\bar{U}_{dci}(t) = \left[\frac{\sqrt{2}}{2}I_1 M_i \cos(\varphi - \Delta\theta_i) - k_i I \right] R_i \tag{15-21}$$

从式(15-21)可以看出，各 H 桥直流电容电压与电容值没有关系，只会与以下方面存在关系：一是并联损耗；二是混合型损耗；三是开关损耗；四是触发脉冲延时误差；五是调制比。这种影响并不会固定不变，随着时间的不断延长，各个 H 桥的损耗差异与脉冲延时也会不断增加，导致电容电压的不均衡逐渐加重，同时，装置的输出电压谐波含量也会不断增加，严重时装置退出运行状态。

15.2.2 级联 STATCOM 直流电容电压分层控制方法

针对级联 STATCOM 直流侧电容电压平衡控制问题，本章提出一种分层控制方法，从控

制系统上将级联STATCOM分为上层功率控制、相间电容电压平衡控制以及相内平衡控制三个层次，通过电容电压总体平衡控制、相间平衡和相内平衡从整体、相内、相间实现直流侧电容电压平衡，可以很好地解决级联STATCOM直流侧电容电压不平衡问题。

1. 上层功率控制方法

反馈线性化可以对非线性系统进行简化，这是一种行之有效的方法，对于反馈线性化算法，可归纳如下：在微分几何理论的基础上，采用坐标变换的方法实现对原有非线性系统的解耦，使其成为伪线性系统，进而实现非线性控制过程的简化，使其彻底转变为简单的线性控制。这一方法具有一定的整体性和精确性，与基于泰勒级数的局部线性化相比而言具有明显的优越性，其主要体现于：其线性化过程并未遗漏任何一个高阶项，加之其使用了微分同胚的坐标变换，从而使系统控制特性不发生任何变化。

本节上层功率控制即对STATCOM有功、无功电流的控制。由于级联STATCOM是一个非线性强耦合系统，采用传统的线性控制技术无法对STATCOM装置实现精确电流解耦控制。因此，本节引入反馈线性化方法来实现级联STATCOM系统的上层功率控制。选取状态变量 $x=[x_1\ x_2]^T=[i_d\ i_q]^T$，控制变量 $u=\begin{bmatrix}U_1\ U_2\end{bmatrix}^T=\begin{bmatrix}m\cos\delta\ m\sin\delta\end{bmatrix}^T$，其中 m 为调制比，δ 为级联STATCOM输出基波电压与电网电压的夹角，输出变量 $y=[y_1 y_2]^T=[h_1(x)\ h_2(x)]^T=[i_d\ i_q]^T$。系统数学模型变为两输入两输出系统，该系统对于状态变量 x 是非线性的，但是对于控制变量 u 却是线性的，则该系统是一个两输入两输出的仿射非线性系统，其状态空间表达式为

$$\begin{cases} \dot{x} = f(x) + g_1(x)u_1 + g_2(x)u_2 \\ y_1 = h_1(x) \\ y_2 = h_2(x) \end{cases} \tag{15-22}$$

式中，$f(X)=\begin{bmatrix} -Rx_1/L + \omega x_2 + u_{sd}/L \\ -Rx_2/L - \omega x_1 + u_{sq}/L \end{bmatrix}$；$g_1(x)=\begin{bmatrix} -Nu_{dc}/L\ 0 \end{bmatrix}^T$；$g_2(x)=\begin{bmatrix} 0\ -Nu_{dc}/L \end{bmatrix}^T$。

对于系统（式（15-22）），可精确线性化必须满足以下两个条件[211-213]：

(1) 矩阵 $[g_1(x) g_2(x)]$ 在 x^0 点及其领域非奇异。

(2) $G_1=\{g_1(x)\}$、$G_2=\{g_1(x)\ g_2(x)\}$ 均是对合的，则存在一组输出函数，使得 x^0 处系统相关度等于系统的阶数 n，即系统可实现精确线性化。

验证上述条件：矩阵 $|g_1(x)\ g_2(x)|=(Nu_{dc}/L)^2$ 不为零，故满足条件(1)；G_1 显然对合，$[g_1\ g_2]=ad_{g_1}g_2=\partial g_1g_2/\partial x - \partial g_1g_2/\partial x=[0\ 0]^T$，其中 $[g_1\ g_2]=ad_{g_1}g_2$ 为向量场 g_1g_2 的李括号，$[g_1\ g_2\ ad_{g_1}g_2]$ 的秩为2，即 G_2 对合，满足条件(2)，故系统可实现精确线性化。

验证所选输出函数 $H(x)=\begin{bmatrix} h_1(x)\ h_2(x) \end{bmatrix}^T=\begin{bmatrix} x_1\ x_2 \end{bmatrix}^T$ 是否满足总关系度 $r=n$ 的条件：

$$\begin{cases} L_{g1}h_1(x) = -Nu_{dc}/L \\ L_{g2}h_1(x) = 0 \\ L_{g1}h_2(x) = 0 \\ L_{g2}h_1(x) = -Nu_{dc}/L \end{cases} \tag{15-23}$$

因此，矩阵 B 的表达式为

$$B(x) = \begin{bmatrix} L_{g1}h_1(x) & L_{g2}h_1(x) \\ L_{g1}h_2(x) & L_{g2}h_2(x) \end{bmatrix} \tag{15-24}$$

$B(x)$ 为非奇异矩阵，在输出给定的情况下，系统总关系度满足 $r=r_1+r_2=2$，因此可直接寻找坐标变换以及反馈控制率。

根据非线性控制理论，通过反馈 $u=A(x)+B(x)v$ 及坐标映射 $z=\varphi(x)$，由反馈线性化原理，选取非线性坐标变换：

$$y = \begin{bmatrix} Z_1 \\ Z_2 \end{bmatrix} = \begin{bmatrix} L_f^{r_1-1}y_1 \\ L_f^{r_2-1}y_2 \end{bmatrix} = \begin{bmatrix} x_1 \\ x_2 \end{bmatrix} = \begin{bmatrix} i_d \\ i_q \end{bmatrix} \tag{15-25}$$

因此，结合式(15-22)可得

$$\begin{aligned} \dot{z}_1 &= \frac{\partial h_1(x)}{\partial x} \cdot \dot{x} = L_f h_1(x) + L_{g1}h_1(x)u_1 + L_{g2}h_1(x)u_2\dot{z}_2 \\ &= \frac{\partial h_2(x)}{\partial x} = L_f h_2(x) + L_{g1}h_2(x)u_1 + L_{g2}h_2(x)u_2\dot{z}_2 \end{aligned} \tag{15-26}$$

式(15-26)可变为

$$\begin{cases} \dot{z}_1 = -\dfrac{R}{L}i_d + \omega i_q + \dfrac{1}{L}u_{sd} - \dfrac{u_{dc}}{L}u_1 \\ \dot{z}_2 = -\dfrac{R}{L}i_q + \omega i_d + \dfrac{1}{L}u_{sq} - \dfrac{u_{dc}}{L}u_2 \end{cases} \tag{15-27}$$

令

$$\begin{cases} v_1 = -\dfrac{R}{L}i_d + \omega i_q + \dfrac{1}{L}u_{sd} - \dfrac{u_{dc}}{L}u_1 \\ v_2 = -\dfrac{R}{L}i_q + \omega i_d + \dfrac{1}{L}u_{sq} - \dfrac{u_{dc}}{L}u_2 \end{cases} \tag{15-28}$$

经变换和系统解耦，并降阶为互相独立的一阶线性系统，由式(15-28)解出原系统的输入控制量：

$$\begin{cases} u_1 = -\dfrac{L}{u_{dc}}\left(v_1 + \dfrac{R}{L}i_d - \omega i_q - \dfrac{1}{L}u_{sd}\right) \\ u_2 = -\dfrac{L}{u_{dc}}\left(v_2 + \dfrac{R}{L}i_q + \omega i_d - \dfrac{1}{L}u_{sq}\right) \end{cases} \tag{15-29}$$

对于级联 STATCOM，系统运行的平衡点为

$$x^0 = \begin{bmatrix} i_d^* & i_q^* \end{bmatrix}^T \tag{15-30}$$

式中，i_d^* 为保证直流侧电容电压恒定而追踪的有功电流指令；i_q^* 为补偿无功电流而追踪的无功电流参考值。

为了级联 STATCOM 快速跟踪补偿无功电流，引入 PI 调节器，构造新的反馈控制变量：

$$\begin{cases} v_1 = k_{dp}(i_d^* - i_d) + k_{di}\int(i_d^* - i_d)dt \\ v_2 = k_{qp}(i_q^* - i_q) + k_{qi}\int(i_q^* - i_q)dt \end{cases} \tag{15-31}$$

式中，k_{dp}、k_{di} 与 k_{qp}、k_{qi} 分别为有功、无功环节的比例积分调节系数。

由式(15-29)、式(15-31)，可以得到级联 STATCOM 系统控制量 u_{cd}、u_{cq} 表达式：

$$\begin{cases} u_{cd} = u_{sd} - Ri_d + \omega Li_q - L\left(k_{dp}\left(i_d^* - i_d\right) + k_{di}\int\left(i_d^* - i_d\right)dt\right) \\ u_{cq} = u_{sq} - Ri_q - \omega Li_d - L\left(k_{qp}\left(i_q^* - i_q\right) + k_{qi}\int\left(i_q^* - i_q\right)dt\right) \end{cases} \tag{15-32}$$

本节通过在正序环境下采用反馈线性化解耦控制作为上层功率控制，调节正序总的有功以及无功功率，则上层功率控制方程为

$$\begin{cases} u_{cd}^p = u_{sd}^p - Ri_d^p + \omega Li_q^p - L\left(k_{dp}\left(i_d^{p*} - i_d^p\right) + k_{di}\int\left(i_d^{p*} - i_d^p\right)dt\right) \\ u_{cq}^p = u_{sq}^p - Ri_q^p - \omega Li_d^p - L\left(k_{qp}\left(i_q^{p*} - i_q^p\right) + k_{qi}\int\left(i_q^{p*} - i_q^p\right)dt\right) \end{cases} \tag{15-33}$$

由式(15-33)可知，通过对级联 STATCOM 装置正序有功电流分量的控制就能够调节 STATCOM 吸收的总的正序有功功率，实现装置总体直流侧电压平衡。引入 PI 控制器实现直流侧电容电压总体平衡控制，PI 控制器的输出作为电流环正序有功电流的指令信号 i_d^{p*}，则直流侧电容电压总体平衡控制表达式为

$$i_d^{p*} = K_p\left(u_{dc}^* - \overline{u}_{dc}\right) + K_I\int\left(u_{dc}^* - \overline{u}_{dc}\right)dt \tag{15-34}$$

式中，K_p、K_I 分别为比例、积分调节参数；u_{dc}^* 为直流侧电容电压给定值；$\overline{u}_{dc}$ 为总的直流侧电容电压平均值。

2. 直流侧电容电压相间平衡控制方法

装置的损耗误差等原因，使得级联 STATCOM 中某一相的直流电压整体偏高而另一相直流电压整体偏低，导致每相的输出电压不平衡，无功功率不相等，严重时会导致装置无法正常工作。为保证装置的正常运行，需要对级联 STATCOM 直流侧电压的相间进行平衡控制，即在维持级联 STATCOM 总的能量不变的情况下，控制装置各相之间的直流侧电压，让能量在三相之间交换，从而实现在总能量不变的前提下 H 桥逆变单元直流电压稳定控制的目的。

为实现级联 STATCOM 的直流电压相间控制，让能量在三相之间交换，本节考虑了系统电压不平衡的情况，采用零序电压注入控制方案，注入零序电压相当于在级联 STATCOM 中心点 N 加入了一个可控的零序电压源 u_0，从而各链节电流由其输出电压中的正序分量和负序分量控制，定义 u_0 及级联 STATCOM 各相的有功功率表达式为

$$\begin{cases} u_0 = U_0\sin\left(\omega t + \varphi_0\right) \\ P_i = \overline{p} + \Delta P_i = \overline{p} + \Delta P_{i-s} + \Delta P_{i-y} \quad (i = a,b,c) \end{cases} \tag{15-35}$$

式中，U_0 为零序电压分量 u_0 的幅值；φ_0 为零序分量相对系统电压正序分量的初相角；$\overline{p}$、ΔP_i 分别表示各相中相同的有功功率及各相有功功率的变化量；ΔP_{i-s}、ΔP_{i-y} 分别表示不可调节的有功功率变化量及需要调节的有功功率。

考虑电网的负序电压，则系统电压的表达式为

$$\begin{cases} u_{sa} = U^p \sin(\omega t) + U^n \sin(\omega t + \varphi^n) \\ u_{sb} = U^p \sin\left(\omega t - \dfrac{2\pi}{3}\right) + U^n \sin\left(\omega t + \varphi^n + \dfrac{2\pi}{3}\right) \\ u_{sc} = U^p \sin\left(\omega t + \dfrac{2\pi}{3}\right) + U^n \sin\left(\omega t + \varphi^n - \dfrac{2\pi}{3}\right) \end{cases} \tag{15-36}$$

式中，U^p、U^n 分别为系统的正、负序电压分量幅值；φ^n 为负序电压分量相角；I^p、I^n 为 STATCOM 输出的正、负序电流幅值。

装置电流的表达式为

$$\begin{cases} i_a = I^p \sin(\omega t + \theta^p) + I^n \sin(\omega t + \theta^n) + I^0 \sin(\omega t + \theta^0) \\ i_b = I^p \sin\left(\omega t + \theta^p - \dfrac{2\pi}{3}\right) + I^n \sin\left(\omega t + \theta^n + \dfrac{2\pi}{3}\right) + I^0 \sin(\omega t + \theta^0) \\ i_c = I^p \sin\left(\omega t + \theta^p + \dfrac{2\pi}{3}\right) + I^n \sin\left(\omega t + \theta^n - \dfrac{2\pi}{3}\right) + I^0 \sin(\omega t + \theta^0) \end{cases} \tag{15-37}$$

式中，θ^p、θ^n、θ^0 分别为正负序以及零序电流分量的相角；I^0 为 STATCOM 输出的零序电流幅值，本章 STATCOM 的结构中 $I^0 = 0$。

式 (15-35) 中，$\bar{p}$、ΔP_{i-s} 分别计算如下

$$\bar{p} = \frac{1}{2} U^p I^p \cos(\theta^p) + \frac{1}{2} U^n I^n \cos(\varphi^n - \theta^n) \tag{15-38}$$

$$\begin{cases} \Delta P_{a-s} = \dfrac{1}{2} U^p I^n \cos(\theta^n) + \dfrac{1}{2} U^n I^p \cos(\theta^p - \varphi^n) \\ \Delta P_{b-s} = \dfrac{1}{2} U^p I^n \cos\left(\theta^n - \dfrac{2\pi}{3}\right) + \dfrac{1}{2} U^n I^p \cos\left(\theta^p - \varphi^n + \dfrac{2\pi}{3}\right) \\ \Delta P_{c-s} = \dfrac{1}{2} U^p I^n \cos\left(\theta^n + \dfrac{2\pi}{3}\right) + \dfrac{1}{2} U^n I^p \cos\left(\theta^p - \varphi^n - \dfrac{2\pi}{3}\right) \end{cases} \tag{15-39}$$

将式 (15-35) 中需要调节的有功功率进行 abc/αβ 变换可得

$$\begin{aligned} \begin{bmatrix} \Delta P_\alpha \\ \Delta P_\beta \end{bmatrix} &= \frac{2\sqrt{6}}{3} \begin{bmatrix} \Delta P_{\alpha-y} \\ \Delta P_{\beta-y} \end{bmatrix} \\ &= \frac{2\sqrt{3}}{3} \begin{bmatrix} \sqrt{3} \Delta P_a \\ \Delta P_b - \Delta P_c \end{bmatrix} - U^p I^n \begin{bmatrix} \cos\theta^n \\ \sin\theta^n \end{bmatrix} - U^n I^p \begin{bmatrix} \cos(\varphi^n - \theta^p) \\ \sin(\varphi^n - \theta^p) \end{bmatrix} \end{aligned} \tag{15-40}$$

加入零序电压后，可调节有功功率 ΔP_{i-y}，计算如下：

$$\begin{cases} \Delta P_{a-y} = \dfrac{1}{2} U_0 \left(I^p \cos(\varphi_0 - \theta^p) + I^n \cos(\varphi_0 - \theta^n) \right) \\ \Delta P_{b-y} = \dfrac{1}{2} U_0 \left(I^p \cos\left(\varphi_0 - \theta^p + \dfrac{2\pi}{3}\right) + I^n \cos\left(\varphi_0 - \theta^n - \dfrac{2\pi}{3}\right) \right) \\ \Delta P_{c-y} = \dfrac{1}{2} U_0 \left(I^p \cos\left(\varphi_0 - \theta^p - \dfrac{2\pi}{3}\right) + I^n \cos\left(\varphi_0 - \theta^n + \dfrac{2\pi}{3}\right) \right) \end{cases} \tag{15-41}$$

将式(15-41)进行 abc/αβ 变换，结合式(15-40)可推导出需要注入的零序电压的幅值和相角分别为

$$U_0 = \frac{\sqrt{X}}{\left|\left(I^{\mathrm{p}}\right)^2 - \left(I^{\mathrm{n}}\right)^2\right|} \quad \left(I^{\mathrm{p}} \neq I^{\mathrm{n}}\right) \tag{15-42}$$

$$\varphi_0 = \begin{cases} \arctan\dfrac{Z}{Y} + h\left(Y \cdot \mathrm{sgn}\left(\left(I^{\mathrm{n}}\right)^2 - \left(I^{\mathrm{p}}\right)^2\right)\right), Y \neq 0 \\ \dfrac{\pi}{2}\mathrm{sgn}\left(Z \cdot \left(\left(I^{\mathrm{n}}\right)^2 - \left(I^{\mathrm{p}}\right)^2\right)\right), \qquad Y = 0 \end{cases} \tag{15-43}$$

式(15-42)、式(15-43)中：

$$X = \left(\left(I^{\mathrm{p}}\right)^2 + \left(I^{\mathrm{n}}\right)^2\right)\left(\left(\Delta P_\alpha\right)^2 + \left(\Delta P_\beta\right)^2\right) - 2\left(I_{\mathrm{d}}^{\mathrm{p}}I_{\mathrm{d}}^{\mathrm{n}} - I_{\mathrm{q}}^{\mathrm{p}}I_{\mathrm{q}}^{\mathrm{n}}\right)$$
$$\cdot \left(\left(\Delta P_\alpha\right)^2 - \left(\Delta P_\beta\right)^2\right) - 4\left(I_{\mathrm{d}}^{\mathrm{p}}I_{\mathrm{d}}^{\mathrm{n}} + I_{\mathrm{q}}^{\mathrm{p}}I_{\mathrm{q}}^{\mathrm{n}}\right)\Delta P_\alpha \Delta P_\beta \tag{15-44}$$

$$Y = \Delta P_\alpha \left(I_{\mathrm{d}}^{\mathrm{n}} - I_{\mathrm{d}}^{\mathrm{p}}\right) - \Delta P_\beta \left(I_{\mathrm{q}}^{\mathrm{p}} - I_{\mathrm{q}}^{\mathrm{n}}\right) \tag{15-45}$$

$$Z = \Delta P_\beta \left(I_{\mathrm{d}}^{\mathrm{n}} + I_{\mathrm{d}}^{\mathrm{p}}\right) - \Delta P_\alpha \left(I_{\mathrm{q}}^{\mathrm{p}} + I_{\mathrm{q}}^{\mathrm{n}}\right) \tag{15-46}$$

$$h(x) = \begin{cases} 0, & x > 0 \\ \pi, & x < 0 \end{cases} \tag{15-47}$$

在电容电压相间平衡控制的实现过程中，本节考虑引入 PI 控制来得到各相有功功率变化量 ΔP_{a}、ΔP_{b}、ΔP_{c}，其表达式为

$$\begin{cases} \Delta P_{\mathrm{a}} = \left(k_{\mathrm{p1}} + \dfrac{k_{\mathrm{i1}}}{s}\right)\left(\bar{u}_{\mathrm{dc}} - \bar{u}_{\mathrm{dca}}\right) \\[2mm] \Delta P_{\mathrm{b}} = \left(k_{\mathrm{p1}} + \dfrac{k_{\mathrm{i1}}}{s}\right)\left(\bar{u}_{\mathrm{dc}} - \bar{u}_{\mathrm{dcb}}\right) \\[2mm] \Delta P_{\mathrm{c}} = \left(k_{\mathrm{p1}} + \dfrac{k_{\mathrm{i1}}}{s}\right)\left(\bar{u}_{\mathrm{dc}} - \bar{u}_{\mathrm{dcc}}\right) \end{cases} \tag{15-48}$$

式中，k_{p1}、k_{II} 分别为比例、积分调节参数；$\bar{u}_{\mathrm{dca}}$、$\bar{u}_{\mathrm{dcb}}$、$\bar{u}_{\mathrm{dcc}}$ 为级联 STATCOM 装置 a、b、c 三相链节的直流侧电容电压的平均值。

在式(15-48)的基础上，对其进行 abc/αβ 变换，通过式(15-40)的计算，即可得到 ΔP_α、ΔP_β，将 ΔP_α、ΔP_β 代入式(15-42)、式(15-43)可以求出需要注入的零序电压 u_0 的幅值和相角，进而得到需要注入的零序电压 u_0，实现直流侧电容电压相间平衡。本节零序电压注入控制方案可以在系统不平衡的条件下实现级联 STATCOM 直流侧电压相间平衡，在本章所提出的电容电压分层控制方法中，注入的零序电压仅在系统负序电压不平衡度低于 2% 的情况下考虑。

3. 直流侧电容电压相内平衡控制方法

各 H 桥逆变单元的不一致性成因主要有以下几点：①开关脉冲延时差异；②混合型损耗差异；③并联型损耗差异。如果不在各逆变单元间进行电压平衡控制，会出现逆变单元过充

电与过放电的情况，导致各相链节内各逆变单元之间电容电压不平衡，使得需要给每个 H 桥逆变单元一个有功修正量来维持其直流侧电容电压的平衡。本章通过微调各 H 桥逆变单元有功功率的吸收与释放来实现直流侧电容电压的平衡。本节以 A 相为例，引入 PI 控制来获得各个 H 桥逆变单元所需要的有功修正调制波分量 Δu_i 为

$$\Delta u_{ai} = \left(k_{p2} + \frac{k_{i2}}{s}\right)\left(u_{dc}^* - u_{dcai}\right)\cos \omega t \tag{15-49}$$

式中，k_{p2}、k_{i2} 分别为比例、积分调节参数；u_{dcai} 为 a 相换流链各 H 桥单元直流侧电容电压，$i=1,2,\cdots,n$。

由式(15-49)可以看出，通过微调控制量使输出电压值与系统电压成正交关系，且与装置输出的无功电流同相位。因此，可以微调各 H 桥逆变单元释放与吸收有功功率，从而实现直流侧电容电压的相内平衡控制。

4. 直流侧电容电压分层控制的实现

本章级联 STATCOM 的控制方法分为上层功率控制、相间电容电压平衡控制、相内平衡控制三层。第一层功率控制在正序环境下采用反馈线性化解耦控制方法，控制级联 STATCOM 装置吸收有功功率及补偿无功功率，其中直流侧电容电压总体平衡控制保证逆变单元直流侧电压的平均值稳定在参考值，无功电流反馈控制级联 STATCOM 装置注入电网的无功功率，实现无功功率补偿功能；第二层为直流侧电容电压相间平衡控制，通过零序电压注入控制方法，让能量在三相之间交换后实现 STATCOM 装置三相链节直流侧电压平均值均衡；第三层为直流侧电容电压相内控制，通过对各逆变单元吸收与释放有功功率进行微调，实现各 H 桥逆变单元之间的直流侧电容电压均衡。级联 STATCOM 直流电容电压分层控制如图 15-3 所示。

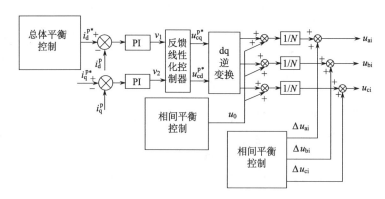

图 15-3　直流电容电压分层控制框图

15.2.3　仿真与实验分析

1. 仿真分析

在 MATLAB/Simulink 环境下搭建了级联 STATCOM 系统模型，仿真参数见表 15-1 所示。

表 15-1　仿真参数

参数名称	参数值
系统线电压/V	380
电网频率/Hz	50
并网电感/mH	2
连接直流侧电容/μF	5000
链接直流侧电容电压/V	200
单相链接模块数	3

图 15-4 为级联 STATCOM 仿真主电路图，每相由 3 个 H 桥单元串联组成。

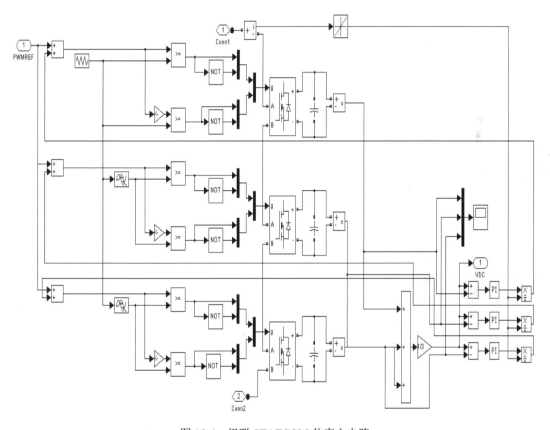

图 15-4　级联 STATCOM 仿真主电路

图 15-5 为仅投入总体电压控制时各相直流侧电容电压波形图。由图 15-5(a)～(c)可以看出，级联 STATCOM 总体电压能保持平衡，三相各链节总直流侧电容电压平均值在 200V 附近波动。同时 A、B、C 各相相内直流侧电容电压呈发散趋势，每相相内各直流侧电容电压出现不平衡，三相直流侧电容电压差异分别在 10V、12V、15V 左右；虽然各相直流侧电压平均值都能保持各自稳定，但各相间的数值存在差异，相间出现直流侧电容电压不平衡，各相直流侧电容电压平均值分别为 212V、200V、188V。因此，总体电压控制无法保证直流侧电容电压平衡，还需要加入额外控制。

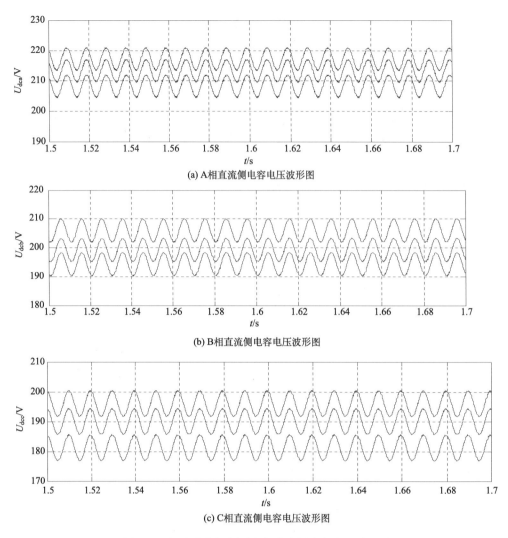

(a) A相直流侧电容电压波形图

(b) B相直流侧电容电压波形图

(c) C相直流侧电容电压波形图

图 15-5 仅有总体控制时各相直流侧电容电压波形图

图 15-6 为有总体控制和相内控制时各相直流侧电容电压波形图，可以看出级联 STATCOM 总体和相内电压能保持平衡，三相相内电压维持稳定，但各相之间的直流侧电容电压平均值依然存在差异，分别为 211V、201V、188V，相间不平衡明显，因此需要在总体电压控制和相内控制的基础上加入相间控制。

图 15-7 为直流电压分层控制时各相直流侧电容电压波形图，可以看出，级联 STATCOM 总体、相间和相内电压能保持平衡，三相直流侧电容电压平均值维持在 200V 左右，相内各模块直流侧电容电压同时保持在 200V 左右。可见，本章所提的级联 STATCOM 直流侧电容电压分层控制方法可以从整体、相内、相间同时实现直流侧电容电压平衡，可以很好地解决级联 STATCOM 直流侧电容电压平衡问题。

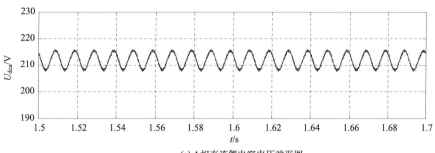

(a) A相直流侧电容电压波形图

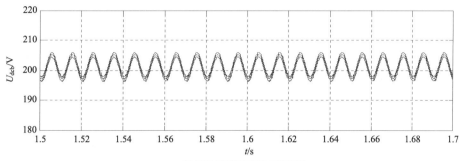

(b) B相直流侧电容电压波形图

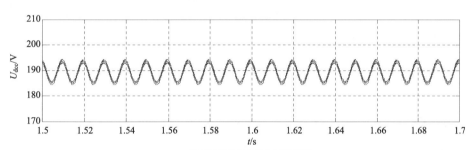

(c) C相直流侧电容电压波形图

图 15-6　有总体控制和相内控制时各相直流侧电容电压波形图

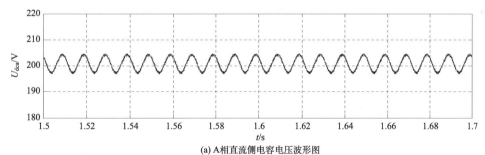

(a) A相直流侧电容电压波形图

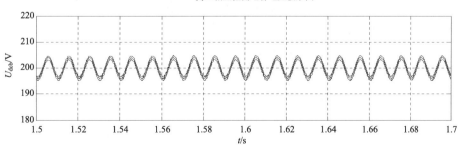

(b) B相直流侧电容电压波形图

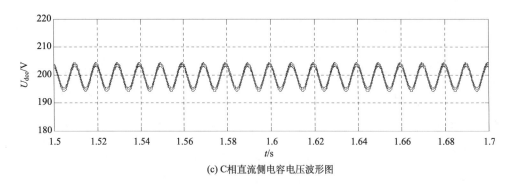

(c) C相直流侧电容电压波形图

图 15-7 直流电压分层控制时各相直流侧电容电压波形图

图 15-8 为加入平衡控制前后 A 相级联 STATCOM 的输出电压频谱图，图 15-8(a) 为无平衡控制方法下装置输出电压频谱，图 15-8(b) 为分层控制方法下装置输出电压频谱。由仿真频谱图可以看出，无平衡控制时，级联 STATCOM 输出电压的谐波畸变率 THD=2.31%；加入平衡控制后，级联 STATCOM 输出电压的谐波畸变率减小到 THD=1.53%。可以看出，直流侧电容电压的不平衡会导致级联 STATCOM 装置输出电压谐波畸变率的增加，利用本章提出的控制方法可以有效地减少级联 STATCOM 输出电压的谐波含量，改善级联 STATCOM 输出电压波形质量。

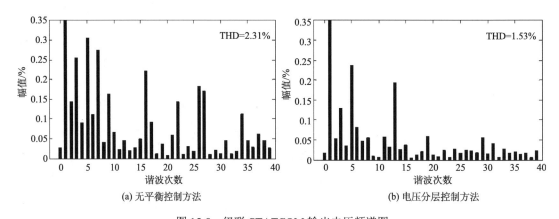

(a) 无平衡控制方法　　　　　　　　　　(b) 电压分层控制方法

图 15-8 级联 STATCOM 输出电压频谱图

图 15-9 为电网电压与级联 STATCOM 输出电流波形。图 15-9(a)、(b) 分别为感性和容性状态下电压电流波形。从仿真波形可以看出，当感性状态时级联 STATCOM 的输出电流滞后电压 90°，装置发出感性无功；容性状态时级联 STATCOM 的输出电流超前电压 90°，装置发出容性无功。可见，无论是容性还是感性状态本章所提分层控制方法都能够控制级联 STATCOM 按照给定条件发出容性和感性的无功，可以实现较好的动态无功补偿。

图 15-10 为级联 STATCOM 输出无功功率响应。无功指令值在 0.3s 由零阶跃到 4.8kvar，由仿真波形可以看出，在反馈线性化控制下级联 STATCOM 可以快速无静差地跟踪无功指令，动态性能良好。

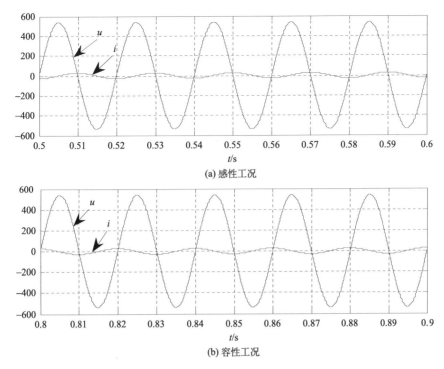

(a) 感性工况

(b) 容性工况

图 15-9 电网电压与级联 STATCOM 输出电流

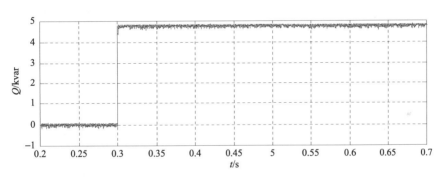

图 15-10 级联 STATCOM 无功响应

2. 实验分析

为了对本章所提控制方法的有效性进行验证，进行了实验研究。装置主电路拓扑见图 15-11，系统电压为 380V，电网频率为 50Hz，直流侧电容为 0.95mF，电容电压为 50V，单相链节模块数为 12，采用载波移相调制方式。实验系统设计的控制系统硬件平台为双 DSP+FPGA+多 CPLD 组合系统。其中，DSP 用以实现分层控制方法的运算、变流器保护、基波电网电压锁相等功能，FPGA、CPLD 分别应用于 PWM 驱动信号的产生和 I/O 接口数量的扩展。实验采用并联电阻的方式来模拟各逆变桥的损耗，使各 H 桥逆变单元出现一定的差异。

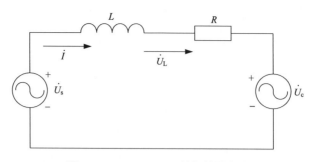

图 15-11　STATCOM 单相等效电路

图 15-12 为电网电压与级联 STATCOM 输出电流波形。图 15-12（a）为容性状态下电压电流波形、图 15-12（b）为感性状态下电压电流波形。从实验波形可以看出，当级联 STATCOM 装置为容性状态时，级联 STATCOM 的输出电流超前电压，装置发出容性无功；当级联 STATCOM 装置为感性状态时，级联 STATCOM 的输出电流滞后电压，装置发出感性无功。可见，加入直流侧电容电压分层控制方法后，其上层功率控制能够控制级联 STATCOM 按照给定条件发出容性和感性的无功，可以实现较好的动态无功补偿。

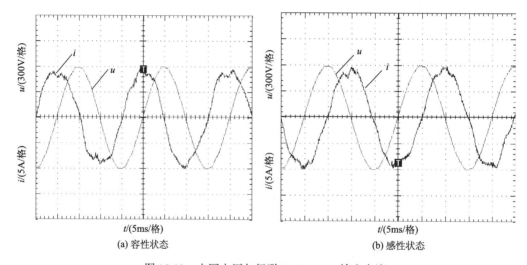

图 15-12　电网电压与级联 STATCOM 输出电流

图 15-13 为分层控制下 A 相链节 12 个模块的直流侧电容电压值。由 DSP 记录结果可以看出，在分层控制下，级联 STATCOM 的 A 相各模块直流侧电容电压基本稳定在 50V 左右，且纹波含量较低。可见，各模块直流侧电容电压得到了很好的平衡控制。

表 15-2、表 15-3 为加入分层控制前后实测的级联 STATCOM 的 A、B、C 三相 12 个模块直流侧电容电压值。由表 15-2 中可以看出，未加分层控制前，各模块直流侧电容电压差异较大。其中，A 相链节各模块最大值为 69V，最小值为 47V，差异达到 22V；B 相链节各模块差异为 16V；C 相链节各模块差异为 17V，级联 STATCOM 三相各模块之间出现了不平衡问题。A、B、C 三相链节直流侧电压的平均值分别为 56V、51V、46V，级联 STATCOM 相间也出现了一定的差异。由表 15-3 可以看出，加入分层控制后级联 STATCOM 的 A、B、C 链节各模块之间的最大差异分别为 3V、2V、3V，各模块之间实现平衡控制，A、B、C 三相链节直流侧电压的平均值都在 52V 左右，相间也得到了很好的平衡控制。实验证明：级

联 STATCOM 直流侧电容电压分层控制可以从整体、相内、相间有效地实现直流侧电容电压平衡。

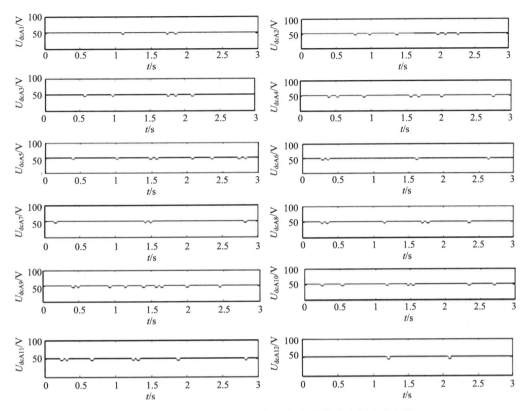

图 15-13 级联 STATCOM 的 A 相各模块直流侧电容电压

表 15-2 未加分层控制时电容电压 （单位：V）

	1桥	2桥	3桥	4桥	5桥	6桥	7桥	8桥	9桥	10桥	11桥	12桥	总
A 相	69	61	63	56	50	48	49	48	57	56	47	65	669
B 相	63	63	56	41	45	46	46	50	58	53	49	47	617
C 相	56	51	48	45	39	32	38	41	46	53	49	52	550

表 15-3 加入分层控制时电容电压 （单位：V）

	1桥	2桥	3桥	4桥	5桥	6桥	7桥	8桥	9桥	10桥	11桥	12桥	总
A 相	51	52	52	53	51	54	52	52	51	51	51	52	622
B 相	53	52	53	52	53	53	52	51	52	51	52	51	625
C 相	52	52	53	51	52	53	54	52	52	51	51	53	626

15.3 系统不平衡条件下级联 STATCOM 控制方法

15.3.1 系统不平衡条件下级联 STATCOM 运行分析

1. 电网侧不平衡时级联 STATCOM 运行特性分析

当电网发生不对称故障时，STATCOM 连接点的电压 u 会出现不平衡，由对称分量法可知，其电压成分为三种分量：①正序电压分量 u^p；②负序电压分量 u^n；③零序电压分量 u^0（上标 p、n、0 分别代表正序、负序和零序分量）。即 $u = u^p + u^n + u^0$。其表达式为

$$
\begin{cases}
u_{sa} = U_s^p \sin(\omega t + \alpha^p) + U_s^n \sin(\omega t + \alpha^n) + U_s^0 \sin(\omega t + \alpha^0) \\
u_{sb} = U_s^p \sin(\omega t + \alpha^p - 2\pi/3) + U_s^n \sin(\omega t + \alpha^n + 2\pi/3) + U_s^0 \sin(\omega t + \alpha^0) \\
u_{sc} = U_s^p \sin(\omega t + \alpha^p + 2\pi/3) + U_s^n \sin(\omega t + \alpha^n - 2\pi/3) + U_s^0 \sin(\omega t + \alpha^0)
\end{cases}
\tag{15-50}
$$

式中，α^p 表示正序电压的初始相角；α^n 表示负序电压的初始相角；α^0 表示零序电压的初始相角；U_s^p 表示正序基波电压峰值；U_s^n 表示负序基波电压峰值；U_s^0 表示零序基波电压峰值。

假设在正序-负序同步旋转坐标系时，则三相基频交流量 u_a、u_b、u_c 可以表示为

$$
\begin{bmatrix} u_a \\ u_b \\ u_c \end{bmatrix} = C_{23} R(\theta) \begin{bmatrix} u_d^p \\ u_q^p \end{bmatrix} + C_{23} R(-\theta) \begin{bmatrix} u_d^n \\ u_q^n \end{bmatrix}
\tag{15-51}
$$

$$
C_{23} = \sqrt{3}/6 \begin{bmatrix} 1 & 0 \\ -1/2 & \sqrt{3}/2 \\ -1/2 & -\sqrt{3}/2 \end{bmatrix}, R(\theta) = \begin{bmatrix} \cos\theta & -\sin\theta \\ \sin\theta & \cos\theta \end{bmatrix}, R(-\theta) = \begin{bmatrix} \cos\theta & \sin\theta \\ -\sin\theta & \cos\theta \end{bmatrix}
\tag{15-52}
$$

式中，u_d^p、u_q^p、u_d^n、u_q^n 各值分别代表三相基波交流量该坐标系下的 dq 分量值，$\theta = \omega t$ 为工频角频率。

本章 STATCOM 系统采用三相三线制形式，因此在进行分析的过程中，更多的是倾向于考虑负序电压分量对 STATCOM 的影响。先对系统正序电压分量的相位角进行假设，即假设初始参考相位角 $\alpha = 0$，则系统的电压瞬时表达式为

$$
\begin{cases}
u_{sa} = U_s^p \sin\omega t + U_s^n \sin(\omega t + \alpha^n) \\
u_{sb} = U_s^p \sin(\omega t - 2\pi/3) + U_s^n \sin(\omega t + \alpha^n + 2\pi/3) \\
u_{sc} = U_s^p \sin(\omega t + 2\pi/3) + U_s^n \sin(\omega t + \alpha^n - 2\pi/3)
\end{cases}
\tag{15-53}
$$

STATCOM 接入点处系统电压有负序电压分量的存在，将会导致负序电流流过 STATCOM 与系统间的连接线，从而会出现倍频功率，而倍频分量会使直流电容上产生倍频变化的两种分量，即电压分量与电流分量。在三相电网不对称时，STATCOM 装置直流侧电流将会产生 2、4、8、10 次等非特征谐波和 6、12、18 次等 6 的整数倍的特征谐波。STATCOM 装置直流电流谐波又会导致装置直流电压谐波的产生，STATCOM 装置交流电流波形又会被直流电压谐波通过 PWM 反过来影响，最终使 STATCOM 装置的工作效果不理想，也就是工作质量降低，如果降低到一定的期限，有可能会值引发三相 STATCOM 装置损坏。在计算中，可以明显看出，n 次谐波会产生 $n+1$ 次谐波，并且不会停止，而是一直循环下去。

在本章中，仅考虑对基波与低次谐波的分析，因此直流电容上的倍频电压分量可以表示为

$$u_{dc} = \tilde{U}_{dc} \sin(2\omega t - \varphi) \tag{15-54}$$

式中，$\tilde{U}_{dc}$ 为倍频电压的峰值，倍频电压超前 u_{sa}^p 相位角为 $-\pi/2 - \varphi$。

假设采用连接点处电压正序分量来触发控制同步参考信号，在这基础上，就直流电容倍频电压对交流侧输出电压所产生的影响进行分析。把装置交流侧输出电压通过傅里叶变换，其基频分量为

$$\begin{cases} \tilde{u}_{sa} = 2\tilde{U}_{dc}/\pi\left(\sin\theta/2\sin(\omega t - \delta - \varphi) - 1/3\sin 3\theta/2\sin(\omega t + 3\delta/2 + \varphi)\right) \\ \tilde{u}_{sb} = 2\tilde{U}_{dc}/\pi\left(\sin\theta/2\sin(\omega t - \delta - \varphi + 2\pi/3) - 1/3\sin 3\theta/2\sin(\omega t + 3\delta/2 + \varphi)\right) \\ \tilde{u}_{sc} = 2\tilde{U}_{dc}/\pi\left(\sin\theta/2\sin(\omega t - \delta - \varphi - 2\pi/3) - 1/3\sin 3\theta/2\sin(\omega t + 3\delta/2 + \varphi)\right) \end{cases} \tag{15-55}$$

由式(15-55)可以看出，STATCOM 交流侧输出电压而言，直流电容上的倍频电压会在 STATCOM 产生一定的负序电压，其幅值为 $2\tilde{U}_{dc}/\pi$，在 STATCOM 交流侧输出电压的基频分量则属于负序分量，其表达式为

$$\begin{cases} \tilde{u}_{ca}^n = 2/\pi\sin\theta/2\tilde{U}_{dc}\sin(\omega t - \delta - \varphi) \\ \tilde{u}_{cb}^n = 2/\pi\sin\theta/2\tilde{U}_{dc}\sin(\omega t - \delta - \varphi + 2\pi/3) \\ \tilde{u}_{cc}^n = 2/\pi\sin\theta/2\tilde{U}_{dc}\sin(\omega t - \delta - \varphi - 2\pi/3) \end{cases} \tag{15-56}$$

与此同时，STATCOM 装置交流侧的三次谐波电压也非常重要，其表达式为

$$\begin{cases} u_{ha} = 2/\pi\sin\theta/2\tilde{U}_{dc}\sin(3\omega t - \delta - \varphi) \\ u_{hb} = 2/\pi\sin\theta/2\tilde{U}_{dc}\sin(3\omega t - \delta - \varphi + 2\pi/3) \\ u_{hc} = 2/\pi\sin\theta/2\tilde{U}_{dc}\sin(3\omega t - \delta - \varphi - 2\pi/3) \end{cases} \tag{15-57}$$

从上述分析中不难看出，在系统电压不平衡的情况下，STATCOM 输出电压中将包含正序分量、三次谐波分量和基波负序分量。其中直流侧电容两端波动电压经 STATCOM 映射到交流输出端，产生基波负序分量与三次谐波分量，使得 STATCOM 输出端产生三次谐波电压和基波负序电压，导致输出电流中产生三次谐波电流和基波负序电流。倘若这两种电流被注入电网之中，将会对其造成不利影响。此外，它们还将引起装置的过电流现象，进而使其退出运行。

只考虑电网电压的基波分量情形，STATCOM 装置在三相系统不平衡情况时的正序、负序与三次谐波等效电路如图 15-14 所示。其中，R 表示 STATCOM 装置连接电抗器的等效电阻，L 表示 STATCOM 装置连接电抗器的等效电感，u_{sa}^p、u_{sb}^p、u_{sc}^p 分别表示连接点电压的正序分量，u_{sa}^n、u_{sb}^n、u_{sc}^n 分别表示连接点电压的负序分量，u_{ca}^p、u_{cb}^p、u_{cc}^p 分别为 STATCOM 装置输出电压的正序分量，u_a^{h3}、u_b^{h3}、u_c^{h3} 分别为 STATCOM 装置输出电压的三次谐波分量，而 i_a^{h3}、i_b^{h3}、i_c^{h3} 分别代表装置输出电流的三次谐波分量。

由图 15-14 可以看出，三相系统不平衡条件下 STATCOM 装置的输出电压主要包括以下三个部分：三相正序电压、三次谐波电压及基波负序电压。在三相系统电压不平衡的情况下，传统运行分析多考虑将正序网络和负序网络等效于 STATCOM 装置的序网络，却并未将三次谐波网络考虑其中，这与现实情况有着较大的出入。正因如此，在三相系统电压不平衡的情

况下，通过 STATCOM 装置过电流分析得到的结论也存在一定的差异。此时，不能简单地照抄过去的一些结论或方法。若在三相系统不平衡的情况下，仍采用平衡时的控制方法，此时流经 STATCOM 装置的负序电流由电网电压的负序分量与主电路中的电抗决定。通常主电路的电抗值较小，以至于流过 STATCOM 装置的负序电流相对较大，会引发装置的过电流现象。

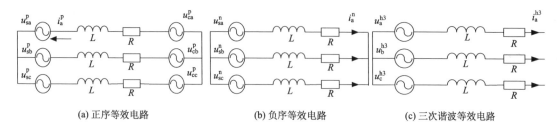

(a) 正序等效电路　　　　　　(b) 负序等效电路　　　　　　(c) 三次谐波等效电路

图 15-14　三相系统不平衡时 STATCOM 装置的等效电路

2. 负载不平衡时级联 STATCOM 运行特性分析

之所以会出现负载不平衡的情况，主要是因为单相电压的供给出现了问题，这一情况多发生于大容量、不平衡单相负载的使用过程中，对电能质量而言，这种负载不平衡造成的影响是相当大的。此外，在电网不平衡的情况下，若使用大型三相设备或不同负载的三相电源，都有可能导致不平衡现象的产生[214,215]，如在工业生产中使用弧焊设备等。负载不平衡现象的出现，会对供电系统的性能造成巨大的影响，甚至引发电流不对称的现象，从而使传输线路乃至整个系统的损耗都大大增加，不仅使能源的利用率大大降低，甚至大大缩短了设备的使用寿命[216]。通过图 12-14 可分别得出系统的正序、负序以及谐波电流的表达式，具体如下：

$$i^p = \frac{u_c^p - u_s^p}{R + jX^p}, \quad i^n = \frac{u_c^n - u_s^n}{R + jX^n}, \quad i^h = \frac{u_c^h}{R + jX_3} \tag{15-58}$$

式中，i^p、i^n、i^h 分别表示流经 STATCOM 逆变器的正序电流矢量、负序电流矢量以及三次谐波电流矢量；u_s^p、u_s^n 分别表示电网电压正序分量、负序分量；u_c^p、u_c^n、u_c^h 分别表示 STATCOM 逆变器输出电压的正序分量、负序分量及三次谐波分量；X^p、X^n 分别表示等效正序电抗以及等效负序电抗。

流经 STATCOM 的电流主要由三部分组成，即正序电流、负序电流和三次谐波电流。而不平衡负载的线电流向量 i 同样由三部分组成：①不平衡电流；②有功电流；③无功电流。关于其表达式，可归纳为：$i = i_a + i_r + i_u$。在电网电压平衡的情况下，它比流经 STATCOM 的电流多了两个部分，分别是三次谐波电流和负序电流，在总电流大于设计电流上限（以电网电压平衡为前提）的情况下，将会出现装置的过电流现象。

在三相电源系统之中，关于三相电压之间的关系，可以表示为：$U_s = a^2 U_R, U_T = a U_R$，式中 $a = 1 e^{j2\pi/3}$。至于三相系统不平衡负载等效电路图的具体情况，可参照图 15-15。此时，三相电源中不平衡电流的表达式可归纳如下：

$$\begin{cases} i_{uR} = A u_R \\ i_{uS} = a A u_S \\ i_{uT} = a^2 A u_T \end{cases} \tag{15-59}$$

式中，A 代表的是不平衡导纳，其表达式为：$A = -\left(Y_{ST} + a Y_{TR} + a^2 Y_{RS}\right)$。

关于不平衡电流向量的均方根值$\lVert i \rVert$可通过不平衡导纳来表示，表达式如下：

$$\lVert i_{\mathrm{u}} \rVert = \sqrt{i_{\mathrm{uR}}^2 + i_{\mathrm{uS}}^2 + i_{\mathrm{uT}}^2} = A \lVert u \rVert \qquad (15\text{-}60)$$

从式(15-60)中不难看出，三相不平衡电流之间呈现出对称关系，且不平衡电流的相序与电压相序正好相反。如果要获取负载电流中的负序分量，可直接对负载电流进行分解，变为对称分量[217]，图 15-16 为有功电流、无功电流和不平衡电流向量之间的关系。可以看出，有功与无功电流向量之间互差 90°，而不平衡电流与平衡电流的相序刚好相反。因此，它不仅与有功电流呈正交关系，还与无功电流呈正交关系，其表达式为：$\lVert i \rVert^2 = \lVert i_{\mathrm{a}} \rVert^2 + \lVert i_{\mathrm{r}} \rVert^2 + \lVert i_{\mathrm{u}} \rVert^2$。

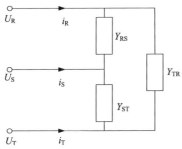
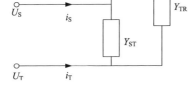

图 15-15　不平衡负载的等效电路图

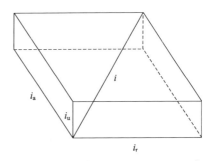

图 15-16　电流相量的几何解释示意图

通过上述分析，不难得出无功电流以及不平衡电流都可以使电流的均方根值有所增加。在系统不平衡环境下之中，电流均方根值增加的重要原因之一便是不平衡电流的出现。

15.3.2　系统不平衡条件下级联 STATCOM 负序分量的数学模型

不平衡条件下的系统三相负序电压按逆时针互差 120°，令负序电压峰值为$U_{\mathrm{s}}^{\mathrm{n}}$，依照第 2 章中的方法，三相系统负序电压量$u_{\mathrm{sa}}^{\mathrm{n}}$、$u_{\mathrm{sb}}^{\mathrm{n}}$、$u_{\mathrm{sc}}^{\mathrm{n}}$可以表示为

$$\begin{bmatrix} u_{\mathrm{sa}}^{\mathrm{n}} \\ u_{\mathrm{sb}}^{\mathrm{n}} \\ u_{\mathrm{sc}}^{\mathrm{n}} \end{bmatrix} = U_{\mathrm{s}}^{\mathrm{n}} \begin{bmatrix} \sin(\omega t + \phi) \\ \sin(\omega t + \phi + 2\pi/3) \\ \sin(\omega t + \phi - 2\pi/3) \end{bmatrix} \qquad (15\text{-}61)$$

式中，φ 表示 a 相系统中正序与负序分量之间的夹角。若 STATCOM 装置中单个 H 桥模块的直流侧电压、调制比和每相链节数分别为U_{dc}、M 和 N，那么 N 个逆变器输出电压经过叠加之后的总和便是该装置每相输出的负序电压分量，其表达式如下：

$$\begin{bmatrix} u_{\mathrm{ca}}^{\mathrm{n}} \\ u_{\mathrm{cb}}^{\mathrm{n}} \\ u_{\mathrm{cc}}^{\mathrm{n}} \end{bmatrix} = NMu_{\mathrm{dc}} \begin{bmatrix} \sin(\omega t + \varphi + \delta^{\mathrm{n}}) \\ \sin(\omega t + \varphi + \delta^{\mathrm{n}} + 2\pi/3) \\ \sin(\omega t + \varphi + \delta^{\mathrm{n}} - 2\pi/3) \end{bmatrix} \qquad (15\text{-}62)$$

式中，δ^{n}代表的是系统负序电压和输出负序电压分量之间的相位差。在单相等效电路图的基础之上，只需充分结合基尔霍夫电压定律，便可准确地推算出三相电路负序分量，其表达式如下：

$$L\frac{\mathrm{d}}{\mathrm{d}t}\begin{bmatrix}i_{\mathrm{a}}^{\mathrm{n}}\\i_{\mathrm{b}}^{\mathrm{n}}\\i_{\mathrm{c}}^{\mathrm{n}}\end{bmatrix}+R\begin{bmatrix}i_{\mathrm{a}}^{\mathrm{n}}\\i_{\mathrm{b}}^{\mathrm{n}}\\i_{\mathrm{c}}^{\mathrm{n}}\end{bmatrix}=\begin{bmatrix}u_{\mathrm{sa}}^{\mathrm{n}}\\u_{\mathrm{sb}}^{\mathrm{n}}\\u_{\mathrm{sc}}^{\mathrm{n}}\end{bmatrix}+\begin{bmatrix}u_{\mathrm{ca}}^{\mathrm{n}}\\u_{\mathrm{cb}}^{\mathrm{n}}\\u_{\mathrm{cc}}^{\mathrm{n}}\end{bmatrix}\tag{15-63}$$

若采取同样的方法对三相负序电压和电流分量进行 dq 坐标变换,便可在系统三相不平衡的情况下,顺利推导出负序分量的数学模型,其表达式如下:

$$\frac{\mathrm{d}}{\mathrm{d}t}\begin{bmatrix}i_{\mathrm{d}}^{\mathrm{n}}\\i_{\mathrm{q}}^{\mathrm{n}}\end{bmatrix}=-\begin{bmatrix}R/L & \omega\\\omega & R/L\end{bmatrix}\begin{bmatrix}i_{\mathrm{d}}^{\mathrm{n}}\\i_{\mathrm{q}}^{\mathrm{n}}\end{bmatrix}+\frac{1}{L}\begin{bmatrix}u_{\mathrm{sd}}^{\mathrm{n}}-u_{\mathrm{cd}}^{\mathrm{n}}\\u_{\mathrm{sq}}^{\mathrm{n}}-u_{\mathrm{cq}}^{\mathrm{n}}\end{bmatrix}\tag{15-64}$$

式中,$u_{\mathrm{sd}}^{\mathrm{n}}$、$u_{\mathrm{sq}}^{\mathrm{n}}$ 分别为网侧正序电压 d 轴分量和 q 轴分量;$i_{\mathrm{d}}^{\mathrm{n}}$、$i_{\mathrm{q}}^{\mathrm{n}}$ 分别为正序有功和无功电流;$u_{\mathrm{cd}}^{\mathrm{n}}$、$u_{\mathrm{cq}}^{\mathrm{n}}$ 分别为装置输出正序电压 d 轴分量和 q 轴分量。

15.3.3 系统不平衡条件下级联 STATCOM 控制方法

针对级联 STATCOM 在系统不平衡条件下的控制问题,本章提出一种系统不平衡下级联 STATCOM 双环叠加控制方法,正序电流环控制装置补偿负载所需无功,负序电流环补偿负载不平衡情况下的负序电流,引入重复控制抑制装置本身产生的低次谐波和扰动,可以很好地解决级联 STATCOM 在系统不平衡条件下的补偿问题,同时改善装置输出电流波形的质量。

1. 双环叠加控制方法

正序环境下,根据式 (15-14)STATCOM 的正序数学模型,选取状态变量 $x=\begin{bmatrix}i_{\mathrm{d}}^{\mathrm{p}} & i_{\mathrm{q}}^{\mathrm{p}}\end{bmatrix}^{\mathrm{T}}=\begin{bmatrix}x_1 & x_2\end{bmatrix}^{\mathrm{T}}$,输入变量 $U=\begin{bmatrix}m^{\mathrm{p}}\cos\partial^{\mathrm{p}} & m^{\mathrm{p}}\sin\partial^{\mathrm{p}}\end{bmatrix}^{\mathrm{T}}=\begin{bmatrix}u_1 & u_2\end{bmatrix}^{\mathrm{T}}$,其中 m 为调制比,∂ 为级联 STATCOM 输出基波电压与电网电压的夹角,输出变量 $y=\begin{bmatrix}y_1 & y_2\end{bmatrix}^{\mathrm{T}}=\begin{bmatrix}h_1(x) & h_2(x)\end{bmatrix}^{\mathrm{T}}=\begin{bmatrix}i_{\mathrm{d}}^{\mathrm{q}} & i_{\mathrm{q}}^{\mathrm{p}}\end{bmatrix}^{\mathrm{T}}$。正序数学模型变为两输入两输出系统,状态空间表达式为

$$\dot{x}=f(x)+g_1(x)u_1+g_2(x)u_2=\begin{bmatrix}-\dfrac{R}{L}x_1+\omega^{\mathrm{p}}x_2+\dfrac{u_{\mathrm{sd}}^{\mathrm{p}}}{L}\\-\dfrac{R}{L}x_2+\omega^{\mathrm{p}}x_1+\dfrac{u_{\mathrm{sq}}^{\mathrm{p}}}{L}\end{bmatrix}+\begin{bmatrix}-\dfrac{m^{\mathrm{p}}u_{\mathrm{dc}}}{L} & 0\\0 & -\dfrac{m^{\mathrm{p}}u_{\mathrm{dc}}}{L}\end{bmatrix}\cdot\begin{bmatrix}u_1\\u_2\end{bmatrix}\tag{15-65}$$

输出方程:$y_1=h_1(x)$;$y_2=h_2(x)$。

根据非线性理论,计算给定函数向量阶数:

$$A(x)=\begin{bmatrix}L_{g_1}L_f^0 h_1(x) & L_{g_2}L_f^0 h_1(x)\\L_{g_1}L_f^0 h_2(x) & L_{g_2}L_f^0 h_2(x)\end{bmatrix}=\begin{bmatrix}-\dfrac{m^{\mathrm{p}}u_{\mathrm{dc}}}{L} & 0\\0 & -\dfrac{m^{\mathrm{p}}u_{\mathrm{dc}}}{L}\end{bmatrix}\tag{15-66}$$

由于 $A(x)$ 为非奇异矩阵,其秩 $r=r_1+r_2=2$,等于系统阶数,故给定输出函数可使系统精确线性化。

对输出函数进行对应相对阶数的求导:

$$\begin{bmatrix}y_1^{r_1}\\y_2^{r_2}\end{bmatrix}=b(x)+A(x)\begin{bmatrix}u_1\\u_2\end{bmatrix}\tag{15-67}$$

令

$$\begin{bmatrix} u_1 \\ u_2 \end{bmatrix} = A^{-1}(x)\left(-b(x) + \begin{bmatrix} v_1 \\ v_2 \end{bmatrix}\right) \tag{15-68}$$

式中，v_1、v_2 为新变量，$b(x) = \begin{bmatrix} L_f^{r_1} h_1(x) & L_f^{r_2} h_2(x) \end{bmatrix}^{\mathrm{T}}$。

由反馈线性化原理，选取非线性坐标变换：

$$y = \begin{bmatrix} Z_1 \\ Z_2 \end{bmatrix} = \begin{bmatrix} L_f^{r_1-1} y_1 \\ L_f^{r_2-1} y_2 \end{bmatrix} = \begin{bmatrix} x_1 \\ x_2 \end{bmatrix} = \begin{bmatrix} i_d^p \\ i_q^p \end{bmatrix} \tag{15-69}$$

经变换，系统解耦并降阶为互相独立的一阶线性系统：

$$\begin{cases} \dfrac{\mathrm{d}}{\mathrm{d}t} z_1 = v_1 \\ y_1 = z_1 \end{cases} \tag{15-70}$$

$$\begin{cases} \dfrac{\mathrm{d}}{\mathrm{d}t} z_2 = v_2 \\ y_2 = z_2 \end{cases} \tag{15-71}$$

引入 PI 调节器实现电流零静差跟踪，构造新的反馈控制变量为

$$\begin{aligned} v_1 &= \left(K_{P1} + K_{I1}/s\right)\left(i_d^{p*} - i_d^p\right) \\ v_2 &= \left(K_{P2} + K_{I2}/s\right)\left(i_q^{p*} - i_q^p\right) \end{aligned} \tag{15-72}$$

式中，K_P 与 K_I 为比例及积分调节系数；i_d^{p*}、i_q^{p*} 分别为正序有功及无功指令电流。

由式(15-68)、式(15-72)可以得到正序解耦控制方程：

$$\begin{cases} u_{cd}^n = u_{sd}^n - R i_d^n + \omega L i_q^n - \left(K_{P3} + K_{I3}/s\right)\left(i_d^{n*} - i_d^n\right)L \\ u_{cq}^n = u_{sq}^n - R i_q^n - \omega L i_d^n - \left(K_{P4} + K_{I4}/s\right)\left(i_q^{n*} - i_q^n\right)L \end{cases} \tag{15-73}$$

由于级联 STATCOM 在正序–负序环境下具有相同形式的数学模型，同理在负序环境下做上述推导，该系统可类似地解耦并降阶为互相独立的一阶线性系统：

$$\begin{cases} \dfrac{\mathrm{d}}{\mathrm{d}t} z_3 = v_3 \\ y_4 = z_4 \end{cases} \tag{15-74}$$

$$\begin{cases} \dfrac{\mathrm{d}}{\mathrm{d}t} z_2 = v_2 \\ y_2 = z_2 \end{cases} \tag{15-75}$$

可以在负序环境下构造反馈控制变量为

$$\begin{aligned} v_3 &= \left(K_{P3} + K_{I3}/s\right)\left(i_d^{n*} - i_d^n\right) \\ v_4 &= \left(K_{P4} + K_{I4}/s\right)\left(i_q^{n*} - i_q^n\right) \end{aligned} \tag{15-76}$$

式中，K_P 与 K_I 为比例及积分调节系数；i_d^{n*}、i_q^{n*} 分别为负序有功、无功指令电流。

在负序系统下，级联 STATCOM 负序解耦方程为

$$\begin{cases} u_{cd}^n = u_{sd}^n - R i_d^n + \omega L i_q^n - \left(K_{P3} + K_{I3}/s\right)\left(i_d^{n*} - i_d^n\right)L \\ u_{cq}^n = u_{sq}^n - R i_q^n - \omega L i_d^n - \left(K_{P4} + K_{I4}/s\right)\left(i_q^{n*} - i_q^n\right)L \end{cases} \tag{15-77}$$

PI 控制可以实现直流信号的零静差跟踪，但其存在抑制谐波能力不足、装置的利用率低、

系统的损耗大以及高次谐波电流存在电磁干扰等问题。由于重复控制可以实现全频段谐波的高精度控制，因此在 PI 控制的基础上引入重复控制，采用 PI 控制内环加重复控制外环的复合控制结构，利用重复控制修正 PI 内环的谐波跟踪误差，提高 STATCOM 的抗干扰性及减小开关工作所产生的谐波分量。

双环叠加控制框图如图 15-17 所示。图 15-17(a) 中的控制系统由正序控制环和负序控制环组成。直流侧电容电压给定值 u_{dc}^* 与各模块直流侧电容电压平均值 $\bar{u}_{dc}$ 比较，经过 PI 调节器得到正序有功电流指令 i_d^{p*}；通过瞬时无功理论检测到系统中的无功功率 Q 与无功功率给定值 Q^* 比较，经过 PI 调节器，得到正序无功电流指令 i_q^{p*}；正序控制环通过正序有功、无功电流指令得到装置输出的正序电压指令 u_{ca}^{p*}、u_{cb}^{p*} 和 u_{cc}^{p*}。实时检测的负载电流 i_{la}、i_{lb}、i_{lc} 经 $T_{abc/dq}$-变换后，通过陷波器得到负序有功、无功电流分量作为负序有功、无功电流指令 i_d^{n*}、i_q^{n*}，负序控制环根据实时检测的负序电流有功无功分量，得到负序电压指令 u_{ca}^{n*}、u_{cb}^{n*} 和 u_{cc}^{n*}。将正负序电压指令叠加作为调制波参与载波移相调制，调整装置的输出电压使系统快速跟踪补偿负载侧的无功和负序分量。

PI+重复控制的复合控制如图 15-17(b) 所示。r、y 分别为指令信号、期望的输出信号；$Q(Z)$ 为阻尼系数，通常取 $0 \sim 1$，可以提高系统的稳定性；$S(Z)$ 为校正环节，一般设计为二阶滤波器，保证对高频信号的衰减；Z^{-N} 为周期延迟环节，$G_{PI}(z)$ 为内环 PI 控制器的传递函数；$G(Z)$ 为被控对象。

正负序电流检测如图 15-17(c) 所示。对装置输出电流按 $-\omega$ 的 abc/dq 同步旋转坐标变换，三相静止坐标系中的负序电流分量变成了直流量，同时正序电流分量变成了 2 倍频的谐波量。由于陷波器只需将陷波频率设计为 2ω，对 2 次谐波频率以外的信号影响较小，有利于系统动态信号检测及控制[218]，采用陷波器滤除 2 倍频的正序分量，便可得到同步旋转坐标系中装置负序电流分量。

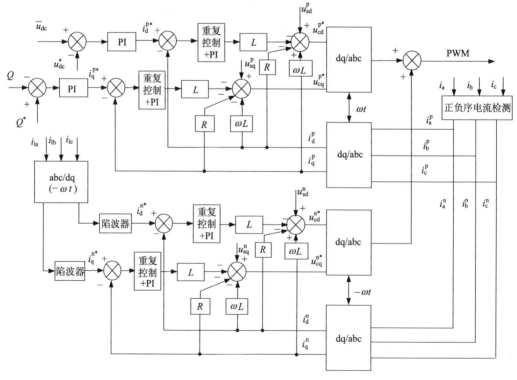

(a) 双环叠加控制框图

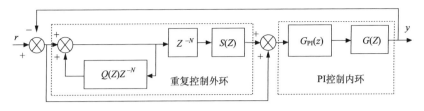

(b) PI+重复控制的复合控制框图

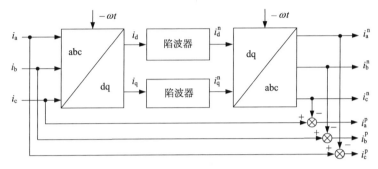

(c) 正负序电流检测框图

图 15-17　级联 STATCOM 双环叠加控制框图

2. 系统整体控制方案

控制系统在正序环境和负序环境下分别对级联 STATCOM 进行控制，对不平衡系统中的正序无功及负序分量进行补偿。其中，正序电流控制环在动态补偿系统正序无功分量的同时，还要控制级联 STATCOM 与电网之间的能量交换，保证总体直流侧电容电压平衡，直流侧电压控制环节实现直流侧电压相间及相内的平衡控制，直流侧电容电压平衡控制采用分层控制方法；负序控制环通过实时检测的负载电流，控制级联 STATCOM 对不平衡系统进行补偿。系统整体控制框图如图 15-18 所示。

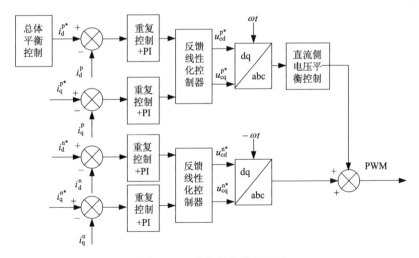

图 15-18　系统整体控制框图

15.3.4 仿真与实验分析

1. 仿真分析

为验证本章所提方法的有效性,在 MATLAB/Simulink 环境中搭建了级联 STATCOM 的仿真模型,仿真参数如表 15-4 所示。

表 15-4 仿真参数

参数名称	参数值
系统电压峰值/kV	2
电网频率/Hz	50
连接直流侧电容/mF	5
开关频率/kHz	2
单相链接模块数	5
调制方式	载波移相

为了方便比较,定义电网电流不平衡度 $\Delta I_s\%$ 为

$$\Delta I_s\% = \frac{I_{smax} - I_{smin}}{I_{save}} \times 100\% \tag{15-78}$$

式中,I_{smax}、I_{smin} 分别表示三相电流峰值的最大值及三相电流峰值的最小值;I_{save} 代表三相电流峰值的平均值。

系统仿真总体结构如图 15-19 所示。

图 15-20 为投入级联 STATCOM 前电网三相电网电压。仿真开始投入不平衡负载,同时保持电源侧平衡,由于负序分量的影响,电网既向负载侧提供有功功率,同时又含有负序有功及无功分量,三相电网电压不再平衡。此时 A 相、B 相、C 相峰值电压分别为 2096V、2011V、1956V。

图 15-21 为投入级联 STATCOM 后采用传统正序无功控制方法的波形。图 15-21(a)~(c) 分别为电网电压波形、电网电流波形以及电网电压电流相位关系。由仿真波形可见,只进行正序补偿时无法消除负序分量的影响,电网中含有负序的有功和无功分量,电网电压电流会出现一定程度的不对称。此时,电网的峰值电压分别为 2187V、2032V、1825V,电网的峰值电流分别为 225A、208A、192A,电网电流不平衡度为 15.87%,且电网电压电流之间也出现较大的相位差。可见,采用传统方法难以消除电网电流的不平衡,不能解决装置在不平衡系统下的补偿问题。

为了对负载侧电流中的正序无功和负序分量进行完全补偿,实现公共连接点处的电网电压稳定,提高系统电压和电流的对称度以及系统的功率因数,就需要采用本章所提的方法。图 15-22 运用本章所提控制方法的波形。图 15-22(a)~(c) 分别为电网电压波形、电网电流波形以及电网电压电流相位关系。由仿真波形可见,双环叠加控制采用正序及负序环境下两套独立的电流环实现对不平衡负载的正序无功和负序分量的补偿。此时,电网的峰值电压分别为 2003V、2001V、1998V,电网的峰值电流分别为 208A、208A、206A,电网三相电压、电流幅值基本趋于一致,电网电流不平衡度为 0.97%,且电网电压与电流的相位几乎达到一致。可见,在双环叠加控制方法下,级联 STATCOM 装置完全补偿了负载正序无功、负序有功以及无功分量,系统只提供正序有功,很好地对不平衡系统进行了补偿。

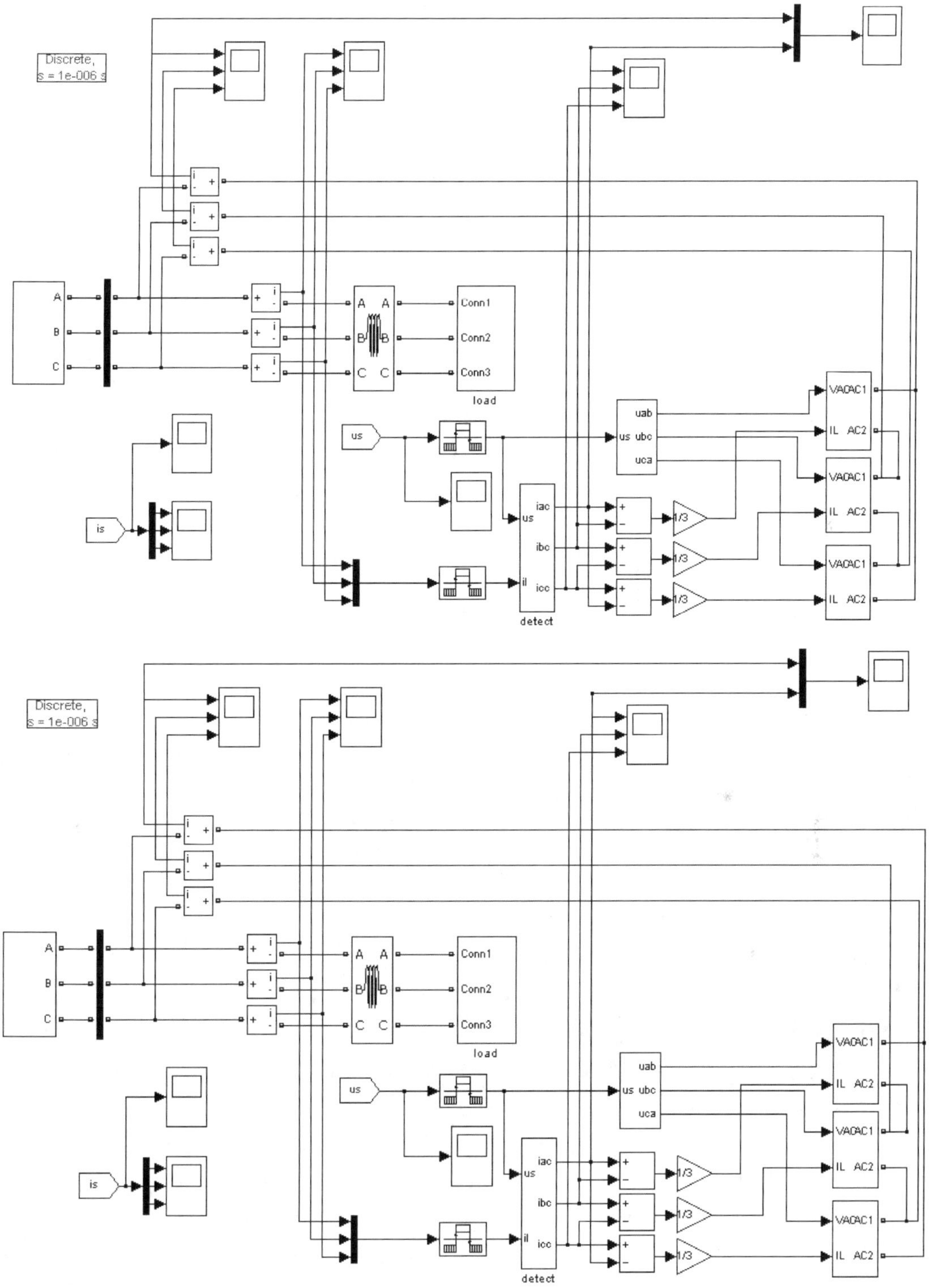

图 15-19　系统仿真总体结构图

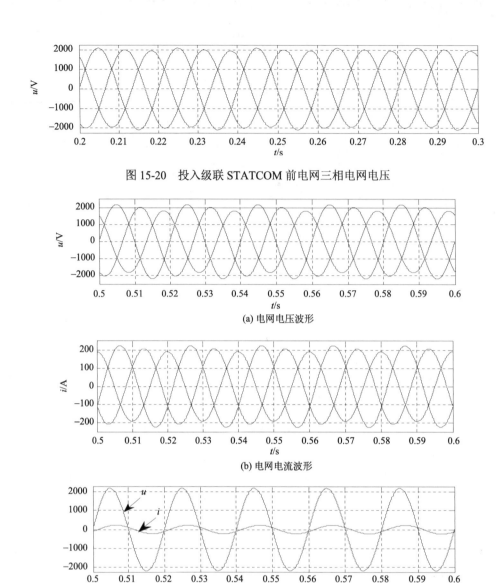

图 15-20　投入级联 STATCOM 前电网三相电网电压

(a) 电网电压波形

(b) 电网电流波形

(c) 电网电压电流相位关系

图 15-21　传统正序无功控制

图 15-23 为级联 STATCOM 输出电流 THD 分析。图 15-23（a）为在传统 PI 控制器下级联 STATCOM 输出电流 THD，图 15-22（b）为在重复控制+PI 的复合控制下级联 STATCOM 输出电流 THD。可以看出，采用 PI 控制不能有效地抑制级联 STATCOM 装置输出电流的谐波，THD 值较高，达到了 3.62%；本章所提的基于反馈线性化与重复控制相结合的双环叠加控制，由于引入了重复控制，在重复控制+PI 的复合控制下，可以有效地抑制级联 STATCOM 输出电流的低次谐波，输出电流的 THD 减小为 2.43%，装置输出电流的谐波问题较 PI 控制器下有了明显的改善。可见，本章提出的控制方法可以有效地减少级联 STATCOM 输出电流的谐波含量，改善级联 STATCOM 输出谐波性能。

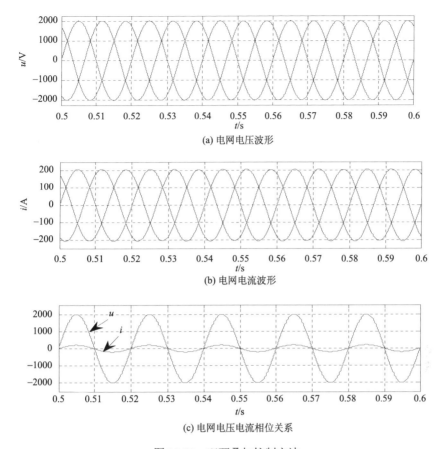

(a) 电网电压波形

(b) 电网电流波形

(c) 电网电压电流相位关系

图 15-22 双环叠加控制方法

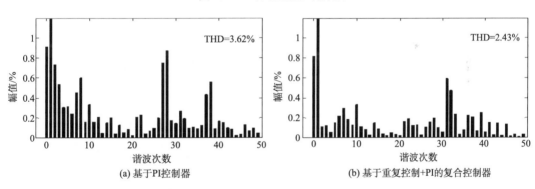

(a) 基于PI控制器

(b) 基于重复控制+PI的复合控制器

图 15-23 级联 STATCOM 输出电流 THD 分析

图 15-24 为电源侧不平衡时的三相电流波形。图 15-24(a)、(b) 为传统正序控制、双环叠加控制方法在电源侧出现不平衡时的三相电网电流波形。由仿真波形可以看出，传统正序控制下，电网电流分别为 236A、212A、186A，电网电流的不平衡度达到了 23.70%。传统正序控制只能对系统的正序无功分量进行补偿，对系统中的负序分量没有进行考虑，导致系统中的负序分量有进一步上升的趋势，在电源侧不平衡时，传统正序控制方法会使系统中的负序分量所占比例增加。在双环叠加控制下，电网电流分别为 204A、206A、203A，电网电流的不平衡度为 1.47%，本章所提的双环叠加控制通过两套独立的电流环对系统分别进行补偿，在电源侧出现不平衡时，双环叠加控制可以有效地跟踪目标值，对系统的正序及负序分量进行补偿，改善电网不平衡问题。

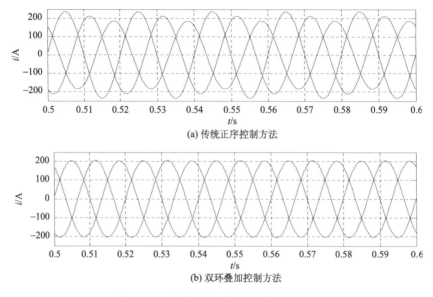

(a) 传统正序控制方法

(b) 双环叠加控制方法

图 15-24 电源侧不平衡时三相电网电流

2. 实验分析

为了验证本章所提控制方法的有效性，通过一台级联 STATCOM 实验样机进行了实验研究。装置主电路拓扑如图 15-11 所示，主要实验参数如表 15-5 所示。实验系统如图 15-25 所示。

表 15-5 实验参数

参数名称	参数值
系统电压/V	380
系统电流/A	20
电网频率/Hz	50
电容容量/μF	2000
电感/mH	25
单相链节模块数	5
开关器件	FF200R12KS4
调制方式	载波移相

图 15-25 实验系统

实验系统设计的控制系统硬件平台为双 DSP+FPGA+多 CPLD 组合系统，控制系统硬件主体主要由以下几个部分组成：①功率单元控制系统；②AD 采集板；③主控制板。控制硬件系统结构如图 15-26 所示。

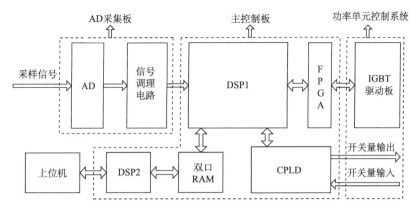

图 15-26　控制硬件结构框图

　　主控制板主要用于实现级联 STATCOM 的动态无功补偿功能,同时还要负责调制器三相电压指令的执行。它可实现的目标包括:①与功率单元进行通信,并实施保护;②对变流器进行保护,避免过温、过电流或欠电压等;③对系统开关量的检测和控制;④生成 IGBT 触发命令。DSP、FPGA 和 CPLD 分别选择了 TMS320F2812(由 TI 公司研发)、XC3S50AFTG256(由 Xilinx 公司研发,属于 Spartan-3A 系列)和 XC9572XL(由 Xilinx 公司研发,属于 XC9500XL系列)。其中,DSP 可实现以下功能:①指令电流运算;②变流器保护;③基波电网电压锁相;④直流侧电压控制。而 FPGA、CPLD 分别应用于 PWM 驱动信号的产生和 I/O 接口数量的扩展过程。通过 AD 采集板可实现对系统电压、电流信号,甚至是级联 STATCOM 输出电流信号的有效采集,经过调理之后,可将其顺利转化为数字量信号,进而将其传送至主控制板。利用功率单元控制系统可与主控制板进行实时通信,进而实现对功率单元的控制和保护,这一系统主要由两部分组成,即单元控制板和 IGBT 驱动板。其中,前者可实现功率单元模块的控制和保护,后者的型号为 2SD315AI,可在充分配合脉冲分配板的基础上装设驱动 IGBT 元件,并将其状态及时反馈给脉冲分配板。图 15-27～图 15-30 分别为功率单元控制系统、主控制板、单元控制版、IGBT 驱动板。

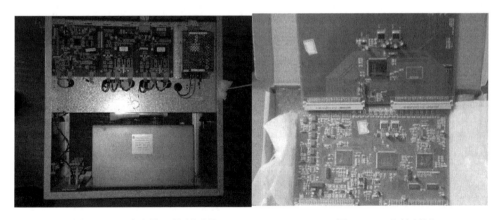

图 15-27　功率单元控制系统　　　　　　　图 15-28　主控制板

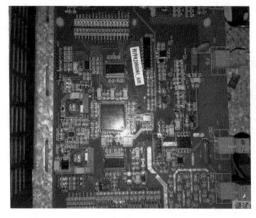

图 15-29　单元控制板　　　　　　　　　图 15-30　IGBT 驱动板

图 15-31 为电网电流实验波形，图 15-31（a）为采用正序无功控制时电网电流波形、图 15-31（b）为本章所提方法下电网电压波形。可以看出，只进行正序无功控制时，无法消除负序分量的影响，三相电流不对称，且波形质量较差；采用双环叠加控制后，通过负序电流环对系统负序分量进行补偿，三相电流维持平衡，且电网电流波形质量也得到明显的改善。可见，双环叠加控制可以有效地补偿系统中的负序分量，有效地降低了系统的不平度。

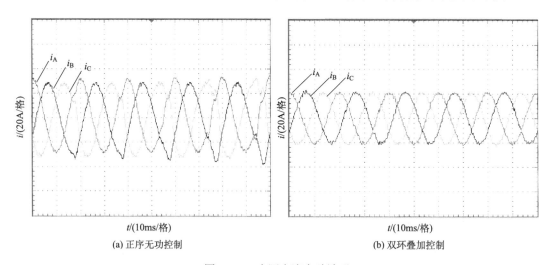

图 15-31　电网电流实验波形

图 15-32 为级联 STATCOM 输出电流频谱。图 15-32（a）为传统 PI 控制下级联 STATCOM 输出电流频谱，图 15-32（b）为复合控制下的装置输出电流频谱，由级联 STATCOM 输出电流频谱可以看出，传统正序控制采用 PI 控制器，对谐波抑制的效果较差，会导致输出电流波形不理想，THD 达到 5.635%；本章提出的基于反馈线性化与重复控制相结合的双环叠加控制，由于其在 PI 控制的基础上引入了重复控制，有效地对装置所产生的低次谐波进行了抑制，THD 减小为 2.158%，级联 STATCOM 输出电流波形明显改善。

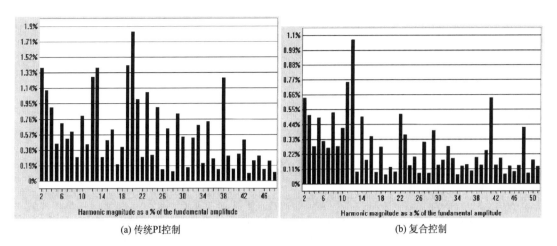

(a) 传统PI控制   (b) 复合控制

图 15-32　级联 STATCOM 输出电流频谱

15.4　小　　结

（1）级联 STATCOM 主要用于对电力系统中的无功功率进行补偿，因此装置只能在两象限运行，考虑将级联 STATCOM 与储能装置结合，在级联 STATCOM 直流侧增加储能装置，那么装置在补偿系统中无功功率同时还能够对系统有功进行补偿，实现装置的四象限运行。因此，对于带有储能装置的级联 STATCOM 的工作模式以及与系统的协调控制值得深入探讨和研究。

（2）级联 STATCOM 单链节可由两电平变换器构成，也可由三电平变换器构成，它同时具备了线电压和相电压的冗余特性。正因如此，级联 STATCOM 的调制策略更具灵活性。这些年来，一些具有针对性、创新性的关于级联变换器的调制策略应运而生，具体如错时（延时）采样空间矢量调制策略等。当然，这些全新的调制策略还不够成熟，有待于改进和不断完善。

（3）因高压大容量级联 STATCOM 的链节数相对较多，结构较为复杂，导致系统的安全性和可靠性大受影响，这是当下面临的重大问题之一。为了有效地解决这一问题，世界知名电气设备制造商（如 GE 公司和 ABB 公司等）都加大了对这一问题的关注力度。但从国内外的相关文献资料来看，在级联 STATCOM 的故障检测与保护、冗余控制等方面的研究相对较少，这些方面有待于进一步加强。

参 考 文 献

[1] 童忠良, 张淑谦, 杨京京. 新能源材料与应用[M]. 北京: 国防工业出版社, 2008: 5-9.

[2] 章激扬, 李达, 杨苹, 等. 光伏发电发展趋势分析[J]. 可再生能源, 2014, 32(2): 127-132.

[3] 吕志鹏, 罗安, 蒋雯倩, 等. 四桥臂微网逆变器高性能并网 H-∞控制研究[J]. 中国电机工程学报, 2012, 32(6): 1-9.

[4] Cabal C, Alonso C, Cid-Pastor A, et al. Adaptive digital MPPT control for photovoltaic applications [J]. IEEE International Symposium on Industrial EIectronics, 2007: 2414-2419.

[5] 王定国, 张红超. 双馈型风力发电机低电压穿越的分析研究[J]. 电力系统保护与控制, 2011, 8(17): 70-73.

[6] Lopez J, Gubia E. Ride through of wind turbines with doubly fed induction generator under symmetrical voltage dips [J]. IEEE Transactions on Industrial Electronics, 2009, 56(10):4246-4254.

[7] 赵霞, 王倩, 邵彬, 等. 双馈感应风力发电系统低电压穿越控制策略研究及其分析[J]. 电力系统保护与控制, 2015, 8(16): 57-64.

[8] 齐尚敏, 李凤婷, 何世恩, 等. 具有低电压穿越能力集群接入风电场故障特性仿真研究[J]. 电力系统保护与控制, 2015, 43(14): 55-62.

[9] 贺益康, 胡家兵. 双馈异步风力发电机并网运行中的几个热点问题[J]. 中国电机工程学报, 2012, 32(27): 1-15.

[10] 李建林, 徐洪华. 风力发电系统低电压穿越运行技术[M]. 北京: 机械工业出版社, 2008.

[11] 徐殿国, 王伟, 陈宁. 基于 Crowbar 保护的双馈电机风电场低电压穿越动态特性分析[J]. 中国电机工程学报, 2010, 30(22): 29-36.

[12] 李啸骢, 黄维, 黄承喜, 等. 基于 Crowbar 保护的双馈风力发电机低电压控制策略研究[J]. 电力系统保护与控制, 2014, 3(14): 67-71.

[13] 张艳霞, 童锐, 赵杰, 等. 双馈风电机组暂态特性分析及低电压穿越方案[J]. 电力系统自动化, 2013, (6): 7-11.

[14] 周士琼, 王倩, 吕潇, 等. 定子Crowbar电路模式切换的双馈风力发电机组低电压穿越控制策略[J]. 电力系统保护与控制, 2017, 12(4): 33-39.

[15] 朱晓东, 石磊, 陈宁, 等. 考虑 Crowbar 阻值和退出时间的双馈风电机组低电压穿越[J]. 电力系统自动化, 2010, 8(18): 84-89.

[16] 蔚兰, 陈宇晨, 陈国呈, 等. 双馈感应风力发电机低电压穿越控制策略的理论分析与实验研究[J]. 电工技术学报, 2011, 15(7): 30-36.

[17] 赵争鸣, 陈剑, 孙晓, 等. 太阳能光伏发电最大功率点跟踪技术[M]. 北京: 电子工业出版社, 2012: 1-2.

[18] 胡书举, 赵栋利, 赵斌, 等. 双馈风电机组低电压穿越特性的试验研究[J]. 高电压技术, 2010, 12, (3): 789-795.

[19] 方泽钦, 杨俊华, 陈思哲, 等. Crowbar 保护电路参数选择对双馈风电系统低电压穿越的影响[J]. 电机与控制应用, 2016, 23, (8): 73-79.

[20] 张琛, 李征, 蔡旭, 等. 采用定子串联阻抗的双馈风电机组低电压主动穿越技术研究[J]. 中国电机工程学报, 2015, 08(12):2943-2951.

[21] 熊威, 邹旭东, 黄清军, 等. 基于Crowbar保护的双馈感应发电机暂态特性与参数设计[J]. 电力系统自动化, 2015, 10(11):117-125.

[22] 王勇, 张纯江, 柴秀慧, 等. 电网电压跌落情况下双馈风力发电机电磁过渡过程及控制策略[J]. 电工技术学报, 2011, 26(12):14-19.

[23] Wang Y, Zhang C J, Chai X H, et al. Electromagnetic transient process and control strategy for doubly-fed

wind power generator under grid voltage dip[J]. Transactions of China Electrotechnical Society, 2011, 26(12):14-29.

[24] 程启明, 程尹曼, 汪明媚, 等. 风力发电机组并网技术研究综述[J]. 华东电力, 2011, 39(2):239-244.

[25] 周临原, 刘进军, 周思展. 对称电网故障下双馈式风力发电系统去磁控制[J]. 电网技术, 2014, 38(12):3424-3430.

[26] 李辉, 付博, 杨超, 等. 双馈风电机组低电压穿越的无功电流分配及控制策略改进[J]. 中国电机工程学报, 2012, 32(22):24-31.

[27] 李和明, 董淑惠, 王毅, 等. 永磁直驱风电机组低电压穿越时的有功和无功协调控制[J]. 电工技术学报, 2013, 28(5):73-81.

[28] 孟永庆, 翁钰, 王锡凡, 等. 双馈感应发电机暂态性能精确计算及Crowbar电路参数优化[J]. 电力系统自动化, 2014, 38(8):23-29.

[29] Abad G, Rodriguez M A, Iwanski G, et al. Direct power control of doubly fed induction generator based wind turbines under unbalanced grid voltage[J]. IEEE Transactions on Power Electronics, 2010, 25(2):442-452.

[30] 王振树, 刘岩, 雷鸣, 等. 基于 Crowbar 的双馈机组风电场等值模型与并网仿真分析[J]. 电工技术学报, 2015, 30(4):44-51.

[31] Li H, Yang C, Zhao B, et al. Aggregated models and transient performances of a mixed wind farm with different wind turbine generator system [J]. Electric Power Systems Research, 2012, 92(11):1-10.

[32] 程孟增. 双馈风力发电系统低电压穿越关键技术研究[D]. 上海:上海交通大学, 2012.

[33] 周志宇, 郭钰锋. 基于 Crowbar 电路的双馈风电机组低电压穿越能力[J]. 哈尔滨工业大学学报, 2013, 45(4):122-128.

[34] 李殿璞. 非线性控制系统[M]. 西安:西北工业大学出版社, 2009.

[35] 王耀函, 刘辉, 刘吉臻, 等. 考虑撬棒保护和残压的 DFIG 短路电流实用计算方法及应用[J]. 中国电力, 2014, 47(4):134-138.

[36] 李娜, 宋婀娜. 一种基于电网对称故障下 DFIG 的改进矢量控制策略[J]. 工业仪表与自动化装置, 2014, 8(3):7-10.

[37] 杨利. DFIG 风力发电机的矢量控制研究[D]. 成都:西南交通大学, 2012.

[38] 贺益康, 周鹏. 变速恒频双馈异步风力发电系统低电压穿越技术综述[J]. 电工技术学报, 2009, 12(9):140-146.

[39] 秦振伟. 不对称故障下双馈风力发电机的低电压穿越策略研究[D]. 天津: 天津理工大学, 2017.

[40] 施凯, 黄文新, 胡育文, 等. 定子双绕组感应电机风力发电系统的低电压穿越特性分析[J]. 电力系统自动化, 2012, 10(17): 28-33.

[41] Cárdenas R, Peña R, Alepuz S, et al. Overview of control systems for the operation of DFIGs in wind energy applications [J]. IEEE Transactions on Industrial Electronics, 2013, 60(7): 2776-2798.

[42] 张浙波, 刘建政, 梅红明, 等. 两级式三相光伏并网发电系统无功补偿特性[J]. 电工技术学报, 2011, 26(1): 242-246.

[43] Huerta J, Castelló-Moreno J, Fischer J R, et al. A synchronous reference frame robust predictive current control for three-phase grid-connected inverters[J]. IEEE Transactions on Industrial Electronics, 2010, 57(3): 954-962.

[44] 张国荣, 张铁良, 丁明. 光伏并网发电与有源电力滤波器的统一控制[J]. 电力系统自动化, 2007, 31(8): 61-66.

[45] Zhang H, Shan L, Ren J, et al. Study on photovoltaic grid-connected inverter control system[C]. International Conference on Power Electronics & Drive Systems, Taipei, 2010.

[46] Hang L, Liu S, Yan G, et al. An improved deadbeat scheme with fuzzy controller for the grid-side three-phase PWM boost rectifier[J]. IEEE Transactions on Power Electronics, 2011, 26 (4)：1184-1191.

[47] Eltawil M A, Zhao Z M. Grid-connected photovoltaic power systems: Technical and potential problems—A review [J]. Renewable and Sustainable Energy Reviews, 2010, 14:112-129.

[48] 陈炜, 陈成, 宋战锋, 等. 双馈风力发电系统双 PWM 变换器比例谐振控制[J]. 中国电机工程学报, 2009, 29(15): 1-7.

[49] 章玮, 王宏胜, 任远, 等. 不对称电网电压条件下三相并网型逆变器的控制[J]. 电工技术学报, 2010, 25(12): 103-110.

[50] Zargari N R, Joos G. Performance investigation of a current-controlled voltage–regulated PWM rectifier in rotating and stationary frames[J]. IEEE Transactions on Industrial Electonics, 1995, 42(4):396-401.

[51] 吴春华, 陈国呈, 丁海洋, 等. 一种新型光伏并网逆变器控制策略[J]. 中国电机工程学报, 2007, 27(33):103-107.

[52] 吴浩伟, 段善旭, 徐正喜, 等. 一种新颖的电压控制型逆变器并网控制方案[J]. 中国电机工程学报, 2008, 28(33):19-24.

[53] 彭双剑, 罗安, 荣飞, 等. LCL 滤波器的单相光伏并网控制策略[J]. 中国电机工程学报, 2011, 31(21):17-24.

[54] 曹陆萍, 沈国桥, 朱选才, 等. 单相并网逆变器功率控制的实现[J]. 电力电子技术, 2007, 41(9):19-20.

[55] Petrone G, Spagnuolo G, Vitelli M. A multivariable perturb-and-observe maximum power point tracking technique applied to a single-stage photovoltaic inverter [J]. IEEE Transactions on Industrial Electronics, 2011, 58(1): 76-84.

[56] 周德佳, 赵争鸣, 袁立强, 等. 具有改进最大功率跟踪算法的光伏并网控制系统及其实现[J]. 中国电机工程学报, 2008, 28(31): 94-100.

[57] Daher S, Daher S, Schmid J. Multilevel inverter topologies for stand-alone PV systems [J]. IEEE Transactions on Industrial Electronics, 2008, 55(7): 2703-2712.

[58] 胡腾华. 双馈风力发电系统低电压穿越控制策略与模型验证[D]. 合肥: 合肥工业大学, 2013.

[59] 安琴, 齐康. 双馈感应风力发电系统低电压穿越转子侧新型控制方法[J]. 信息与控制, 2013, 8(1): 111-116.

[60] 马春明, 解大, 张延迟. 双馈感应式风力发电系统低电压穿越技术概述[J]. 电气传动, 2012, 32 (5): 3-7.

[61] 安超. 双馈式风力发电系统最大风能追踪和低电压穿越控制研究[D]. 北京: 华北电力大学, 2009.

[62] 朱颖, 李建林, 赵斌. 双馈型风力发电系统低电压穿越策略仿真[J]. 电力自动化设备, 2010, 31(6): 20-24.

[63] 肖硕霜, 尹忠东. 一种并联风电机组低电压穿越调控装置[J]. 电机与控制应用, 2012, 22(11): 10-12.

[64] 张阳, 黄科元, 黄守道. 一种双馈风力发电系统低电压穿越控制策略[J]. 电工技术学报, 2015, 48(12): 153-158.

[65] 李建林, 徐少华. 直接驱动型风力发电系统低电压穿越控制策略[J]. 电力自动化设备, 2012, 21(1): 29-33.

[66] Morren J. Short-circuit current of wind turbines with doubly fed induction generator [J]. IEEE Transactions on Energy Conversion, 2007, 22(1):174-180.

[67] Petersson A. Analysis, modeling and control of doubly-fed induction generators for wind turbines [D]. Chalmers :University of Technology, 2005.

[68] 王成福, 梁军, 张利, 等. 基于静止同步补偿器的风电场无功电压控制策略[J]. 中国电机工程学报, 2010, 30(25): 23-28.

[69] 项真, 解大, 龚锦霞, 等. 用于风电场无功补偿的 STATCOM 动态特性分析[J]. 电力系统自动化, 2008, 32(9): 92-95.

[70] Wei Q, Harley R G. Power quality and dynamic performance improvement of wind farms using a STATCOM [J]. IEEE Power Electronics Specialists Conference, 2007, 18(6): 1832-1838.

[71] 吴杰, 孙伟, 颜秉超. 应用 STATCOM 提高风电场低电压穿越能力[J]. 电力系统保护与控制, 2011, 39(24): 47-71.

[72] 张锋, 晁勤. STATCOM 改善风电场暂态电压稳定性的研究[J]. 电网技术, 2008, 32(9): 70-73.

[73] Marques P J F, Lopes J A P. Improving power system dynamical behavior through dimensioning and location of STATCOM in systems with large scale wind generation [J]. IEEE Transactions on Power Tech, 2007(5): 305-310.

[74] 范高锋, 迟永宁, 赵海翔, 等. 用 STATCOM 提高风电场暂态电压稳定性[J]. 电工技术学报, 2007, 22(11): 158-162.

[75] Qi L, Langston J, Steurer M. Applying a STATCOM for stability improvement to an existing wind farm with fixed speed induction generators [C]. IEEE Power and Energy Society General Meeting Conversion and Delivery of Electrical Energy, Pittsburgh, 2008: 1-6.

[76] 沈玉梁, 苏建徽, 赵为, 等. 不可调度式单相光伏并网装置的平波电容容量的选择[J]. 太阳能学报, 2003, 24(5): 655-658.

[77] 徐青山, 卞海红, 高山, 等. 计及旁路二极管效应的太阳能模组性能评估[J]. 中国电机工程学报, 2009, 29(8): 103-108.

[78] 宋菁, 徐青山, 祁建华, 等. 光伏电池运行失配模式及特性分析[J]. 电力系统及其自动化学报, 2010, 22(6): 119-123.

[79] 任航, 叶林. 太阳能电池的仿真模型设计和输出特性研究[J]. 电力自动化设备, 2009, 29(10): 112-115.

[80] 周念成, 闫立伟, 王强钢. 光伏发电在微电网中接入及动态特性研究[J]. 电力系统保护与控制, 2010, 38(14): 119-127.

[81] 郑必伟, 蔡逢煌, 王武. 一种单级光伏并网系统 MPPT 算法的分析[J]. 电工技术学报, 2011, 26(7): 90-96.

[82] 朱湘临, 廖志凌, 刘国海. 太阳能电池 MPPT 方法的初值问题及其实验研究[J]. 电力电子技术, 2010, 44(2): 7-9.

[83] 曾斌, 徐红兵, 陈凯, 等. 两级式光伏并网逆变器母线电压稳定算法研究[J]. 电力系统保护与控制, 2013, 41(15): 30-35.

[84] 王峰, 樊轶, 龚春英. 一种单相两级式光伏并网逆变器控制策略[J]. 电力电子技术, 2013, 47(5): 53-55.

[85] Antón J C Á, Nieto P J G, Juez F J D C, et al. Battery state-of-charge estimator using the SVM technique[J]. IEEE Transactions on Power Electronics, 2013, 37(9): 6244-6253.

[86] Prasad G K, Rahn C D. Model based identification of aging parameters in lithium ion batteries[J]. Journal of Power Sources, 2013, 232:79-85.

[87] 孔飞飞, 何建森, 李全, 等. 智能电网中储能蓄电池组建模与仿真[J]. 电源技术, 2017, 41(3):480-485.

[88] 程兴婷. 铅酸电池与锂离子电池的建模与参数辨识方法研究[D]. 长沙: 湖南大学, 2015.

[89] 顾帅, 韦莉, 张逸成, 等. 超级电容器老化特征与寿命测试研究展望[J]. 中国电机工程学报, 2013, 33(21): 145-153.

[90] Walczak J, Jakubowska A. Analysis of the parallel resonance circuit with supercapacitor[J]. IEEE, 2014.

[91] 余丽丽, 朱俊杰, 赵景泰. 超级电容器的现状及发展趋势[J]. 自然杂志, 2015, 37(3): 188-196.

[92] 王兆安, 黄俊. 电力电子技术[M]. 北京: 机械工业出版社, 2009.

[93] 张兴, 曹仁贤. 太阳能光伏并网发电及其逆变控制[M]. 北京: 机械工业出版社, 2011.

[94] Schmidt H, Siedle C, Ketterer J. Inverter for transforming a DC voltage into an AC current or an AC voltage: Gemany, EP1369985(A2)[P]. 2003-12-10.

[95] Victor M, Greizer F, Bremicker S, et al. Method of converting a direct current voltage from a source of direct current voltage, more specifically from a photovoltaic source of direct current voltage, into a alternating current voltage: United States, US 7411802 B2 [P]. 2008-08-12.

[96] 嵇保健, 王建华, 赵剑锋. 一种高效率 H6 结构不隔离单相光伏并网逆变器[J]. 中国电机工程学报, 2012, 32（18）: 9-15.

[97] 肖华锋, 杨晨, 谢少军. NPC 三电平并网逆变器共模电流抑制技术研究[J]. 中国电机工程学报, 2010, 30（33）: 23-29.

[98] Jia W, Zhao D, Shen T, et al. An optimized classification algorithm by BP neural network based on PLS and HCA[J]. Applied Intelligence, 2015, 43(1): 1-16.

[99] Liu J, Wang H, Sun Y, et al. Real-coded quantum-inspired genetic algorithm-based BP neural network algorithm[J]. Mathematical Problems in Engineering, 2015, 2015:1-10.

[100] Xiao Z, Ye S J, Zhong B, et al. BP neural network with rough set for short term load forecasting [J]. Expert

Systems with Applications, 2009, 36(1):273-279.

[101] 王燕妮, 樊养余. 改进 BP 神经网络的自适应预测算法[J]. 计算机工程与应用, 2010, 46(17): 23-26.

[102] 袁闪闪, 刘和平, 杨飞. 基于扩展卡尔曼滤波的 LiFePO$_4$ 电池荷电状态估计[J]. 电源技术, 2012, 36:325-327.

[103] 于海芳, 逯仁贵, 朱春波, 等. 基于安时法的镍氢电池 SOC 估计误差校正[J]. 电工技术学报, 2012, 27(6): 12-18.

[104] 刘勇智, 刘聪. 基于小波神经网络的航空蓄电池容量预测[J]. 电源技术, 2011, 35(12): 1514-1516.

[105] 韩晓娟, 陈跃燕, 张浩, 等. 基于小波包分解的混合储能技术在平抑风电场功率波动中的应用[J]. 中国电机工程学报, 2013, 33(19): 8-13.

[106] 孙纯军, 倪春花, 窦晓波. 基于 SOC 状态反馈的混合储能功率优化策略[J]. 电测与仪表, 2016, 53(15): 81-88.

[107] 丁若星, 董戈, 吴和平, 等. 混合储能系统功率分配效果的表征参数研究[J]. 电工技术学报, 2016, 31(S1): 184-189.

[108] 姚靖. 基于混合系统理论的微电网控制及稳定性研究[D]. 株洲: 湖南工业大学, 2015.

[109] 王盼宝. 低压直流微电网运行控制与优化配置研究[D]. 哈尔滨: 哈尔滨工业大学, 2016.

[110] 姜婷婷, 李先允, 彭浩, 等. 基于改进型 PI 控制级联单相光伏逆变器的研究与仿真[J]. 电子设计工程, 2016, 24(13): 129-132.

[111] 马献花, 龚仁喜, 李畸勇, 等. 基于模糊滞环控制的三相光伏并网系统研究[J]. 电测与仪表, 2012, 49(561): 38-42.

[112] 李练兵, 赵治国, 赵昭, 等. 基于复合控制算法的三相光伏并网逆变系统的研究[J]. 电力系统保护与控制, 2010, 38(21): 44-47.

[113] Song H, Keil R, Mutschler P, et al. Advanced control scheme for a single-phase PWM rectifier in traction applications [C]. IEEE 38th IAS Meeting, Salt Lake City, 2003.

[114] Standards Coordinating Committee 21. IEEE std 1547. 1-2005 Standard for conformance tests procedures for equipment interconnecting distributed resources with electric power systems[S]. New York, USA: The Institute of Electrical and Electronics Engineers, Inc, 2003.

[115] 柯程虎, 张辉. 小功率单相光伏并网逆变器的研究[J]. 仪器仪表学报, 2014, 35(12): 2866-2873.

[116] 李建宁, 刘其辉, 李赢, 等. 光伏发电关键技术的研究与发展综述[J]. 电气应用, 2012, 31(5): 70-76.

[117] Mei Q, Shan M, Guerrero M, et al. A novel improved variable step-size incremental-resistance MPPT method for PV systems[J]. IEEE Transactions on Industrial Electronics, 2011, 58(6): 2427-2434.

[118] Mastromauro R A, Lierre M, Dell' Aquil A. Control issues in single-stage photovoltaic systems:MPPT, current and voltage control[J]. IEEE Transactions on Industrial Informatics, 2012, 8(2) :241-254.

[119] 任海鹏, 郭鑫, 杨彧, 等. 光伏阵列最大功率跟踪变论域模糊控制[J]. 电工技术学报, 2013, 28(8): 13-18.

[120] 刘邦银, 段善旭, 刘飞, 等. 基于改进扰动观察法的光伏阵列最大功率点跟踪[J]. 电工技术学报, 2009, 24(6): 91-94.

[121] 刘莉, 张彦敏. 一种扰动观察法在光伏发电 MPPT 中的应用[J]. 电源技术, 2010, 34(2): 186-189.

[122] 陈亚爱, 周京华, 李津, 等. 梯度式变步长 MPPT 算法在光伏系统中的应用[J]. 中国电机工程学报, 2014 (9): 3156-3161.

[123] 吴华波. 基于扰动观察法的最大功率跟踪的实现[J]. 电测与仪表, 2010, 47(11): 42-46.

[124] 周东宝, 陈渊睿. 基于改进型变步长电导增量法的最大功率点跟踪策略[J]. 电网技术, 2015, 39(6): 1491-1498.

[125] Piegari L, Rizzo R. Adaptive perturb and observe algorithm for photovoltaic maximum power point tracking[J]. Renewable Power Generation, IET, 2010, 4(4): 317-328.

[126] 蔡明想, 姜希猛, 谢巍. 改进的电导增量法在光伏系统 MPPT 中的应用[J]. 电气传动, 2011, 41(7): 21-24.

[127] 栗晓政, 孙建平. 基于分段数值逼近的自适应变步长电导增量法 MPPT 控制仿真[J]. 太阳能学报,

2012, 33(7):1164 -1170.

[128] 薛阳, 汪莎. 基于扰动观察法的模糊控制应用于光伏发电最大功率跟踪[J]. 太阳能学报, 2014, 25(9): 1622-1626.

[129] 陈炜, 艾欣, 吴涛, 等. 光伏并网发电系统对电网的影响研究综述[J]. 电力自动化设备, 2013, 33(2): 26-32, 39.

[130] 刘方锐, 段善旭, 康勇, 等. 多机光伏并网逆变器的孤岛检测技术[J]. 电工技术学报, 2010, 25(1): 167-171.

[131] 吴盛军, 徐青山, 袁晓冬, 等. 光伏防孤岛保护检测标准及试验影响因素分析[J]. 电网技术. 2015, 39(4): 924-931.

[132] 殷志峰, 张元敏, 张振波, 等. 一种光伏并网逆变器孤岛检测新方法[J]. 电力系统保护与控制, 2013, 41(22): 117-121.

[133] Stevens J, Bonn R, Ginn J, et al. Development and testing of approach to anti-islanding in utility-interconnected photovoltaic systems [R]. Sandia National Laboratory, Albuquerque, NM, Report SAND2000-1939, http: //www. sandia. gov/pv/lib/sys-pub. htm. 2017.

[134] IEEE Std. 929-2000, IEEE recommended practice for utility interface of photovoltaic systems[C]. IEEE Standards Coordinating Committee 21 on Photovoltaics. New York, 2017.

[135] 冯轲, 贺明智, 游小杰, 等. 光伏并网发电系统孤岛检测技术研究[J]. 电气自动化, 2010, 32(2): 39-42.

[136] 陈杰, 钮博文, 张俊文, 等. 微电网运行模式平滑转换的混合控制策略[J]. 中国电机工程学报, 2015, 35(17):4379-4387.

[137] Yafaoui A, Wu B, Kouro S. Improved active frequency drift anti-islanding detection method for grid connected photovoltaic systems[J]. IEEE Transactions on Power Electronics, 2012, 27(5): 2367-2375.

[138] 应展烽, 陈运运, 田亚生, 等. 基于抗干扰六点测频法的主动频移孤岛检测[J]. 电力自动化设备, 2013, 41(4): 72 -76.

[139] Zeineldin H H, Kennedy S. Instability criterion to eliminate the non-detection zone of the sandia frequency shift method[J]. Power Systems Conference and Exposition, 2009, 48(4), 1-5.

[140] 郑昕昕, 肖岚, 田洋天, 等. SVPWM 控制三相并网逆变器 AFD 孤岛检测方法[J]. 中国电机工程学报, 2013, 33(18): 11-17.

[141] Yin J, Chang L, Diduch C. A new adaptive logic phase-shift algorithm for anti-islanding protections in inverter-based DG systems [C]. Power Electronics Specialists Recife , 2005: 2482-2486.

[142] Lopers L A C, Sun H. Performance assessment of active frequency drifting islanding detection methods[J]. IEEE Transactions on Energy Conversion, 2006, 21(1): 171-180.

[143] 张丹, 王杰. 国内微电网项目建设及发展趋势研究[J]. 电网技术, 2016, 40(2): 451-458.

[144] 李鹏, 窦鹏冲, 李雨薇, 等. 微电网技术在主动配电网中的应用[J]. 电力自动化设备, 2015, 35 (4): 8-16.

[145] 杨志淳, 乐健, 刘开培, 等. 微电网并网标准研究[J]. 电力系统保护与控制, 2012, 40(2): 66-76.

[146] 王鹤, 李国庆. 含多种分布式电源的微电网控制策略[J]. 电力自动化设备, 2012, 32(5): 19-23.

[147] 马尚行, 戴永军, 何金伟. 光伏逆变器的并网控制技术研究[J]. 电力自动化设备, 2011, 35(6): 688-690.

[148] Blaabjerg F, Teodorescu R, Liserre M, et al. Overview of control and grid synchronization for distributed power generation systems [J]. IEEE Transactions on Industrial Electronics, 2006, 53(5): 1398-1409.

[149] 谢玲玲, 时斌, 华国玉, 等. 基于改进下垂控制的分布式电源并联运行技术[J]. 电网技术, 2013, 37(4): 992-998.

[150] 罗永捷, 李耀华, 王平, 等. 多端柔性直流输电系统直流电压自适应下垂控制策略研究[J]. 中国电机工程学报, 2016, 5(20): 2588-2599.

[151] 孙孝峰, 王娟, 田艳军, 等. 基于自调节下垂系数的 DG 逆变器控制[J]. 中国电机工程学报, 2013, 33(36): 71-78.

[152] 朱一昕, 卓放, 王丰, 等. 用于微电网无功均衡控制的虚拟阻抗优化方法[J]. 中国电机工程学报, 2016, 36(17): 4552-4563.

[153] 李鑫, 王奔. 基于自适应虚拟阻抗的微电网下垂控制策略[J]. 电力科学与工程, 2017, 33(5): 41-45.

[154] Zhong Q C, Hornik T. Control of power inverters in renewable energy andsmart grid integration [M]. Hoboken: Wiley-IEEE Press, 2012.

[155] 刘尧, 林超, 陈滔, 等. 基于自适应虚拟阻抗的交流微电网无功功率: 电压控制策略[J]. 电力系统自动化, 2016, 41(5): 16-21.

[156] 马添翼, 金新民, 梁建钢. 孤岛模式微电网变流器的复合式虚拟阻抗控制策略[J]. 电工技术学报, 2013, 28(12): 304-312.

[157] 高长壁. 使用自适应虚拟阻抗的孤岛微电网无功均分控制[J]. 电气传动, 2013, 47(10): 42-47.

[158] 余运俊, 张燕飞, 万晓凤, 等. 光伏微电网主动式孤岛检测方法综述[J]. 电测与仪表, 2014, 51(1): 23-29.

[159] 薛贵挺, 张焰, 祝达康. 孤立直流微电网运行控制策略[J]. 电力自动化设备, 2013, 33(3): 112-117.

[160] 陈跃, 郑寿森, 祁新梅, 等. 光伏并网系统主动移相式孤岛检测算法的改进[J]. 系统仿真学报, 2013, 25(4): 748-752.

[161] 孙博, 郑建勇, 梅军. 基于电压不平衡度正反馈的孤岛检测新方法[J]. 电力自动化设备, 2015, 35 (2): 121-125.

[162] Bollen M H, Hassan F. Integration of distributed generation in the power system [M]. Hoboken: Wiley-IEEE Press, 2011.

[163] Poh C L, Lei Z, Feng G. Compact integrated energy systems for distributed generation [J]. IEEE Transactions on Industrial Electronics, 2013, 60(4): 1492-1502.

[164] 王一江, 谢桦, 梁建钢, 等. 一种改进的正反馈主动频移孤岛检测法的研究[J]. 电气应用, 2013, 32 (23): 78-82.

[165] 贺眉眉, 李华强, 陈静, 等. 基于离散小波变换的分布式发电孤岛检测方法[J]. 电力自动化设备, 2012, 32(10): 103-108.

[166] 贝太周, 王萍, 蔡蒙蒙. 注入三次谐波扰动的分布式光伏并网逆变器孤岛检测技术[J]. 电工技术学报, 2015, 30 (7): 44-51.

[167] GuerreroJ M, Chandorkar M, Lee T, et al. Advanced control architectures for intelligent microgrids—Part I: Decentralized and hierarchicalcontrol[J]. IEEE Transactions on Industrial Electronics, 2013, 60(4): 1254-1262.

[168] 王琳. 基于下垂控制的并网逆变器的孤岛检测研究[D]. 秦皇岛: 燕山大学, 2016.

[169] 刘晓博, 郭中华. 正反馈主动移频式孤岛检测算法的改进[J]. 可再生能源, 2017, 35 (12): 1821-1827.

[170] 郑竞宏, 王燕廷, 李兴旺. 微电网平滑切换控制方法及策略[J]. 电力系统自动化, 2011, 35(18): 17-24.

[171] 陶勇, 邓焰, 陈桂鹏, 等. 下垂控制逆变器中并网功率控制策略[J]. 电工技术学报, 2016, 31(22): 115-124.

[172] 王继东, 张小静, 杜旭浩, 等. 光伏发电与风力发电的并网技术标准[J]. 电力自动化设备, 2011, 31(11): 1-7.

[173] Wang H F, Li H, Chen H. Application of cell immune response modeling to power system voltage control by STATCOMP[J]. IEEE Xplore: IEE Proceedings C-Generation, Transmission and Distribution, 149(1): 101-107.

[174] 罗承廉, 纪勇, 刘遵义. 静止同步补偿器（STATCOM）的原理与实现[M]. 北京: 中国电力出版社, 2005.

[175] Pant V, Das B, Bhargava A. Periodic output feedback technique based design of STATCOM damping controller[J]. International Journal of Electrical Power&Energy Systems, 2012, 43(1): 344-350.

[176] 周雪松, 张书瑞, 马幼捷. 静止同步补偿器原理性能分析研究[J]. 机械设计与制造, 2009(12): 76-78.

[177] 曹俊. 国产 H90-2.0MW 型风电机组低电压穿越能力研究[D]. 大连: 大连理工大学, 2016.

[178] 秦原伟, 刘爽. 基于 Crowbar 的双馈风力发电低电压穿越研究[J]. 电力电子技术, 2011, 10(8): 51-53.

[179] 周士琼. 基于定子 Crowbar 电路的双馈风力发电系统低电压穿越技术研究[D]. 成都: 西南交通大学, 2017.

[180] 方泽钦. 基于可变频变压器的风力发电系统低电压穿越控制[D]. 广州: 广东工业大学, 2016.

[181] 王胜楠. 基于转子变换器控制的双馈风力发电低电压穿越技术[D]. 北京: 北京交通大学, 2014.

[182] 马浩淼, 高勇, 杨媛, 等. 双馈风力发电低电压穿越 Crowbar 阻值模糊优化[J]. 中国电机工程学报, 2012, 09(34): 17-23.

[183] 张以宁. 双馈风力发电系统并网低电压穿越技术研究[D]. 北京: 北京交通大学, 2012.

[184] 王春. 双馈风力发电系统串电阻低电压穿越控制研究[D]. 哈尔滨: 哈尔滨工业大学, 2014.

[185] 高鲁峰. 双馈风力发电系统低电压穿越的非线性滑模及 Crowbar 电路控制[D]. 成都: 西南交通大学, 2017.

[186] 邓卫华, 张波, 胡宗波, 等. CCM Buck 变换器的状态反馈精确线性化的非线性解耦控制研究[J]. 中国电机工程学报, 2004, 24(5): 112-119.

[187] Wu F, Zhang X P, Ju P, et al. Decentralized nonlinear control of wind turbine with doubly fed induction generator [J]. IEEE Transactions on Power Systems, 2008, 23(2): 613-621.

[188] Cheng M Z, Xu C. Reactive power generation and optimization during a power system fault in wind power turbines having a DFIG and crowbar circuit [J]. Wind Engineering, 2011, 35(2): 145-164.

[189] 刘颉, 唐求. 兆瓦级双馈风力发电系统低电压穿越实现措施及效果验证[J]. 计算机工程与科学, 2017, 22(10): 1941-1949.

[190] 刘小河. 非线性系统分析与控制引论[M]. 北京: 清华大学出版社, 2008.

[191] Akagi H, Kanazawa Y, Nabae A. Generalized theory of the instantaneous reactive power in three-puase circuits[J]. Proceedings IPEC, 1983, 103(7): 483-490.

[192] Akagi H, Kanazawa Y, Nabae A. Instantaneous reactive power compensators comprising switching devices without energy storage components[J]. IEEE Transactions on Industrial Applicatioins, 1984, 20(3): 625-630.

[193] 陈永延, 吴为麟, 邹家勇. 矢量理论在谐波和无功电流检测中的应用改进[J]. 电力系统保护与控制, 2010, 38(20): 126-129.

[194] 常伟, 史丽萍, 杜坤坤. 改进的 p-q 检测法及其在 STATCOM 中的应用[J]. 电力系统及其自动化学报, 2012, 24(6): 95-99.

[195] 周林, 张凤, 栗秋华, 等. 无锁相环 ip-iq 检测任意次谐波电流的新方法[J]. 高电压技术, 2007, 33(5): 129-133.

[196] 顾启民, 郑建勇, 尤鋆. 一种基于 dq0 变换改进的电流检测新方法[J]. 电力系统保护与控制, 2010, 38(23): 21-25.

[197] 王存平, 尹项根, 熊卿, 等. 一种改进的 ip-iq 无功电流检测方法及其应用[J]. 电力系统保护与控制, 2012, 40(13): 121-126.

[198] 胡伟. 基于瞬时无功功率的谐波检测算法改进研究[J]. 电测与仪表, 2009, 46(519): 6-8.

[199] 关彬, 崔玉华, 王圆月. 基于瞬时无功功率理论的谐波检测方法研究[J]. 电测与仪表, 2007, 44(502): 1-4.

[200] 马立新, 肖川, 林家隽, 等. 神经网络与锁相环相结合的谐波检测方法[J]. 电力系统及其自动化学报, 2011, 23(3): 24-29.

[201] 郭子雷, 张海燕, 徐强, 等. 新型锁相环技术及仿真分析[J]. 电测与仪表, 2015, 52(9): 82-86.

[202] 张保青, 崔旅星, 王晗. 电网不平衡情况下一种新型 PLL 的设计与实现[J]. 电力电子技术, 2013, 47(6): 57-59.

[203] 粟时平, 刘桂英, 等. 静止无功功率补偿技术[M]. 北京: 中国电力出版社, 2006.

[204] 罗承廉, 纪勇, 刘遵义. 静止同步补偿器(STATCOM)的原理与实践[M]. 北京: 中国电力出版社, 2005.

[205] 刘钊. 风力发电系统中链式 STATCOM 关键技术[D]. 武汉: 华中科技大学, 2010.

[206] 耿俊成, 刘文华, 俞旭峰, 等. 链式 STATCOM 的数学模型[J]. 中国电机工程学报, 2003, 23(6): 66-70.

[207] 郑青青, 吴静, 王轩. 载波移相技术在链式 STATCOM 中的应用[J]. 电力电子技术, 2010, 44(12): 122-124.

[208] 陈磊. 级联多电平 DSTATCOM 数字控制系统的设计[D]. 杭州: 浙江大学, 2013.

[209] 李梦宇. 基于 DSP 与 FPGA 的多电平 STATCOM 的设计与实现[D]. 天津: 河北工业大学, 2012.

[210] 孙品. 应用于风电场的多电平 STATCOM/BESS 控制策略的研究[D]. 华北电力大学, 2013.

[211] 卢强, 梅生伟, 孙元章. 电力系统非线性控制[M]. 北京: 清华大学出版社, 2008: 123-167.

[212] 乐江源, 谢运祥, 洪庆祖, 等. Boost 变换器精确反馈线性化滑模变结构控制[J]. 中国电机工程学报, 2011, 31(30): 16-23.

[213] 毛承雄, 何金平, 王丹, 等. 全控器件励磁系统的多变量反馈线性化控制[J]. 中国电机工程学报, 2013, 33(22): 53-60.

[214] 胡应宏, 王建赜, 任佳佳, 等. 不平衡负载的平衡分量法分解及补偿方法[J]. 中国电机工程学报, 2012, 32(34): 98-104.

[215] Tung N X, Fujita G, Horikoshi K. Phase load balancing in distribution power system using discrete passive compensator[J]. IEEE Transactions on Electrical and Electronic Engineering, 2010, 5(5): 539-547.

[216] 辛业春, 李国庆, 王朝斌. 无功和三相负荷不平衡的序分量法补偿控制[J]. 电力系统保护与控制, 2014, 42(14): 72-78.

[217] 王松, 谈龙成, 李耀华, 等. 链式星形 STATCOM 补偿不平衡负载的控制策略[J]. 中国电机工程学报, 2013, 33(27): 20-27.

[218] 杜雄, 郭宏达, 孙鹏菊, 等. 基于 ANF-PLL 的电网电压基波正负序分离方法[J]. 中国电机工程学报, 2013, 33(27): 28-35.